现代交通运输装备用铝手册系列

轨道车辆用铝材手册

王祝堂　熊　慧　编著

中南大学出版社
www.csupress.com.cn

前　言

铝早在 20 世纪 50 年代就已成为人类使用的第二大金属。2010 年全世界原铝产量约 42 150 kt；中国的产量约 18 120 kt（笔者统计，国家统计局的数据为 16 194.5 kt）；中国再生铝的产量约 5 600 kt（笔者统计），铝的表观总消费量约 23 720 kt，中国铝材产量约 17 900 kt（笔者统计，国家统计局的数据为 20 260.5 kt）。压铸件及铸件的产量 5 580 kt。

就全球来说，2010 年交通运输业的用铝量约占铝消费总量的 31.86%，为铝的第一大用户。中国铝的第一大用户为建筑及结构产业，其次才是交通运输装备产业，约 6 000 kt，占铝消费量的 25.3%。从 2009 年起，中国成为汽车第一大国，是年汽车总产量 1 620 万辆，2010 年为 1 826.47 万辆，这种独占鳌头的局面将会继续下去，但小轿车的用铝量约 125 kg/辆，比美国、德国、日本的 148.6 kg/辆低 16%；中国箱式货车车厢体的铝化率还不到 2%，比北美洲的 93% 低 91 个百分点。铝是当前唯一最可取的替代铸铁、钢以降低汽车自身质量的金属，有着特别重要的节能减排意义，当然镁也是一种节能减排的金属。小轿车在城市公路上行驶时，84.5% 的油耗消耗于自身重量。

铝在提取过程中的确要消耗大量的能源，2010 年中国氧化铝综合能耗达到 632.4 kg 标煤/t，比 2005 年的降低了 365.83 kg 标煤/t；电解铝直流电耗全国平均值 13 084 kWh/t – Al；综合交流电耗 13 979 kWh/t – Al，比 2005 年的降低了 440 kWh/t – Al 和 595 kWh/t – Al。2010 年由于每辆车使用了 125 kg 铝，使车的自重下降了约 55 kg，根据匡算，轿车在服务 0.55 服役年限（相当于跑 200 000 km）后所节约的能源就相当于提取铝所消耗的总能源，或者可以说以后所节约的能源就是净节约的。节约能源就意味着相应地减少温室气体排放。

2006—2020 年是中国轨道客运路线（地铁、轻轨、城际列车、磁悬浮、中低速磁悬浮、高速铁路）与铝合金机车车辆制造及运煤车辆制造的黄金时期。铝合金是制造这类车辆车体的最佳材料。2020 年中国高铁的通车里程可达 1.8×10^4 km，城市轨道列车的通车里程可超过 6 000 km，可通地铁的城市将达 35 个以上。中国通过铝合金机车车辆技术的引进、消化、吸收与创造，已拥有高铁与各种轨道铝合金机车车辆设计与制造的完全自主知识产权。中国高铁是世界上通车里程最长的（2012 年年底通车里程 9 300 km）、技术最先进的，也是安全与舒适的。根据国际铁路联盟的定义，高速铁路车辆是指在既有路线运营速度大于 200 km/h，在新建线路超过

250 km/h 的车辆。这些车辆的车体必须是全铝合金的，内部的装潢或门窗等也必须用铝合金或其他合适的材料制造。在估算轨道车辆铝材用量时，可按下列数据匡算采购质量：高铁与磁悬浮车辆 11 t/辆，城市轨道车辆 4.5 t/辆，货运车辆与液体运输车辆(如 C80 等)8.0 t/辆。

在轨道车辆制造中除大量用挤压铝材制造车体、车辆内部设施、门窗等外，还用一些板材、锻件、箔材、管材与铸件等，如连接座、支撑梁、轴梁、主横梁、减速箱等。但客运车辆以挤压铝材为主，占 85% 左右，而货运车辆则以厚 7~9.5 mm 的板材为主，约占 60%，其他的为加固用挤压型材。

挤压轨道车辆大型材有 100 MN 级的现代化挤压机就足矣，不需要挤压力大于 125 MN 的挤压机，甚至不需要挤压力大于 110 MN 的。到 2012 年为止，中国有 24 个企业有大挤压机(挤压力≥45 MN)62 台，其中 90~125 MN 的 17 台，占大挤压机总数的 27.42%，日本只有 1 台 97 MN 的，欧洲也仅有 3 台。中国这 62 台大挤压机的总挤压力约 5 000 MN，大型材生产能力在 500 kt/a 以上。现在还有十几个企业在建大挤压机项目，到 2015 年至少还有 28 台大挤压机投产，到那时全国保有的大挤压机可超过 80 台，占全球总数的 60% 强，其中有 150 MN 级的 2 台，225 MN 的有 2 台，大型材总生产能力超过 700 kt/a，而到 2020 年为止的这段时间内，全国轨道车辆制造平均所需大型材只不过 15 kt/a。

轨道车辆建设是周期性的，到 2020 年为止这段时间为建设高峰期，过了这段时间对铝合金车辆的需求会显著减少，铝合金车辆的使用期限长达 30 年。在城市轨道车辆中除磁悬浮车辆必须用铝合金制造外，其他车辆还可以用不锈钢与低合金化高强度钢制造，铝合金车辆约占 1/3。

从 2011 年 8 月起，全国铁路开始实施新的列车运行图，不但调整了列车开行方案，而且适当降低了新建高铁运营初期速度，普遍减速 50 km/h，仅有部分高铁仍保持 300 km/h 的速度，同时新建高铁的进程也会适当放缓，对铝合金车辆的需求也不会像过去想的那么旺盛与迫切，但对铝合金车辆的总需求不会改变，不过需求时间会拖长一些。

全面系统编写轨道车辆用铝及大挤压材料生产工艺书籍在全国尚属首次，书中不可避免地会存在一些不妥与不足之处，恳请读者斧正。在本书编写过程中，参阅了国内外诸多文献资料，得到许多专家与北京安泰科信息开发有限公司各级领导的鼎力支持与帮助，参加本书编写的还有王伟东、朱妍、史欣、袁媛、姚希之、尤振平、郭秋影、霍云波、曾峥、沈兰等，在此表示衷心的感谢。

编　者
2013 年 6 月

目　录

第 1 章　铝及铝合金的基本性能

1.1　纯铝的基本性能

纯铝的物理性能及工业纯铝的力学性能见表 1 - 1、表 1 - 2。

表 1 - 1　纯铝的物理性能

性能	高纯铝(99.996%)	工业纯铝(99.5%)
晶格类型	面心立方	面心立方
晶格常数(20℃)/×10⁻¹⁰ m	4.0494	4.04
密度(20℃)/kg·m⁻³	2 698	2 710
密度(700℃)/kg·m⁻³	—	2 373
熔点/℃	660.24	约 650
声速/m·s⁻¹	—	约 4 900
沸点/℃	2 060	—
熔解热/(×10⁵ J·kg⁻¹)	3.961	3.894
燃烧热/(×10⁷ J·kg⁻¹)	3.094	3.108
凝固体积收缩率/%	—	6.6
比热容(100℃)/J·(kg·K)⁻¹	934.92	964.74
热导率(25℃)/W·(m·K)⁻¹	235.2	222.6(O 状态)
线膨胀系数(20~100℃)/μm·(m·K)⁻¹	235.2	23.5
线膨胀系数(100~300℃)/μm·(m·K)⁻¹	25.45	25.6
弹性模量/N·mm⁻²	—	70 000
切变模量/N·mm⁻²	—	2 625
汽化热/kJ·mol⁻¹	—	291
对可见光的反射率(电解抛光)/%	—	85~90
热辐射率/%	—	3
电导率(20℃)/% IACS	—	64.94
磁化率(25℃)/mm³(g·atm)⁻¹	—	16×10⁻³
表面张力/N·m⁻¹	—	0.868(熔点)
黏度/kg·m⁻¹·s⁻¹	—	0.0012(熔点)
电阻温度系数/K⁻¹	4.2×10⁻³	4.0×10⁻³
超导温度/K	—	1.175
折射率(白光,决定于材料表面状态)/%	—	0.78~1.48
吸收率(白光,决定于材料表面状态)/%	—	2.85~3.92

表 1-2　工业纯铝的力学性能

力学性能	铸态	压力加工	
		退火	未退火
抗拉强度/N·mm^{-2}	90～120	80～110	150～250
弹性极限/N·mm^{-2}	—	30～40	—
屈服强度/N·mm^{-2}	—	50～80	120～240
伸长率/%	11～25	32～40	4～8
断面收缩率/%	—	70～90	50～60
布氏硬度/HBS 10/500	24～32	15～25	40～55
冲击韧度/J·cm^{-2}	340	—	—
抗剪强度/N·mm^{-2}	42	60	100
弯曲疲劳强度/N·mm^{-2}		50	40

　　铝是元素周期表中第三周期主族元素,具有面心立方晶格,无同素异构转变。铝的密度为 2.72 g/cm^3,约为铁的 1/3,故铝基合金的密度都比较小,一般为 2.5～2.88 g/cm^3,但比强度高,可与合金钢的相比。

　　铝的熔点与其纯度有关,并随铝的纯度的提高而升高,纯度为 99.996% 铝的熔点为 660.24℃。

　　铝具有优良的导电性、导热性,其导电性仅次于银和铜的,居第 3 位,约为纯铜电导率的 62%。为节约铜的用量,目前在电器工业中大量用铝代替铜制作导线:在电机制造业中,用铝制作转子的导条,甚至定子的绕组,也可做电器、电子设备的散热件。

　　铝在大气中具有优良的抗蚀性。因为铝和氧的亲和力很大,在室温下即能与空气中的氧化合,在表面生成一层薄而致密并与基体铝牢固结合的氧化膜,阻止氧向铝内部扩散而起到保护作用。铝的这一特性给铝及其合金的生产工艺带来方便,即在熔炼与铸造、锻造与热处理过程中,无须采用特殊的防氧化措施。但在碱和盐的水溶液中,铝的氧化膜很快被破坏,抗蚀性不好。此外,铝的氧化膜在热的稀硝酸、稀硫酸中也易溶解。

　　铝及其合金也易进行阳极氧化处理,表面形成一层坚固的、各种色彩的、美观的保护膜,可起到装饰与保护作用。大部分铝合金可热处理强化,提高其强度和硬度等力学性能,可满足不同用途的需要。

　　工业纯铝的力学性能除与纯度有关外,还与材料的加工状态有关,不同状态的工业纯铝的力学性能如表 1-2 所示。由于铝的塑性很好,富有延展性,便于各种冷、热压力加工。纯铝的热加工温度为 400～500℃,冷加工时的中间退火温度为 350～500℃。

　　铝具有一系列比其他有色金属、钢铁、塑料和木材等更优良的特性，如良好的耐蚀性和耐候性；良好的塑性和加工能力；良好的导热性和导电性；良好的耐低温性能，对光热电波的反射率高，表面处理性能好；无磁性；无毒；有吸声性；耐酸性好；抗核辐射性能好；弹性系数小；良好的力学性能；优良的铸造性能和可焊接性；良好的抗撞击性。此外，铝材的高温性能、成形性能、可切削加工性能、铆接性能、胶接性能及表面处理性能等也很好。因此，铝材在航天、航空、航海、汽车、交通运输，桥梁、建筑、电子电气、能源动力、冶金化工、农业排灌、机械制造、包装防腐、电器家具、日用品、文体器材等各个领域都获得了广泛的应用。另外，铝及铝合金在碰撞时不发生火花，是一种阻燃材料，可作为消防隔火材料。铝及铝合金的主要应用领域与其性能的关系见表 1-3。

表 1-3　材料性能与市场需求的关系

●很重要的性能　　○也需要的希望性能

市场＼材料性能	密度	力学性能	电学性能	热学性能	抗腐蚀性能	表面处理性能	加工成形性	铸造性能	可切削性能	可焊接及钎焊性能	反射性能	对健康影响性	无磁性	可回收性
交通运输	●	●	—	●	●	●	●	●	●	●	●	—	○	●
建筑工业	●	○	—	—	●	●	●	○	●	●	—	●	●	●
包装工业	●	○	—	●	●	●	●	●	●	●	●	●	●	●
电器工程	●	○	●	●	●	●	●	●	●	●	●	●	●	●
机械工程	●	●	—	○	●	●	●	○	●	○	○	○	○	●

　　纯铝板材的力学性能与冷加工率的关系见表 1-4。

表 1-4　纯铝板材的力学性能与冷加工率的关系

铝	冷加工率/%	$R_m/N \cdot mm^{-2}$	$R_{p0.2}/N \cdot mm^{-2}$	$A/\%$
极纯铝 (5N)	0	40~50	15~20	50~70
	40	80~90	50~60	15~20
	70	90~100	70~80	10~15
	90	120~140	100~120	8~12
工业纯铝 (2N~2N7)	0	80~120	30~60	25~50
	40	120~180	100~150	5~10
	70	170~260	120~200	2~6
	90	260~310	220~290	1~4

纯铝可分为工业纯铝和高纯铝,一般把99%~99.79%的铝称为工业纯铝,纯度为99.8%~99.949%的称为高纯铝,纯度为99.95%~99.995 9%的称为超纯铝,纯度为99.996 0%~99.999 0%的称为极纯铝,纯度大于99.999 0%的称为特纯铝。超纯铝、极纯铝和特纯铝是一种高技术材料,用作超导体的稳定材料、电解电容器高压阳极箔、集成电路配线、真空沉积材料和配制计算机磁盘合金等。

纯铝的强度很低,不适于作结构件。经退火的纯铝板的力学性能为 $R_m = 80~100 \text{ N/mm}^2$、$R_{p0.2} = 30~50 \text{ N/mm}^2$、$A = 35\%~40\%$、$HB = 25~30$。冷加工率达60%~80%时,纯铝的 R_m 虽可提高到150~180 N/mm^2,但 A 值却显著下降,到1.0%~1.5%时,开始发脆。

纯度对 Al 的各种性能有显著影响。Al 的主要杂质是 Fe 和 Si,它们的含量高时,虽能提高强度,但降低了塑性、电导率、抗蚀性并破坏氧化膜。Fe 在 Al 中的溶解度极小,在共晶温度(655℃)时只有0.052%,室温时仅0.002%。Fe 与 Al 形成硬而脆的针状化合物 $FeAl_3$。Si 在 Al 中的溶解度比铁在铝中的溶解度大,共晶温度(577℃)时为1.65%,室温时为0.05%。Si 同 Al 不形成化合物,除溶解少量外,过剩的杂质 Si 均呈游离状态存在。由于 Si 和 Fe 同时存在于铝中,因此实际上可把工业纯铝看成 Al – Fe – Si 三元合金。在工业纯铝中,除了 $FeAl_3$ 和 Si 质点外,还能形成两种三元化合物 α 和 β。当 Fe 的含量大于 Si 时形成富铁的 α 化合物($Al_2Fe_3Si_2$),呈骨架状或团块状。当 Si 的含量大于 Fe 时,则形成富硅的粗大针状的 β 相($Al_9Fe_2Si_2$)。它们对铝的塑性均不利,尤其是后者。Fe 和 Si 在工业纯铝中大都形成三元化合物,出现 $FeAl_3$ 或游离 Si 的机会很少。为了获得晶粒细小、均匀、冲压性能好的工业纯铝板材,应使杂质 Fe 的含量大于 Si 的,以 Fe/Si ≥2~3 为最好。同时,宜添加 Al – Ti 或 Al – Ti – B 合金作为晶粒细化剂。

高纯铝的工艺性能与工业纯铝的大不相同。当杂质 $w(Cu)$ 含量 ≤0.0001%~0.001%,$w(Fe)$ ≤0.001 5%,纯度 $w(Al)$ ≥99.99% 时,再结晶温度即降到室温;而纯度 $w(Al)$ ≥99.999% 时,再结晶温度为 –35~–60℃。工业纯度的铝,其再结晶温度在200℃以上。高纯铝的这种特点易形成极为粗大的晶粒,给铸锭、轧制、退火、成形等工艺带来许多困难。U 和 Th 是制作集成电路配线极纯铝中最有害的杂质,它们的含量均应小于 50×10^{-9}。

1.2 铝合金的分类及合金元素与杂质在合金中的作用

1.2.1 铝合金的分类

铝合金分为变形铝合金与铸造铝合金两大类。变形铝合金又可分为热处理不可强化与可强化型两类,前者包括 Al – Mn 系、Al – Mg 系、Al – Si 系合金,即

1 × × × 系、3 × × × 系、4 × × × 系、5 × × × 系、大部分 8 × × × 系合金；后者包括 Al – Cu、Al – Cu – Mg、Al – Mg – Si、Al – Zn – Mg 和 Al – Zn – Mg – Cu 系合金，即 2 × × × 系、6 × × × 系、7 × × × 系和 8 × × × 系少数合金，如图 1 – 1 所示。

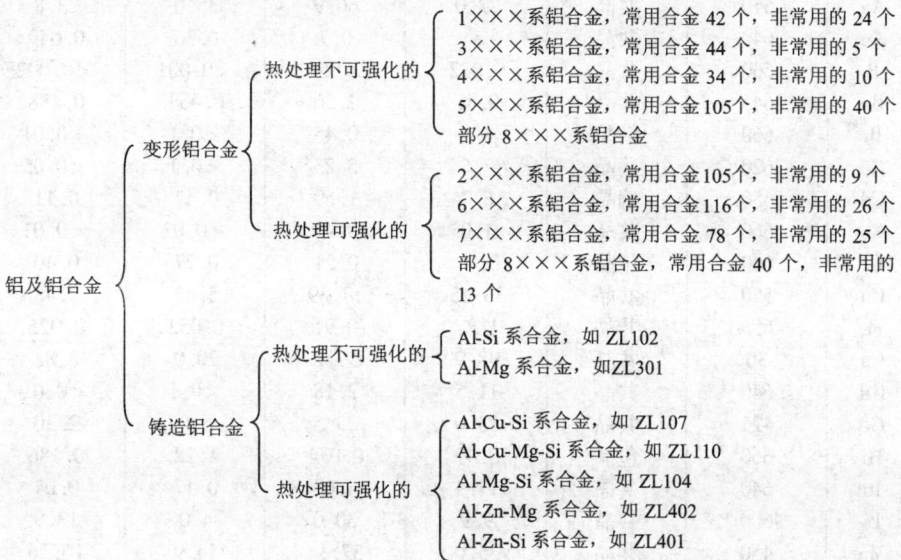

铝及铝合金
- 变形铝合金
  - 热处理不可强化的
    - 1×××系铝合金，常用合金 42 个，非常用的 24 个
    - 3×××系铝合金，常用合金 44 个，非常用的 5 个
    - 4×××系铝合金，常用合金 34 个，非常用的 10 个
    - 5×××系铝合金，常用合金 105 个，非常用的 40 个
    - 部分 8×××系铝合金
  - 热处理可强化的
    - 2×××系铝合金，常用合金 105 个，非常用的 9 个
    - 6×××系铝合金，常用合金 116 个，非常用的 26 个
    - 7×××系铝合金，常用合金 78 个，非常用的 25 个
    - 部分 8×××系铝合金，常用合金 40 个，非常用的 13 个
- 铸造铝合金
  - 热处理不可强化的
    - Al-Si 系合金，如 ZL102
    - Al-Mg 系合金，如 ZL301
  - 热处理可强化的
    - Al-Cu-Si 系合金，如 ZL107
    - Al-Cu-Mg-Si 系合金，如 ZL110
    - Al-Mg-Si 系合金，如 ZL104
    - Al-Zn-Mg 系合金，如 ZL402
    - Al-Zn-Si 系合金，如 ZL401

图 1 – 1　铝合金的分类
（变形铝合金的个数是指 2011 年在美国铝业协会公司注册数）

变形铝合金按主要合金元素的不同分为：工业纯铝即 1 × × × 系合金，截止到 2011 年年底，在美国铝业协会公司（The Aluminum Association Inc.）注册的常用合金有 42 个；Al – Cu 系合金（2 × × × 系），注册的常用合金有 105 个；Al – Mn 系合金（3 × × × 系），注册的常用合金 44 个；Al – Si 系合金（4 × × × 系），注册的常用合金 34 个；Al – Mg 系合金（5 × × × 系），注册的常用合金 105 个；Al – Mg – Si系合金（6 × × × 系），注册的常用合金 116 个；Al – Zn 系合金（7 × × × 系），注册的常用合金 78 个；铝 – 其他元素系合金（8 × × × 系），40 个；总共 554 个常用合金。此外，还有 162 个非常用合金（inactive alloy）。可见注册铝合金总数为 716 个，其中热处理可强化合金 354 个，占总数的 50% 弱。在 8 × × × 系合金中有一些是热处理不可强化的。

1.2.2　铝合金的强化

铝合金强化的主要方法是：对热处理不可强化的合金采用弥散强化、固溶强化和冷作硬化；对热处理可强化的合金则通过固溶处理与随后的时效。元素在 Al 中的溶解度如表 1 – 5 所列。由所列数据可见，仅有 11 个元素在铝中的固溶度≥1%

表1-5 元素在 Al 中的溶解度

元素名称	温度/℃	反应类型	在反应时的溶解度/%		固溶度/%	
			w	x	w	x
Ag	570	共晶	72.0	60.9	35.6	23.8
Au	640	共晶	5	0.7	0.36	0.049
B	660	共晶	0.022	0.054	<0.001	<0.002
Be	645	共晶	0.87	2.56	0.063	0.188
Bi	660	偏晶	3.4	0.45	<0.1	<0.01
Ca	620	共晶	7.6	5.25	<0.1	<0.05
Cd	650	偏晶	6.7	1.69	0.47	0.11
Co	660	共晶	1.0	0.46	<0.02	<0.01
Cr	660	包晶	0.41	0.21	0.77	0.40
Cu	550	共晶	33.15	17.39	5.67	2.48
Fe	655	共晶	1.87	0.91	0.052	0.025
Ga	30	共晶	98.9	97.2	20.0	8.82
Gd	640	共晶	11.5	2.18	<0.1	<0.01
Ge	425	共晶	53.0	29.5	6.0	2.30
Hf	660	包晶	0.49	0.074	1.22	0.186
In	640	共晶	17.5	4.65	0.17	0.04
Li	600	共晶	9.9	30.0	4.0	13.9
Mg	450	共晶	35.0	37.34	14.9	16.26
Mn	660	共晶	1.95	0.97	1.82	0.90
Mo	660	包晶	0.1	0.03	0.25	0.056
Na	660	偏晶	0.18	0.21	<0.003	<0.003
Nb	660	包晶	0.01	0.003	0.22	0.064
Ni	640	共晶	6.12	2.91	0.05	0.023
Pb	660	共晶	1.52	0.20	0.15	0.02
Pd	615	共晶	24.2	7.5	<0.1	<0.002
Rh	660	共晶	1.09	0.29	<0.1	<0.02
Ru	660	共晶	0.69	0.185	<0.1	<0.02
Sb	660	共晶	1.1	0.25	<0.1	<0.02
Sc	660	共晶	0.52	0.31	0.38	0.25
Si	580	共晶	12.6	12.16	1.65	1.59
Sn	230	共晶	99.5	97.83	<0.01	<0.002
Sr	655	共晶	—	—	—	—
Th	635	共晶	25.0	3.73	<0.1	<0.01
Ti	665	包晶	0.15	0.083	1.00	0.57
Tm	645	共晶	10.0	1.74	<0.1	<0.01
U	640	包晶	13.0	1.67	<0.1	<0.01
V	665	共晶	0.25	0.133	0.6	0.32
Y	645	共晶	7.7	2.47	<0.1	<0.03
Zn	380	共晶	95.0	88.7	82.8	66.4
Zr	660	包晶	0.11	0.033	0.28	0.085

注:w 为质量分数;x 为原子数分数

质量，并且其溶解度随着温度的下降而减小。在这些元素中，Ag、Ga、Ge、Hf、Ti 的价格甚贵，不能作为主要的工业合金元素，剩下的 6 个元素 Zn、Mg、Cu、Mn、Si 和 Li 成了主要工业铝合金的基础。所有热处理可强化的合金都含有在高温下溶解度大而低温下溶解度小并有强烈时效硬化作用的元素。绝大多数铸造铝合金都含有 Si，因为 Al－Si 合金有良好的流动性和对热裂缝不敏感。热处理不可强化的 Al－Mn 系合金主要通过加工硬化而提高强度，但 Mn 与 Al 能形成细小的、弥散的 $MnAl_6$，也有一定的弥散强化作用。在 Al－Mg 合金中，大部分 Mg 固溶于 Al 中，有相当大的固溶强化作用，尤其是在冷加工后。

　　Mn、Cr、Zr 等在铝中有一定的固溶度，能以小于 $1\mu m$ 的弥散质点从固溶体中沉淀；在热加工及退火时不固溶，能钉扎晶界与亚晶界，提高再结晶温度，改善强度、断裂韧性和应力腐蚀开裂性能。

1.3　合金元素和主要杂质对性能的影响

1.3.1　物理性能

　　铝及铝合金的一个主要特点是密度小。在常用的合金元素中，Mg、Li、Si 使其密度减小，尤其是 Li，每添加 1% Li 可使其密度下降 3%。Cr、Cu、Fe、Mn、Ni、Ti、Zn、Zr 等则使铝的密度增大。轧制能提高密度；冷加工使位错增加，降低密度；若随即退火，位错消失，密度又升高，不过变化量很小，约 0.1%。

　　一些元素对铝的线膨胀系数的影响如表 1－6 所列。由表可知，只有添加 Mg 和 Zn 元素，才提高其线膨胀系数，时效状态(T4、T5、T6)材料的线膨胀系数约比退火状态的高 0.015。

表 1－6　合金元素对 Al 的线膨胀系数的影响

合金元素名称	每添加 1% 线膨胀系数的变化	合金元素名称	每添加 1% 线膨胀系数的变化
Al_2O_3	－ 0.0105	Zn	＋ 0.0032
Cu	－ 0.0033	Cr	－ 0.010 *
Fe	－ 0.0125	Mn	－ 0.010 *
Mg	＋ 0.0055	Ti	－ 0.010 *
Ni	－ 0.0150	V	－ 0.010 *
Si	－ 0.0107	Zr	－ 0.010 *

　　注：1. 以高纯铝的线膨胀系数(1.000 0)为准，材料状态为 O。

　　　　2. 标 * 者为估算值。

　　　　3. 添加的元素含量为质量分数。

合金成分对铝的热导率与电导率的影响相同。在 0~400℃间，退火铝材的热导率可根据电导率计算；同时除硅外，与合金的成分无多大关系。计算式如下

$$K = 5.02\lambda T \times 10^{-9} + 0.03$$

式中：K——热导率；

λ——电导率；

T——绝对温度。

任何元素都会使 Al 的电导率下降，固溶元素的有害作用比不固溶的更大。每 1% 固溶量和非固溶量对高纯铝的电阻率（20℃时为 2.65 $\mu\Omega \cdot cm$）的影响如表 1-7所示。电工铝中的主要杂质是 Cu、Fe、Si、Ti、V、Mn、Cr 等。Ti 与 V 含量之和每增加 0.01%，其电导率下降 0.8%。B 的含量为（Ti + V）/2 时，将形成 TiB_2 和 VB_2，它们既不固溶于铝又不溶解于液态铝，其中大部分可在精炼静置时沉于炉底，剩下的少部分对铝的电导率没有多大影响。

表 1-7　固溶和非固溶元素对铝的电阻率影响

元素名称	最大固溶量/%	每 1% 的电阻率平均增加量/$\mu\Omega \cdot cm$	
		固溶	非固溶[1]
Cr	0.77	4.00	0.18
Cu	5.65	0.344	0.030
Fe	0.052	2.56	0.058
Li	4.0	3.31	0.68
Mg	14.9	0.54[2]	0.22[2]
Mn	1.82	0.94	0.34
Ni	0.05	0.81	0.061
Si	1.65	1.02	0.088
Ti	1.0	2.88	0.12
V	0.5	3.58	0.28
Zn	82.8	0.09[3]	0.023[3]
Zr	0.28	1.74	0.044

注：元素添加量为质量分数。

[1]除另有说明者外，适用于添加元素量不超过最大固溶量的 2 倍。

[2]适用于元素含量不大于 10%。

[3]适用于元素含量不大于 20%。

铝合金磁导率决定于添加元素的磁性和添加量。Fe 在铝中以 $FeAl_3$ 的形式存在，它是顺磁性物质，与铝的磁性相同。因此，添加少量 Fe 对铝的磁性无影响。V 使铝的磁导率下降，而 Mn、Cr 则提高铝的磁导率。磁导率对淬火很敏感。淬

火状态的 Al – Cu 合金的磁导率比退火状态的低得多，磁导率对加工硬化不敏感。

　　抛光铝材上的阳极氧化膜对可见光的反射率与裸铝的相同，但对未抛光的铝来说，其反射率则随着氧化膜增厚而急剧下降。固溶的 Mg 不但能提高铝的强度，同时对抛光铝的反射率无影响。所有的铝合金都可用机械方法抛光，但电解抛光与化学抛光则只适用于那些不发生点蚀的铝合金。Mg 与 Si 含量之和在 3% 以下时，对铝的反射性能影响也很小；Fe 的影响则很大，当其含量超过 0.008% 时，铝的反射性能随 Fe 含量的增加而成比例下降。Mn 含量如不超过 0.30%，对反射性能的影响很小，大于此值则有相当大的危害。在 6063 合金中，如 Mg_2Si 呈粗大的块状，则对反射性能不利；挤压后进行适当的空冷淬火和低温时效，可使 Mg_2Si 呈均匀细小的弥散状态，而保持良好的反射性能。

　　在 700 ～ 740℃ 对熔融铝测定表面张力时（毛细管法，在氩气中）发现：Bi、Ca、Li、Mg、Pb、Sb 等元素能降低铝（99.99%）的表面张力；而 Ag、Cu、Fe、Ge、Mn、Si、Zn 等元素对铝的表面张力几乎无影响。铝合金的表面张力随着温度的升高而下降。

　　Cu、Fe、Ti 元素能提高铝

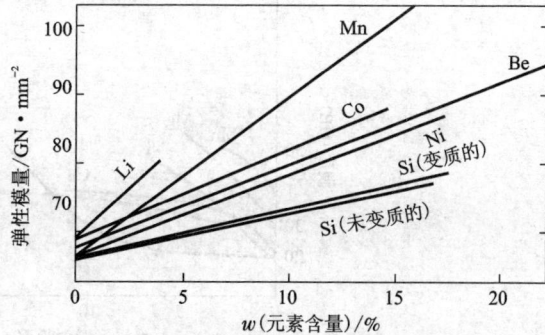

图 1 – 2　铝的弹性模量与合金元素含量的关系

的黏度，Zn 对铝的黏度无影响，而 Mg 与 Si 降低铝的黏度。在任何情况下，铝及铝合金的黏度都随温度升高而降低。

　　Li、Mn、Co、Be、Ni、Si 元素能增大铝的弹性模量；尤其是 Li，每添加 1% Li，可使铝的弹性模量提高约 6%。几种粉末冶金铝合金的弹性模量列于表 1 – 8。铝的弹性模量与合金元素含量的关系如图 1 – 2 所示。

表 1 – 8　几种粉末冶金挤压材的弹性模量

合金化学成分或元素 /%	弹性模量 E /GN·mm^{-2}	合金化学成分或元素 /%	弹性模量 E /GN·mm^{-2}
6 Al_2O_3	73	13 Fe[*]	88
11 Al_2O_3	77	16 Mn[*]	110
14 Al_2O_3	79	5.9 Fe, 6.2 Ni[*]	88
10 Cr[*]	93	12.6 Mn, 2.9 Si	96

注：* 合金中含 0.5% 左右的 Al_2O_3。

1.3.2 力学性能与工艺性能

所有合金元素都可提高铝的抗拉强度、屈服强度等性能而不同程度地降低其塑性；也就是说，它们都有一定的固溶强化作用。Cu、Zn、Si、Mg 等元素配合加入时，由于热处理过程中从固溶体中沉淀出有强化作用的相，而使合金具有很强的热处理效果。当单独加入 Mg 或 Mn 时，既有固溶强化作用，又由于形成Mg_5Al_8或 $MnAl_6$ 质点而有一定的弥散强化作用。

图 1 – 3 表示铝的硬度（HB）与合金元素含量的关系，一些 $5 \times \times \times$ 系合金的力学性能与含 Mg 量的关系如图 1 – 4 所示（退火的材料）。

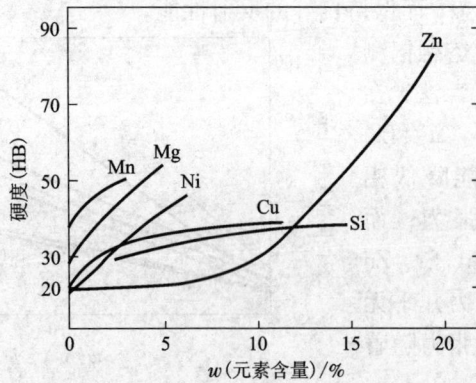

图 1 – 3 铝的硬度与合金元素含量的关系

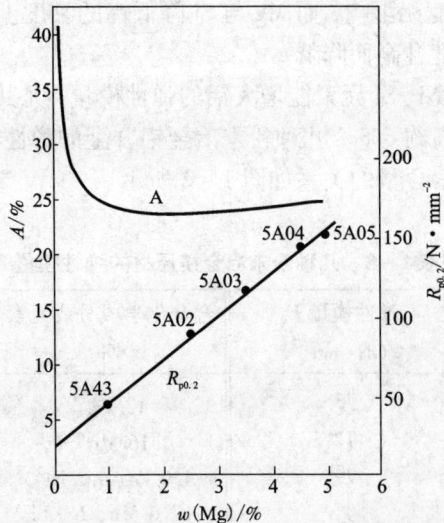

图 1 – 4 $5 \times \times \times$ 系合金的力学性能与含 Mg 量的关系

1.3.2.1 断裂韧性与疲劳性能

现代航空工业要求断裂韧性高的铝合金。提高铝合金的断裂韧性的主要措施是降低硬铝与超硬铝中的杂质 Fe 与 Si 的含量,并严格控制合金元素 Cu 和 Mn 的含量,使之不形成对断裂韧性与疲劳性能有害的脆性相。现在已知 3 种二次相质点对硬铝的上述性能有影响(见表 1 - 9)。

表 1 - 9 对高强度铝合金断裂韧性与疲劳性能有影响的二次相质点

类 型	尺寸/μm	实 例
组织组成物质点	2 ~ 50	Cu_2FeAl_7、$CuAl_2$、$FeAl_3$
弥散质点	0.01 ~ 0.5	$ZrAl_3$、$CrMg_2Al_{12}$
强化沉淀物	0.001 ~ 0.5	GP 区

除控制成分外,严格掌握加工工艺参数,也是提高韧性的有力措施。Fe 是硬铝的有害杂质,能与 Cu、Si、Mn 等元素形成不溶解的夹杂相即组织组成物质点,从而降低时效能力、强度和韧性。这样的夹杂相有 Cu_2FeAl_7、AlCuFeMn、AlCuFeSiMn 等。Fe 含量由 0.25% 降低到 0.15%,可使硬铝的 K_{Ic} 提高 20% ~ 40%。为了获得更高的韧性,第二类质点的量也要加以控制,即 Zr 与 Cr 的量应保持在获得所需晶粒组织、力学性能和应力腐蚀开裂抗力的最低限度。

通常,提高铝合金抗拉强度的合金化、加工工艺和热处理,也能相应地改善其疲劳性能。但是,提高韧性的措施对疲劳性能的改善并不是等效的。例如,降低 Fe 的含量并不能有效地提高硬铝的疲劳强度,增加超硬铝的铜含量,能提高其在高湿环境中的疲劳性能。

1.3.2.2 成形性能

向铝中同时添加 Cu 和 Mg,会使低应变时的加工硬化增加,而高应变时的加工硬化下降。Zn 对低合金化铝合金的加工硬化或颈缩的形成无影响。可形成二次相质点的 Fe、Si、Mn 等元素,对加工硬化或应变硬化速率的影响极小。图 1 - 5 表示 Mn 对退火的 Al - Mg 合金成形性能的影响,而热处理与显微组织对 2036 合金某些力学性能的影响如图 1 - 6 所示。

1.3.2.3 加工性能

工业纯铝、高纯铝和某些低合金化铝合金(6063、3003 等)有很高的压力加工性能,可在很宽的温度范围内加工各种半成品与形状复杂的模锻件。合金化程度高的合金,不但变形抗力随着合金元素含量的增加而提高,而且由于一些不连续相的形成,使金属流动不均匀和引起裂缝。Cu、Mg、Si 等元素使固溶体的强度显著提高。Cr、Mn、Ti、V、Zr 等元素与铝形成不溶解的相,并提高高温强度,但提

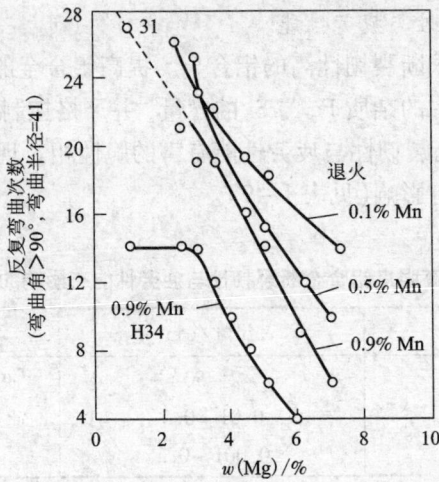

图 1 – 5　Mn 及 Mg 对退火状态及 H34 状态的铝合金
成形性能的影响（厚度为 1.6 mm 的板材）

高效果不如固溶度大的那些元素。如果 Cr、Mn 等元素的含量过大，将会形成大
量的一次相而使加工性能显著下降。常用变形铝合金的相对锻造性能与温度的关
系如图 1 – 7 所示。

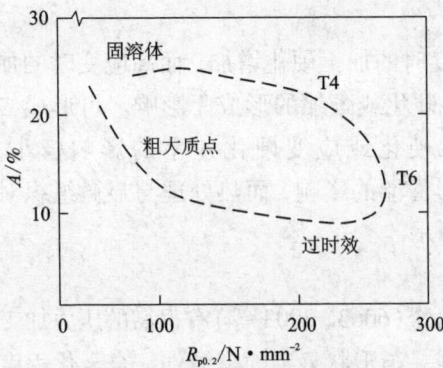

图 1 – 6　时效处理对 2036 合金性能的影响

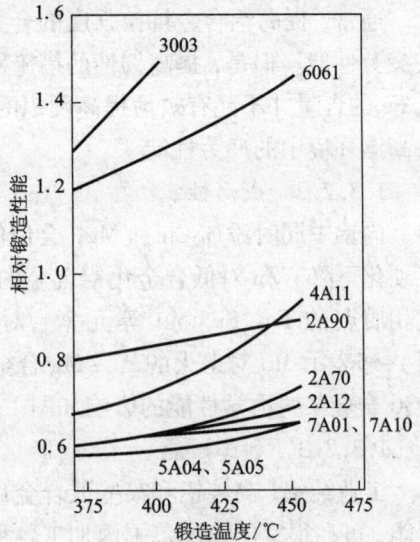

图 1 – 7　常用变形铝合金的相对锻造
性能与温度的关系

低合金化的直接水冷铸锭可在铸态下压力加工，高合金化的铸锭在压力加工之前应进行均匀化退火，个别变形困难的合金在锻造之前最好进行预锻或采用轧制、挤压坯料。

1.3.2.4　可切削性能

铝的可切削性能不佳，易黏刀和形成长的切屑；铝合金的可切削性尚可。Pb 和 Bi 以不溶解的细小球状质点存在于铝中，能大大提高铝的可切削性能，$CuAl_2$ 和 $FeAl_3$ 的存在也有利于可切削性能的提高，但 Pb 对环境不利，不宜采用。可是，非常硬的化合物质点如含硅的，或含 Cr、Mn 的复杂化合物虽有利于碎屑形成，但会显著缩短刀具寿命。过共晶 Al – Si 铸造合金中的一次晶硅对刀具寿命极为不利，但能促使短屑的形成，减少黏刀和获得光洁的加工表面。Na、Sr、Sb、P 等元素能改善铸造 Al – Si 合金的可切削性能。冷加工、增加合金元素含量或进行提高硬度的热处理都能改善铝合金的可切削性能。

1.3.3　合金元素和微量元素在铝合金中的作用

（1）Hg（汞）

保护钢铁结构的牺牲阳极铝合金中约含 0.05% Hg。Hg 能加快大多数铝合金的腐蚀。Hg 对环境不利，应控制使用。

（2）Th（钍）

制造集成电路配线用的超高纯铝中，杂质 Th 的含量应小于 50 ng/g。

（3）V（钒）

工业纯铝一般含 10～200 μg/g V。V 能提高铝的再结晶温度，它能与铝形成 VAl_{10}，作为异质晶核，有晶粒细化作用，但其效果不如钛及锆的。V 显著降低铝的电导率，每添加 0.1% 钒，铝的电阻率约增加 $0.45 \times 10^{-10}\ \Omega \cdot m$。

（4）H（氢）

氢既可在铸锭中产生一次气孔，也可在材料加工和热处理过程中引起二次气孔、气泡等。含镁量高的 Al – Mg 系合金、硬铝和超硬铝的应力腐蚀开裂也可能是氢脆造成的。氢化物形成的元素会增大熔融铝的吸氢量，而 Be、Cu、Sn、Si 等元素则能降低吸氢量。

（5）Na（钠）

微量的 Na 即可使含镁量高的 Al – Mg 系合金发生热脆，在热轧时产生裂缝。

（6）Ca（钙）

含 5% Ca 和 5% Zn 的铝合金有超塑性。Ca 略提高工业纯铝的电导率，因它可与 Si 形成几乎不固溶的 $CaSi_2$，Ca 降低 Al – Mg – Si 合金的时效硬化能力，Al – Mg 合金焊条中当有少到 10 μg/g 的 Ca 即可使焊弧不稳定，钎焊用的薄板的包覆层中若有极小量（10 μg/g）的 Ca 也会给真空钎焊造成困难。少量 Ca（0.2%）

能改变 3003 合金的再结晶特性。微量(10 $\mu g/g$)Ca 使熔融铝的吸氢倾向增大。

(7)Ti(钛)

工业纯铝含 10～100 $\mu g/g$ Ti,Ti 显著降低铝的电导率;加入 B 元素形成不溶解的 TiB_2,而中和 Ti 的有害作用。Ti 是铝及铝合金的晶粒细化剂,但其效果随着保温时间的延长而下降,重熔可使其失效。若同时添加 B,晶粒细化效果会显著增加。向焊条合金添加 Ti 可改善焊缝组织和防止裂缝。

(8)Th(铊)

包装食品用的铝箔和容器铝材,以及制造炊具、食具用的铝材,应严格限制Th 的含量,因 Th 是有毒的。

(9)As(砷)

As 可与氧化合形成有剧毒的 As_2O_3,因此与食品、饮料接触的铝材应严格控制 As 的含量。

(10)Be(铍)

向 Al－Mg 系铝合金添加 5～10 $\mu g/g$ Be,可降低其氧化速度,能防止 Al－Mg合金铸造时与湿砂型反应。向铸造铝合金添加 0.01%～0.05% Be 能提高其流动性与铸造性能。Be 能保持 Na 对共晶 Al－Si 合金的变质效果。向钢材镀铝液中添加≤0.1% Be,能提高铝与钢的黏结能力和防止有害的 Al－Fe 化合物的形成。Be 对铝的抗蚀性无影响。铝合金焊条中的 Be 应小于 8 $\mu g/g$,以免焊接时形成有毒的氧化铍烟。与食品及饮料接触的铝合金不得含有 Be。

(11)Bi(铋)

Bi 的熔点低。它在铝中的固溶度极低,并在铝中以软而熔点低的相存在,促使切屑断裂与润滑刀具。Bi 在凝固时体积膨胀,而 Pb 则收缩,同时向 Al－Cu 或Al－Mg_2Si 合金以 1:1 的比例添加 Bi 与 Pb,既可提高合金的可切削性能又能抵消它们的体积变化。向含 Mg 量高的 Al－Mg 系合金加 20～200 $\mu g/g$ Bi 能消除 Na造成的热脆性。废料中混入 Bi 时增大熔炼烧损。

(12)Ce(铈)与稀土金属

混合稀土金属含 5%～60% Ce,向铸造铝合金添加少量稀土金属,将提高其流动性和减少压铸黏模现象。微量稀土元素(0.1% 左右)能显著改善导电线用Al－Mg－Si合金的铸造、加工和热处理工艺性能;人工时效(165℃、4 h)能提高强度约 15 N/mm^2,降低电阻率2%。向 6063 合金加少量稀土金属改善建筑型材的表面处理品质。向含 Fe 量 >0.7% 的铝合金添加稀土金属,则针状的 $FeAl_3$ 变成了非针状的。

(13)Co(钴)

向含 Fe 的 Al－Mg 铸造合金添加少量 Co,可使针状 β 铝－铁－硅相变成较圆的 Al－Co 相,从而合金强度和伸长率有所提高。Al－Zn－Mg－Cu 系粉末冶金合金也可含 Co 0.2% ~ 1.9% 。变形铝合金中混入少量 Co 可形成降低断裂韧性的中间金属化合物。

（14）Fe（铁）

Fe 是铝和铝合金的常规杂质，在熔融铝中易溶解，而在固态铝中的溶解度却很低（约 0.04% ）。因此，当铝中的 Fe 大于此量时，便与铝及其他元素形成二次中间相，它们降低硬铝、超硬铝的断裂韧性与疲劳性能。由于 Fe 的溶解度有限，向导电铝中添加少量 Fe，能稍稍提高强度和改善在稍高的温度下的蠕变性能。图 1 - 8 表示杂质（Fe + Si）对退火状态铝的性能影响[4]。向 Al - Cu - Ni 合金加铁能提高高温强度。含少量 Fe 的 Al - Mg 导电合金在室温和高温时会有更好的综合性能。Fe/Si 值对工业纯铝工艺性能的影响甚大，只有当此值≥2 ~ 3 时，才能得到细晶粒的冲压性能良好的薄板带材。

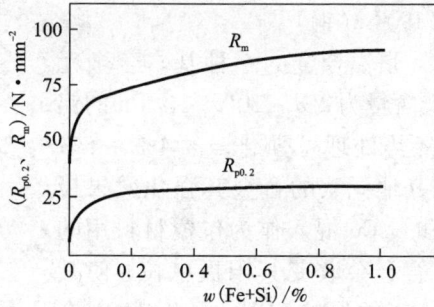

图 1 - 8　杂质（Fe + Si）对铝的强度性能影响

（15）Pb（铅）

Pb 是工业纯铝的微量元素，向某些铝合金添加约 0.5% Pb 和等量 Bi 可提高其可切削性能，形成如 2011 和 6262 易切削合金。Al - Cu - Mg 合金中混入微量的 Pb，在铸造时会发生偏析，热轧时引起热脆。Pb 的化合物是有毒的，对与食品或饮料接触的铝材应注意 Pb 污染。

（16）Mo（钼）

铝中杂质 Mo 的含量极低，为 0.1 ~ 1.0 μg/g。向铝中添加 0.3% Mo 能细化晶粒，并能中和 Fe 的有害作用，不过生产中不采用 Mo 作为晶粒细化剂。

（17）U（铀）

U 是作为集成电路配线用的超高纯铝中的有害杂质，其量应小于 50 ng/g。

（18）Cr（铬）

Cr 是工业纯铝的一种微量杂质，为 5 ~ 50 μg/g，它显著降低铝的电导率。常向 Al - Mg 系合金、Al - Mg - Si 系合金和 Al - Mg - Zn 系超硬铝添加≤0.35% Cr，以抑制前者在热加工与热处理时的晶粒长大，阻止后两种合金的再结晶，使他们形成降低应力腐蚀开裂敏感性和/或提高断裂韧性的纤维状组织。如 Cr 含量 > 0.35% ，则能与其他杂质 Mn、Fe、Ti 等形成对各种性能皆不利的粗大化合物。铸造铝合金中的 Cr 含量较大时，可形成含 Cr 的沉淀物。固溶的 Cr 和以弥散状态存在的化合物，能略提高合金的强度。加入少量的 Cr 能降低合金退火时的恢复速度和提高再结晶温度以及细化晶粒。Cr 在热处理可强化合金中的主要缺点是提高淬火敏感性，因为强化相能在未固溶的含 Cr 相质点上成核。Cr 使阳极氧化膜呈黄色。

（19）Cu（铜）

Cu 是铝合金的一种基本合金元素，其含量为 2% ~ 10%。含 Cu 的铝合金经热处理可强化，含 4% ~ 6% Cu 与其他元素的合金其强化效果最大。少量 Cu 混入作为包覆材料用的 7A01 合金会改变其阳极电位，使其失去应有的保护作用，因此 7A01 合金的 Cu 含量应 ≤0.015%。Cu 对高纯的二元 Al – Cu 合金薄板（厚1.6 mm）力学性能的影响如图 1 – 9

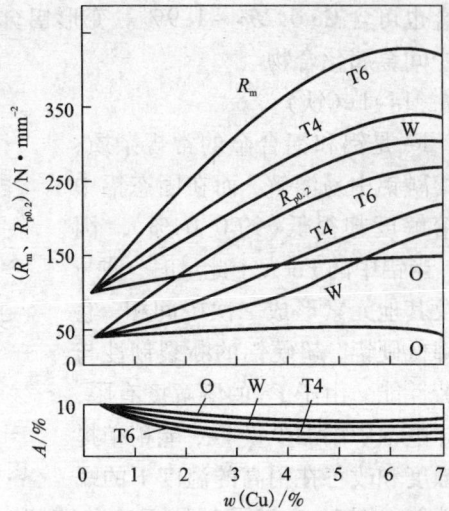

图 1 – 9　高纯 Al – Cu 合金的力学性能

所示。但二元 Al – Cu 合金没有工业价值，往往和其他元素配合加入铝中。

Co、Cr、Mo 对 Al – Cu – Mg 合金的作用与 Mn 的相似，但并不比 Mn 的优越。Ag 显著加强 Al – Cu – Mg 合金的热处理强化效果。Ni 提高 Al – Cu – Mg 合金的高温强度与硬度。含 Cu 量比 2A11 合金低的 Al – Cu – Mg 系合金有良好的焊接性、成形性和抗蚀性；成形时表面不会产生吕德（Luder's）线，是制造轿车车身板的良好材料。

含少量 Mn、Ti、V 或 Zr 的 Al – Cu 合金有良好的高温性能、铸造性能、可焊接性能和加工性能。

（20）In（铟）

少量（0.05% ~0.2%）的 In 能降低 Al – Cu 合金特别是 Cu 含量较低（2% ~3%）合金的自然时效速度，而加快其人工时效速度。添加 Mg 能缓解 In 的影响。向 Al – Cd 轴承合金加 0.03% ~0.05% In 是有益的。

（21）Si（硅）

Si 是纯铝中的一个常规杂质，也是铝合金的主要合金元素，含 Si 的铸造铝合金被广泛应用。向铝中同时添加 Mg 和 Si（各 ≤1.5%）可形成有强化作用的 Mg_2Si 相，从而制成了一批用途广泛的铝合金。向 Al – Cu – Mg 铸造铝合金添加 Si（0.5% ~4.0%）能降低裂缝倾向。含 7.5% Si 和 12% Si 的合金（4Al3、4Al7）可用作钎焊铝的包覆层。含 5% 左右 Si 的铝合金阳极氧化后为黑色，用于制造装饰品。硬铝中的杂质 Si 和 Fe 的含量高时会形成不利于断裂韧性的不溶解相。

（22）Mg_2Si（硅化镁）

Mg_2Si 在铝中的最大固溶度为 1.85%，并且其溶解度随温度的下降而减少。

在人工时效过程中形成 GP 区和细小的沉淀物，有相当大的强化效果，但其效果不及硬铝与超硬铝的强化相的。Al – Mg – Si 合金可分为 3 类：第一类的典型代表是 6063 合金。这类合金的 Mg 与 Si 含量之和≤1.5%，其比例正好形成 Mg_2Si 或 Si 稍有过剩。6063 合金是一种产量很大的建筑型材合金，约含 1.1% Mg_2Si，它的固溶处理温度略高于500℃，淬火敏感性低，可在挤压后进行空冷淬火，人工时效后具有适度的强度、良好的塑性与优良的抗蚀性；第二类 Al – Mg_2Si 合金的 (Mg + Si) 含量 >1.5%，并含有约 0.3% Cu，以提高人工时效状态材料的强度，还加入少量的 Cr、Mn、Zr 等元素，以控制晶粒尺寸。6061 合金是这类合金的代表，它的抗拉强度比 6063 合金的高 70 N/mm^2、6061 合金的固溶处理温度高 (515～550℃)，淬火敏感性大，需进行单独固溶处理，有些产品也可以在线淬火。第三类合金的 Mg_2Si 含量与前两类合金的一致，但约有 0.2% Si 过剩。过剩的 Si 既能细化 Mg_2Si 质点，又因 Si 质点存在而使合金的强度得到进一步提高。不过，过剩 Si 易沿晶界偏析，降低塑性，引起晶界脆性。加入少量 Cr 或 Mn 能细化晶粒，抑制固溶处理时的再结晶，可抵消过剩 Si 的不良影响，6A02 属于这类合金。向含 7% Si 的铸造 Al – Si 合金加少量 Mg(0.3%)，既使它具有热处理效果而又不降低其抗蚀性。

（23）Ag(银)

Ag 在固态铝中的溶解度高达 55%，由于价格关系，二元 Al – Ag 合金没有工业应用价值。向 Al – Zn – Mg 系合金添加 0.1% ～0.6% Ag 能提高强度和增强抗应力腐蚀的能力。

（24）Nb(铌)

Nb 与 Al 形成包晶型相图，有细化铸造晶粒的能力，但效果不显著。

（25）Sb(锑)

Sb 是工业纯铝的一种微量元素($0.01\% ～0.1 \times 10^{-6}$)，在铝中的固溶度小于0.01%。向 Al – Mg 合金添加 Sb 能形成氯氧化锑膜，加速合金的盐水腐蚀。有些轴承铝合金含 4% ～6% Sb。向含 Mg 量高的 Al – Mg 系合金添加 Sb 能消除 Na 的不利作用。Sb 能阻碍过共晶 Al – Si 合金的一次晶 Si 的成核。少量(0.05% ～0.2%)Sb 能细化铸造合金的共晶 Si 晶粒。

（26）Li(锂)

含 Li 的铝合金既有低的密度，又有高的弹性模量，在中等应力强度时，还有高的疲劳裂缝增长抗力。合金中加入微量 Li 能加大熔融铝的氧化速度和改变加工材料的表面性能。铝中杂质 Li 的含量为几 μg/g，但是即使其含量小于 5 μg/g，也能使铝箔在潮湿环境中变色，即产生蓝腐蚀。Al – Mg 合金焊条，即使只有少到 10 μg/g 的 Li，也能使焊弧不稳定。钎焊铝的包覆材料若含有不到 10 μg/g Li，就可使真空钎焊难以进行。

（27）Mn（锰）

Mn 是原铝中的常规杂质，其含量为 5～50 $\mu g/g$。Mn 降低铝的电阻率。不管是固溶的 Mn，还是以细小的中间金属相沉淀的都能提高铝的强度。Mn 是铝合金常用的少量合金元素，它既能提高强度，又能提高再结晶温度，阻碍晶粒长大，Mn 在铝中的固溶量很小，但铸造的冷却速度大时会形成过饱和固溶体，造成晶内偏析。含 Mn 的沉淀相会提高热处理可强化合金的淬火敏感性。Mn 对铝的抗蚀性无影响。图 1-10 表示 Mn 对 99.95% 铝加工材力学性能的影响。

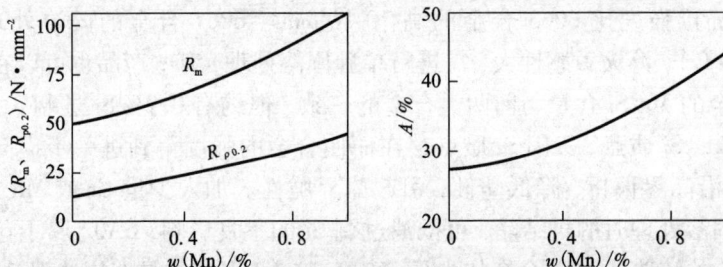

图 1-10　Mn 对 99.95% 铝力学性能的影响（试样厚 1.6 mm，565℃ 淬火于室温水中）

Mn 能使铝合金的针状或片状含 Fe 化合物变得稍圆一些，并降低其脆性。应严格限制合金中的 Mn、Fe、Cr 和其他过渡族元素的总量，否则，铸造时会从熔体中结晶出大的中间金属化合物一次晶体。3003 合金及 3004 合金的 Mn 与 Fe 之和应分别 <2.0%、1.7%，以免产生 $(Fe，Mn)Al_6$ 一次晶体。硬铝、超硬铝等中的 Mn 可以与其他元素形成降低塑性、强度与断裂韧性的中间金属化合物。

（28）Zr（锆）

Zr 在铝合金中的含量一般为 0.1%～0.3%，形成细小的中间金属化合物质点，抑制回复及再结晶。Zr 在 Al-Zn-Mg 系合金中有提高再结晶温度和控制加工材料晶粒组织的作用。超塑性铝合金的 Zr 含量较高些，可以抑制高温成形时的晶粒长大。Zr 也细化铸锭晶粒，但其效果不如 Ti 的，Zr 降低 Al-Ti-B 晶粒细化剂的细化效果。因此，对含 Zr 的合金，应多加些 Ti 与 Ti+B。

（29）S（硫）

工业纯铝的杂质 S 含量为 0.2～20 $\mu g/g$。S 对亚共晶与过共晶 Al-Si 合金有一定的变质作用。

（30）Zn（锌）

二元 Al-Zn 合金没有工业使用价值。Zn 能提高铝的溶解电位，因此作为包覆材料的 7A01 合金和牺牲阳极合金都含有 Zn。加有其他元素的 Al-Zn 合金有良好的综合性能，它们是超硬铝。Zn 增加铝的熔炼烧损。6063 合金的 Zn 含量 >

0.02% 时，其挤压材料在碱洗过程中会出现变化无常的"闪烁"斑痕。

(31)Zn + Mg(锌 + 镁)

向铝中同时加 Zn 和 Mg，可制成很有价值的铸造铝合金和变形铝合金。Al – Zn – Mg 合金的铸造性能虽不如 Al – Si 合金的，但有高的强度，合金中 Zn 的含量为 3% ~7.5%。Zn 与 Mg 形成热处理效果相当大的强化相 MgZn$_2$。合金的强化效果随 MgZn$_2$ 含量的增大而增加，尤其是当有过剩的 Mg 存在时，如图 1 – 11 所示。

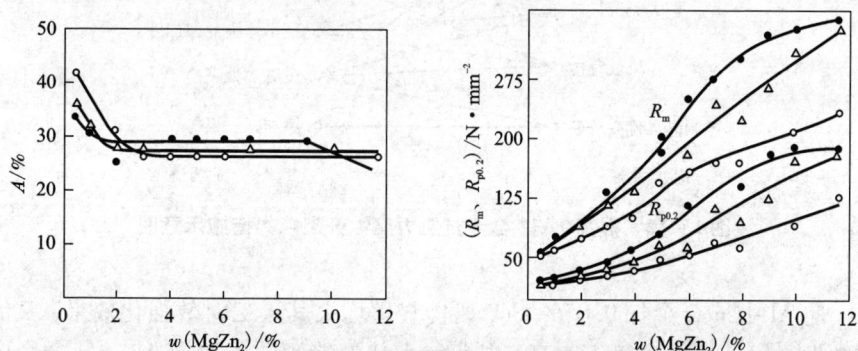

图 1 – 11　Al – Zn – Mg 合金的力学性能与 MgZn$_2$ 及 MgZn$_2$ + 过剩镁的关系
（材料厚 1.6 mm，于 470℃ 在室温水中淬火）
○—Zn 与 Mg 含量恰好符合 MgZn$_2$；△—有 100% Mg 过剩；●—有 200% Mg 过剩

可是，增加 Mg 和 Zn 的含量时，合金的各种抗蚀性能会全面下降。因此，应对合金的显微组织、热处理工艺、成分等进行严格控制，以便合金具有良好的抗应力腐蚀和剥落腐蚀性能。例如，提高熔焊用的 Al – Zn – Mg 系 7A12 合金抗应力腐蚀开裂能力的措施如图 1 – 12 所示。

(32)Zn + Mg + Cu(锌 + 镁 + 铜)

向 Al – Zn – Mg 系合金添加 Cu，可制成强度超过硬铝的超硬铝。Cu 的加入，降低了合金的均匀腐蚀性，但提高了抗应力腐蚀开裂的能力。

(33)B(硼)

B 是铝及铝合金的有效晶粒细化剂，能消除 V、Ti、Cr、Mo 对铝的电导率的有害影响，因为 B 能与它们形成可沉淀的化合物。单独以 B 作为晶粒细化剂时，其含量为 0.005% ~0.1%，若与 Ti 一同加入，则细化效果更佳。细化剂中，Ti 与 B 的最佳比为 5:1。B 的中子俘获截面高，因此，含 B 的铝合金在原子能工业中得到应用。但是，在反应堆区应用的铝合金的 B 含量应尽量低，因为它们不需要这种性能。

(34)Sn(锡)

Sn 在变形铝合金中的含量为 0.03% ~20%，在铸造铝合金中的含量可达

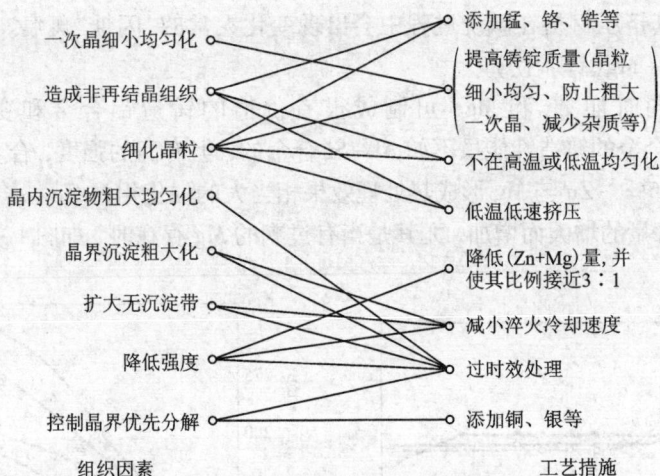

图 1-12　提高 7A12 合金抗应力腐蚀开裂能力措施示意图

25%。向 Al-Cu 合金加 0.05% Sn，既能显著增大其人工时效强化效果，又能提高抗蚀性。但是，Sn 含量不宜高，以免增大热裂缝倾向。如果 Al-Cu 合金中有少量 Mg，则人工时效效果大幅度下降；因为 Mg 与 Sn 形成不共格的第二相。向 Al-Cu、Al-Cu-Si、Al-Zn 铸造合金添加小于 1% Sn 能改善合金的可切削性能。Al-Sn 轴承合金得到广泛的应用。工业纯铝中有少至 0.01% Sn 时，不但使退火材料表面变暗，而且增大其腐蚀敏感性，因为 Sn 会向表面迁移。加入 0.2% Cu 可消除此现象。牺牲阳极 Al-Zn 合金含有少量的 Sn。少量 Sn 混入含 Mg 量高的 Al-Mg 合金可使它产生热脆性。

(35) C(碳)

C 是铝合金的一种杂质，多以 Al_4C_3 化合物存在，也可能与 Ti 等杂质形成碳化物。在有水和水汽存在时，Al_4C_3 会分解，引起表面点腐蚀。C 在精炼铝合金中的含量只有几 $\mu g/g$。

(36) Sr(锶)

在工业纯铝中，杂质 Sr 含量为 $0.01 \sim 0.1\ \mu g/g$。Al-Si 铸造合金以 Na 和 Sr 作为变质剂。

(37) Mg(镁)

Mg 是 Al-Mg 系合金的主要合金元素。变形合金的含镁量都小于 5.5%，铸造合金的 Mg 含量为 4% ~ 10%，含 10% Mg 的铸造合金在室温下也是不稳定的。含 Mg 量小于 7% 的合金在室温虽稳定，但温度稍高即不稳定。沿晶界沉淀高阳极相 Mg_5Al_8。使合金具有穿晶断裂和应力腐蚀敏感性。Mg 能增加合金熔炼烧损。

(38) Mg + Mn(镁 + 锰)

　　向铸造 Al – Mg 合金添加 ≤0.75% Mn 能提高其硬度，降低塑性，而对抗蚀性无影响。变形 Al – Mg – Mn 合金在加工硬化状态有高的强度、抗蚀性与良好的可焊性能。提高 Mg 或 Mn 的含量会使加工困难。Mn 的主要作用是使含 Mg 相的分布均匀和获得一定的强度。添加 Mn 可降低 Mg 含量，这样既不降低合金的强度又能使其组织稳定。图 1 – 13 表示退火状态的 Al – Mg – Mn 合金厚板（13 mm）的力学性能。每添加 1% Mg，合金的抗拉强度提高约 34 N/mm^2，而 Mn 的作用则比镁的大 1 倍。

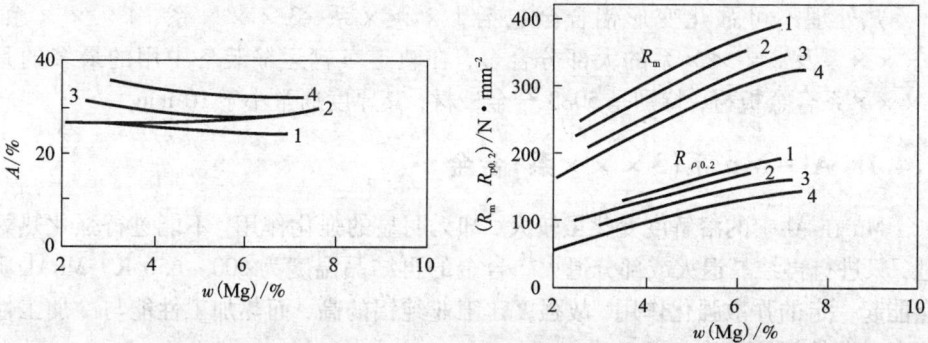

图 1 – 13　退火状态的 Al – Mg – Mn 合金厚板的力学性能
1—0.9% Mn；2—0.5% Mn；3—0.1% Mn；4—无锰

（39）Cd（镉）

　　向 Al – Cu 合金添加不大于 0.3% Cd，可加速时效速度、提高强度和抗蚀性。0.005% ~0.5% Cd 能缩短 Al – Zn – Mg 系合金时效时间。Cd 降低纯铝的抗蚀性。Cd 含量 >0.1% 可使某些合金（高 Mg 含量的 Al – Mg 系合金）出现热脆。因为 Cd 的熔点稍高，向某些合金特别是 Al – Zn – Mg 合金加入少量 Cd，可使它们具有良好的可切削性能，其效果优于 Pb 及 Bi 的。轴承铝合金含有一定量 Cd。Cd 的化合物对口腔有强刺激并有毒。熔炼、铸造时的氧化镉烟污染环境。原子能工业用的铝材的 Cd 含量应尽量低，因为它吸收中子。

（40）Ga（镓）

　　铝含有 0.001% ~0.02% Ga，对铝的力学性能几乎无影响。Ga 含量达 0.2% 时将加速铝的腐蚀，并使一些合金的表面变得不光亮。液态 Ga 能渗入晶界，使铝晶粒彼此分离。含 0.01% ~0.1% Ga 的牺牲阳极合金在海水中不会钝化。

（41）Ni（镍）

　　Ni 能提高高纯铝的强度，降低其塑性。Ni 有利于 Al – Cu 和 Al – Si 合金高温强度的改善，并降低其线膨胀系数。Ni 促进工业纯铝的点腐蚀。原子能反应堆铝合金中的 Ni 含量应予以控制，因为它有高的中子吸收率。但是原子能工业的其他领域用的铝合金却含有 Ni 与 Fe，它能提高对高压蒸汽的抗蚀性。

（42）P（磷）

P 是过共晶 Al – Si 合金的变质剂，能改善合金的可切削性能。但是，微量的 P 会削弱 Na 对过共晶合金的变质作用。对采用 P 变质的 Al – Si 合金铸件进行机械加工时应有通风设施，以免铝磷化合物与水蒸气反应生成的 PH_3 危害人体健康。

1.4　热处理不可强化变形铝合金

热处理不可强化变形铝合金包括 1 × × × 系、3 × × × 系、4 × × × 系、5 × × × 系及 8 × × × 系的大部分合金，在轨道车辆运输装备中用的最多的是 5 × × × 系合金板材，特别是 5083 合金板材，其厚度通常小于 10 mm。

1.4.1　Al – Mn 系（3 × × × 系）合金

Mn 在 Al 中的溶解度变化虽较大，却无明显的强化作用，不能进行强化热处理，只进行再结晶退火或部分退火。合金的再结晶温度为 600 ~ 650 K。$MnAl_6$ 质点能起一定的弥散强化作用，故强度比工业纯铝的高，而热加工性能与冷加工性能和工业纯铝的极为相近。

我国列入 GB/T 3190—2008 的 Al – Mn 合金有 19 种，含 0.05% ~ 1.6% Mn。Mn 在半连续直接水冷铸造时极易产生晶内偏析，加之 Mn 能显著提高再结晶温度，因此，若板材成垛地置于空气炉中进行退火时会形成粗大的晶粒。因为退火时低 Mn 部分先再结晶，优先长大，而高 Mn 部分后再结晶，晶粒较细。这种晶粒不均匀的材料，不但冲压时会形成橘皮状的粗糙表面，而且影响表面处理品质。防止办法是放宽杂质 Fe 的限制，即使铁的含量在 0.5% ~ 0.65%，使之形成不固溶的（FeMn）Al_6，减少 Mn 的偏析，以便获得细晶粒板材。不过，Mn 和 Fe 的含量同时偏高时，会形成粗大 $MnAl_6$ 一次晶，降低轧制性能。为此，生产中往往采用快速退火（盐浴炉、气垫炉、感应加热炉）法来获得细晶粒组织板材。

Si 能形成 Al_{12}（Fe、Mn）$_3$Si 化合物，降低 Fe 的细化晶粒作用，是有害杂质，应限制 ≤0.3%。Cu 对抗蚀性不利，Mg 有损于退火板材的表面光泽，都应加以限制。但有人认为 Cu 能改变 Al – Mn 合金的腐蚀类型，由点腐蚀变成均匀腐蚀而延长产品使用寿命，故应向合金中添加 0.05% ~ 0.20% Cu。杂质 Zn 对合金性能的影响不大。

Al – Mn 合金硬状态板材（冷加工率 ≥77%）在深冲后有加工软化现象，含 1% 左右 Mg 的 3004 合金特硬材料（冷加工率 ≥85%），在深冲后也发生加工软化，故这种材料适于制作变薄深拉的工件，如易拉罐。Al – Mg 合金不发生加工软化（见表 1 – 10）。

表 1 - 10　深冲成形后发生加工软化的最低冷加工率

试料	成分/%					深冲后发生加工软化的最低冷加工(轧)率/%
	Fe	Si	Mn	Mg	Cu	
高纯铝	0.003	0.003	0.001	—	0.001 5	50
工业纯铝	0.17	0.06	0.001	—	0.004	60
铝 - 锰合金	0.51	0.23	1.08	—	0.006	77
铝 - 镁合金	0.30	0.22	0.32	2.00	0.01	大于77%，不发生
铝 - 镁合金	0.29	0.12	0.40	4.95	0.07	大于77%，不发生

固溶的 Mn 降低电导率，但是在工业合金中，由于 Fe 和 Si 的存在，Mn 的固溶度下降，所以退火材料和冷加工材料的电阻率为 $(4 \sim 5) \times 10^{-8}$ Ω·m。Al - Mn 合金的凝固范围窄，铸造性能不好，流动性低。不仅一般的工艺因素诸如时间、温度、加工量、加热速度等对晶粒大小和立方体结构强度有影响，如图 1 - 14 所示，而且与先前热处理引起的 Mn 的分布密切相关。Mn 以细小的弥散的沉淀物分布时，阻碍晶粒长大；固溶的 Mn 及以粗大粒子存在时，有利于形成粗大晶粒。高的Fe、Si 含量和低的 Cu、Mn 含量，往往能形成细的晶粒。

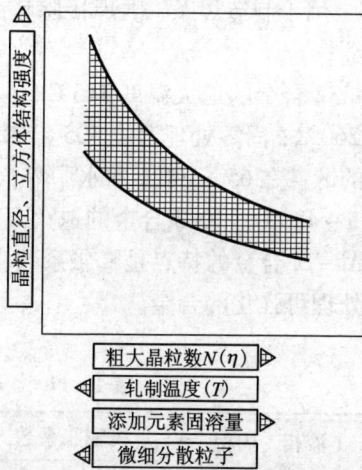

图 1 - 14　Al - Mn 合金晶粒大小、立方体结构强度与各种因素的关系[6]

Al - Mn 合金的可焊接性能、可切削性能、阳极氧化性能与工业纯铝的相同。3003、3A21 合金多以 O、H 等状态的板、管和型材形式应用于国民经济各个部门，用于制造油箱、油管、办公用品、炊具、日用品和复印机硒鼓。3004 型合金用于制造易拉罐、灯头、屋面板等。

生产包铝的 3003 合金时，包铝合金的成分（质量分数）为 0.10% Cu、0.10% Mg、0.10% Mn、0.7%（Fe + Si）、（0.8% ~ 1.3%）Zn，其他杂质的含量每种 0.05%，总和 0.15%，其余为 Al。3003 及 3004 合金的退火温度 415℃，3003合金在工业生产中的退火温度 400 ~ 600℃，但高的温度仅用于快速（flash）退火。3105 合金的退火温度为 345℃。3A21 合金的低温退火温度为 260 ~ 360℃，而高温退火温度为 370 ~ 490℃。其他工艺温度为：熔炼 720 ~ 760℃，铸造 710 ~730℃，热轧 440 ~ 520℃，挤压 320 ~ 450℃。

1.4.2 Al-Si系(4×××系)合金

4×××系合金属 Al - Si 系合金，硅是原铝锭中不可避免的一种杂质，含量为 0.01% ~0.15%，比铁的含量略低些。含硅量约 5% 的合金，经阳极氧化后呈黑色，可用于制造装饰件。用于轧制钎焊板的变形铝合金的硅含量可高达 12%。

4032 合金的平均成分(质量分数)为：12.2% Si，1.0% Mg，0.9% Cu，0.9% Ni。用于加工锻件与锻坯，供制造活塞及在高温下工作的其他零件。镍在铝中的固溶度 <0.04%，若 >0.04%，则多与铁形成不溶于铝的金属间化合物。镍能提高Al - Si合金的高温强度与硬度，而又不降低其线膨胀系数。4043 合金硅含量约 5.2%，用于制造焊条，供焊接除镁含量高的合金以外的其他变形铝合金与铸造铝合金。

4032 合金的退火温度 415℃，保温 2 ~3 h，然后以≤25℃/h 的冷却速度随炉冷至 260℃；固溶处理温度 505 ~515℃，保温 4 h，水中淬火，对结构复杂或质量较大的锻件在 65 ~100℃的水中淬火；时效规范 170 ~175℃、8 ~12 h；热加工温度 315 ~480℃。4043 合金的退火温度 350℃。

Al - Si 合金的特点是膨胀系数小(见表 1 – 11)。4032 合金的成分复杂，是一种热处理可强化的合金。

表 1 – 11 4×××系合金的热学性能

合金	液相线温度/℃	固相线温度/℃	线膨胀系数		体膨胀系数/ $m^3 \cdot (m^3 \cdot K)^{-1}$	比热容/ $J \cdot (kg \cdot K)^{-1}$	热导率/ $W \cdot (m \cdot K)^{-1}$	
			温度/℃	平均值/ $\mu m \cdot (m \cdot K)^{-1}$			O 状态	T6 状态
4032*	571	532	20	—	56×10^{-6}	864	155	141
			– 50 ~20	18.0				
			20 ~100	19.5				
			20 ~200	20.2				
			20 ~300	21.0				
4043	630	575	20 ~100	22.0			—	—

注：*合金的共晶温度 532℃。

1.4.3 Al-Mg系(5×××系)合金

Mg 在铝中溶解度虽然很大，在 450℃时的极限溶解度为 17.4%，而在室温时却只有 2%，但 Al - Mg 合金的时效硬化效应却很小。因为 Al - Mg 合金淬火后形成的 GP 区尺寸较小(1.0 ~1.5 nm)，其周围又有密集的空位云，与母相间几乎不发生共格应变,故 Mg 含量 <8% 的合金无时效硬化效应。含 Mg 量更高的合金室温时效几年后,GP 区可以长大到 10 nm,虽有明显的强化效应,但却出现强烈的穿晶断裂倾向,塑性急剧降低,伸长率降到 1% ~2%,已无实用价值,故变形铝合金的 Mg 含量很少超过 7%。

向 Al – Mg 合金添加 Zr 与 Fe 可提高再结晶温度,Si 能改善流动性,Mn 或 Cr 能中和铁对抗蚀性的不利影响。Zn 对合金的腐蚀性能无影响,但能提高铸造性能与强度。添加 Ti 或同时添加 Ti 与 B 能细化晶粒,加入少量 Be 能防止熔铸和焊接时的氧化倾向。在含 Mg 量高的 Al – Mg 合金中,只要有几 ppm 的 Na 或 Ca,热轧时就会出现"钠脆"。因此熔炼时不要用钠盐熔剂,加入 0.004% Sb 或 0.02% Bi,可形成 Na_2Bi 等化合物,消除了沿晶界分布的游离 Na,而不会产生"钠脆",能保证热轧顺利进行。

由于 Al – Mg 合金有轻微的时效硬化效果和强烈的沿晶界沉淀倾向,只能在退火(300 ~360℃)或冷作硬化状态下应用。工业 Al – Mg 合金的电极电位与高纯 Al 的相同,故有良好的抗蚀性,特别是对碱性溶液和海水。不过只有在 β 相 (Mg_5Al_8)在晶内和晶界均匀分布时才具备这种特性。通常,含 Mg 量 ≤3.0% 的合金很稳定,在任何状态下均不会形成沿晶界分市的 β 相网膜。可是,含 Mg 量 >5% 的合金,不但组织不稳定,而且对应力腐蚀开裂的敏感性随着 Mg 含量的升高而急剧增大。甚至在室温下长时间(20 ~30 年)存放,也能沿晶界形成连续的 β 相网膜。因为含 Mg 量 >6% 的合金即使在 315 ~330℃ 充分退火,α 固溶体也不能完全分解,仍处于过饱和状态而很不稳定。Mg 含量高的合金之所以有应力腐蚀开裂倾向和剥落腐蚀敏感性,是因为 β 相的电位(-1.10 V)比 α 固溶体(含 4% Mg 合金的为 -0.9 V)的低,在腐蚀介质中呈阳极,β 相网膜优先溶解。

解决含 Mg 量高的合金组织性能稳定性的途径:一是退火后进行大的冷变形(加工率 30% ~50%),增加位错密度,即增加 β 相形核点,然后在 200℃ 以上进行沉淀处理,使 α 固溶体彻底分解,β 相均匀分布,二是使 Mg 含量下降到 ≤3%,并加入适量的 Mn 和 Cr,以提高强度和再结晶温度,避免 β 相沿晶界沉淀,也能获得强度可与含 Mg 量高的合金相当的合金。

Al – Mg 合金广泛用于各种装饰件。光亮蚀洗或电解抛光的表面有很高的反射能力,在阳极氧化后反射能力仍很高,而且保持光泽的能力比其他同类性质的材料的高得多。杂质的含量将降低合金的光亮度,因此常用高纯度铝(99.99%)制作反射器用的合金。Mg 对再结晶温度的影响取决于它的存在形式,以粗大的 Mg_5Al_8 粒子存在时影响极小,以细小的弥散形态存在时,没有明显影响,但减小晶粒尺寸;固溶的 Mg 能提高再结晶温度,降低再结晶速度,减小晶粒尺寸。Fe、Mn、Cr、Zr、Li、V、Zn 等都能提高 Al – Mg 合金的再结晶温度。

Al – Mg 合金的恢复温度为 400 ~500 K。该类合金广泛用于焊接结构与作焊条材料，因为合金中的共晶量极少，退火状态材料有相当高的强度，所以焊接部位能达到相当高的强度，可为退火母材的 80% ~95%。焊缝的高温强度及蠕变强度仅比母体材料的强度稍低一些，也没有或极少有晶间腐蚀或应力腐蚀倾向。Li、B、Sr 及 Ca 能减少焊缝疏松。Al - Mg 合金有良好的可切削性能，尤其是 Mg 含量高时。

Al - Mg 合金与 Al - Mg - Si 合金一样，是应用很广的合金。其特点是密度比铝的小，对海水有良好的抗蚀性，焊接与抛光性能好，塑性高（Mg≤5% 的合金），而强度又比工业纯铝及 Al - Mn 合金的高，可加工成各种半成品，供造船、车辆、仪器和各种容器的焊接结构用。

5A02 合金还具有较高的抗震性能，它的疲劳强度比硬铝的大，可用于制造内燃机和柴油机的油管、焊接油箱和管道配件等。经退火的 5A03、5A05 合金具有亚稳定的单相组织，有令人满意的可焊性，多以板、带、棒材等形式应用于高强度焊接结构方面。5A06、5B05 合金等主要用于加工铆钉、线材及管、棒材等挤压制品，但因它们的塑性和抗蚀性低，用途不广。

5×××系合金的性能见表 1 - 12 ~表 1 - 21。

表 1 - 12　5×××系合金的密度

合金	密度/kg·m^{-3}	合金	密度/kg·m^{-3}	合金	密度/kg·m^{-3}
5005	2 700	5252	2 670	5652	2 670
5050	2 690	5254	2 660	5654	2 660
5052	2 680	5356	2 640	5657	2 690
5056	2 640	5454	2 690	5A02	2 680
5083	2 660	5456	2 660	5A03	2 670
5086	2 660	5457	2 690	5A05	2 650
5154	2 660	5554	2 690	5A06	2 640
5183	2 660	5556	2 660	5A12	2 610

表 1 - 13　5×××系合金的模量

合金	弹性模量 E/GN·mm^{-2}	剪切模量 G/GN·mm^{-2}	压缩模量/GN·mm^{-2}	泊松比 μ
5005	68.2	25.9	69.5	0.33
5050	68.9	25.9	—	0.33
5052	69.3	25.9	70.7	0.33
5056	71.7	25.9	73.1	0.33
5083	70.3	26.4	71.7	0.33
5086	71.0	26.4	72.4	0.33
5154	69.3	25.9	70.7	0.33
5182	69.9	—	70.9	0.33

续表 1 - 13

合金	弹性模量 E/GN·mm^{-2}	剪切模量 G/GN·mm^{-2}	压缩模量/GN·mm^{-2}	泊松比 μ
5252	68.3	—	69.7	0.33
5254	70.3	—	70.9	0.33
5454	69.6	—	71.0	0.33
5456	70.3	—	71.7	0.33
5457	68.2	25.9	69.6	0.33
5652	68.2	25.9	69.6	0.33
5657	68.2	25.9	69.6	0.33
5A02	70	27	—	0.3
5A03	69.9	26.7	—	0.3
5A05	69	27	—	0.3
5A06	70	—	—	—
5A12	72	—	—	—

表 1 - 14　5154 - O 合金在不同温度时的典型拉伸性能

温度/℃	抗拉强度 R_m*/N·mm^{-2}	屈服强度 $R_{p0.2}$/N·mm^{-2}	伸长率 A/%	温度/℃	抗拉强度 R_m*/N·mm^{-2}	屈服强度 $R_{p0.2}$/N·mm^{-2}	伸长率 A/%
-196	360	130	46	149	200	110	50
-80	250	115	35	204	150	105	60
-28	240	115	32	260	115	75	80
20	240	115	30	316	75	50	110
100	240	115	30	371	41	29	130

注：* 标距 50 mm 或 4d，d 为样式缩颈部分的直径。

表 1 - 15　5252 合金的拉伸力学性能

状态	抗拉强度 R_m/N·mm^{-2}	屈服强度 $R_{p0.2}$/N·mm^{-2}	伸长率 A[①]/%	硬度(HB)[②]	抗剪强度 R_m/N·mm^{-2}
典型性能					
H25	235	170	11	68	145
H28、H38	283	240	5	75	160
厚 0.75～2.3 mm 板材的性能范围					
	min	max		min	
H24	205	260	—	10	—
H25	215	270	—	9	—
H28	260	—	—	3	—

注：① 1.6 mm 薄板。

② 载荷 4.9 kN，直径 10 mm 钢球，施载 30 s。

表 1 – 16　5454 合金在不同温度时的典型力学性能

温度/℃	抗拉强度 R_m * N/mm²	屈服强度 $R_{p0.2}$ * N/mm²	伸长率 A/%
O			
– 196	370	130	39
– 81	250	115	30
– 28	250	115	27
24	250	115	25
316	75	50	110
371	41	29	130
H32			
– 196	405	250	32
– 80	290	215	23
– 28	285	205	20
24	275	205	18
100	270	200	20
149	220	180	37
204	170	130	45
260	115	75	80
316	75	50	110
100	250	150	31
149	200	110	50
204	150	105	60
260	115	75	80
371	41	29	130
H34			
– 196	435	285	30
– 80	315	250	21
– 28	305	240	18
24	305	240	16
100	295	235	18
149	235	195	32
204	180	130	5
260	115	75	80
316	75	50	110
371	41	29	130

　　注：* 在所列温度下无负载保温 10 000 h 后进行试验，以 35 N/mm² · min⁻¹ 的速度施加应力，试验至屈服强度，而后以 5%/min 的应变速度进行试验，至拉断为止。

表 1 - 17 5A02、5A03、5A05、5A06、5A12 的室温典型力学性能

合金	状态	抗拉强度 R_m /N·mm^{-2}	屈服强度 $R_{p0.2}$ /N·mm^{-2}	伸长率 A_{10} /%	硬度[1] (HB)	冲击韧性 /N·mm^{-2}	疲劳强度 /N·mm^{-2}
5A02	O	190	80	23	45	88.2×10^4	120
	H14	250	210	6	60	—	125
	H18	320	—	4	—	—	—
	H112	180	—	21	—	—	—
5A03	O	235	120	22	58	—	115
	H14	270	230	8	75	—	13[1]
	H112	230	145	14.5	—	—	—
5A05	O	305	150	20	65	—	140[2]
	H112	310	170	18	—	—	—
5A06	O	340	160	20	70	—	130[2]
	H14	450	345	13	—	—	—
	H112	340	190	20	—	—	—
5A12	O	40	220	25	—	30.4×10^4	—
	H14	—	—	—	—	—	—
	H112	580	500	10	—	—	—

注：疲劳强度是用 R. R. Moore 试验机测定的。

① 2×10^7 循环。

② 5×10^8 循环。

表 1 - 18 5083 合金的典型拉伸性能

状态	抗拉强度[1] /N·mm^{-2}	屈服强度 /N·mm^{-2}	伸长率[1][2] /%	抗剪强度 /N·mm^{-2}	疲劳强度[3] /N·mm^{-2}
O	290	145	22	172	—
H112	303	193	16	—	—
H116	317	228	16	—	160
H321	317	228	16	—	160
H323、H32	324	248	10	—	—
H343、H34	345	283	9	—	—

注：① 低温抗拉强度与室温时的相当或稍高一些。

② 厚 1.6 mm 板材。

③ R. R. Moore 试验，循环 5×10^8 次。合金的抗剪屈服强度为抗拉屈服强度的 55%，抗压屈服强度
与抗拉屈服强度相当。

表 1-19　5083-O 合金在不同温度时的典型拉伸性能

温度 /℃	抗拉强度 R_m * /N·mm^{-2}	屈服强度 $R_{p0.2}$ * /N·mm^{-2}	伸长率 A/%	温度 /℃	抗拉强度 R_m * /N·mm^{-2}	屈服强度 $R_{p0.2}$ * /N·mm^{-2}	伸长率 A/%
-195	405	165	36	150	215	130	50
80	295	145	30	205	150	115	60
30	290	145	27	260	115	75	80
25	290	145	25	315	75	50	110
100	275	145	36	370	41	29	130

注：*在所列温度下保温 10 000 h 测得的最低强度，先以 35 N/mm^2·min^{-1} 应力施加速度试验到屈服强度，而后以 10%/min 的应变速度拉至断裂。

表 1-20　5083 合金的最低力学性能

状态及厚度/mm	抗拉强度/N·mm^{-2}		屈服强度/N·mm^{-2}		伸长率 A* /%
	min	max	min	max	
O					
1.2~38	275	350	125	200	16
38.1~75	270	345	115	200	16
76~125	260	—	110	—	14~16
126~177	255	—	105	—	14
178~200	250	—	95	—	12
H112					
6.3~38	275	—	125	—	12
38.1~75	270	—	115	—	12
H116					
1.6~38	305	—	215	—	12
38.1~75	285	—	200	—	12
H321					
4.7~38	305	385	215	295	12
38.1~75	285	385	200	295	12
H323	310	370	235	305	8~10
H343	345	405	270	340	6~8

注：*试样标距为 50 mm 或 4d，d 为样式缩减部分的直径。有些数值有一定的范围，其最小值决定于材料厚度。

表 1 – 21　5083 – O 合金在不同温度时的典型拉伸性能 *

温度 /℃	抗拉强度 R_m* /N·mm^2	屈服强度 $R_{p0.2}$ /N·mm^{-2}	伸长率 A/%	温度 /℃	抗拉强度 R_m* /N·mm^{-2}	屈服强度 $R_{p0.2}$ /N·mm^{-2}	伸长率 A/%
-196	379	131	46	149	200	110	50
-80	369	117	35	204	152	103	60
-28	262	117	32	260	117	76	80
24	262	117	30	316	76	52	110
100	262	117	36	371	41	29	130

注：* 在所列温度无载荷保温 10 000 h 后测得的最低强度性能，先以 35 N/mm^2·min^{-1} 的应力施加速度试验到屈服强度，而后以 5%/min 的应变速度试验至拉断。

1.5　热处理可强化变形铝合金

2×××系、6×××系、7×××系、8×××系的几个含锂的合金是热处理可强化变形铝合金，在轨道车辆制造中广泛应用的有 2×××系中的 2A11、2A12 合金，用作车辆进门处的踏板，既防滑又耐磨，6061 合金也用于轧制花纹板。含锂的铝合金尚未在车辆制造中获得应用，因为价格太贵。

1.5.1　2×××系(硬铝)合金

该系合金属 Al – Cu 及 Al – Cu – Mg 系合金，是应用最早和最主要的铝合金，在国民经济的各个部门特别是航空工业中获得了广泛的应用。该系最原始的合金是 A·威尔姆(Film)在 1906 年研制成的 2A11 合金，目前仍用于加工螺旋桨。

1.5.1.1　合金成分

2×××系合金的主要合金元素是 Cu 与 Mg。Cu 的含量一般为 0.5% ~ 5.0%，也有高达 6.0% ~ 7.0% 的，如 2A16、2A17。合金的强度基本上决定于 Cu，生成强化相 $CuAl_2$，Mg 的主要作用是生成 S 相(Al_2CuMg)，能进一步提高合金的强度。少量 Mg(≤0.5%)能缩小 $CuAl_2$、α 固溶体和晶界的电位差，对改善硬铝抗晶间腐蚀能力是有利的，Mg 还能消除杂质 Fe 对 Al – Cu 合金自然时效的不利影响。列入国家标准的硬铝有 12 种，硬铝的牌号是按 Cu 含量的递增顺序排列的。

Mn 是硬铝重要的合金元素，其主要作用是提高强度，因为它抑制挤压与固溶处理时再结晶过程，产生挤压效应，另一作用是消除 Fe 对合金抗蚀性的不利影响；第三，能稳定人工时效组织，有利于耐热性的提高，但其含量应 <1.0%，否则会形成粗大的脆性化合物($FeMn)Al_6$。

2×××系合金的主要杂质是 Fe、Si、Ni、Zn、Be、Cr、Ti、Zr、B 等。

（1）Si

含量≤0.05% 能提高含 Mg 量≤1% 的硬铝在人工时效状态下的强度。Si 能降低含 Mg 量高的合金的强度，并降低塑性和韧性，增加铸造和焊接时形成裂纹的倾向。为了提高合金的断裂韧性，Si 含量应≤0.15%。

（2）Fe

少量 Fe（≤0.25%）可以降低铸造和焊接时的裂纹倾向，对合金的力学性能无影响。合金的 Fe 含量应为硅的 1.1～1.5 倍，以消除 Si 的不利影响。Fe 含量应≤0.5%，否则可形成不溶解的 Cu_2FeAl_7 或（CuFe）Al_7（当合金无 Mn 时）；有 Mn 时，则形成 AlCuFeMn 或 AlCuFeSiMn，减少参与强化作用的 Cu 含量，降低合金的强度和塑性。总之，为使合金有高的塑性与断裂韧性，应尽可能地降低 Fe 与 Si 的含量。

（3）Ni

可与 Cu、Fe 形成不溶相，降低硬铝的塑性与强度。Ni 还能降低合金的线膨胀系数。在 2A11、2A12 合金中，Ni 应≤0.10%。

（4）Zn

0.1%～0.3% Zn 增加硬铝铸造和焊接时的裂纹倾向，是有害的杂质。

（5）Be

含量≤0.1% Be 对硬铝的力学性能无影响。向含 Mg≥1.5% 的硬铝添加约 0.005% Be，能显著降低合金铸造与热处理时的氧化。

（6）Cr

Cr 的作用与 Mn 的相似，因此在硬铝中，Cr 被视为杂质。Cr 能形成粗大的化合物，对硬铝的塑性与韧性不利。

（7）Ti 与 B

这两个元素是作为晶粒细化剂而添加到硬铝中，对合金晶粒有显著的细化效果，能大大降低合金在铸造与焊接时的裂纹倾向。

（8）Zr

Zr 的作用既与 Ti 的相似，又与 Mn 的相似，即能细化合金的晶粒、提高再结晶温度、降低铸造与焊接时的裂纹倾向，提高铸锭与焊缝的塑性。Zr 与 Mn 的不同处是它能提高铝合金固溶体的稳定性和大型工件的淬透性，在含 Mn 与杂质 Fe 较高的硬铝中，Zr 易形成粗大的金属间化合物，对断裂韧性不利。

1.5.1.2　合金的组织与性能

2×××系合金的相组成列于表 1－22。图 1－15 为 Al－Cu－Mg 系相图 200℃时的等温截面，图中还示出了几种硬铝的位置。

表 1 - 22　硬铝的相组成

合金	稳定的主要相	稳定的杂质相	亚稳定相
2A01	$\alpha(Al)$、θ、$S(Al_2CuMg)$	$\alpha(AlFeSi)$、Al_7Cu_2Fe、Mg_2Si	$Al-Fe-Si$
2A02	$\alpha(Al)$、S	Al_7Cu_2Fe、Mg_2Si	$Al(MnFe)Si$、$(FeMn)Al_6$
2A06	$\alpha(Al)$、S、$MnAl_6$、$TiAl_3$	Al_7Cu_2Fe、Mg_2Si	$(AlCu)_6(MnFe)Cu$、$(FeMn)Al_6$、$Al(MnFe)Si$
2A10	$\alpha(Al)$、$MnAl_6$、θ、S	Al_7Cu_2Fe、Mg_2Si	$(AlCu)_6(MnFe)Cu$、$(FeMn)Al_6$、$Al(MnFe)Si$
2A11	$\alpha(Al)$、$MnAl_6$、θ、S	Al_7Cu_2Fe、Mg_2Si	$(AlCu)_6(MnFe)Cu$、$(FeMn)Al_6$、$Al(MnFe)Si$
2A12	$\alpha(Al)$、S、θ	Al_7Cu_2Fe、Mg_2Si	$(AlCu)_6(MnFe)Cu$、$(FeMn)Al_6$、$Al(MnFe)Si$
2A16	$\alpha(Al)$、θ、T、$TiAl_3$	Al_7Cu_2Fe	$(FeMn)Al_6$、$Al(MnFe)Si$
2A17	$\alpha(Al)$、θ、T、$TiAl_3$	Al_7Cu_2Fe、Mg_2Si	$(FeMn)Al_6$、$Al(MnFe)Si$

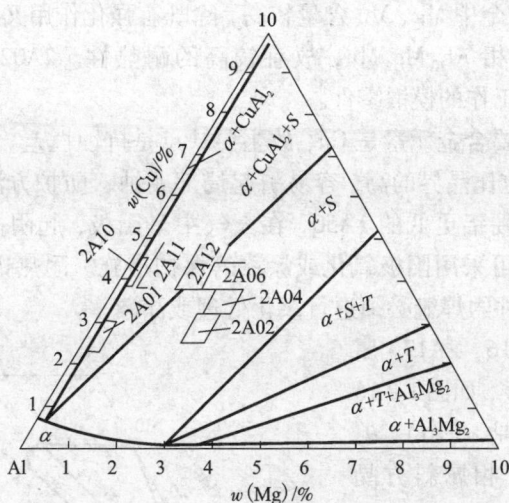

图 1 - 15　Al - Cu - Mg 系 200℃时的等温截面

由图 1 - 15 可见，Al - Cu - Mg 系铝角相有：$\alpha(Al)$、$\theta(CuAl_2)$、$\beta(Mg_2Al_3)$ 或 Mg_5Al_8、$S(Al_2CuMg)$ 和 T。T 相可用 $Mg_{32}(AlCu)_{49}$ 表示，也可用 $CuMg_4Al_4$ 表示。S 相属斜方晶系，晶格常数 $a=0.401$ m，$b=0.923$ m，$c=0.714$ m，Cu 与 Mg 的晶格常数比为 2.61。

硬铝的组织决定于 Cu 及 Mg 的含量。Cu 含量愈高，θ 相愈多，S 相愈少，而 Mg 含量增加，S 相愈多，θ 相相应地减少。当 Cu/Mg = 2.61 时，即 Cu 含量为 4% ~5%、Mg 含量为 1.5% ~2.0% 时，合金的强化相几乎全为 S，再增加 Mg，会出现 T 和 β 相，降低时效硬化效果，故硬铝中的 Mg 含量应≤2.6%。

按强度可将硬铝分为低强、中强、高强和耐热 4 大类。前 3 类在自然时效状态下应用，后一类在人工时效状态下应用。

低强度硬铝的特点是合金化程度低，故强度低、塑性高，适于铆接，故又称铆钉硬铝，主要有 2A01 和 2A10。中强硬铝又称标准硬铝（2A11），它是一种最老的可热处理强化的变形铝合金。2A11 合金塑性较高，多以板、棒、型材等应用于各个工业部门，以及用于模锻航空器螺旋桨叶。

2A12 合金含 Mg 量高（1.2% ~1.8%），并含一定量 Mn，主要强化相是 S。θ 相和 Mg_2Si 相比 2A11 合金的少，不但有高的室温强度，而且有相当好的高温强度。2A12 合金有较高的抗蚀性，杂质 Fe（≤0.3%）、Si（≤0.2%）含量低的 2A12 合金还有良好的断裂韧性，可比常规合金的高 20% ~35%。2A12 合金各种半成品是用途最广、最重要的航空结构材料。2A06 也是高强度硬铝，但其抗应力腐蚀开裂性能、塑性和可焊性比 2A12 的高。

2A02、2A04 合金中 Mg、Mn 含量较高，除既有强化作用又有耐热作用的 S 相外，还可形成耐热相 $Al_{10}Mg_2Mn$，故有较高的耐热性。2A02 合金用于制造在 250 ~300℃条件下工作的模锻零件。

由于硬铝的主要合金元素是 Cu，故主要缺点是抗蚀性差。因为含 Cu 固溶体和 $CuAl_2$ 的电极电位比晶界的高，容易引起局部腐蚀。防护方法之一是在板材两面包覆一层电位比硬铝更低的 1A50，在大气中呈阳极，起阴极保护作用。对型材、管材和锻件等可采用阳极氧化或涂漆等保护措施。耐热铝合金 2A16、2A17 抗蚀性则更低，焊件的焊缝必须进行氧化处理或涂漆。

耐热硬铝（2A16、2A17）属 Al – Cu – Mn 系合金，如图 1 – 16 所示，主要相组成是 $\alpha(Al)$、θ、$T(Al_{12}Mn_2Cu)$。T 相属斜方晶系，单位晶胞中有 152 个原子。

Al – Cu – Mn 系合金的室温强度比 2A11 和 2A14 合金的低，但在 250 ~300℃条件下的强度却比 2A11 和 2A70 合金的高。这两种合金的平均 Cu 含量为 6.5%，

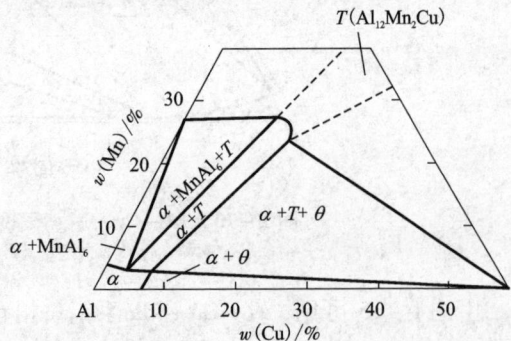

图 1 – 16　Al – Cu – Mn 系 230℃等温截面

超过了共晶温度时的溶解度极限（5.7%），因而有过剩的 θ 相弥散质点存在，提高

了合金的耐热性。另外，它们还有一定量的共晶组织，流动性好，可焊接性能优良。铜含量对 Al – Cu 合金挤压棒材性能的影响（应力为 40 N/mm² ）示于图 1 – 17。

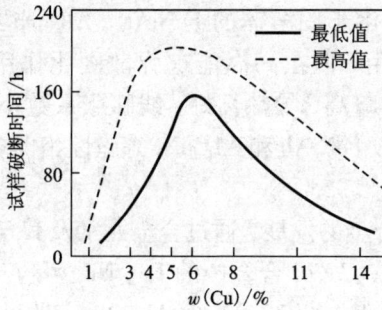

图 1 – 17　Al – Cu 合金挤压棒材的持久强度与铜含量的关系

Mn 元素在合金中能提高 Cu 原子激活能、降低扩散系数和固镕体的分解速度，是提高高温性能的主要合金元素。T 相（ $Al_{12}Mn_2Cu$ ）在时效过程中的成核和长大过程极为缓慢，所以合金在高温下的组织与性能相当稳定。最佳的 Mn 含量为 0.6% ~ 0.8%。

Ti、Zr、V 等元素具有与 Mn 相同的作用，对提高合金的耐热性有利，尤以 Zr 的作用最为显著，并能提高合金的可焊性和焊缝的塑性。

2A17 合金与 2A16 合金的不同点，仅在于它含 0.25% ~ 0.45% Mg，以提高室温和在 150 ~ 250℃ 条件下的强度。几种耐热铝合金的持久强度列于表 1 – 23。工作温度 ≤270℃ 时，2A17 合金的 R_{100} 比 2A16 及 2A70 合金的高，当 ≥300℃ 后，2A16 合金有最高的强度。

表 1 – 23　耐热铝合金锻件的持久强度 R_{100}（ N/mm² ）

合金	200℃	250℃	270℃	300℃	350℃
2A16	180	125	100	80	30
2A17	210	130	110	70	20
2A70	180	100	80	50	—

2A16 合金具有优良的工艺性能，易焊接、锻造及轧制，常以板材、挤压材和锻件等形式应用于航空工业，主要用于制造在高温下工作的零件。2A17 合金的用途与 2A16 合金的相同，它的室温强度比 2A16 合金的稍高，但焊接性能则较差。

1.5.1.3　Al – Cu – Mg – Fe – Ni 系合金

Al – Cu – Mg – Fe – Ni 合金是在 Al – Cu – Mg 系合金基础上发展起来的，最先

应用的是 2A90 合金。该系合金成分复杂，相组成也很复杂，不仅耐热性高，而且锻压性能也好，适于加工各种在高温下工作的锻件。

2A90 合金是在 2A11 硬铝的基础上加入了 Fe、Ni 和 Si。因此除了有强化相 S 和 Mg_2Si 外，还可形成不溶于固溶体的 $FeNiAl_9$、$AlCuNi$ 或 $Al_3(CuNi)_2$。这 3 种化合物虽无时效硬化作用，但在高温能起弥散硬化作用，提高合金的耐热性。2A90 合金的特点是 Ni 含量高、导热性好、线膨胀系数小，多用于加工内燃机活塞。由于其 Ni 含量高，故 $FeNiAl_9$ 和 $AlCuNi$ 等脆性相也多，热加工性能和耐热性比 2A70、2A80 合金的低。

2A70 合金是 2A90 合金的发展，通过合金元素及其含量的调整，保留了后者的优点，克服了它的缺点。2A70 合金中的 Fe、Ni 含量正好相当于可形成化合物 $FeNiAl_9$，不会形成 Al_7Cu_2Fe，也不会产生 $AlCuNi$，又降低了 Cu 的含量，使耐热性得到进一步提高。因为 S 相多了，合金的相组成为 $\alpha + S + FeNiAl_9$。由于 S 与 $FeNiAl_9$ 相都是耐热相，前者起时效硬化作用，后者起弥散硬化作用，故 2A70 既有高的强度，又有良好的耐热性。Si 在 2A70 合金中是杂质，Ti 能细化晶粒和提高塑性。2A70 合金的耐热性和热塑性比 2A80、2A90 合金的高，主要用于加工航空发动机压气机叶片和其他耐热零件，以及轧制超声速喷气客机蒙皮板材。2A70 合金的高温性能列于表 1 – 24。

表 1 – 24   2A70 合金的高温力学性能

温度/℃	力学性能/$N \cdot m^{-2}$			A/%
	R_m	$R_{p0.2}$	$E(\times 10^3)$	
20	400	320	71.4	8.0
100	385	320	68.0	8.0
150	356	307	66.0	9.7
200	330	290	65.0	8.4
250	282	250	63.0	8.0
300	165	145	56.5	10.6
350	76	50	40.2	33.5

与 2A70 合金相比，2A80 合金的 Si 含量较多，为 $0.5\% \sim 1.2\%$，形成强化相 Mg_2Si，并促进 GPB 区形成和 S 相均匀分布，不仅提高了在 $120 \sim 125℃$ 的蠕变性能，室温强度也比 2A70 合金的高，不过高温强度却比 2A70 合金的低。2A80 合金主要用于制造航空发动机活塞。

1.5.1.4   花纹板

按 GB/T 3618—2006 的规定，用作建筑、车辆、船舶、飞行器等行业的铝及铝合金

花纹板的有关参数见表 1 – 25，用的合金有 1 × × ×系、2 × × ×系、3 × × ×系、5 × ×
×系的，其中 2A11、2A12 合金有高的强度与耐磨性，常用花纹如图 1 – 18 ~ 图 1 – 21
所示，花纹板尺寸偏差见表 1 – 25 ~ 表 1 – 29，花纹板的力学性能见表 1 – 30。

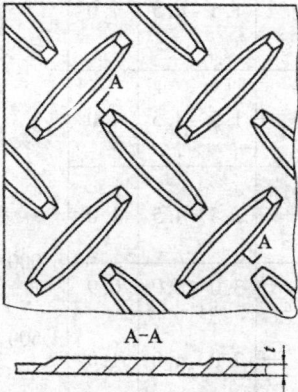

图 1 – 18　2 号花纹板

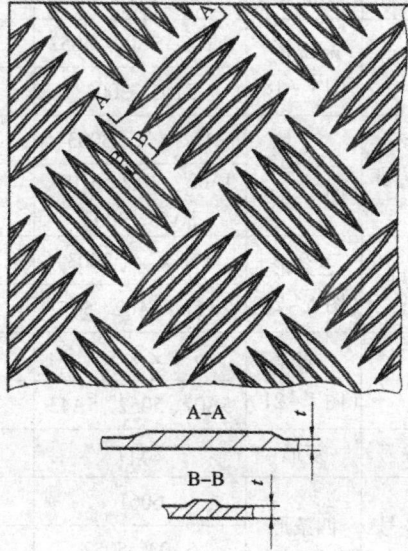

图 1 – 19　3 号花纹板

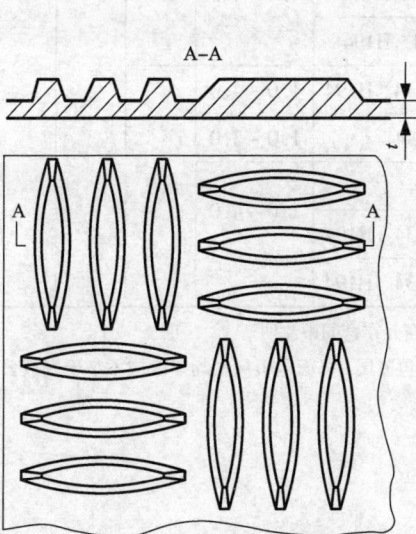

图 1 – 20　4 号花纹板

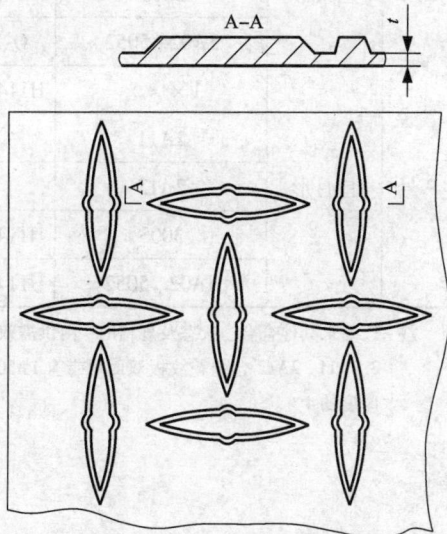

图 1 – 21　5 号花纹板

表 1－25　花纹板的有关技术参数

花纹代号	花纹图样	牌号	状态	底板厚度	筋高	宽度	长度
				mm			
1 号	方格形	2A12	T4	1.0～3.0	1.0		
2 号	扁豆形（图 1－18）	2A11、5A02、5052	H234	2.0～4.0	1.0		
		3105、3003	H194				
3 号	五条形（图 1－19）	1×××、3003	H194	1.5～4.5	1.0		
		5A02、5052、3105、5A43、3003	O、H114				
4 号	三条形（图 1－20）	1×××、3003	H194	1.5～4.5	1.0		
		2A11、5A02、5052	H234				
5 号	指针形（图 1－21）	1×××	H194	1.5～4.5	1.0		
		5A02、5052、5A43	O、H114				
6 号	菱形	2A11	H234	3.0～8.0	0.9	1 000～1 600	2 000～10 000
7 号	四条形	6061	O	2.0～4.0	1.0		
		5A02、5052	O、H234				
8 号	三条形	1×××	H114、H234、H194	1.0～4.5	0.3		
		3003	H114、H194				
		5A02、5052	O、H114、H194				
9 号	星月形	1×××	H114、H234、H194	1.0～4.0	0.7		
		2A11	H194	1.0～3.0			
		2A12	T4	1.0～4.0			
		3003	H114、H234、H194				
		5A02、5052	H114、H234、H194				

注：1.要求其他合金、状态及规格时，由供需双方协商并在合同中注明。

　　2.2A11、2A12 合金花纹板双面可带有 1A50 合金包覆层，每面包覆层平均厚度应不小于底板公称
　厚度的 4%。

表 1-26　花纹板的尺寸允许偏差

底板厚度/mm	底板厚度允许偏差/mm	宽度允许偏差/mm	长度允许偏差/mm
1.00~1.20	0 -0.18	±5	±5
>1.20	0 -0.22		
>1.60	0 -0.26		
>2.00	0 -0.30		
>2.50	0 -0.36		
>3.20	0 -0.42		
>4.00	0 -0.47	—	
>5.00	0 -0.52		

注：1. 要求底板厚度偏差为正值时，需供需双方协商并在合同中注明。

　　2. 厚度 >4.5~8.0 mm 的花纹板不切边供货。但经双方协商并在合同中注明，也可切边供货。

表 1-27　花纹板的筋高允许偏差

花纹板代号	筋高允许偏差/mm
1 号、2 号、3 号、4 号、5 号、6 号	±0.4
7 号	±0.5
8 号、9 号	±0.1

表 1-28　花纹板的不平度

状态	不平度/mm	
	长度方向	宽度方向
O、H114、H234、H194	≤15	≤20
T4	≤20	≤25

表 1 – 29　花纹板的对角线长度偏差

公称长度/mm	两对角线长度差/mm
≤4 000	≤10
>4 000	≤11
>6 000	≤12

注：只有需方要求时才检测对角线长度偏差。

表 1 – 30　花纹板的标定力学性能（GB/T 3618—2006）

花纹代号	合金牌号	状态	抗拉强度 R_m /N·mm^{-2}	规定非比例延伸强度 $R_{p0.2}$/N·mm^{-2}	断后伸长率 A_{50}/%	弯曲系数
			不小于			
1 号、9 号	2A12	T4	405	255	10	—
2 号、4 号、6 号、9 号	2A11	H234、H194	215	—	3	—
4 号、8 号、9 号	3003	H114、H234	120	—	4	4
		H194	140	—	3	8
3 号、4 号、5 号、8 号、9 号	1 × × ×	H114	80	—	4	2
		H194	100	—	3	6
3 号、7 号	5A02、5052	O	≤150	—	14	3
2 号、3 号		H114	180	—	3	3
2 号、4 号、7 号、8 号、9 号		H194	195	—	3	8
3 号	5A43	O	≤100	—	15	2
		H114	120	—	4	4
7 号	6061	O	≤150	—	12	—

注：计算截面积所用的厚度为底板厚度。

1.5.2　6 × × × 系合金

6 × × × 系合金是轨道车辆结构应用最广的结构变形铝合金，可分为 Al – Mg – Si 系、Al – Mg – Si – Cu 系合金，截止到 2010 年年末，在美国铝业协会公司注册的常用合金有 96 个，非常用的 26 个，总计 122 个，比 5 × × × 系合金的

135 个少 13 个。在轨道车辆制造中应用最多的是：6063 型、6082、6061、6101、6N01、6151 合金等。纳入中国国标 GB/T 3190—2008 中的 6 × × × 变形铝合金有27 个。

1.5.2.1　Al – Mg – Si 系合金

6 × × × 系合金的强化相为 Mg_2Si，合金的成分范围（质量分数）：0.3 ~ 1.5 Mg、0.20 ~ 1.6 Si、≤1.0 Mn、≤0.35 Cr，相当于含 0.40% ~ 1.6% Mg_2Si。典型合金的成分范围见图 1 – 22。

Al – Mg – Si 系合金具有中等强度、优良的可焊性和抗蚀性，是唯一没有应力腐蚀开裂倾向的热处理可强化的变形铝合金；能在挤压机上淬火，不需专门的离线固溶处理。在国民经济各个部门，特别是在建筑工业获得了极为广泛的应用，产量仅次于工业纯铝的，有优秀的可挤压性能。

Al 与 Mg 可形成 $Mg_2Si(\beta)$，在 Al 中的固溶度随着温度的改变而发生明显的变化，共晶温度时的极限溶解度为 1.85%，200℃时仅为 0.27%（见图 1 – 23）。因此，Al – Mg_2Si 系合金有明显的时效硬化效应。在 Mg_2Si 中，$w(Mg):w(Si) = 1.73$。在目前应用的 Al – Mg – Si 合金中，有的合金 Mg、Si 含量比等于 1.73，有的有一定量的过剩 Si，因而，根据 Mg_2Si 及其他元素含量的不同，Al – Mg – Si 系合金可分为 3 类。

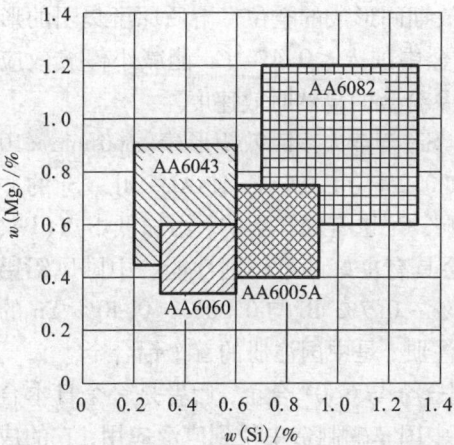

图 1 – 22　典型 Al – Mg – Si 系合金的成分范围

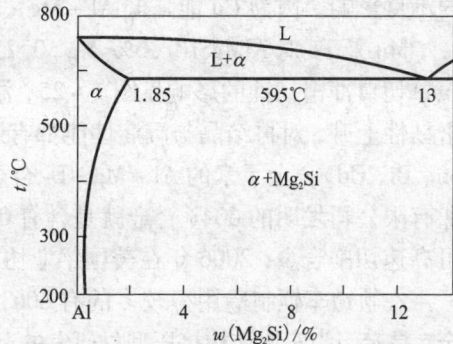

图 1 – 23　伪二元 Al – Mg – Si 系相图

（1）Mg、Si 含量比为 1.73

代表性的合金是 6063，含 0.45% ~ 0.9% Mg、0.2% ~ 0.6% Si，即 0.8% ~ 1.2% Mg_2Si。6063 合金有极好的挤压性能和抗蚀性以及低的淬火敏感性，可在挤压和锻造后进行喷水或穿水淬火，壁厚≤3 mm 的薄壁型材可在冷却台上进行风冷淬火。挤压型材表面光洁，容易阳极氧化。适于生产各种建筑型材、台架型材、家具型材。向 6063 合金中添加少量稀土元素，有利于型材表面品质的提高。降低杂质 Fe 的含量(≤0.15%)，能改善合金的化学抛光和阳极氧化品质，适于生产各种装饰型材和板材。

(2)Mg_2Si 含量≥1.4%

如 6061 合金含 0.80% ~1.2% Mg，0.40% ~0.8% Si，还含 0.15% ~0.4% Cu，以保证它有更高的强度，同时还加入 0.2% Cr，以抵消 Cu 对抗蚀性的不良影响。这种合金的淬火敏感性高，挤压后需进行固溶处理和在水中淬火。它适于加工一般结构材料。

(3)有过剩 Si 存在的合金

过剩 Si 既能细化 Mg_2Si 粒子，又能析出 Si 质点，故在 Al – Mg – Si 系合金中，此类合金的强度是最高的。不过，过剩 Si 易沿晶界析出，造成偏析，引起晶界脆性，降低塑性。为了抵消这种不良影响，常向合金添加少量的 Cr 或 Mn，以细化晶粒，抑制固溶处理时发生再结晶。常用的这类合金有 6151、6351 等。

Al – Mg – Si 系合金淬火后须尽快进行人工时效，才能得到高的强度。否则，强度可能达不到标准要求，如 $w(Mg_2Si) >1\%$ 的合金在室温停放 24 h，其 R_m 比淬火后立即时效的合金约低 10%。这种现象称为停放效应或时效滞后现象。但 $Mg_2Si <0.9\%$ 的合金，停放对强度反而有利。Mg_2Si 合金对 Al – Mg – Si 合金抗拉性能的影响如图 1 – 24 所示。这与在室温停放期间形成的空位 – 溶质原子集团的形核能力和临界形核温度的高低有关。向合金中加入≤0.4% Cu 能减小停放效应的不良影响。因为 Cu 能降低 Al – Mg – Si 系合金的自然时效速度。

Mn 及 Fe 对 AlMgSi(1.0% Mg、0.75% Si)合金人工时效矩形棒(ϕ60 mm ×10 mm)切口冲击韧性的影响见图 1 – 25，添加 0.2% ~1.0% Fe 使 Al – Mg – Si 的冲击韧性上升，对再结晶与沉淀性能都有影响，Cr 也有同样影响；添加低熔点(Pb、Sn、Bi、Cd)合金元素的 Al – Mg – Si 合金会具有良好的可切削性能。中国凤铝铝业有限公司发明的 6043 合金就是含有 0.4% ~0.7% Bi 与 0.20% ~0.40% Sn 的可高速切削合金，2006 年在美国铝业协会注册，是中国注册的首个铝合金。

在轨道车辆制造用得较多的有 6063 型合金与 6N01 合金，后者是一个日本合金，是专门为车体结构挤压型材研发的，在中国车辆制造中得到广泛应用，它的成分(质量分数)为：0.40 ~0.9 Si，0.35 Fe，0.35 Cu，0.50 Mn，(Mn + Cr)≤0.50，0.40 ~0.8 Mg，0.30 Cr，0.25 Zn，0.01Ti，其他杂质单个 <0.05、总计 <0.15，其余为 Al。在 T5 或 T6 状态下应用。T5：在线淬火后于 170 ~180℃人工时效 8 h。T6：固溶处理温度 525 ~535℃，人工时效规范为(170 ~180℃)/8 h。

6N01 合金的物理性能：20℃时密度 2 700 kg/m^3，液相线温度 652℃，固相线温度 615℃，线膨胀系数(20 ~100℃)23.5 ×10^{-6}/℃，T5 材料 20℃时的热导率 188 W/(m·℃)，T6 材料 20℃时的电导率 46% IACS。

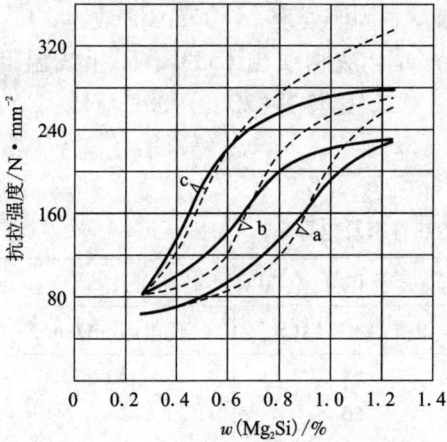

图 1 – 24　Mg₂Si 含量对 Al – Mg – Si

合金抗拉性能的影响

a—Mg、Si 含量全部形成 Mg₂Si；

b—过剩 0.3% Mg；c—过剩 0.3% Si；

——：淬火后立即在 160℃人工时效；

－－－：淬火后在 20℃停放 24 h 再在 160℃人工时效

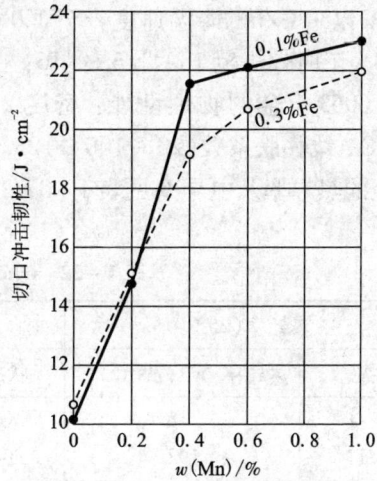

图 1 – 25　Mn 及 Fe 对 AlMgSi1

合金切口冲击韧性的影响

6N01 合金的力学性能见表 1 – 31。

表 1 – 31　6N01 合金的力学性能

材料状态	抗拉强度 R_m /N·mm⁻²	屈服强度 $R_{p0.2}$ /N·mm⁻²	伸长率 /%	正弹性模量 /kN·mm⁻²	剪切模量 /kN·mm⁻²	泊松系数
T5	275	245	12	68.9	25.8	0.33
T6	290	260	12	68.9	25.8	0.33

其他性能：6N01 合金没有应力腐蚀开裂倾向，也不会发生剥落腐蚀；熔焊与钎焊性能均佳；强度中等，可挤压性能优秀，可挤压复杂的薄壁中空型材；可切削加工性能低；表面处理性能良好；力学性能比 6061 合金的低，是一种优秀交通运输装备挤压型材合金。

在轨道车辆制造中也用一些 6063 合金型材如日本地铁 05 系电车车体顶棚大型材，它的成分（质量分数）为：0.20 ~ 0.6 Si，0.35 Fe，0.10 Cu，0.10 Mn，0.45 ~ 0.9 Mg，0.10 Cr，0.10 Zn，0.01Ti，其他杂质每个 <0.05、总计 <0.15，其余为 Al。通常在 O、T5、T6 状态下应用。O 状态：退火规范 415℃/2 ~ 3 h。从

415℃以30℃/h的降温速度冷至260℃，然后出炉在空气中冷却；T5：挤压在线淬火，人工时效规范180℃/3 h；T6：在520℃左右固溶处理，约175℃时效约8 h。

6063合金的物理性能：密度2 690 kg/m³，液相线温655℃，固相线温度615℃，线膨胀系数（20～100℃）23.4×10⁻⁶/℃，比热容（20℃）900 J/（kg·℃），合金的热导率及电导率见表1-32。

表1-32　6063合金的热导率及电导率

热导率（25℃）		电导率（20℃）		
状态	热导率/W·(m·℃)⁻¹	状态	电导率/% IACS	比电阻/nΩ·m
O	218	O	58	30
T1	193	T4	50	35
T5	209	T5	55	32
T6	201	T6	53	33

6063合金的典型室温力学性能见表1-33，它的正弹性模量68.3 kN/mm²（拉伸）、69.7 kN/mm²（压缩）、25.8 kN/mm²（剪切），泊松比0.33。

表1-33　6063合金的典型室温力学性能

状态	抗拉强度 R_m /N·mm⁻²	屈服强度 $R_{p0.2}$ /N·mm⁻²	伸长率 /%	硬度 (HB)	抗剪强度 /N·mm⁻²	疲劳强度* /N·mm⁻²
O	90	50	—	25	70	55
T1	150	90	20	42	95	60
T5	185	145	12	60	115	70
T6	240	215	12	73	150	70

注：* Moor试验，5×10⁸次循环，1 000 r/min。

6063合金在使用中无应力腐蚀倾向，也不产生剥落腐蚀，熔焊与钎焊性能良好，适合于真空钎焊；可挤压性能极好，可挤压大型宽幅中空薄壁型材；可切削加工性能低；表面处理性能良好；除可用于大型车体结构型材外，还广泛用于生产车辆门窗型材、内部装潢型材，以及各种建筑型材，占建筑型材总产量80%左右，在欧洲多用6082合金挤压建筑型材。

1.5.2.2　Al-Mg-Si-Cu系合金

该系合金主要有6A02、6B02、6061合金等，它们是在Al-Mg-Si系三元合金的基础上发展起来的，都含有一定量的过剩Si。合金的主要强化相是Mg_2Si和

W 相（$Al_4CuMg_5Si_4$），主要杂质相是 $Al(MnFe)Si$。Cu 能提高强度，Mn 和 Cr 既能改善抗蚀性，又能提高强度和耐热性，Ti 能细化晶粒。

6A02 合金的合金化程度最低，有良好的加工性能和抗蚀性，中等强度，半成品有板材、棒材和各种锻件，特别适于加工直升机的悬翼梁。

在轨道车辆结构中应用广的是 6061 合金，以挤压材、板材、锻件的形式得到应用，它的成分（质量分数）为：0.40～0.8 Si，0.7 Fe，0.15～0.40 Cu，0.15 Mn，0.8～1.2 Mg，0.04～0.35 Cr，0.25 Zn，0.15Ti，其他杂质每个 0.05、总计 0.15，其余为 Al。

6061 合金的热处理：固溶处理温度 515～550℃；T4：室温 96 h 以上；T6、T651（板材、棒材、管材、线材）：155～165℃人工时效 18 h 以上；T6、T6510、T6511（挤压型材）：170～180℃/8 h。

6061 合金的物理性能：密度 2 700 kg/m³，液相线温 652℃，固相线温度 582℃，线膨胀系数（20～100℃）23.6×10^{-6}/℃，比热容（20℃）896 J/（kg·℃），其热导率及电导率见表 1－34。

表 1－34　6061 合金的热导率及电导率

热导率(25℃)		电导率(20℃)		
状态	热导率/W·(m·℃)$^{-1}$	状态	电导率/% IACS	比电阻/nΩ·m
O	180	O	47	37
T4	154	T4	40	43
T6	167	T6	43	40

6061 合金的典型室温力学性能见表 1－35，它的纵向拉伸弹性模量 68.3 kN/mm²、压缩弹性模量 69.7 kN/mm²。

表 1－35　6061 合金的典型室温力学性能

状态	抗拉强度 R_m/N·mm^{-2}	屈服强度 $R_{p0.2}$/N·mm^{-2}	伸长率 /%	硬度 (HB)	抗剪强度 /N·mm^{-2}	疲劳强度 /N·mm^{-2}
O	125	55	25	30	85	60
T4、T451	240	145	22	65	165	95
T6、T651	310	275	12	95	205	95

T4、T6 状态材料在实际使用中未发现应力腐蚀开裂与剥落腐蚀，挤压性能良

好,可熔焊与钎焊、面处理性能良好,在交通运输装备制造获得广泛应用。

1.5.3 7×××系合金(超硬铝)

超硬铝可分为 Al - Zn - Mg 系与 Al - Zn - Mg - Cu 系两类,前一类是近 30 多年发展起来的较为新型的合金,后一类是在 20 世纪 40 年代中期研制成的,因其强度比硬铝的还高,故名超硬铝。

1.5.3.1 Al - Zn - Mg 系中强可焊合金

该系合金的特点是中等的强度、良好的可焊接性和抗均匀腐蚀的能力,淬火敏感性低,可在空气中淬火,因而焊缝在时效后的性能与基体材料的基本相同,热塑性高。所以,此类合金在技术上、经济上具有相当大的优越性。该类合金的缺点是在温度升高时软化得快,有应力腐蚀开裂与剥落腐蚀敏感性。不过可以通过 Zn、Mg 含量的调整[$w(Zn + Mg) \leqslant 7\%$]和添加 Mn、Cr、Zr 等微量元素加以解决。锌及镁对 Al - Zn - Mg 系合金强度的影响见图 1 - 26。

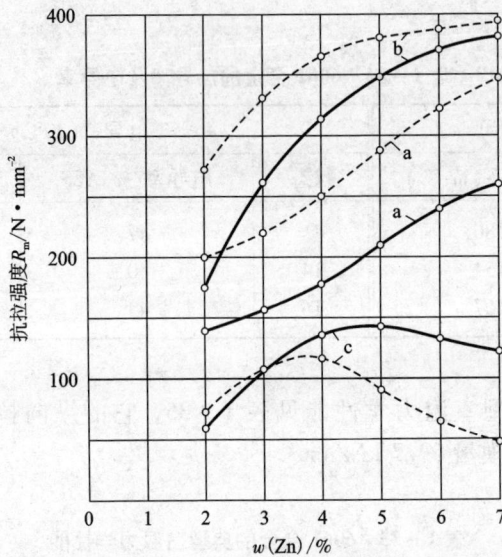

图 1 - 26 Zn 及 Mg 对 Al - Zn - Mg 合金抗拉强度及时效效果的影响

a—在固溶处理(450℃)及淬火后;b—淬火与自然时效 3 个月;

c—时效效果即 b、a 的强度差。——: 1.2% Mg;- - -: 2.5% Mg

图 1 - 27 为 Al - Zn - Mg 系铝角 20℃时的等温截面图。工业用的合金成分位于 M 所代表的影线范围内,主要强化相为 T 和 η,它们在铝中的溶解度不但大,而且变化范围也大,时效硬化效应极强。各国的 Al - Zn - Mg 系合金的成分如表 1 - 36 所列。

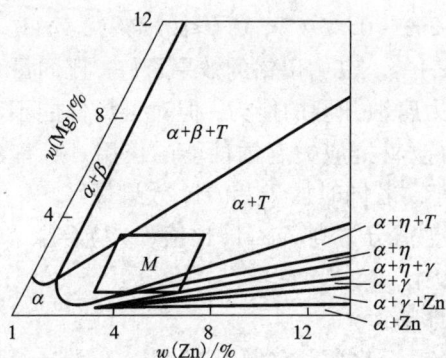

图 1 – 27　Al – Zn – Mg 系铝角的室温截面图

Al – Zn – Mg 系合金的成分范围大，Zn 与 Mg 的含量为 4.5% ~ 7.6%，大多数合金的 $w(\text{Zn}):w(\text{Mg}) = 2 \sim 3.8$。室温 R_m 为 340 ~ 450 N/mm^2，比硬铝及 Al – Zn – Mg – Cu 系超硬铝的低，但比 Al – Mg 系及 Al – Mg – Si 系合金的高。

表 1 – 36　各国 Al – Zn – Mg 系超硬铝成分

国家	牌号	成分/%									
		Zn	Mg	Mn	Cr	Zr	Ti	Cu	Fe	Si	其他
中国	7A05	4.4 ~ 5.0	1.1 ~ 1.7	0.15 ~ 0.40	0.05 ~ 0.15	0.10 ~ 0.25	0.02 ~ 0.05	≤0.20	≤0.25	≤0.25	≤0.15
中国	7B05 *	5.0 ~ 6.5	0.50 ~ 1.0	≤0.30	≤0.20	0.05 ~ 0.25	≤0.20	≤0.20	≤0.35	≤0.30	≤0.15
美国	AA7005	4.2 ~ 5.0	1.0 ~ 1.8	0.2 ~ 0.7	0.06 ~ 0.20	0.06 ~ 0.20	0.01 ~ 0.06	≤0.10	≤0.40	≤0.35	≤0.15
美国	AA7039	3.5 ~ 4.5	2.3 ~ 3.3	0.10 ~ 0.40	0.15 ~ 0.25	—	≤0.10	≤0.10	≤0.40	≤0.30	≤0.15
日本	A7003	5.0 ~ 6.5	0.50 ~ 1.0	0.30	≤0.20	0.05 ~ 0.25	≤0.20	≤0.20	≤0.35	≤0.30	≤0.15
日本	7N01	4.0 ~ 5.0	1.0 ~ 2.0	0.2 ~ 0.7	≤0.3	≤0.3	≤0.1	≤0.1	≤0.35	≤0.30	≤0.15
俄国	1915	3.4 ~ 4.0	1.3 ~ 1.8	0.2 ~ 0.6	0.08 ~ 0.2	0.15 ~ 0.22	—	≤0.1	≤0.4	≤0.3	≤0.1
俄国	1911	3.8 ~ 4.4	1.6 ~ 2.1	0.2 ~ 0.5	0.07 ~ 0.12	0.13 ~ 0.20	—	0.1 ~ 0.2	≤0.3	≤0.2	≤0.1
俄国	B92ц	2.9 ~ 3.6	3.9 ~ 4.6	0.6 ~ 1.0	—	0.1 ~ 0.3	—	≤0.05	≤0.3	≤0.2	≤0.1
德国	AlZnMg1	4.0 ~ 5.0	1.0 ~ 1.4	0.1 ~ 0.5	0.15 ~ 0.25	—	0.01 ~ 0.1	≤0.1	≤0.5	≤0.5	≤0.15
法国	AZ4G	2.75 ~ 3.5	1.5 ~ 2.5	0.2 ~ 0.7	0.1 ~ 0.4	0.1 ~ 0.5	—	≤0.1	≤0.4	≤0.3	—
法国	AZ5G	4.6	1.2	≤0.2	0.25	0.15	≤0.1	≤0.1	≤0.4	≤0.3	—
加拿大	74S	4.0 ~ 4.6	1.4 ~ 2.0	0.2 ~ 0.4	—	—	—	≤0.1	≤0.4	≤0.25	—
瑞士	Unidur	4.5 ~ 5.0	1.2 ~ 1.6	0.3	0.2	—	—	—	≤0.2	—	—
英国	7017	4.0 ~ 5.2	2.0 ~ 3.0	0.05 ~ 0.50	≤0.35	0.10 ~ 0.25	≤0.15	≤0.20	≤0.45	≤0.35	≤0.15
英国	7018	4.5 ~ 5.5	0.7 ~ 1.5	0.15 ~ 0.50	≤0.35	0.10 ~ 0.25	≤0.15	≤0.20	≤0.45	≤0.35	≤0.15

注：＊与日本 7N01 合金的成分相当。

为了改善 Al – Zn – Mg 系合金抗应力腐蚀开裂与剥落腐蚀的能力，还需添加下列微量元素：Mn(0.2% ~0.45%)，Cr(≤0.3%)，Zr(0.1% ~0.3%)，Ti(≤0.2%)和Cu(≤0.25%)等。其中以铬的效果最好，比同量Mn的作用高数十倍。Cu虽提高强度和抗应力腐蚀开裂的能力，但对可焊性能不利。Zr的主要作用是提高可焊性能，但也有改善抗应力腐蚀性能的作用。Ti能细化晶粒和提高可焊性，但其效果比Zr的小。若同时加Zr和Ti，效果最好。

Al – Zn – Mg系合金可分为高Zn/Mg比值(≥7)合金、中等比值(2.0 ~3.8)合金和低比值(1.5)合金。

(1)Zn/Mg < 1.5的合金

7039与B92ц合金属于此类。它们除有Al – Zn – Mg系合金的一般特性外，还有很好的低温性能(见表1 – 37)，适于焊接超低温(≤ –195.5℃的液氧、液氮或液氢)压力容器、装甲板或制造一般构件。

表1 – 37　7039 – T61板材(19.2 mm)的低温性能

温度 /℃	R_m /N·mm^{-2}	$R_{p0.2}$ /N·mm^{-2}	A_5 /%	切口因子 (K_t)	NTSR_m /N·mm^{-2}	NTS/UNTS	NTS/UNYS
25	432	363	13	6.3	597	1.38	1.6
–196	576	435	14.5	6.3	630	1.09	1.45
–253	684	455	16.0	15.0	532	—	1.17

注：NTS——切口试样的R_m；UNTS——无切口试样的R_m；UNYS——无切口试样的$R_{p0.2}$。

(2)Zn/Mg =2.0 ~3.8的合金

德国的AlZnMg1和瑞士的Unidur是此类合金的代表，其强度虽不高，但有高的塑性、可焊性和抗应力腐蚀开裂性能。固溶处理温度范围宽，抛光性能好。此类合金除可用于各种焊接结构外，还是焊接大型火箭液体燃料箱的良好材料。

(3)Zn/Mg≥7的合金

如中国的7A52、日本的A7003合金属于此类。7A52合金的主要特点是含Zn量高，易产生高温固溶软化效应，从而有极好的热挤压性能，其挤压速度与6063合金和工业纯铝的相当。同时还有较高的强度、可焊接性能和抗应力腐蚀开裂性能。7A52和A7003合金可用于制造铁路车辆、舰船、摩托车和自行车的构件和零件。

(4)7003合金

7003合金的成分见表1 – 36；其管、棒、型材在T5状态下应用，在线固溶处理后进行双级人工时效[约90℃/(5 ~8 h) + (150 ~160℃)/(8 ~16 h)]；物理性能：密度2 790 kg/m³、液相线温度620 ~650℃、线膨胀系数(20 ~100℃)23.6 ×10^{-6}/℃；典型力学性能(T5)：抗拉强度R_m 360 N/mm²、屈服强度$R_{p0.2}$ 325

N/mm², 伸长率 18%、布氏硬度 HB 90; 纵向正弹性模量 72.3 kN/mm², 需进行表面处理, 以提高抗腐蚀性能, 抗应力腐蚀开裂的能力尚高; 可熔焊性与钎焊性、成形性、可切削加工性、表面处理性能等均可以; 用于挤压焊接的车体结构薄壁中空大型材。

(5)7N01 合金

这是一种日本合金, 中国标准 GB/T 3190—2008 也已纳入了这种合金, 它的化学成分见表 1-36; 退火温度约 415℃, 固溶处理温度约 450℃, 时效处理 T4 室温 1 个月以上, T5 及 T6 约 120℃, 24 h; 物理性能: 密度 2 780 kg/m³、液相线温度 620~650℃、线膨胀系数 23.6×10⁻⁶/℃; 合金的力学性能见表 1-38; 熔焊后对热影响区需进行时效处理, 板的短横向有应力腐蚀开裂倾向; 可熔焊性与钎焊性良好, 可切削加工较好, 成形性欠佳, 用于制造车体结构。

表 1-38　7N01 合金挤压材的典型力学性能

状态	抗拉强度 R_m /N·mm⁻²	屈服强度 $R_{p0.2}$ /N·mm⁻²	伸长率 /%	硬度 (HB)	抗剪强度 /N·mm⁻²
T4	390	255	13	101	205
T5	380	315	17	109	200
T6	430	355	15	108	200

1.5.3.2　Al-Zn-Mg-Cu 系合金

Al-Zn-Mg-Cu 系超硬铝是目前工业上大规模应用的强度最高的(达 600N/mm²)铝合金。Zn、Mg、Cu 的平均总含量 ≥9% ~14%。列入国家标准 (GB/T 3190—2008)的有 7A03、7A04、7A09 和 7A10 等。合金的主要相组成物为 α、$\eta(MgZn_2)$、$T(Al_3Mg_3Zn_3)$、$S(Al_3CuMg)$。$w(Zn):w(Mg)$ 比值对合金的组织和性能有很大的影响, 林肇琦教授等[2]的研究结果证明: Zn/Mg = 2.7~2.9 的合金有最佳的综合性能。

Cu 的主要作用是提高抗应力腐蚀开裂能力, 但也能提高强度和塑性, 其含量以 1% ~2% 为宜, 因为 470℃时, Cu 的最大溶解度为 2%。添加少量 Mn、Cr、Zr、Ti 能改善合金的塑性和抗蚀性, 抑制再结晶过程。Mn 与 Cr 还能提高淬火敏感性。Zr 能形成极细的 $ZrAl_3$ 质点, 对淬火敏感性影响极小。

杂质 Fe 与 Si 不仅对强度与抗蚀性有害, 而且能和 Mn、Cu 等形成对断裂韧性不利的夹杂相 Al_7Cu_2Fe、$Al_{12}(FeMn)_3Cu_2$、$(FeMn)Al_6$、$(FeMn)Al$ 等。使 Fe 及 Si 的含量分别降低到 ≤0.2% 及 ≤0.15%, 可显著提高断裂韧性, 如 7174、7475 和 7050 合金。7050 合金是以 Zr 代替 Mn、Cr 的高纯合金, 是目前综合性能最好的一种超硬铝, 既有高的 R_m、$R_{p0.2}$、K_{IC} 和抗蚀性, 又有低的淬火敏感性。

Al – Zn – Mg – Cu 系超硬铝的主要缺点是耐热性低，对切口和应力集中敏感，以及抗蚀性低。提高超硬铝抗蚀性的途径是：对板材包覆 7A01 合金，因超硬铝的电位(– 0.83 V)比纯铝的低，故必须用电位更低的 7A01 合金(– 0.96 V)作为包覆层；对型材和锻件可进行阳极氧化处理，超硬铝的含 Cu 量低，不仅易于氧化处理，而且氧化膜的弹性也比硬铝的高，保护性能好；还可进行分级过时效处理。

7A03 合金的杂质含量低。不含 Mn 与 Cr，Mg 含量也低，而 Zn 含量则较高，有高的塑性与抗剪强度，专门用于制作铆钉线材。

7A04 是一种用途广、综合性能好的超硬铝。主要强化相是 η、T、S，以板、棒、型、管材和锻件形式应用于航空工业及其他部门。7A09 合金的性能和用途与 7A04 合金的相同，因不含 Mn，故淬火敏感性低，淬透性好。

图 1 – 28 表示锌和镁对 Al – Zn – Mg – Cu 系(1.5% Cu、0.2% Mn、0.2% Cr)合金人工时效后的抗拉强度的影响，而锌含量对 460℃ 固溶处理与在 135℃ 人工时效 12 h 的 Al – Zn – Mg – Cu 系(1.2% Cu)合金力学性能的影响见图 1 – 29。

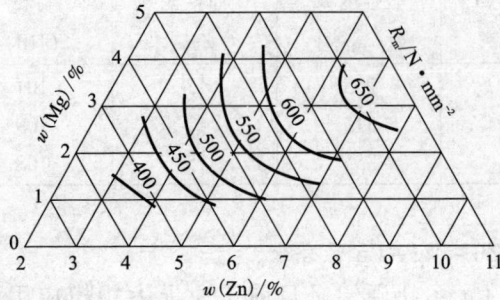

图 1 – 28　Mg 和 Zn 含量对人工时效的 Al – Zn – Mg – Cu 合金

抗拉强度的影响(1.5% Cu、0.2% Mn、0.2% Cr)

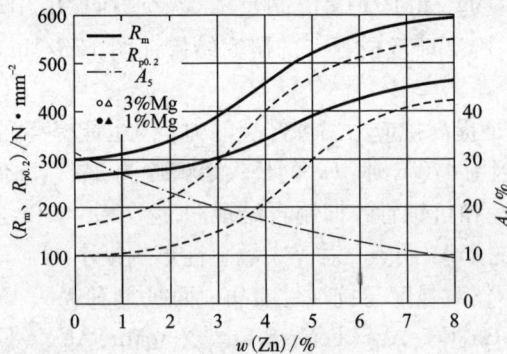

图 1 – 29　Zn 含量对 Al – Zn – Mg – Cu 合金力学性能的影响

(1.5% Cu、在 460℃ 固溶处理、135℃ 人工时效 12 h)

1.6　铸造铝合金

按国家标准，铸造铝合金分为 4 类：Al – Si 系（ZL1 × ×）、Al – Cu 系（ZL2 × ×）、Al – Mg 系（ZL3 × ×）和 Al – Zn 系（ZL4 × ×），其中 Al – Si 系合金用途最广。

1.6.1　Al – Si 系铸造铝合金

Al – Si 合金又称硅铝明（Silumin），属共晶型合金，共晶温度 577℃，共晶点成分 11.7% Si。Al – Si 合金的特点是流动性好、收缩率小、适于铸造复杂零件、抗蚀性高、焊接性能好、膨胀系数小。

1.6.1.1　Al – Si 合金的组织与性能

列入国家标准的 Al – Si 系合金有 11 种，除 ZL102 是二元 Al – Si 合金外，其他合金均含有 Cu、Mg 等，形成 Mg_2Si、$CuAl_2$ 或 W 相（$Al_xMg_5Si_4Cu_4$）等强化相，使合金变成热处理可强化的。

Al – Si 合金的主要杂质是 Fe，可与 Si 形成杂质相 α（Fe_3SiAl_{12}）、β（$Al_9Fe_2Si_2$）和 $Al_8FeMg_3Si_6$，降低合金的强度、塑性和抗蚀性。为了消除铁的有害影响，常向合金中添加少量 Mn，以使针状的 β 相变成骨骼状的 AlMnFeSi 相。同时，Mn 还有一定的固溶强化作用。

Ti 能细化铸件晶粒，改善铸造性能。Ni 能提高合金的抗蚀性和耐热性。

ZL102 合金含 10% ~ 13% Si，为二元共晶型合金，它除有上述特点外，还具有吸气性高与密度低、不能热处理强化等特点，力学性能也低，只适于铸造形状复杂而强度要求不高的零件。

ZL101 及 ZL104 合金是含有 Mg 的 Al – Si 合金，铸造性能高，可热处理（T5、T6）强化，变质处理后的组织为细的亚共晶与 Mg_2Si。ZL104 合金的强度比 ZL101 合金的高。ZL101 合金的铸造性能与 ZL102 合金的差不多，可用于铸造形状复杂的中等负载薄壁零件。ZL104 合金的 Si 含量高，吸气性强，适于压力铸造高负载零件，如柴油机汽缸体和排气管等。

ZL101A 合金是 ZL101 合金的改进型，通过采用高纯度原材料降低杂质含量；添加细化元素调整成分，使合金具有更高的力学性能，用于铸造形状复杂、要求气密的各种铸件。合金的成分（质量分数）为：6.5 ~ 7.5 Si，0.20 ~ 0.45 Mg，0.05 ~ 0.20 Ti，≤0.20 Fe，≤0.10 Cu，≤0.10 Mn，≤0.10 Zn，其他杂质单个 0.05、总计 0.15，Al 余量。

ZL107 合金含 3.5% ~ 4.5% Cu，因 Si 和 Cu 的含量高，不但有较好的铸造性能，而且可通过热处理强化，故有高的强度与耐热性，但抗蚀性较低。ZL107 – T6（J）的

$R_m = 280$ N/mm^2，$A_5 = 3\%$，HB $= 100$。适于铸造高强度和尺寸稳定的零件。

除上述 4 种合金外，其他 7 种 Al – Si 合金都含有 Cu 和 Mg，属 Al – Si – Cu – Mg 系四元合金，流动性与气密性较高，由于有强化相 Mg$_2$Si、CuAl$_2$ 和 W 等，故强度与耐热性也较高。ZL103 和 ZL1105 合金的成分相近，但前者含 Cu 量高，并含有 Mn，所以耐热性比后者的高。适于金属模铸造空气式汽缸头、机匣和油泵体等。

在 Al – Si 系合金中，Cu、Mg 含量较高的是 ZL108 和 ZL109，它们的 Si 含量也较高，铸造性能好，疏松倾向小，气密性高，耐热性和耐磨性良好，膨胀系数小；尤其是含 Ni 的 ZL109 合金具有最小的线膨胀系数。ZL105 合金的线膨胀系数为 23.1 μm/（m·K），ZL109 合金的为 19.5 μm/（m·K）。它们适于铸造各种活塞。

ZL110 为亚共晶合金，含 Cu 量最高（5.0% ~ 8.0%），其性能与 ZL109 合金的大体相同，但抗蚀性低一些，可用于铸造活塞和在较高温度下工作的零件。

ZL111 合金含 Ti 量为 0.35% ~ 0.1%，铸造性能好，热处理强化效果大，抗蚀性虽不如 ZL104 合金的，但强度比后者的大，适于铸造形状复杂的柴油发动机汽缸体和增压器外壳等。

1.6.1.2　Al – Si 合金的变质处理

Al – Si 合金的最大缺点是共晶体中的 Si 呈粗大的针状，力学性能低，可切削性能也不好。这种针状组织一旦形成，就无法消除。但铸造前向熔体中添加 0.05% ~ 0.1% Na 或 1% ~ 3% 钠盐混合物（2/3NaF + 1/3NaCl），铸造后可得到由初晶铝和微细的共晶组成的亚共晶组织，性能得到显著提高。例如，含 Si10% ~ 12% 的合金，变质处理前 $R_m = 120 ~ 160$ N/mm^2，$A_5 \leqslant 1\%$，变质处理后 $R_m = 170 ~ 220$ N/mm^2，$A_5 = 3\% ~ 20\%$。这种改变显微组织的处理方法叫变质处理。加入的钠或钠盐叫变质剂。

变质现象是 1920 年法国金属材料学家 A. 帕兹（Pacz）发现的。但对其机理尚无统一的说法，诸如脱氧论、三元共晶论、吸附论、过冷论等。以上机理中后一种机理得到普遍的承认，认为 Si 晶体之所以由针状变为球形，是由于 Na 能使 Al – Si 合金共晶温度大大下降，至少能降低 12℃，共晶点明显右移（见图 1 – 30）而使共晶合金变为亚共晶，发生过冷。同时在过冷条件下形核率也急剧升高，共晶组织变细。对过共晶合金来说，共

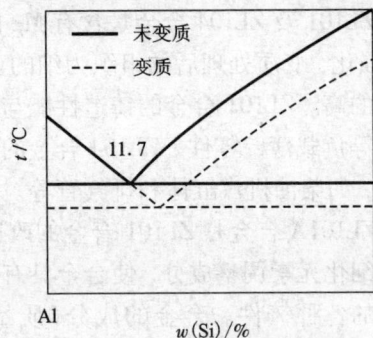

图 1 – 30　Na 对 Al – Si 合金
凝固过程的影响示意图

晶温度降低还意味着 Si 质点的形核率下降,抑制了初晶硅的形成。

Na 虽有良好的变质效果,但添加工艺复杂。一是加入的量不易控制,少则变质不足,仍有粗大的硅晶体,多则变质过度,出现(AlNa)Si$_2$化合物;二是 Na 在熔炼和浇注过程中易挥发和氧化,加 Na 后必须在 30 ~ 45 min 内铸造完毕,否则失效,同时只允许重熔一次。因此,寻找新的变质剂是一项重要的研究课题。研究表明,稀土元素是较为理想的变质剂。

1.6.1.3　稀土元素对 Al - Si 合金组织和性能的影响

稀土元素对铸造铝合金的作用是:有变质作用,改善铸造组织,细化晶粒,提高力学性能;有精炼作用,能除气,消除夹杂物,改善电、热传导性,提高抗蚀性,有合金化作用,能同铝形成高熔点化合物,提高共晶和再结晶温度,起固溶强化和弥散硬化作用;有提高流动性作用等。Sb、Sr、S、P、As、Bi 和稀土元素(RE)对 Al - Si 合金都有一定的变质作用,而以 RE 的效果最好,其中尤以 La 和 Eu 的作用最强, Ce、Pr、Nd 和混合稀土的次之, Er 和 Y 的最弱。向共晶 Al - Si 合金添加 0.03% ~ 0.12% La 效果极好,组织变得很细,力学性能大大提高,熔炼烧损极少,重熔 10 次也不失效,是长效变质剂。

RE 对 ZL104 合金强度和硬度的影响如表 1 - 39 所列,添加 0.2% ~ 0.3% RE 对力学性能最有利, RE 含量大于 0.3% 时,对强度反而有害。因为大部分 RE 分布于晶间,只有少量与 Al、Si、Mn、Fe 等共存,所以含量较高时,合金变脆,强度下降。但硬度对这种分布不敏感,几乎随 RE 的增加而单调地升高。

表 1 - 39　RE 对 ZL104 合金力学性能的影响

混合 RE/%	0	0.07	0.18	0.29	0.47	0.78	0.88	1.80
R_m/N·m^{-2}	190	210	250	280	250	220	210	220
HB	70	80	107	108	108	107	92	110
La/%	—	—	0.19	0.21	0.25	0.65	0.75	—
R_m/N·m^{-2}			281	280	264	250	255	
HB			97	104	98	104	114	
Ce/%	—	—	0.18	0.29	0.51	1.06	1.23	—
R_m/N·m^{-2}			240	305	260	250	270	
HB			92	97	110	104	107	

注:合金在 535℃ 固溶处理,水淬,175℃ 时效。

RE 对 ZL104 合金高温强度的影响如图 1 - 31 所示。Ce 的效果最佳, La 的次之,混合稀土的最小。RE 对其他铸造铝合金均有不同程度的有利影响。

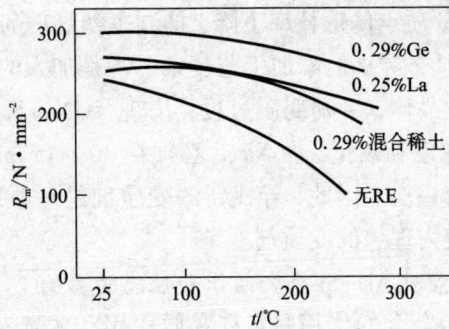

图 1 – 31   RE 对 ZL104 合金高温抗拉强度的影响

1.6.2   Al – Cu 系铸造铝合金

Al – Cu 系合金是应用最早的铸造铝合金，热处理效果佳，抗蚀性低，热稳定性好，密度高，铸造性能差，热裂纹倾向大。列入国家标准的合金有 ZL201、ZL202 和 ZL203。

1.6.2.1   ZL201 合金

属 Al – Cu – Mn 系，并含有少量 Ti，以细化晶粒，改善铸造组织。铸件的实际组织为 $\alpha + \theta + T(Al_{12}CuMn_2)$，$\theta$ 是主要强化相，固溶的 Mn 能降低 Cu 的扩散速度，延缓时效过程，而 T 相又是一个热稳定性高的相，故 ZL201 是一种高强度耐热合金。

杂质 Fe 和 Si 是有害的，既降低合金的强度和塑性，又对耐热性不利，其含量应分别 ≤0.3%。Mg 的含量更应严加限制（≤0.05%），过高会形成熔点为 507℃ 的三元共晶 $\alpha + \theta + S(Al_2CuMg)$，除了增加铸件的热裂纹倾向外，固溶处理时还易过烧。

ZL201A 合金是 ZL201 合金的改进型，通过采用高纯度原材料、降低杂质含量，调整成分和工艺，使合金力学性能明显提高而达到某些变形合金的水平。该合金适于砂型铸造承受较大载荷、工作温度可达 300℃ 的中等复杂程度的高强度优质铸件。合金的成分（质量分数）为：4.8 ~ 5.3 Cu，0.6 ~ 1.0 Mn，0.15 ~ 0.35 Ti，≤0.15 Fe，≤0.1 Si，≤0.05 Mg，≤0.1 Zn，≤0.05 Ni，≤0.15 Zr，其他杂质单个 ≤0.05，总计 ≤0.10，Al 余量。

ZL201 合金的热处理状态有 T4、T5 和 T7，适于铸造形状简单、负载大的砂型铸件，或在 ≤300℃ 条件下工作的零件。

1.6.2.2   ZL202 和 ZL203 合金

ZL202 和 ZL203 合金属 Al – Cu 二元合金、强化相为 $\theta(CuAl_2)$，有高的耐热

性。合金组织为 $\alpha +$ 亚共晶体 $(\alpha + CuAl_2)$，含 Cu 量低的 $(4.5\% \sim 5.0\%)$ ZL203 合金共晶组织几乎连续成网状，而在含 Cu 量高的 $(9.0\% \sim 11.0\%)$ ZL202 合金中，共晶组织呈厚的封闭网状。经 T4 处理后，ZL203 合金的共晶完全溶解，变成单一的 α 固溶体，而在 ZL202 合金的晶界仍残留大量的共晶，使合金有相当高的高温强度，但塑性却很低（见表 1 – 40）。

表 1 – 40　Al – Cu 系合金的高温力学性能

Cu /%	20℃		150℃		200℃		250℃		300℃		350℃	
	R_m /N·mm^{-2}	A_5 /%	R_m /N·mm^{-2}	A_5 /%	R_m /N·mm^{-2}	A_5 /%	R_m /N·mm^{-2}	A_5 /%	R_m /N·mm^{-2}	A_5 /%	R_m /N·mm^{-2}	A_5 /%
6	142	4.0	115	3.5	108	4.0	110	5.0	85	6.0	55	10.0
8	132	2.0	115	2.5	108	2.0	112	3.0	87	4.5	52	5.0
12	153	1.5	115	1.5	107	1.5	108	2.0	102	3.5	71	4.5
14	154	1.5	115	1.5	105	1.0	104	1.5	102	1.5	74	4.5

Si 对合金的铸造性能有利，因可形成三元共晶 $\alpha + Si + CuAl_2$，能提高流动性，降低热裂纹倾向。约含 3% Si 的 ZL202 型合金可用金属型铸造家用电器零件（熨斗垫板等）。

杂质 Fe 的含量可比 ZL201 合金的高得多，只要 $\leqslant 1.0\%$ 即可。这虽对耐热性的提高有利，但会形成 Al_7Cu_2Fe，分布于晶界，对塑性有害。Mg 是合金中最有害的杂质，对可焊接性能和塑性特别不利，应严格控制，ZL202 合金 Mg 的含量应 $\leqslant 0.3\%$，ZL203 合金中 Mg 的含量应 $\leqslant 0.03\%$。

ZL202 合金是高 Cu 合金，铸造性能好，可切削性能高，虽可热处理强化，但效果不大，可用于砂型与金属型铸造在 250℃ 以下工作的零件。

ZL203 合金适于铸造在 200℃ 以下工作的中等负载零件，热处理状态有 T4 和 T5。向 ZL203 合金添加 $\leqslant 1.0\%$ Ag，能显著提高其强度和塑性。工业上应用的这类合金有美国的 KO – 1 合金（Al – 4.7Cu – 0.7Ag – 0.3Mg）、法国的 Avior 合金。T6 状态的 AVior 合金的最佳性能为 $R_m = 550$ N/mm^2，$R_{p0.2} = 480$ N/mm^2，$A_5 = 10\%$，大体与超硬铝的力学性能相当。合金中含有贵金属 Ag 及 T6 状态时有应力腐蚀敏感性是其缺点，但通过 T7 处理，能显著提高其抗应力腐蚀开裂的能力。

ZL204A 合金是在 ZL201A 合金基础上添加 Cd 和调整成分、工艺，使强度性能得到进一步提高而成的一种高强度铸造铝合金，主要用于砂型铸造承受较大载荷的、中等复杂程度的航空零件。合金的成分（质量分数）为：4.6 ~ 5.3 Cu，0.6 ~ 0.9 Mn，0.15 ~ 0.25 Cd，0.15 ~ 0.35 Ti，$\leqslant 0.12$ Fe，$\leqslant 0.06$ Si，$\leqslant 0.05$ Mg，$\leqslant 0.1$ Zn，$\leqslant 0.05$ Ni，$\leqslant 0.15$ Zr，其他杂质单个 $\leqslant 0.05$、总计 $\leqslant 0.10$，Al 余量。

ZL204A 合金的固溶处理温度为 538 ± 5℃，保温 10 ~ 18 h，在 20 ~ 50℃的水中淬火。人工时效规范：T6 状态的加热温度 175 ± 5℃，保温时间 3 h，空冷，T7 状态的加热温度 190 ± 5℃，保温时间 3 ~ 5 h，空冷。航标 HB 962 规定 T6 状态砂型铸件的性能为：$R_m \geqslant 440$ N/mm^2，$A_5 \geqslant 4\%$，HB $\geqslant 100$。合金的相组成为 $\alpha + \theta$（$CuAl_2$）+ T（$Al_{12}Mn_2Cu$）+ Cd + Al_3Ti。该合金的气密性不高，铸造性能也较差。

1.6.2.3　ZL205 合金

ZL205 及 ZL205A 合金属 Al – Cu – Mn 系合金，是以高纯铝（≥99.93%）作原料，加入 Cu、Mn、Ti、Cd、Zr、V、B 等元素，并经热处理强化而获得的高强度铸造铝合金，有 T5、T6、T7 等 3 种热处理状态，用于铸造中等复杂程度以下的承受大载荷的高强度优质砂型铸件，如飞机挂梁、框、肋、支臂等；雷达装置的横轴和轻质起重器；在腐蚀气氛下工作的承力结构件，如代替 45 钢制作超高压线路的架线中轮，可减轻质量。ZL205A 合金的化学成分（质量分数）为：4.6 ~ 5.3 Cu，0.3 ~ 0.5 Mn，0.15 ~ 0.25 Cd，0.15 ~ 0.35 Ti，0.05 ~ 0.20 Zr，0.05 ~ 0.30 V，0.005 ~ 0.06 B，≤0.15 Fe，≤0.06 Si，≤0.06 Mg，其他杂质单个 ≤0.05、总计 ≤0.15，Al 余量。

ZL205（A）合金固溶处理规范为：533 ~ 543℃，10 ~ 18 h，水淬，水温 20 ~ 60℃。人工时效规范如表 1 – 41 所示。

表 1 – 41　ZL205（A）合金人工时效规范

状态	加热温度/℃	保温时间/h	冷却介质
T5	150 ~ 160	8 ~ 10	空气
T6	170 ~ 180	3 ~ 5	空气
T7	190 ~ 200	3 ~ 5	空气

铸件均在热处理状态下应用，要求高强度与塑性时采用 T5 状态，要求最高强度的零件采用 T6 状态，而 T7 状态既有高的强度又有高的抗蚀性。铸件以砂型铸造为主，也可采用熔模铸造，结构简单的零件还可以用金属型铸造。在熔炼铸造过程中，应严防炉料、坩埚和工具带入杂质元素 Fe、Si、Mg 等。Cd 以纯金属加入，其他合金元素均以中间合金形式加入。应在规定的过热温度下充分搅拌，以免形成粗大的金属间化合物。熔炼和浇注温度为 700 ~ 750℃，并允许较长的静置时间，回炉料可反复使用。该合金的铸造性能较 Al – Si 合金的差，为了获得优质铸件，在受高应力的指定部位，要求采取激冷措施和安放冒口，以便充分补缩；对于厚大铸件，宜采用加压铸造，以利于获得致密铸件。

ZL205（A）合金的密度为 2 820 kg/m^3；熔化温度为 544 ~ 633℃；20 ~ 100℃时的比热容为 888 J/（kg·℃）；热导率如表 1 – 42 所示。

表 1 – 42　ZL205(A)合金热导率

温度/℃		20	100	200	300
热导率/ W·(m·℃)$^{-1}$	T5	105	117	130	142
	T6	113	121	138	155
	T7	117	130	151	168

合金的线膨胀系数:20～100℃时 T5 状态的为 $22.6×10^{-6}$/℃,T6 状态的为 $21.9×10^{-6}$/℃;20～200℃时 T5 状态的为 $24.0×10^{-6}$/℃,T6 状态的为 $23.6×10^{-6}$/℃;20～300℃时 T5 状态的为 $27.6×10^{-6}$/℃,T6 状态的为 $25.9×10^{-6}$/℃。合金在 T5、T6 状态有晶间腐蚀倾向,在 T7 状态无晶间腐蚀倾向,并具有良好的抗应力腐蚀性能。

ZL205 合金的标定(HB 962)最低力学性能(砂型铸造)如表 1 – 43 所示。

表 1 – 43　ZL205 合金最低力学性能(砂型铸造)

状态	R_m/N·mm^{-2}	A_5/%	HB
T5	440	7	120
T6	490	3	140
T7	470	2	130

砂型铸件的典型布氏硬度值:T5 状态的为 140,T6 状态的为 150,T7 状态的为 140。合金在不同温度下单铸试样的典型力学性能如表 1 – 44 所示。

表 1 – 44　ZL205(A)合金在不同温度下单铸试样的典型力学性能

状态	温度/℃	R_m/N·mm^{-2}	$R_{p0.2}$/N·mm^{-2}	A_5/%
T5	-70	500	—	8
	-40	480	—	8
	20	480	343	13
	150	382	—	10.5
	200	343	304	4
	250	255	—	3
	300	167	—	3.5

续表 1 – 44

状态	温度/℃	$R_m/N \cdot mm^{-2}$	$R_{p0.2}/N \cdot mm^{-2}$	$A_5/\%$
T6	–70	520	—	3
	–40	510	—	3
	20	512	431	7
	150	417	—	10.5
	200	353	304	4
	250	240	—	3
	300	176	—	3.5
T7	20	495	454	3.4
	150	402	—	5.5
	200	343	—	4.5

ZL205(A)合金的平面应变断裂韧性(试样从加冷铁的砂型铸造厚板上切取),用三点弯曲法测定 K_{IC}($N \cdot mm^{-2} \cdot m^{3/2}$);T5 状态的为 40.4、T6 状态的为 38.8;T7 状态的为 29.3。

ZL205(A)合金的低熔点共晶转变($\alpha + CuAl_2 + Cd_{液} \Longleftrightarrow L$)为 544℃。合金含有 7 个合金化元素,在铸态下可形成下列各相:$CuAl_2$、$Al_{12}Mn_2Cu$、$TiAl_3$、$ZrAl_3$、VAl_7、TiB_2 和 Cd。固溶处理时 $CuAl_2$ 溶解完全,$Al_{12}MnCu$ 呈弥散质点析出,Cd 溶解一部分,其他各相不发生变化。T5 状态下时效分解产物为 θ'' 相和少量的 GP 区,使合金强度提高,T6 状态的时效析出物为 θ 相和少量的 θ' 相,使合金达到最高强度;T7 状态的时效析出物为 θ' 和少量的 θ'' 相,使合金中的阳极区域增大,因而提高了抗应力腐蚀性能。对零件进行阳极氧化处理、镀铬和喷漆处理,可提高抗蚀性和耐磨性。

ZL206 和 ZL207 合金为 Al – Cu – RE 系高强度耐热铸造铝合金,由于以 Cu 和 RE 为主要强化元素,不仅具有高的高温力学性能,而且还有较高的室温强度。它们的铸造性能比 ZL208 合金的好,成分也较简单,其他性能接近于 Al – Cu 系合金的。ZL206 合金适合于砂型铸造在 250 ~ 350℃下工作的飞机发动机和附属零件,如机匣、壳体等。ZL207 合金的稀土共晶含量高,结晶间隔小,具有良好的铸造性能,流动性好,针孔、疏松倾向小,气密性高,是已生产使用的、在 350 ~ 400℃高温性能最好的铝合金材料,适于砂型及金属型铸造在工作温度达 400℃的航空零件,如空气分配器和电动活门壳体等,可用以代替钢与钛合金,显著减轻结构质量,降低生产成本。

技术标准规定的砂型铸件的最低力学性能如表 1 – 45 所示(HB 962)。

表 1 - 45　技术标准规定的砂型铸件的最低力学性能

状态	$R_m/N \cdot mm^{-2}$	$A_5/\%$	HB
T5	250	2	90
T6	300	1	100
T7	240	1	80

根据 HB 962, ZL207 合金的成分(质量分数)为: 4.4 ~ 5.0 RE(含 Ce 量 ≥ 45% 的混合稀土金属), 3.0 ~ 3.4 Cu, 1.6 ~ 2.0 Si, 0.9 ~ 1.2 Mn, 0.2 ~ 0.3 Ti, 0.15 ~ 0.25 Mg, 0.15 ~ 0.25 Zr, ≤0.6 Fe, ≤0.2 Zn, 其他杂质单个 ≤0.05、总计 ≤0.15, Al 余量。S、J 铸件的 T1 状态热处理规范为: 温度 200 ±10℃, 保温 5 ~ 10 h, 空冷。技术标准(HB 962)规定的最低力学性能如表 1 - 46 所示。

表 1 - 46　技术标准(HB 962)规定的最低力学性能

铸造方法	状态	$R_m/N \cdot mm^{-2}$	HB
S	T1	170	75
J	T1	180	75

ZL207 合金为多相组织, 成分复杂的固溶体周围分布着骨骼状的金属间化合物, 具有高的热稳定性和高温抗变形能力。主要的金属间化合物有: Al_4Ce、Al_8Cu_4Ce、Al_8Mn_4Ce、$Al_{24}Cu_3Ce_3Mn$ 以及 AlCuCeSi 等。杂质相有 AlFeMnSi 等。

ZL208 合金属热处理可强化的 Al - Cu - Ni 系耐热合金, 除含 Cu、Ni 外, 还有 Co、Mn、Sb、Zr、Ti 等; 既有良好的高温力学性能又有较高的室温强度, 其铸造、焊接、切削加工和抗蚀性能与其他 Al - Cu 合金的相当。该合金适于砂型铸造在 250 ~ 350℃下工作的飞机零件, 如机匣、缸盖等。

ZL208 合金 T7 状态的热处理规范: 固溶处理温度 540 ±5℃, 保温 5 ~ 7 h, 在 60 ~ 100℃的水中冷却; 人工时效温度 215 ±5℃, 保温 12 ~ 16 h, 空冷。合金的熔化温度 545 ~ 642℃, 浇铸温度 700 ~ 760℃。

按技术标准 HB 962 合金的成分(质量分数)为: 4.5 ~ 5.5 Cu, 1.3 ~ 1.8 Ni, 0.2 ~ 0.3 Mn, 0.1 ~ 0.4 Co, 0.1 ~ 0.4 Sb, 0.15 ~ 0.25 Ti, 0.1 ~ 0.3 Zr, ≤0.5 Fe, ≤0.3 Si, 其他杂质单个 ≤0.05、总计 ≤0.15, Al 余量, (Co + Sb) ≤0.6, (Ti + Zr) ≤0.5。

ZL208 合金的热导率: 20℃时为 155 W/(m·℃), 200℃时为 163 W/(m·℃), 300℃时为 168 W/(m·℃)。线膨胀系数: 20 ~ 100℃时为 $22.5 \times 10^{-6}/℃$, 20 ~ 200℃时为 $23.5 \times 10^{-6}/℃$, 20 ~ 300℃时为 $24.6 \times 10^{-6}/℃$。密度为 2 770 kg/m^3, 电阻率为 46.5 $n\Omega \cdot m$。弹性模量为 76 GN/mm^2, 切变模量为 28 GN/mm^2。

ZL 208 合金的技术标准规定的最低力学性能为（HB 962，砂型铸件），如表 1 - 47 所示。

表 1 - 47　ZL 208 合金的技术标准规定的最低力学性能

状态	$R_m/N \cdot mm^{-2}$	$A_5/\%$
T7	220	1

砂型铸造 T7 状态的典型室温力学性能如表 1 - 48 所示。

表 1 - 48　砂型铸造 T7 状态的典型室温力学性能

试样	$R_m/N \cdot mm^{-2}$	$R_{p0.2}/N \cdot mm^{-2}$	$A_5/\%$
单铸的	290	210	1.8
从铸件上切取的	255 ~ 310	210 ~ 285	1.5 ~ 3.1

ZL208 合金具有复杂的相组成：α、$CuAl_2$、$Al_3(CuNi_2)_2$、$AlSb$、$Al_4(NiCoFeMn)$、$Al_3(TiZr)$、Al_3Zr 等。

1.6.3　Al - Mg 系铸造铝合金

Al - Mg 系铸造铝合金有高的抗蚀性与强度、良好的可切削性能和低的表面粗糙度，但铸造性能较差，不如 Al - Si 系合金的。熔炼和铸造时易氧化，能与砂型中的水分反应生成 MgO 和 H_2，使铸件表面粗糙和发黑。向砂型中添加约1.5% 硼酸，熔炼时加入少量 Be，可使这些缺陷大为降低或消除。此外，还必须注意浇口、冒口和冷铁的设计。

工业应用的 Al - Mg 合金有 ZL301 和 ZL302。ZL301 是 Mg 含量高（9.5% ~ 11.5%）的二元合金，T4 处理（430 ± 5℃ 固溶处理 10 ~ 20 h、40 ~ 50℃ 油淬或 80 ~ 100℃水淬）后有高的力学性能（$R_m = 300 ~ 400$ N/mm^2，$R_{p0.2} = 170$ N/mm^2，$A_5 = 12\% ~ 15\%$）和良好的抗蚀性。不过 ZL301 - T4 合金的组织与性能的稳定性差，有应力腐蚀开裂敏感性，应用范围受到一定的限制，适于铸造在海水中工作的高负载零件。

ZL302 合金的 Mg 含量低（4.5% ~ 5.5%），无热处理强化效应，强度不高，$R_m = 170 ~ 200$ N/mm^2，$R_{p0.2} = 90 ~ 100$ N/mm^2，HB = 65 ~ 70，$A_5 = 3\% ~ 5\%$。但由于加入 Si 和 Mn，故铸造性能和抗蚀性有明显改善，无应力腐蚀开裂敏感性，用于铸造低压阀件和海水泵壳体等抗蚀性零件。

现在还有两种试验型的 Al - Mg 合金 ZL304 和 ZL305，它们的成分（质量分数）如表 1 - 49 所示。

表 1 – 49　ZL304 和 ZL305 的成分(%)

	Mg	Si	Zn	Be	Ti	Fe
ZL304	5.5 ~ 7.0	≤0.3	—	0.03 ~ 0.1	0.1 ~ 0.2	≤0.3
ZL305	7.5 ~ 9.0	≤0.3	1.0 ~ 1.5	0.03 ~ 0.1	0.1 ~ 0.2	≤0.3

ZL305 合金是 ZL301 合金的改型合金,降低了 Mg 的含量,并加了一定量锌和少量 Be、Ti 提高了铸造性能,性能稳定,淬火后自然时效 10 年,塑性也不降低,无应力腐蚀开裂敏感性,适于铸造载荷较大的抗海水腐蚀的舰船零件,如泵壳、舷窗框、支架等。

ZL304 是 ZL302 的改型合金,提高了 Mg 的含量,添加了少量的 Be 和 Ti,既提高了强度又有很好的抗蚀性,不但能补焊,而且可与 5A06 等变形铝合金对焊,可取代 ZL302 合金,用于铸造抗海水腐蚀的舰船零件。

1.6.4　Al – Zn 系铸造铝合金

Al – Zn 系合金有良好的铸造性能、可切削性能、可焊接性能、抗蚀性和尺寸稳定性,有明显的时效硬化能力,密度高,适于砂型铸造。金属型铸造时,易产生热裂纹,与 Al – Si、Al – Cu、Al – Mg 系合金相比,并无突出的优点,故应用范围有限。

Al – Zn 系合金有 ZL401 和 ZL402,前者成分为: Zn 9.0% ~ 13.0%, Si 6.0% ~ 8.0%, Mg 0.1% ~ 0.3%, Fe≤0.8%;后者的为: Zn 5.0% ~ 7.0%, Mg 0.3% ~ 0.8%, Cr 0.3% ~ 0.8%, Ti 0.1% ~ 0.4%, Fe≤0.5%。

ZL401 合金的 Si 含量高,铸造性能好,可用砂型和金属型铸造,也可压铸,可以进行变质处理,其组织与 ZL101 合金的相当,平衡组织为 $\alpha + Si + Mg_2Si$。锌有高的固溶强化作用,可以进行 T1(175℃, 5 ~ 10 h) 或 T2(250 ~ 300℃、1 ~ 3 h) 处理,以提高强度或尺寸稳定性。ZL401 合金的强度不高,抗蚀性中等,耐热性差,适于压铸工作温度≤200℃的工件。Mg 虽能增加时效能力,提高强度,但对塑性不利。ZL401 – T1 合金的力学性能: $R_m = 200 ~ 230$ N/mm^2, $R_{p0.2} = 150$ N/mm^2, HB = 80, $A_5 = 2\%$。

ZL402 合金不含 Si, Mg 含量有所增加,并添加了一定量的 Cr 和 Ti,因此晶粒细化,抗蚀性、强度和塑性有所提高。T1 状态的性能: $R_m = 240$ N/mm^2, $R_{p0.2} = 170$ N/mm^2, HB = 80, $A_5 = 5\%$。ZL402 合金适于砂型铸造空压机活塞、汽缸座和仪表壳等。

1.7　变形铝及铝合金的热处理

铝材在生产中都要经过一次或几次热处理,如退火、固溶处理与时效处理等，有些是为了保证工艺过程的顺利进行，有些则是赋于材料必要的性能与使用性能。热处理是既费时又耗能大的工序，在材料制造成本中占有较多的份额。热处理的管理与监控非常重要，必须严格按操作规程进行，同时是在高温下进行，有些处理介质属易燃易爆物品，在任何时候都应特别注意安全。有关热处理规范见表1-50~表1-57。

1.7.1　固溶热处理

1.7.1.1　固溶热处理

固溶热处理温度见表1-50及表1-51。

表1-50　铝合金的固溶热处理温度（YS/T 591—2006）

合金牌号	产品类型	金属温度/℃③	状态代号		
			淬火后①	自然时效后②	消除应力后
2A01	所有制品	495~505	W	T4	T451
2A02	所有制品	495~505	W	T4	T451
2A04	所有制品	502~508	W	T4	T451
2A06⑪	所有制品	495~505	W	T4	T451
2A10	所有制品	510~520	W	T4	T451
2A11	所有制品	495~505	W	T4	T451
2B11	所有制品	495~505	W	T4	T451
2A12⑪	所有制品	495~500	W	T3④、T361④、T42	T451
2B12	所有制品	495~500	W	—	451
2014	板材	496~507	W	T3④、T42	T451
	卷材	496~507	W	T4、T42	T451
	厚板	496~507	W	T4、T42	T451
	线材、棒材	496~507	W	T4	T451
	挤压材	496~507	W	T4、T42	T4510、T4511
	拉伸管	496~507	W	T4	—
	模锻件	496~507	W	T4、T41	—
	自由锻件	496~507	W	T4、T41	T452

续表 1 - 50

合金牌号	产品类型	金属温度/℃③	状态代号 淬火后①	状态代号 自然时效后②	状态代号 消除应力后
2A14	所有制品	495 ~ 505	W	—	—
2A16	所有制品	530 ~ 540	W	—	—
2017	其他线材、棒材	496 ~ 510	W	T4	T451
2017	铆钉线	496 ~ 510	W	T4	—
2117	其他线材、棒材	496 ~ 510	W	T4	—
2117	铆钉线	477 ~ 510	W	T4	—
2A17	所有制品	520 ~ 530	W	—	—
2018	模锻件	504 ~ 521	W	T4、T41	—
2218	模锻件	504 ~ 516	W	T4、T41	—
2618	模锻及自由锻件	524 ~ 535	W	T4、T41	—
2219	薄板	529 ~ 541	W	T31④、T37④、T42	—
2219	厚板	529 ~ 541	W	T31④、T37④、T42	T351
2219	铆钉线	529 ~ 541	W	T4	—
2219	其他线材、棒材	529 ~ 541	W	T31④、T42	T351
2219	挤压材	529 ~ 541	W	T31④、T42	T3510、T3511
2219	模锻及自由锻件	529 ~ 541	W	T4	T352
2024	平板	488 ~ 499	W	T3④、T361④、T42	—
2024	卷材	488 ~ 499	W	T4、T42、T3④	—
2024	铆钉线	488 ~ 499	W	T4	—
2024	厚板	488 ~ 499	W	T4、T42、T361④	T351
2024	其他线材、棒材	488 ~ 499⑤	W	T4、T36④、T42	T351
2024	挤压材	488 ~ 499	W	T3④、T42	T3510、T3511
2024	拉伸管	488 ~ 499	W	T3④、T42	—
2024	模锻及自由锻件	488 ~ 499	W	T4	T352
2124	厚板	488 ~ 499	W	T4、T42	T351
2025	模锻件	510 ~ 521	W	T4	—
2048	板材	488 ~ 499	W	T4、T42	T351

续表 1 – 50

合金牌号	产品类型	金属温度/℃③	状态代号		
			淬火后①	自然时效后②	消除应力后
2A50	所有制品	510～520	W	—	—
2B50	所有制品	510～520	W	—	—
2A70	所有制品	525～535	W	—	—
2A80	所有制品	525～535	W	—	—
2A90	所有制品	512～522	W	—	—
4A11①	所有制品	525～535	W	—	—
4032	模锻件	504～521	W	T4	—
6A02	所有制品	515～525	W	—	—
6010	薄板	563～574	W	T4	—
6013	薄板	563～574	W	T4	—
6151	模锻件	510～527	W	T4	—
	轧制环	510～527	W	T4	T452
6951	薄板	524～535	W	T4、T42	—
6053	模锻件	516～527	W	T4	—
6061	薄板	516～579⑥	W	T4、T42	—
	厚板	516～579	W	T4、T42	T451
	线材、棒材	516～579	W	T4、T42	T451
	挤压材	516～579	W	T4、T42	T4510、T4511
	拉伸管	516～579	W	T4、T42	—
	模锻及自由锻件	516～579	W	T4、T41	T452
	轧制环	516～552	W	T4、T41	T452
6063	挤压材	516～529	W	T4、T42	T4510、T4511
	拉伸管	516～527	W	T4、T42	—
6066	挤压材	516～543	W	T4、T42	T4510、T4511
	拉伸管	516～543	W	T4、T42	—
	模锻件	516～543	W	T4	
7001	挤压材	460～471	W	—	W510①、W511①

续表 1 – 50

合金牌号	产品类型	金属温度/℃③	状态代号		
			淬火后①	自然时效后②	消除应力后
7A03	所有制品	465 ~ 475	W	—	—
7A04⑪	所有制品	465 ~ 475	W	—	—
7A09⑪	所有制品	465 ~ 475	W	—	—
7010	厚板	471 ~ 482	W	—	W51①
7A19	所有制品	455 ~ 465	W	—	—
7039	薄板	449 ~ 460⑦	W	—	—
	厚板	449 ~ 460⑦	W	—	W51①
7049	挤压材	460 ~ 474	W		W510①、W511①
7149	模锻及自由锻件	460 ~ 474	W	—	W52①
7050	薄板	471 ~ 482	W	—	—
	厚板	471 ~ 482	W	—	W51①
	挤压材	471 ~ 482	W	—	W510①、W511①
	线材、棒材	471 ~ 482	W	—	—
	模锻及自由锻件	471 ~ 482	W	—	W52①
7150	挤压材	471 ~ 482	W	—	W510①、W511①
	厚板	471 ~ 479	W	—	W51①
7075	薄板	460 ~ 499⑧	W	—	—
	厚板⑨	460 ~ 499	W	—	W51①
	线材、棒材⑨	460 ~ 499	W	—	W51①
	挤压材	460 ~ 471	W	—	W510①、W511①
	拉伸管	460 ~ 471	W	—	—
	模锻及自由锻件	460 ~ 477	W	—	W52①
	轧制环	460 ~ 477	W	—	W52①
7475	薄板	471 ~ 521	W	—	—
	厚板	471 ~ 521	W	—	—
	薄板(包铝合金)	471 ~ 507	W	—	—
7076	模锻及自由锻件	454 ~ 488	W	—	—

续表 1 – 50

合金牌号	产品类型	金属温度 /℃③	状态代号		
			淬火后①	自然时效后②	消除应力后
7178	薄板⑩	460 ~ 499	W	—	—
	厚板⑩	460 ~ 488	W	—	W51①
	挤压材	460 ~ 471	W	—	W510①、W511①

注：① 该状态是不稳定的，通常不用。

② 仅适用能自然时效达到充分稳定状态的合金。

③ 表中所列的温度范围最大值和最小值之间的差值超过11℃时，只要表中或适用的材料标准中没有特殊要求，可在表中所示温度范围内采用任意一个11℃的温度范围（但对于6061合金，此差值为17℃）。

④ 在固溶热处理之后时效之前进行必要的冷加工。

⑤ 可以采用482℃的低温，只要每个热处理批次经过测试表明能满足适用的材料标准的要求，同时经过对测试数据分析，证明数据、资料符合标准。

⑥ 6061包铝板的最高温度不应超过538℃。

⑦ 对于特定的截面、条件和要求，也可采用其他温度范围。

⑧ 在某些条件下将7075合金加热到482℃以上时会出现熔化现象，应采取措施避免此现象。为最大限度地减少包铝层和基体之间的扩散，厚度小于或等于0.5 mm的带包铝板的7075合金应在454 ~ 499℃进行固溶热处理。

⑨ 对于厚度超过102 mm的板材和直径或厚度大于102 mm的圆棒和矩形棒，建议最高温度为488℃，以免熔化。

⑩ 在某些情况下，加热该合金超过482℃会出现熔化。

⑪ 2A06板材可采用497 ~ 507℃；2A12板材可采用492 ~ 502℃；7A04挤压件可采用472 ~ 477℃；7A09挤压件可采用455 ~ 465℃；4A11锻件可采用511 ~ 521℃。

表 1 – 51　喷淋淬火挤压材的加热温度（YS/T 591—2006）

合金牌号	加热温度/℃	
	高温点	低温点
6005、6005A、6105	552	427
6061	557	454
6060、6063、6101、6463	552	427
6351	543	468
7004、7005	510	377
7029、7046、7116、7129、7146	538	454

注：1. 根据挤压比、截面形状和其他挤压参数的不同，温度范围可能会在很大程度上缩小。

2. 当对拉伸试验数据的统计分析证明材料符合拉伸性能要求时，可对温度适当调整。

1.7.1.2　保温时间

炉料已达到要求的固溶热处理温度范围后，应当在该温度范围内进行必要的保温，以确保合金元素尽可能固溶，并保证产品时效后的性能。在连续式加热炉内，产品通过工作区的速度应适宜，以确保保温充分，保证产品时效后能达到所适用的标准要求。推荐保温时间见表 1－52，当炉料包含不同厚度的产品时，推荐保温时间按其中最大厚度的截面确定。

表 1－52　固溶热处理时的推荐保温时间

厚度/mm	保温时间/min					
	板材、挤压材		锻件、模锻件		铆钉线和铆钉	
	盐浴槽	空气炉	盐浴槽	空气炉	盐浴槽	空气炉
≤0.5	5～15	10～25	—	—	—	—
>0.5	7～25	10～35	—	—	—	—
>1.0	10～35	15～45	—	—	—	—
>2.0	10～40	20～50	10～40	30～40	—	—
>3.0	15～45	25～60	15～45	40～50	25～40	50～80
>5.0	20～55	30～70	25～55	50～75	30～50	60～80
>10.0	25～70	35～100	35～70	75～90	—	—
>20.0	30～90	45～120	40～90	90～120	—	—
>30.0	40～120	60～180	60～120	120～150	—	—
>50.0	50～180	100～220	75～160	150～210	—	—
>75.0	70～180	120～260	90～180	180～240	—	—
>100.0	80～200	150～300	105～240	210～360	—	—

1.7.1.3　重复固溶热处理

包铝材料重复固溶热处理次数不得超过表 1－53 的规定。

表 1－53　包铝合金重复固溶热处理

厚度/mm	允许重复固溶热处理的最多次数
<0.5	0
0.5～3.0	1
>3.0	2

重复固溶热处理的保温时间可缩短至表 1 – 52 规定时间的一半。

若连续式热处理炉加热速度足够快,只要不出现严重的包铝层扩散,则允许在表 1 – 53 基础上增加一次重复固溶热处理。

未经供方同意,需方不应对供方提供的下列状态产品进行重复固溶热处理或退火。

① HX6、HX4、T451、T651、T7X51 状态(通常由供方提供,需方无法获得)。

② T4、T6、T7X 状态(重复固溶热处理后,其抗拉强度会降低 10 ~ 20 N/mm^2)。

2A11 – T4 和 2A12 – T4 薄板重复固溶热处理温度低于原先的热处理温度,则抗腐蚀性能降低。采用较长的保温时间能克服这一损失,对这些合金重复固溶热处理时,建议仍用表 1 – 50 的温度,保温时间可缩短一半。若采用比表 1 – 50 低的固溶热处理温度,最多允许降低 3℃,并采用比表 1 – 52 的平均时间长的保温时间。

1.7.1.4　包铝薄板的固溶热处理

包铝薄板进行固溶热处理时的最长恢复时间(开始装料时到炉温恢复到规定温度最小值时的时间):

① 厚度小于 1.2 mm 的板材,时间为 30 min。

② 厚度等于或大于 1.2 mm,且小于 2.5 mm 的板材,时间为 60 min。

③ 厚度等于或大于 2.5 mm 的薄板,时间为 120 min。

如果炉料由一组厚度各异的包铝薄板组成,那么炉料的最长恢复时间则应按其中厚度最小或截面最小的工件的限定时间执行。

(1)淬火介质温度

水槽容积和水循环一般应保证完成淬火时的水槽温度不超过 40℃。使用水聚合物溶液时,溶液的容积和循环均应保证任何时候水温不超过 55℃。

(2)淬火转移时间

淬火产品浸没前所允许的最长转移时间应符合表 1 – 53 的规定,按产品截面厚度对应转移时间执行。交替浸没方式所允许的淬火转移时间,应由晶间腐蚀试验和产品经时效处理达到相应的规定状态后进行的力学性能试验决定。

(3)产品在淬火液中停留时间

采用浸没淬火的产品,在淬火液中停留时间,按其厚度或其中最厚截面部分计算,每 25 mm 厚度不得少于 2 min;或者沸腾停止后,产品在淬火液中的浸没时间不少于 2 min。

表 1 – 53　建议最长淬火转移时间（YS/T 591—2006）

厚度/mm	最长淬火转移时间/s[①][②]
<0.4	5
≥0.4	7
≥0.8	10
≥2.3	15
>6.5	20

注：① 在保证制品符合相应技术标准或协议要求的前提下，淬火转移时间可适当延长。

　② 除 2A16、2219 合金外，如果试验证明整个炉料淬火时温度超过 413℃，最长淬火转移时间可延长（如装炉量很大或炉料很大）。对 2A16、2219 合金，如果试验证明炉料的各个部分的温度在淬火时都在 482℃以上，则最长淬火转移时间可延长。

1.7.1.5　挤压材的喷淋淬火

（1）喷淋淬火条件

对于整个淬火区来说，管路内淬火液的温度和压力应保持在工艺规程建立时确定的范围内。

（2）喷淋淬火的时间要求

挤压材从挤压模具到淬火区入口之间的时间（时间间隔）应满足表 1 – 54 的要求。

表 1 – 54　时间间隔

厚度/mm	时间间隔/s　不大于
≤1.6	45
>1.6	50
>3.8	60
>6.4	90

注：1. 淬火区边界应满足表 1 – 55 中的最小冷却速率的极限。

　2. 对于最薄的挤压材，通常控制在最长允许时间间隔对应的厚度范围内。如果此挤压材最薄处不需要考虑性能，除非其代表此挤压材的最后的冷却部分，通常可不考虑其时间间隔限制。

　3. 仅当整个挤压固溶热处理文件，包括辅助的力学性能统计资料，能证明增加的时间间隔没有负面效应时，才可采用更长的时间间隔。

（3）挤压材喷淋淬火冷却速率

挤压材喷淋淬火时，淬火区的最小冷却速率应符合表 1 – 55 的要求。

表 1-55 淬火区最小冷却速率

牌号	冷却速率/$℃ \cdot s^{-1}$
6005、6005A、6105	2
6061、6351	8
6060、6063、6101、6463、7004、7005	1
7029、7046、7116、7146	6

注：1. 冷却速率定义为，在稳定的冷却系统中，挤压材初始温度降至204℃时的平均温降。

2. 允许在冷却至204℃的过程中，环境空气不流动。

3. 如果有工艺文件记载，并且统计数据确认可满足材料的技术要求时，可采用较低的冷却速率。

1.7.2 时效处理

在铝合金中，时效硬化现象是极为重要的。1906 年，德国人 A. 维尔姆在 Al-Cu-Mg 合金的硬度研究中偶然地发现此现象。13 年后(1919 年)才弄清是 α' 过饱和固溶体分解引起的。1935 年发现在 θ 相(CuAl$_2$)析出之前还有过渡相 θ' 出现。1938 年，法国人 A·吉尼尔(Guinier)和英国人 G·D·普雷斯顿(Preston) 发现了此现象，故将此过渡区称为 GP 区。至此完全弄清楚了过饱和固溶体的分解程序，即

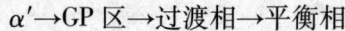

$$\alpha' \rightarrow GP 区 \rightarrow 过渡相 \rightarrow 平衡相$$

Al-Cu 合金的具体分解程序为

$$\alpha' \rightarrow GP(1) 区 \rightarrow GP(2) 区(\theta'') \rightarrow \theta' \rightarrow \theta$$

Al-Cu-Mg 系合金中 S 相(Al$_2$CuMg)的沉淀程序为

$$\alpha' \rightarrow GPB 区 \rightarrow S'' \rightarrow S' \rightarrow S$$

GPB 区是 Cu、Mg 原子在(210)面上的偏聚区，是由苏联科学家包加良茨基发现的，故以 GPB 表示。

Al-Zn-Mg 系合金中 α' 的分解程序为

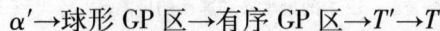

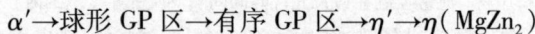

$$\alpha' \rightarrow 球形 GP 区 \rightarrow 有序 GP 区 \rightarrow T' \rightarrow T$$

$$\alpha' \rightarrow 球形 GP 区 \rightarrow 有序 GP 区 \rightarrow \eta' \rightarrow \eta(MgZn_2)$$

η 和 T 相只有在高温时才能沉淀，低温时效($\leqslant 117℃$)主要是 η 相，高温时效($\geqslant 277℃$)是 T 相。

Al-Mg-Si 系合金中 α' 的分解程序为

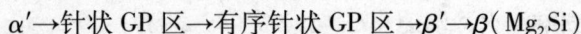

$$\alpha' \rightarrow 针状 GP 区 \rightarrow 有序针状 GP 区 \rightarrow \beta' \rightarrow \beta(Mg_2Si)$$

Al-Mg-Si 系合金的 GP 区是在 204℃ 以下沿{100}方向沉淀和长大，直径约为 6 nm，长为 20～100 nm 的针状。

Al – Li、Al – Li – Cu、Al – Li – Mg 中 α' 的分解程序分别为

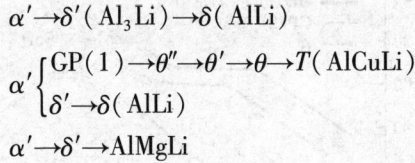

$$\alpha' \rightarrow \delta'(Al_3Li) \rightarrow \delta(AlLi)$$

$$\alpha' \begin{cases} GP(1) \rightarrow \theta'' \rightarrow \theta' \rightarrow \theta \rightarrow T(AlCuLi) \\ \delta' \rightarrow \delta(AlLi) \end{cases}$$

$$\alpha' \rightarrow \delta' \rightarrow AlMgLi$$

现以 Al – Cu 合金为例,简述铝合金的时效过程。图 1 – 32 为 Al – Cu 系相图的 Al 端。Cu 在室温铝中的固溶度为 0.5%,而在共晶温度时的溶解度却大到 5.65%。因此含 Cu 4% 左右的 Al – Cu 合金于 500℃ 固溶处理和淬火后,可得到均匀的过饱和固溶体 α'。α' 在热力学上是不稳定的,加热到某一温度时会发生分解而析出 θ 相,使合金的强度与硬度明显升高,此现象称为时效硬化。在室温下发生的称为自然时效,在较高温度($\geq 100℃$)下发生的称为人工时效或高温时效。

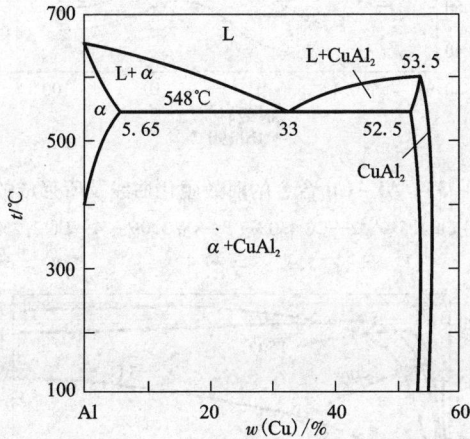

图 1 – 32 Al – Cu 二元相图的 Al 端

铝合金的时效硬化能力与 α 固溶体的浓度和时效温度有关。一般来说 α 固溶体的浓度愈高,时效效果也愈大;接近极限溶解度的合金具有最大的强化效果(见图 1 – 33)。图 1 – 34 示出了 2A11 合金强度与时效温度的关系。在室温时效 4 天即达到最大强度,升高时效温度,时效速度虽显著加快,但峰值强度却相应地降低。时效速度随着温度的下降而减慢,到 – 50℃ 时则几乎丧失时效硬化能力。

时效初期,合金的强度不升高或升高很缓慢,这段时间称为孕育期。此时合金的塑性很高,对生产加工极为有利,可以顺利进行铆接、成形和矫直等作业。

1.7.2.1 时效过程中的结构变化

Al – Cu 合金过饱和固溶体 α' 的分解程序为

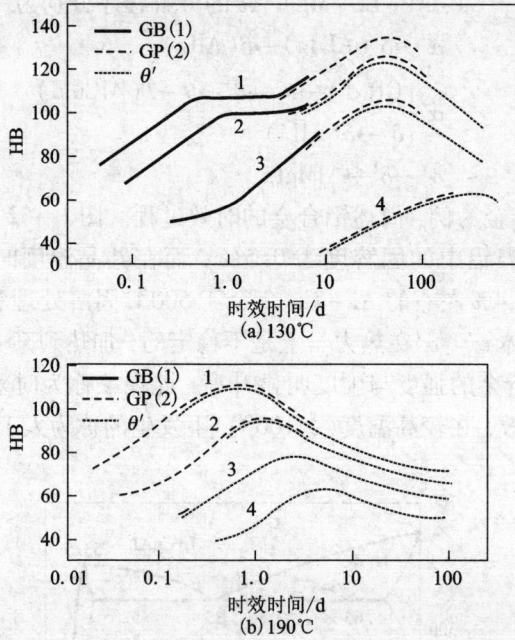

图 1-33　Al-Cu 合金的时效硬化曲线及所形成的相

1—Cu 4.5%；2—Cu 4.0%；3—Cu 3.0%；4—Cu 2.2%

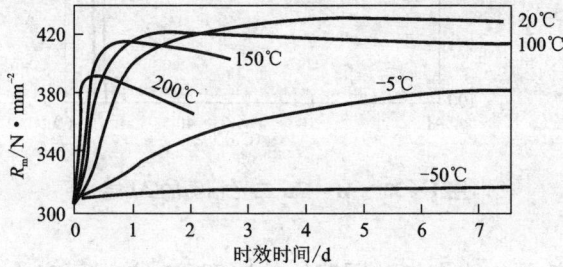

图 1-34　硬铝在不同温度时的时效硬化曲线

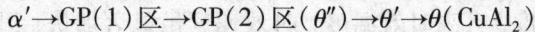

$$\alpha' \rightarrow GP(1) 区 \rightarrow GP(2) 区 (\theta'') \rightarrow \theta' \rightarrow \theta(CuAl_2)$$

GP(1)区是圆片状的 Cu 原子偏聚处，无独立的晶格结构，铜原子连续地分布在铝晶格结点上。其尺寸决定于温度，室温时效时，$D \leqslant 5.0$ nm，厚约几个原子，130℃时效时，D 增大到 9.0 nm，厚 0.4～0.6 nm，密度达 10^{17}～$10^{18}/cm^2$。

GP(1)区的形状决定于溶质原子与铝原子的半径差即错配度的大小。它们既可以是片状(Al-Cu、Al-Cu-Mg 合金)，也可以是球状(Al-Ag、Al-Zn-Mg 合金)和针状(Al-Mg-Si 合金)。GP(1)区呈圆片状沿 {100} 面沉淀(见图 1-35)。

2层　　　　　　成长　　　　　　多层

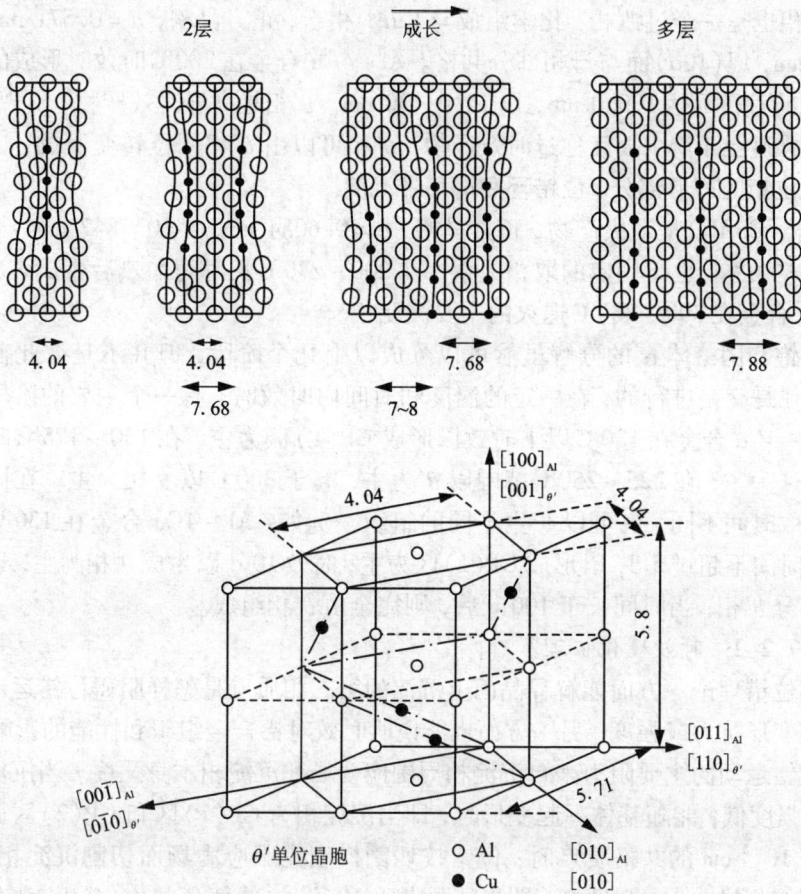

4.04　　　4.04　　　　　7.68　　　　7.88

7.68　　　7~8

$[100]_{Al}$
$[001]_{\theta'}$

4.04

4.04

5.8

5.71

$[00\bar{1}]_{Al}$
$[0\bar{1}0]_{\theta'}$

$[011]_{Al}$
$[110]_{\theta'}$

$[010]_{Al}$
$[010]$

θ' 单位晶胞　　　○ Al
　　　　　　　　　● Cu

图 1－35　GP(1)区、GP(2)区的典型构造和 θ' 相的单位晶胞示意图

　　GP(1)区与母相间没有相界面,界面能极小,形成功也不大,故可在温度不高时借助空位即能迅速形成。GP(1)区是热力学上不稳定的沉淀相,如在 250～270℃短时间加热,即会迅速回溶到固溶体中,冷却后又变成过饱和固溶体并恢复时效能力,这就是产生回归效应的原因。

　　GP(2)区(θ'')是 Al－Cu 合金在 150～175℃时效时形成的,是 Cu 原子在 GP(1)区中有序化后形成的,并有独立的晶格结构,以$(100)_{Al}$面与母相完全共格。Al－4Cu 合金在 150℃时效 24 h,θ''相的直径可达 10.0～40.0 nm,厚 1.0～4.0 nm。

　　θ''相是正方晶格,$a=4.04$ nm,$c=0.78$ nm,a、b 二轴与 Al 的晶格常数相同,与$(100)_{Al}$面完全共格,只有 c 轴的晶格周期比 Al 的晶格常数的 2 倍略小些。因此,随 θ''相的长大,沿 c 轴方向产生强大的共格应变场,这就是 Al－Cu 合金人工时效后强度显著升高的原因。θ''相既可以 GP(1)区为核心，也能独立形核沉淀。

θ'相也是一个过渡相，化学组成与 $CuAl_2$ 相当，正方晶格，$a = 0.571$ nm，$c = 0.580$ nm，以(100)面与母相部分共格。Al-4Cu 合金在 200℃时效时形成的圆片状 θ' 相的直径可达 100.0 nm，厚 10.0～30 nm。θ' 相是高温时效产物，出现它时，合金的强度已下降，故又称过时效产物。θ' 相可以由 θ'' 相同位转变而成，也可以在螺线位错的刃形部分、位错环和滑移带沉淀。

θ 相($CuAl_2$)是退火产物，正方晶格，$a = 0.6054$ nm，$c = 0.7847$ nm，与母相既无共格关系，也无固定的取相关系。在 200～270℃长时间加热后生成该相，是 Al-Cu 合金在 300～380℃退火的主要沉淀相。

过饱和固溶体 α' 的分解虽然可以分成以上几个阶段，但并不是彼此截然分开，往往是交错进行的，在一定的温度和时间内时效时，有一个主要的阶段。例如，Al-4Cu 合金在 130℃以下时效以形成 GP(1)区为主，在 150～175℃时效以 GP(2)区为主，在 225～250℃范围以 θ' 为主，高于 300℃以 θ 相为主。在同一温度，时效时间不同，也可以产生不同的组织。例如，Al-4Cu 合金在 130℃时效时，如时间不超过 5 d，以形成 GP(1)区为主；时效 10 d 以生成 θ'' 相为主，还能生成一部分 θ' 相；当时间长于 100 d 后，则完全由 θ' 相组成。

1.7.2.2　时效硬化机理

用位错理论一方面能解释晶面上沉淀的第二相质点是怎样阻碍位错运动和提高滑移变形抗力或强度，另一方面也能说明时效对铝合金组织和性能的影响。

位错运动的主要阻力来自沉淀相周围应变场和沉淀相本身强度。当沉淀相尺寸小、强度低，能随基体一起变形时，即当沉淀相为 GP(1)区和 GP(2)区而其间距小于 10^{-5} cm 的共格质点时，位错按切割模型克服应力场而切割沉淀相质点。如果沉淀相尺寸大、强度高，即当间距大于 10^{-5} cm 的部分共格(θ' 相)和非共格(θ 相)的质点时，就不能被位错切割，这时便按奥罗万(Orowan)形环模型绕过质点而继续运动，而且每绕过一个位错，就在质点周围留下一个位错环。

按照切割模型，位错由质点内部通过要切割更多的溶质-溶剂原子键，并引起新层错区形成，从而使合金强化，而强化效应大小则决定于沉淀相与母相间的界面能大小，以及层错能的高低。

根据奥罗万模型，位错由两质点间穿过时开始运动的临界切应力 τ_c

$$\tau_c = 2aGB/L$$

式中：a——常数；

　　　　G——切变模量；

　　　　B——柏氏矢量；

　　　　L——质点间距。

上式是一个与质点尺寸无关的表达式。合金的屈服强度随 L 的增大而减小，与过时效阶段相当。

在 GP(1) 区为基本强化相的合金中,质点一旦被位错切割,其阻力截面即减小,位错能顺利沿同一滑移面通过,易使变形集中于少数滑移面内,形成严重变形的滑移带,在晶界附近引起应力集中,甚至裂纹,使疲劳强度与抗应力腐蚀开裂的能力下降。过时效时,由于形成不易为位错切割的沉淀相,且位错分布均匀,能显著提高抗应力腐蚀的能力。

1.7.2.3　YS/T 591—2006 建议的时效处理制度

表 1-56 所列为典型的时效处理制度,但对于某些特定产品,此典型制度并非最佳(见表 1-56)。

表 1-56　建议的时效热处理制度

牌号	时效前的状态	产品类型	时效制度[①]		时效硬化热处理后的状态代号
			时效温度[④]/℃	时效时间[②]/h	
2A01	—	铆钉线材、铆钉	室温	≥96	T4
2A02	—	所有制品	165~175	16	T6
			185~195	24	T6
2A04	—	铆钉线材、铆钉	室温	≥240	T4
2A06	—	所有制品	室温	120~240	T4
2A10	—	铆钉线材、铆钉	室温	≥96	T4
2A11	—	所有制品	室温	≥96	T4
2B11	—	铆钉线材、铆钉	室温	≥96	T4
2A12	—	其他所有制品	室温	≥96	T4
	—	厚度≤2.5 mm 包铝板	185~195	12	T62
	—	壁厚≤5 mm 挤压型材	185~195	12	T62
				6~12	T6
2B12	—	铆钉线材、铆钉	室温	≥96	T4
2014	W	除锻件外	室温	≥96	T4、T42
	T4	板材	154~166	18	T6
	T4、T42[③]	除锻件外	171~182	10	T6、T62
	T451[③]	除锻件外	171~182	10	T651

续表 1 – 56

牌号	时效前的状态	产品类型	时效制度①		时效硬化热处理后的状态代号
			时效温度④/℃	时效时间②/h	
2014	T4510	挤压材	171 ~ 182	10	T6510
	T4511	挤压材	171 ~ 182	10	T6511
	W	自由锻件	室温	≥96	T4
	T4		166 ~ 177	10	T6
	T41		171 ~ 182	5 ~ 14	T61
	T452		166 ~ 177	10	T652
2A14	—	所有制品	室温	≥96	T4
			155 ~ 165	4 ~ 15	T6
2A16	—	其他所有制品	室温	≥96	T4
			160 ~ 170	10 ~ 16	T6
			205 ~ 215	12	T6
	—	厚度 1.0 ~ 2.5 mm 包铝板材	185 ~ 195	18	—
		壁厚 1.0 ~ 1.5 mm 挤压型材	185 ~ 195	18	—
2017	W	所有制品	室温	≥96	T4
	T4	所有制品	—	—	
	T451	所有制品	—	—	
2A17	W	所有制品	180 ~ 190	16	T6
2117	W	线材、棒材、铆钉线	室温	≥96	T4
2018	W	模锻件	室温	≥96	T4
	T41	模锻件	166 ~ 177	10	T61
2218	W	模锻件	室温	≥96	T4、T41
	T4	模锻件	166 ~ 177	10	T61
	T41	模锻件	232 ~ 243	6	T72
2618	W	除锻件外	室温	≥96	T4
	T41	模锻件	193 ~ 204	20	T61
2A19	W	所有制品	160 ~ 170	18	T6

续表 1 - 56

牌号	时效前的状态	产品类型	时效制度①		时效硬化热处理后的状态代号
			时效温度④/℃	时效时间②/h	
2219	W	所有制品	室温	≥96	T4、T42
	T31	薄板	171～182	18	T81
	T31	挤压材	185～196	18	T81
	T31	铆钉线材	171～182	18	T81
	T37	薄板	157～168	24	T87
	T37	厚板	171～182	18	T87
	T42	所有制品	185～196	36	T62
	T351	所有制品	171～182	18	T851
	T351	圆棒、方棒	185～196	18	T851
	T3510	挤压材	185～196	18	T8510
	T3511		185～196	18	T8511
	W	锻件	室温	≥96	T4
	T4		185～196	26	T6
	T352	自由锻件	171～182	18	T852
2024	W	所有制品	室温	≥96	T4
	T3	薄板、拉伸管	185～196	12	T81
	T4	线材、棒材	185～196	12	T6
	T3	挤压材	185～196	12	T81
	T36	线材	185～196	8	T86
	T42	薄板、圆棒	185～196	9	T62
	T42	薄板	185～196	16	T72
	T42	板材除外	185～196	16	T62
	T351	板材	185～196	12	T851
	T361		185～196	8	T861
	T3510	挤压材	185～196	12	T8510
	T3511		185～196	12	T8511
	W	模锻和自由锻件	室温	≥96	T4
	W52	自由锻件	室温	≥96	T352
	T4	模锻和自由锻件	185～196	12	T4
	T352	自由锻件	185～196	12	T352

续表 1-56

牌号	时效前的状态	产品类型	时效制度①		时效硬化热处理后的状态代号
			时效温度④/℃	时效时间②/h	
2124	W	厚板	室温	≥96	T4、T42
	T4		185~196	9	T6
	T42		185~196	9	T62
	T351		185~196	12	T851
2025	W	模锻件	室温	≥96	T4
	T4	模锻件	166~177	10	T6
2048	W	除锻件外	室温	≥96	T4、T42
	T42	薄板、圆棒	185~196	9	T62
	T351	板材	185~196	12	T851
2A50	—	所有制品	室温	≥96	T4
	—	所有制品	150~160	6~15	T6
2B50	—	所有制品	150~160	6~15	T6
2A70	—	所有制品	185~195	8~12	T6
2A80	—	所有制品	165~175	10~16	T6
2A90	—	挤压棒材	155~165	4~15	T6
	—	锻件、模锻件	165~175	6~16	T6
4A11	—	所有制品	165~175	8~12	T6
4032	W	模锻件	室温	≥96	T4
	T4	模锻件	165~175	10	T6
6A02	—	所有制品	室温	≥96	T4
			155~165	8~15	T6
6010	W	薄板	171~182	8	T6
6013	T4	除锻件外	185~196	4	T6
6151	W	模锻件	室温	≥96	T4
	T42	模锻件	166~182	10	T6
	T452	轧环	166~182	10	T652
6053	W	模锻件	室温	≥96	T4
	T4	模锻件	166~177	10	T6

续表 1 – 56

牌号	时效前的状态	产品类型	时效制度①		时效硬化热处理后的状态代号
			时效温度④/℃	时效时间②/h	
6061	W	除锻件外	室温	≥96	T4、T42
	T1	圆棒、方棒、型材和挤压材	171~182	8	T5
	T4	挤压材除外	154~166	18	T6
	T451		154~166	18	T651
	T42	挤压材	154~166	18	T62
	T4	挤压材	171~182	8	T6
	T42	挤压材	171~182	8	T62
	T4510	挤压材	171~182	8	T6510
	T4511	挤压材	171~182	8	T6511
	W	模锻和自由锻件	室温	≥96	T4
	T42	模锻和自由锻件	171~182	8	T61
	T452	轧环和自由锻件	171~182	8	T652
6063	W	挤压材	室温	≥96	T4、T42
	T1	除锻件外	177~188	8	T5、T52
	T1	除锻件外	213~224	1~2	T5、T52
	T4	除锻件外	171~182	8	T6
	T4	除锻件外	177~182	6	T6
	T42	除锻件外	171~182	8	T62
	T42	除锻件外	177~188	6	T62
	T4510	除锻件外	171~182	8	T6510
	T4511	除锻件外	171~182	8	T6511
6066	W	挤压材	室温	≥96	T4、T42
	T4	除锻件外	171~182	8	T6
	T42	除锻件外	171~182	8	T62
	T4510	除锻件外	171~182	8	T6510
	T4511	除锻件外	171~182	8	T6511
	W	模锻件	室温	≥96	T4
	T4	模锻件	171~182	8	T6

续表 1–56

牌号	时效前的状态	产品类型	时效制度[①]		时效硬化热处理后的状态代号
			时效温度[④]/℃	时效时间[②]/h	
6951	W	除锻件外	室温	≥96	T4、T42
	T4	薄板	154～166	18	T6
	T42		154～166	18	T62
7001	W	挤压材	116～127	24	T6
	W510		116～127	24	T6510
	W511		116～127	24	T6511
7A03	—	铆钉线材	95～105	3	T6
		铆钉	163～173	3	
7A04	—	包铝板材	115～225	24	T6
	—	挤压材、锻件及非包铝板材	135～145	16	T6
	—	所有制品	115～125 155～165	3	T6
7A09	—	板材	125～135	8～16	T6
	—	挤压材、锻件	135～145	16	T6
	—	锻件、模锻件	105～115 172～182	6～8 8～10	T73
			105～115 160～170	6～8 8～10	T74
7A19	—	所有制品	115～125	2	T6
			95～105 175～185	10 2～3	T73
			95～105 150～160	10 10～12	T76
7010	W51	厚板	116～127 166～177	6～24 6～15	—
			116～127 166～177	6～24 9～18	T7651
			116～127 166～177	6～24 9～18	T7451
	W51	厚板	116～127 166～177	6～24 15～24	T7351

续表 1-56

牌号	时效前的状态	产品类型	时效制度[①]		时效硬化热处理后的状态代号
			时效温度[④]/℃	时效时间[②]/h	
7039	W	薄板	74~85	16	T61
			154~166	14	
	W51	厚板	74~85	16	T64
			154~166	14	
7049 7149	W511	挤压材	室温	>48	T76510 T76511
			116~127	24	
			160~166	12~14	
			室温	>48	T73510 T73511
			116~127	24	
			163~168	12~21	
7049	W W52	模锻和自由锻件	室温	>48	T73 T7352
			116~127	24	
			160~166	10~16	
7149	W	模锻和自由锻件	室温	>48	—
	W52	锻件	116~127	24	T73
			160~171	10~16	T7352
7050	W51[⑧]	厚板	116~127	3~6	T7651
			157~168	12~15	
			116~127	3~8	T7451
			157~168	24~30	
	W510[⑧]	挤压材	116~127	3~8	T76510
			157~168	15~18	
	W511[⑧]		116~127	3~8	T76511
			157~168	15~18	
	W[⑧]	线材、圆棒、铆钉线	118~124	≥4	T73
			177~182	≥8	
	W	模锻件	116~127	3~6	T74
			171~182	6~12	
	W52	自由锻件	116~127	3~6	T7452
			171~182	6~8	
7150	W510 W511	挤压材	116~127	8	T6510
			154~166	4~6	T6511
	W51	厚板	116~127	24	T7651
			149~160	12	

续表 1 – 56

牌号	时效前的状态	产品类型	时效制度[①]		时效硬化热处理后的状态代号
			时效温度[④]/℃	时效时间[②]/h	
7075	W[⑦]	所有制品	116 ~ 127	24	T6、T62
	W[⑤][⑧]	板材	102 ~ 113	6 ~ 8	T73
			157 ~ 168	24 ~ 30	
	W[⑧]		116 ~ 127	6 ~ 8	T76
			157 ~ 168	15 ~ 18	
	W[⑥][⑧]	线材、圆棒、铆钉线	102 ~ 113	6 ~ 8	T73
			171 ~ 182	8 ~ 10	
	W[⑤][⑧]	挤压材	102 ~ 113	6 ~ 8	T73
			171 ~ 182	6 ~ 8	
	W[⑧]		116 ~ 127	3 ~ 5	T76
			154 ~ 166	18 ~ 21	
7075	W51[⑤][⑧]	厚板	102 ~ 113	6 ~ 8	T7351
			157 ~ 168	24 ~ 30	
	W51[⑧]	厚板	116 ~ 127	3 ~ 5	T7651
			157 ~ 168	15 ~ 18	
	W51[⑨]	所有制品	116 ~ 127	24	T651
	W51[⑥][⑧]	线材、圆棒、铆钉线	102 ~ 113	6 ~ 8	T7351
			171 ~ 182	8 ~ 10	
	W510[⑦]	挤压材	116 ~ 127	24	T6510
	W511[⑦]		116 ~ 127	24	T6511
	W510[⑤][⑧]	挤压材	102 ~ 113	6 ~ 8	T3510
			171 ~ 182	6 ~ 8	
	W511[⑤][⑧]		102 ~ 113	6 ~ 8	T3511
			171 ~ 182	6 ~ 8	
	W510[⑤][⑧]		116 ~ 127	3 ~ 5	T76510
			154 ~ 166	18 ~ 21	
	W511[⑤][⑧]		116 ~ 127	3 ~ 5	T76511
			154 ~ 166	18 ~ 21	
	T6[⑧]	薄板	157 ~ 168	24 ~ 30	T73
	T6[⑧]	线材、圆棒、铆钉线	171 ~ 182	8 ~ 10	T73
	T6[⑧]	挤压材	171 ~ 182	6 ~ 8	T73
			154 ~ 166	18 ~ 21	T76

续表 1 - 56

牌号	时效前的状态	产品类型	时效制度[①]		时效硬化热处理后的状态代号
			时效温度[④]/℃	时效时间[②]/h	
7075	T651[⑧]	厚板	157 ~ 168	24 ~ 30	T7351
			157 ~ 168	15 ~ 18	T7651
	T651[⑧]	线材、圆棒、铆钉线	171 ~ 182	8 ~ 10	T7351
	T6510[⑧]	挤压材	171 ~ 182	6 ~ 8	T73510
			154 ~ 166	18 ~ 21	T76510
	T6511[⑧]		171 ~ 182	6 ~ 8	T73511
			154 ~ 166	18 ~ 21	T76511
	W	锻件	116 ~ 127	24	T6
	W[⑧]		102 ~ 113	6 ~ 8	T73
			171 ~ 182	8 ~ 10	
	W52	自由锻件	116 ~ 127	24	T652
	W52[⑧]	锻件	102 ~ 113	6 ~ 8	T7352
			171 ~ 182	6 ~ 8	
	W51	轧环	102 ~ 113	6 ~ 8	T7351
			171 ~ 182	6 ~ 8	
	W	模锻件和自由锻件	102 ~ 113	6 ~ 8	T74
			171 ~ 182	6 ~ 8	
7175	W52	自由锻件	116 ~ 127	24	T652
	W	模锻和自由锻件	102 ~ 113	6 ~ 8	T74
			171 ~ 182	6 ~ 8	
7475	W	薄板	116 ~ 127	3	T761
			157 ~ 163	8 ~ 10	
	W51	厚板	116 ~ 127	24	T651
7076	W	模锻件和自由锻件	129 ~ 141	14	T6

续表 1-56

牌号	时效前的状态	产品类型	时效制度[①]		时效硬化热处理后的状态代号
			时效温度[④]/℃	时效时间[②]/h	
7178	W	除锻件外	116~127	24	T6、T62
	W[⑧]	薄板	116~127 157~168	3~5 15~18	T76
	W[⑧]	挤压材	116~127 154~166	3~5 18~21	T76
	W51	厚板	116~127	24	T651
	W51[⑧]	厚板	116~127 157~168	3~5 15~18	T7651
	W510	挤压材	116~127	24	T6510
	W510[8)]	挤压材	116~127 154~166	3~5 18~21	T76510
	W511	挤压材	116~127	24	T7651
	W511[⑧]	挤压材	116~127 154~166	3~5 18~21	T76511

注：① 为了消除制品残余应力状态，固溶处理 W 状态金属在时效前进行拉伸或压缩。在许多实例中列举了多级时效处理，金属在双级时效之间无需出炉冷却即可连续升温。

② 时效时应迅速升温使金属达到时效温度，时效时间是从金属温度全部达到最低时效温度开始计时，金属温度在时效温度范围内所保持的时间。

③ 对于薄板和厚板也可采用 152~166℃下加热 18 h 的制度来代替。

④ 当规定温度范围内间隔超过 11℃，只要在本标准中或适用材料中没有其他规定，就可任选整个范围内 11℃作为温度范围。

⑤ 只要加热速率为 14℃/h，就可用在 102~113℃下加热 6~8 h，随后在 163~174℃加热 14~18 h 的双级时效来代替。

⑥ 只要加热速率为 14℃/h，就可用在 171~182℃下加热 10~14 h 制度来代替。

⑦ 对于挤压材可采用三级时效来代替，即先在 93~104℃下加热 5 h，随后在 116~127℃加热 4 h，接着在 143~154℃下加热 4 h。

⑧ 由任意状态时效到 T7 状态，铝合金 7079、7050、7075 和 7178 时效要求严格控制时效实际参数，如时间、温度、加热速率等。除上述情况外，将 T6 状态经时效处理成 T7 状态系时，T6 状态材料的性能值和其他处理参数是非常重要的，它影响最终处理后 T7 状态合金组织性能。

⑨ 对于厚板，可采用在 91~102℃下进行 4 h 处理，随后进行第二阶段的 152~163℃下加热 8 h 的时效制度来代替。

1.7.2.4　YS/T 591—2006 推荐的退火工艺

表 1-57 列出了加工硬化变形铝合金的推荐退火工艺。对于特定产品要达到预期的结果，需确定最佳退火工艺。为避免晶粒生长，退火温度不应超过 415℃。

表 1-57　推荐变形铝及铝合金的退火工艺

牌号	金属温度①/℃	保温时间/h	冷却速率
1070A、1060、1050A、1035、1100、1200、3004、3105、3A21、5005、5050、5052、5056、5083、5086、5154、5254、5454、5456、5457、5652、5A01、5A02、5A03、5A05、5A06、5B05[4]	350～410	按金属的直径或温度确定保温时间,但保温时间不宜过长,以晶粒度满足有关标准为宜。冷却速率并不重要	对于镁含量大于5%的5×××合金采用空冷,其他合金采用水冷或空冷
2036	325～385	1～3	以不大于30℃/h的冷却速率随炉冷至260℃以下出炉空冷④
3003	355～415	1～3	
2014、2017、2024、2117、2219、2A01、2A02、2A04、2A06、2B11、2B12、2A10、2A11、2A12、2A16、2A17、2A50、2B50、2A70、2A80、2A90、2A14、6005、6053、6061、6063、6066、6A02	350～410②	1～3	
7001、7075、7175、7178、7A03、7A04、7A09	320～380③	1～3	

注:① 退火炉内金属温度应控制在±10℃。

② 为消除固溶热处理的影响,以冷却速率30℃/h从退火温度降到260℃,随后的冷却速率不重要。

③ 可不控制冷却速率,在空气中冷却至205℃或低于205℃,随后重新加热到230℃,保温4 h,最后在室温下冷却,通过这种退火方式可消除固溶热处理的影响。

④ 3A21允许在盐浴槽470～500℃退火。1070A、1060、1050A、1035、1200板材可选用320～400℃,5A01、5A02、5A03、5A05、5A06、5B05、3A21可选用300～350℃。

1.8　铝材状态代号说明

　　铝材供应状态多少既标志着热处理技术水平的高低,又说明材料性能的利用程度。美国是生产铝材状态最多的国家,基本状态有5种。由这些基本状态可以派生众多状态,例如H状态的派生状态有21种,T7的有14种。

　　对119种状态代号作详细的解读,其中T状态的有93种。

1.8.1　ISO 状态代号(ISO 2107)

按国际标准规定,铝材的状态代号由拉丁字母与数字组成,标于合金牌号后,用连字号把它们分开。

1.8.1.1　基本状态代号

加工铝材的基本状态代号如下:

M——制造状态,表示热成形的材料,对其力学性能有一定的要求。

F——加工状态,表示不控制力学性能的热加工的材料所处的状态。

O——退火的,表示处于最低强度性能的完全退火的压力加工产品所处的状态。

H——加工硬化的(仅用于压力加工产品),表示退火的材料(或热成形的)再加以冷加工所处的状态,以使材料达到标定的力学性能;或是冷加工后经部分退火或稳定化退火所处的状态。通常,在字母"H"之后加一数字,在数字后再加一字母,表示材料的最终加工硬化程度。

T——一种完全不同于 M、F、O 与 H 状态的热处理状态,用于通过热处理可使其强度增加的产品。在字母 T 之后附有第二个字母,以表示不同的热处理状态。材料在热处理之后,既可进行一定量的冷加工,也可不进行冷加工。

1.8.1.2　基本状态代号的细目

加工硬化状态(H)的细目如下:

H1——加工硬化的;

H2——加工硬化后经部分退化的;

H3——加工硬化后经稳定化处理的。

在数字之后,还应加字母,以表示材料的最终加工硬化程度(字母 X 表示上述的 1、2、3):

HXH——充分硬化状态;

HXD——材料的抗拉强度大致介于 O 状态的与 HXH 状态的之间;

HXB——材料的抗拉强度大致介于 O 状态的与 HXD 状态的之间:

HXF——材料的抗拉强度大致介于 HXD 状态的与 HXH 状态的之间;

HXJ——材料的抗拉强度比 HXH 状态的大 10 N/mm^2 以上的状态。

1.8.1.3　热处理状态(T)的细目是在字母 T 之后再加另一字母,以表示不同的热处理状态

TA——从热成形工序冷却到室温与自然时效后的状态,适用于热加工(如热挤压)后以一定的降温速度冷却到室温,并自然时效到稳定状态的产品。

TB——固溶热处理与自然时效状态,适用于固溶热处理后不进行冷加工的材料,但矫平与矫直时的冷加工则例外。处于这种状态的某些合金材料的性能是不

稳定的。

　　TC——热加工后冷却到室温,再冷加工与自然时效后的状态,适用于从热加工(锻造或挤压)温度以一定的降温速度冷却到室温,再冷加工一定的量以提高其强度的产品。处于这种状态的某些合金的性能是不稳定的。

　　TD——固溶热处理、冷加工与自然时效后的状态,适用于固溶热处理后进行一定量的冷加工,以提高其强度或降低其内应力的产品。处于这种状态的某些合金材料的性能是不稳定的。

　　TE——从热成形温度冷却到室温再人工时效后的状态,适用于热挤压产品。

　　TF——固溶热处理与人工时效后的状态,适用于固溶热处理后不进行冷加工的材料,但可进行必要的矫直与平整。

　　TG——从热加工温度冷却到室温,再冷加工与人工时效后的状态,适用于少量冷加工可提高其强度的材料。

　　TH—固溶热处理、冷加工与人工时效后的状态,适用于少量冷加工可提高其强度的材料。

　　TL——固溶热处理、人工时效与冷加工的状态,适用于冷加工可提高其强度的材料。

　　TM——固溶热处理与稳定化处理后的状态,适用于固溶热处理后加以稳定化热处理,使其强度越过强度曲线上峰值而具有某些特殊性能的材料。

　　ISO 2107 还规定:如果必要,在状态代号细目之后可再附加一位或两位数字,一个或两个字母,以表示材料状态的精细变化。

　　加工铝材的国际标准状态代号可用美国铝业协会的公司状态代号替换,它们的对应关系如表 1 – 58 所列。

表 1 – 58　ISO 状态代号与 AA 状态代号对照表

ISO 状态代号	AA 状态代号	ISO 状态代号	AA 状态代号
M	H112	TC	T2
F	F	TD	T3
O	O	TE	T5
H1B、H2B、H3B	H12、H22、H32	TF	T6
H1D、H2D、H3D	H14、H24、H34	TG	T10
H1F、H2F、H3F	H16、H26、H36	TH	T8
H1H、H2H、H3H	H18、H28、H38	TL	T9
H1J、H2J、H3J	H19、H29、H39	TM	T7
TA	T1	—	—
TB	T4	—	—

1.8.2　中国统一状态代号（GB/T 16475—1996）

中国 GB/T 16475—1996 规定的加工铝材的状态已与国际状态、美国铝业协会公司（AA）、四位数字牌号体系、其他国家标准中规定的状态代号完全一致。

1.8.3　基本状态

加工铝材的基本状态代号及其定义、内容如图 1 – 36 及表 1 – 59 所示。

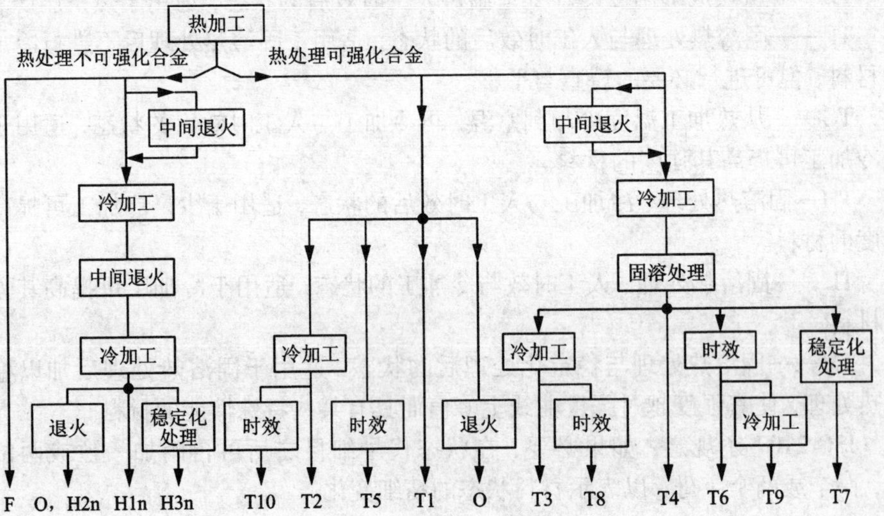

图 1 – 36　铝材生产工艺与状态

表 1 – 59　　基本状态代号与定义

代号	定 义 与 内 容
F	加工状态，如热挤压状态与热轧状态，适用于不需要进行专门的热处理或加工硬化的产品，对其力学性能不加以限制。
O	退火状态，加工铝材强度最低的一种状态，适用于通过退火获得最低强度的加工铝材，以及用退火提高伸长率与增加尺寸稳定性的铸件。
H	加工硬化状态。适用于通过加工硬化可提高强度的铝材，冷加工后可进行或不进行会降低部分强度的辅助热处理。H 之后总附有两位或两位以上的数字，以表示处理方式及加工硬化程度。
W	固溶热处理状态，是一种不稳定的状态，仅适用于固溶热处理后进行自然时效的合金，必须在 W 之后加上自然时效时间，如 7075—W30d，表示固溶处理后经过 30d 的自然时效。
T	通过固溶处理与时效处理的稳定状态，适用于通过固溶处理、随后进行或不进行辅助加工硬化都能达到稳定状态的材料。T 之后附有一位或几位数字。

第 2 章　中国轨道铁路建设与对铝材需求

发展低碳经济、节约资源与建立可持续发展的经济体系是当代人们孜孜以求的。由于现代文明的相互影响、相互渗透，所有国家与地区都以发展经济、提高人们生活质量为重要任务。铁路是世界各国与地区经济发展的大动脉，而提高列车速度是铁路赖以生存和适应社会发展的有效途径，在特大城市与大城市建设轨道交通网络是解决市中心人口集中度大与交通拥堵的最佳措施。建设高速铁路网可拉动相关产业的大发展。

截至 2012 年年底中国高速铁路的营业里程已经达到 9 300 km，占世界高铁总里程约 34%，是全世界高铁运营里程最长、在建规模最大的国家。如今，中国铁路每天开行高速动车组约 1 200 列，发送旅客近 130 万人次。

到 2020 年，中国铁路营业里程将达到 12×10^4 km 以上。其中新建高速铁路将达到 1.6×10^4 km 以上；加上其他新建铁路和既有提速线路，中国铁路快速客运网将达到 5×10^4 km 以上，连接所有省会城市和 50 万人口以上城市，覆盖全国 90% 以上人口。

2010 年中国有 33 个城市在建与计划建设轨道交通网络的总里程达 5 000 km，2020 年全国城市开通的运营轨道交通线路将达 6 100 km，需要铝合金车辆约25 000辆，需用铝型材 150 kt、铝板材 40 kt。

2012 年中国高速铁路总里程已突破 1.3×10^4 km，初步形成覆盖面更广、效应更大的高速铁路(以下简称高铁)网络。2013 年已建成的高铁和城际铁路项目有：北京—上海、哈尔滨—大连、北京—石家庄、石家庄—武汉、广州—深圳(香港)、天津—秦皇岛、南京—杭州、杭州—宁波、武汉—宜昌、合肥—蚌埠、武汉—孝感、武汉—咸宁，以及锡林浩特—乌兰浩特、龙岩—厦门等铁路将建成通车。2015 年全国高铁的通车里程将达 1.6×10^4 km，为那时国外高铁总通车里程(约 1.4×10^4 km，笔者估计)的 1.46 倍，2020 年高铁里程可达1.8×10^4 km，是2010 年德国、日本、法国三国高速铁路里程总和(6 000 km)的 3 倍，届时在中国高铁线路上风驰电掣的列车速度将普遍达到 300 km/h 或更高一些，2030—2040年时可突破 400 km/h。中国铝合金列车长龙真的在长城内外大江南北"飞"起来了。

2.1　中国高速铁路建设与铝合金车体制造

在"十五"期间，中国铁路走引进技术与自主创新相结合的道路，快速推进铁路技术装备现代化。

在客运方面，中国铁路以快速、安全为主攻方向。2004 年 9 月，中国铁路成功引进了 200 km/h 的动车组技术。2005 年 11 月 20 日，速度 300 km/h 铁路动车组项目签约仪式在北京举行。动车组的引进，使中国铁路在参与国际竞争中增添了有力的筹码。中国高铁技术的发展是在引进日本、法国、德国等国技术通过消化、吸收、自主创新的道路成长并壮大起来的。在不到 4 年的时间内，中国就已成为世界高铁里程最长、速度最快、最安全、乘座最舒适的高速铁路建设、技术装备设计、制造与集成大国与强国，成为牵引世界高铁前进的强大引擎。

2.1.1　世界高速铁路发展概况

铁路技术装备现代化是铁路提高综合运输能力、运输效益的重要基础，也是铁路现代化的重要标志。20 世纪 60 年代，以日本新干线、法国 TGV 为代表的高速铁路投入运营以来，以安全可靠、技术创新、优质服务为标志的高速铁路开创铁路发展新局面，其突出特点是：高速、高效、安全和舒适。高速铁路的成功，有力地促进了世界经济增长和社会进步，高速铁路的技术已被世界所认可，使高速铁路不仅在欧洲、亚洲得到迅速发展，而且美洲和澳大利亚也在大力建设中。

1964 年 10 月 1 日，日本建成了世界上第一条高速铁路——东海道新干线，其后相继完成了山阳、东北、上越、北陆、山形、秋田等新干线，形成了 2 325 km 的新干线网，并且还有新建新干线和改造既有线的计划；韩国、中国台湾正在建设高速铁路；印度也在做高速铁路建设的前期工作。

截至 2005 年年末，欧洲高速铁路已有 3 925 km 投入运营，2010 年达到 6 000 km。欧洲高速铁路始于法国 1981 年开通的巴黎—里昂(410 km)线，接着 1989 年开通 TGV 大西洋线(280 km)，1993 年开通 TGV 北方线(332 km)。在德国，汉诺威—维尔茨堡(327 km)线和曼海姆—斯图加特线(100 km)于 1991 年投入运营，汉诺威—柏林线(263 km)于 1998 年投入运营(其中有 170 km 的高速区段)，从科隆—法兰克福线开通 ICE 高速运营后，大大缩短了法兰克福—科隆的运行时间。意大利的罗马—那不勒斯线(210 km)始建于 1994 年，米兰—博洛尼亚线于 2006 年开通，同时意大利已制定了一项高速铁路网长期发展计划，将用 2 条重要的 T 形轴线构建路网。西班牙在新建马德里—塞维利亚(471 km)高速线取得巨大成功后，又建设马德里—巴塞罗那(620 km)第二条高速线。比利时和荷兰等国也正在建设高速铁路。除了西欧各国正在建设高速铁路网外，东欧、南欧各国也在积极进行中。美国也开始制订发展高速铁路的规划：美国加利福尼亚州已决定在州内建设 1 131.3 km 长的高速铁路；佛罗里达州则通过立法准备在州内建设匹兹堡—坦帕—奥兰多高速铁路；2009 年 4 月 16 日，美国总统奥巴马阐述了其兴建美国高速铁路网的设想：在未来 6 年内投资 530 亿美元发展高速铁路网，在未来 25 年内使高速铁路覆盖全美 80% 的人口。到 2005 年底，全世界已经建成并投入运营的高速铁路国家有 10 个，线路总长 6 393 km；在建高速铁路 16条，总长度约 3 100 km。

500 系是日本新干线列车里最受关注的车辆，为全铝合金车体，也是运营速度最快的列车。在所有新干线列车中，500 系也是流线型最好的，车头流线型弯曲部分长达 9 m 多。新干线 N700 系中的"N"字母带有崭新（new）、次世代（next）的意思，在这一代铝合金列车上采用了诸多从未采用的新技术，N700 系的开发理念也是围绕着如何提高速度与安全性等方面。

法国在继巴黎—里昂第一条新干线之后，又修建了第二条新干线。1989 年11 月大西洋新干线电动车组（TGV - Atlantique）投入运营，即法国第二代 TGV 高速铁路，该列车使用了铝合金车体，最高运行速度 300 km/h。1990 年 5 月，TGV - Atlantique 创造了最高试验速度 515.3 km/h 的世界纪录。法国 TGV - V150在 2007 年 4 月 3 日的行驶试验中创下 574.8 km/h 的铁路行驶新纪录，打破了自己保持 17 年之久的 515.3 km/h 的世界纪录，该列车也是采用铝合金车体。

德国 ICE - 3 是 ICE 高速列车的第三代，2000 年正式投入运营，它的设计速度 330 km/h。德国正在对 ICE - 3 列车及其铝合金车体合金进行改进，ICE - 4 型高速列车可能会于近期问世，成为世界高速列车家族中的一颗新星。

2.1.2　中国高速铁路建设现状与前景

根据国际铁路联盟（UIC, International Union of Railways）的定义，在既有路线上运营速度大于 200 km/h 的列车，在新建路线上运行速度大于 250 km/h 的列车，相应的线路被称为高速铁路，车辆被称为高速列车车辆或高铁车辆。在现有的技术条件下，高铁车辆车体都是用铝制造的。高铁的极限运行速度为550 km/h。

2.1.2.1　高铁的优点
建设与发展高速铁路的优点可归纳为以下几点。

（1）能耗仅为飞机的 18%

中国铁路用去交通行业 9% 的能耗，完成行业 32% 运输量。目前，我国时速350 km 的高速列车人均百公里能耗不到 6 kWh，是大客车的 50%，飞机的 18%，在陆路运输方式中是最节能的。同时，高速铁路"以电代油"，有效降低了铁路运输系统对石油的依赖。高铁低耗能的实现，是因为"和谐号"动车组采用车体和受电弓低阻力设计,有效减少了列车空气阻力;采用车体轻量化技术,降低列车自身质量,采用列车再生制动技术,提高了能源利用率。就全球而言,交通运输业排放的温室气体(CO_2)占总排放量的27%,可是铁路的排放量仅占2%,却完成运输总量的73%。

(2)铁路运输占地为公路的10%

据铁路有关方面称,在土地占用方面,铁路完成单位运输量所占的土地面积仅为公路的1/10。在中国高速铁路建设中,还大量采用"以桥代路",铁路桥梁工程占地与路基工程相比,每千米节约土地44亩[①],建设10 000 km高速铁路可节约40余万亩土地。例如京沪高铁全长1 318 km,桥梁总长度占全线的80%,节约用地3 000公顷[①]。

(3)高铁运力是普通铁路的4~5倍

2010年我国主要客运通道平均单向客流密度为2 200万人/km。到2020年,中国的城镇化率将由46.6%提高到60%,这将带动全社会客流量的大幅度提高。预计到2015年,全社会客流量将达到500亿人次以上。

高铁降低了人员流动成本和时间成本。石太、合武、郑西、福厦等高铁线路开通后,公路客运票平均下降超过30%,最高超过50%,部分区段航空票价也下降。

以2008年人均GDP计算的广州、武汉时间价值,武广高铁开通后,按照武广高铁每天运送8万人计算,这条线每年创造的时间节省效益达到9亿元。

(4)舒适,安全

中国高速铁路的舒适性与安全性均是全球最好的与最可靠的,在486.1 km/h的试运行极限速度时乘客也不会出现耳鸣头晕,在550 km/h的极限速度下"飞"仍足够安全。从日本和法国的运营看,几十年来从未发生过重大安全事故。

即便在最高速行驶时,车厢内仍保持平稳,小桌板上放置的水杯稳稳站立。仅仅在列车刚启动的时候,杯中的水轻微晃动一下。这主要得益于列车先进的气密性。专家介绍说,与日本等其他国家的高铁相比,中国高铁气密强度已经领先10年。

据铁道部有关人士介绍,当列车运行速度达到350 km以上时,如果列车在大桥上或者隧道中交会,列车车体会受到一个巨大的"挤压力"。据测算,最大"挤压力"变化范围接近±6 000 MN/m^2,也就是说手掌大小的面积就要承受6 N/m^{2}的压力。CRH380A新一代高速动车组通过改良设计,成功克服了这种空气阻力的挑战,列车的承载强度比以前提高了50%,气密性更为优越。也正是因为这种设计,在2010年12月3日京沪高铁的试验冲刺中,列车速度达486.1 km/h,乘

---

① $1 \text{ m}^2 = 1.5 \times 10^{-3}$ 亩;$1 \text{ km}^2 = 100$ 公顷

客都不会出现明显的耳鸣、头晕等不适感。

列车以数百千米的时速运行,如何保证安全?这是乘客最关心的问题。据铁道部披露的一组数据显示,新一代高速动车组转向架,即集合车轮、牵引电机、刹车盘的核心部件,能支撑列车跑出 550 km/h 的极限速度有足够的安全余量。

根据国际标准,高速列车安全性能有 3 大指标,脱轨系数不大于 0.8,轮轴横向力不高于 48,轮重减载率不高于 0.8。

在测试中,当高速动车组跑出 486.1 km/h,这 3 个指数为 0.13、15 和 0.67,分别是安全极限的 16%、31% 和 84%。距安全限值还有很大余地,这说明高速动车的安全性、稳定性等指标一切优秀。京沪高铁列车上所有的运动部件都装有传感器实时监测温度、速度、压力、绝缘性能等参数,一旦超出限值,可通过控制系统触发列车的紧急制动,保证行车安全。像这样的传感器,全车共有 1 000 多个。可实现智能化自我诊断,遇到险情,随时减速停车。

（5）经济实惠

从中国现有高铁和国外高铁票价看,比乘坐飞机和汽车更划算经济。

2.1.2.2　中国高铁线路的建设

铁路运输能力严重不足已成为制约中国经济发展的瓶颈。为此,从 1997 年起中国铁路先后实施了 6 次大面积提速调整。第六次大提速标志中国铁路既有线提速跻身世界先进铁路行列,也是中国铁路既有线最后一次提速。本次提速在多方面实现世界铁路首创:速度 200 km/h 提速线路延展里程一次达 6 003 km;京沪等主要干线部分提速区段同时开行高速动车组和 5 500 t 重载货物列车和双层集装箱车等。全国铁路旅客发送量、货物发送量大幅增长。

在既有线提速的同时,大力建设新铁路,优化铁路网结构,特别是高(快)速客运网。根据国家《中长期铁路网规划(2008 年调整)》,到 2020 年,全国铁路里程将达到 12×10^4 km 以上,其中高速铁路里程将达 1.8×10^4 km,这一数字是目前德国、日本、法国 3 个国家高速铁路里程总和(6 000 km)的 3 倍。2012 年,我国高速铁路总里程已达 9 300 km,其中 300 km/h 速度级的 5 000 km,250 km/h 速度级的 4 300 km,高速铁路总里程将稳居世界第一。

按照我国铁路发展规划,到 2020 年,将建成京沪高速铁路、北京—沈阳—哈尔滨(大连)、北京—广州—深圳、上海—杭州—长沙—贵阳—昆明、徐州—郑州—兰州、青岛—太原客运专线;建成以客运为主的上海—武汉—成都和杭州—宁波—厦门快速客运通道,初步形成以北京、上海、广州、武汉为中心,以京沪、京广、京哈、陇海、浙赣、青太、沪汉蓉及杭甬厦"四纵四横"(按修订后的规划将形成五纵五横十联)客运通道为骨架,以相关客货混跑线路为连接线,总规模达到 3×10^4 km 的快速客运网。此外,以环渤海圈、长江三角洲、珠江三角洲为重点地区,建设城际客运铁路,逐步形成城际快速客运系统。

其中，京沪、京广高速铁路是新中国成立以来最大的基础设施建设项目之一，也是目前世界上规模最大、一次建成里程最长的高速铁路。京沪高铁全长 1 318 km，全线设计运行速度 350 km/h、最高 380 km/h，共设置北京、天津、济南、蚌埠、南京、上海等 21 个客运车站。2011 年 6 月投入使用后，北京到上海直达只需 5 h，比目前京沪铁路上最快的动车组缩短 7 h，年单方向预计输送旅客 8 000 余万人次；哈大铁路全长 980 km 左右；京广线全长 2 298 km，分京石、石郑、郑武、武广、广深五段完成，全线于 2012 年 12 月 26 日开通，7 h 59 min 从北京到广州，9 h 可抵深圳。

2.1.2.3　中国高速铁路的发展进程

在中国高速铁路建设进程中具有里程碑意义的大事如图 2 – 1 所示。2006 年 11 月 17 日，铁道部召开第六次提速新闻发布会：就技术而言，2006 年 11 月 16 日，我国铁路已经进入高速时代；就实践而言，2007 年 4 月 18 日，铁路第六次大提速实施之际，我国铁路就已经进入高速时代了。

（1）京津城际铁路 2008 年 8 月 1 日开通

京津城际铁路是中国首条高速铁路，它的运营标志着中国实实在在地进入了高铁时代。中国首列速度 350 km/h 的 CRH3"和谐号"动车组列车 2008 年 4 月 11 日在中国北车集团唐山车辆股份有限公司下线。首批下线的前 3 列动车组列车在北京奥运会开幕前驰骋在京津城际铁路上。2009 年年底之前有 57 列陆续下线投入运营。

在中国铁路第六次大提速中，共有 CRH1、CRH2、CRH3 和 CRH5 这 4 种型号的"和谐号"动车组列车上线运行。CRH 是 China Railway High – speed（中国铁路高速）的缩写。通过从日本、德国、法国等引进先进技术，并消化吸收及国产化，中国企业已成功掌握了高速动车组总成、车体、转向架、牵引变流、牵引电机、牵引控制、列车网络和制动系统等 9 项关键技术以及受电弓、空调系统等 10 项主要配套技术，制造了具有自主知识产权的动车组产品系列。

CRH1 型动车组的制造商是中外合资企业青岛四方 – 宠巴迪 – 鲍尔（BSP）公司，该公司主要技术投资商是加拿大的庞巴迪公司。CRH2 型动车组的原型是日本新干线 E2 – 1000，制造商是中国南车集团所属的青岛四方机车车辆股份有限公司和日本川崎重工业公司等 6 家财团组成的联合体，速度为 200 ~ 300 km/h。CRH3 型列车速度达到 300 km/h，其原型是德国 ICE3，制造商是唐山机车厂和德国西门子公司。CRH5 型列车的原型是法国阿尔斯通公司为芬兰提供的 SM3 型，中方制造商为长春客车股份有限公司。

除 CRH1 为不锈钢车体之外，CRH2、CRH3 和 CRH5 都采用全铝合金车体。考虑到降低车体自身质量和保证车体密封性的有效程度，不锈钢车体只适于制造城市轨道车辆和中等速度（160 ~ 200 km/h）运行的铁路车辆；铝合金车体由于在

1997 年 4 月中国铁路提速战略 拉开序幕，首次开行快速列车和夕发朝至快速列车。

1998 年 10 月中国铁路第二次提速调整实施，快速列车最高运行速度达到 160 km/h。

2000 年 10 月中国铁路第三次提速在陇海、兰新、京九、浙赣线实施，全国铁路提速线路延展里程接近 10 000 km。

2001 年 10 月中国铁路第四次提速调整开始实施，提速重点区段为京九线、浙赣线、哈大线等。

2004 年 4 月中国铁路第五次大面积提速。北京至武昌、西安，西安至上海特快列车旅行时间分别压缩 102 min、123 min 和 40 min。

2007 年第六次提速后"和谐号"动车组驶入北京人的生活。

2008 年 8 月 1 日京津城际铁路的开通运营将铁路带入了高铁时代。

2009 年 12 月 26 日武广高铁投入运营，速度 350 km/h，为世界里程最长。

2010 年 7 月 1 日沪宁开通世界最快高铁，350 km/h。

2011 年 6 月京沪高铁可开通，380 km/h。

2012 年 12 月 26 日京广深高铁开通。

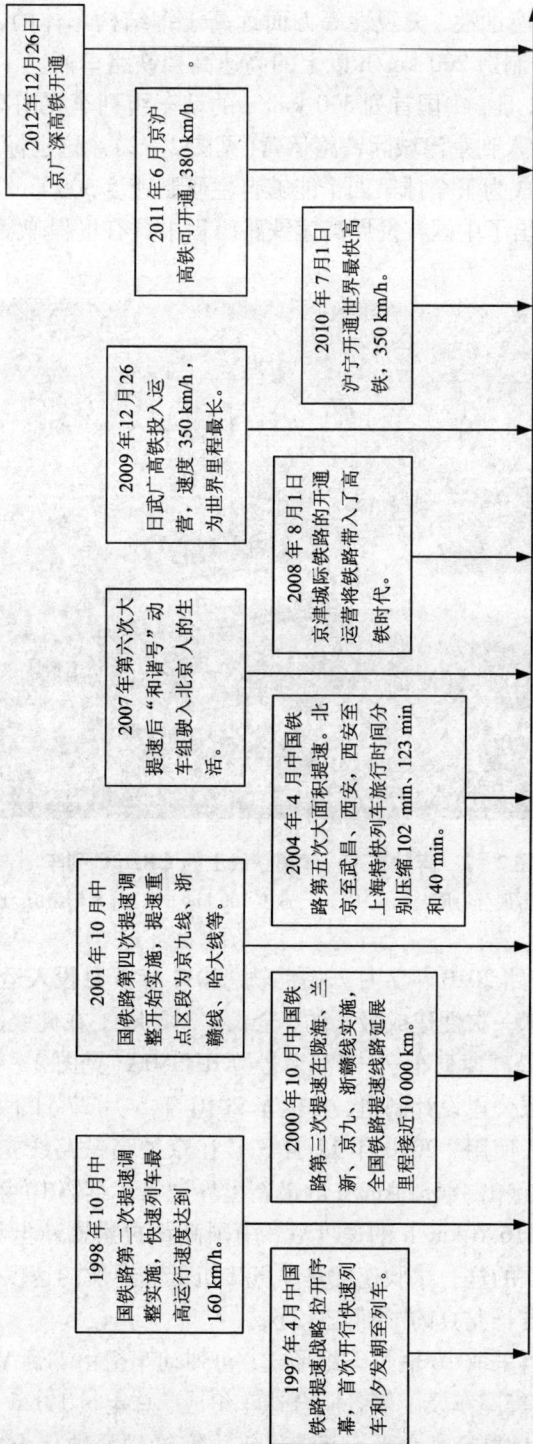

图2-1 中国铁路提速示意图

轻量化、密封性、抗腐蚀性、美观性等方面远高于钢结构车体的，不仅用于城市轨道车辆，而且适于制造 200 km/h 以上的高速高档铁路车辆。

　　2007 年 12 月 22 日，中国首列 300 km/h 的动车组列车在南车四方股份公司竣工下线，并率先投入到京津城际铁路运营(见图 2 - 2)。这也标志着继法国、德国、日本之后，中国成为了全球第四个能够自主研制速度 300 km/h 列车的高铁技术大国。图 2 - 3 示出了中国在发展高速铁路历程中具有里程碑意义的大事。

图 2 - 2　奔驰在京—津高铁线上的 CRH2C 列车

("2"—四方股分有限公司，"C"运行速度 300 km/h 以上，8 辆编组、座车)

　　(2)京沪高速铁路 2010 年 7 月开始铺轨，2011 年 6 月投入运营

　　京沪高铁是全球一次性建成最长的，全长 1 318 km，在此线路奔驰的是号称"陆地航班"的世界最高速列车——"和谐号"CRH380A(见图 2 - 4)，中国北车集团长春客车股份有限公司设计制造，首辆车 2010 年 5 月 27 日下线，随后不久即在沪杭高铁批量投入使用。2010 年 12 月 3 日在京沪高铁路线先导段(枣庄—蚌埠，202 km)试验时跑出 486.1 km/h 的最新世界记录。继 2010 年 9 月 28 日沪杭高速试运行创下的 416.6 km/h 的速度后，中国高铁再次刷新世界铁路运营试验最高速度。京沪高铁的这一试验速度是喷气飞机低速巡航的速度，中国的高铁列车的这条铝合金东方长龙真的"飞"起来了。

　　京沪高铁动车组采取 16 辆长编组形式，每列动车组由 1 辆 VIP 贵宾车、3 辆一等座车和 11 辆二等座车及 1 辆餐座合造车组成，总定员 1 026 人。列车最小发车间隔 3 min，达到世界最高水平，可满足年旅客输送量数亿人次的繁忙交通需

2030 年
高铁速度有望超过
500 km/h。

2020 年
铁路营业里程将达到12
万 km 以上，主要干线
实现客货分线，高铁速
度可达 400 km/h。

2012 年
中国铁路营业里程将
达到 11 万 km 以上，
其中新建高铁将达到
1.3万 km。

世界标准最高、规模最
大、一次建成里程最长
的京沪高铁2010 年7月
正式铺轨，计划2011 年
6月开通，速度380 km/h，
长 1 318 km。

2010 年9 月28 日
沪杭线开通，长202 km，
速度 350 km/h，试验最
高速度 416.6 km/h。

2010 年 9 月
南昌—武汉线开通，
速度 250 km/h。

2010年7月28 日
沪宁高铁开通，长
301 km，速度 350 km/h。

2010 年 2 月 6 日
世界首条修建在湿陷性
黄土地区，速度
350 km/h 的郑西高铁开
通运行，长度 505 km。

2009 年
石太高铁开通，速度
250 km/h。

2009 年12月26日世
界上一次建成里程最
长、工程类型最复杂的
武广高铁开通运行，长
1 069 km，速度350 km/h。

2008年8月1日
中国首条有完全自主
知识产权的京津城际
高铁开通，速度 350 km/h。

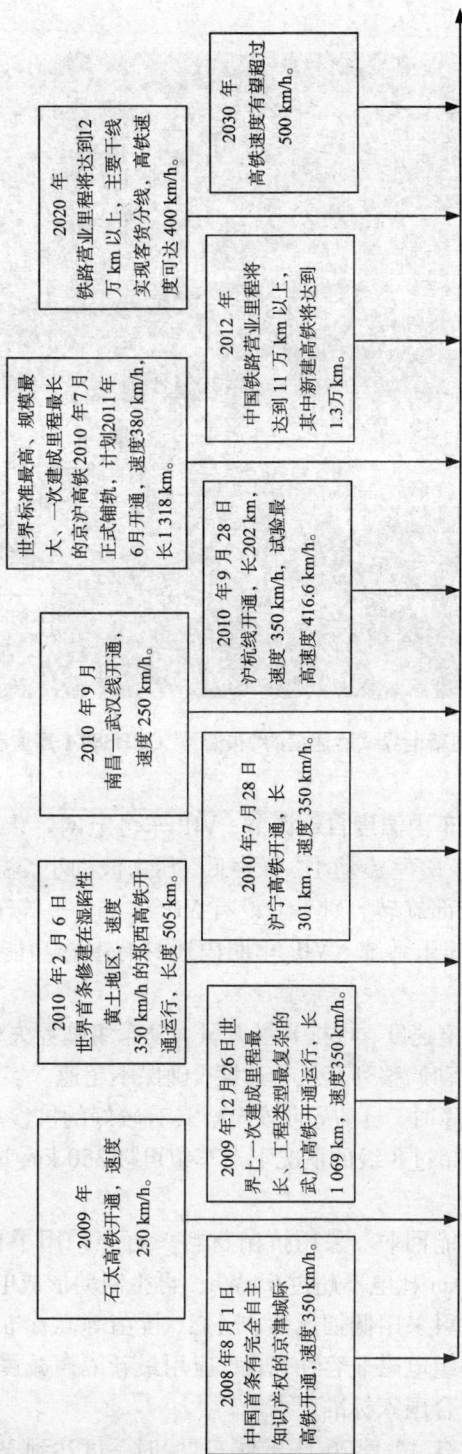

图2-3　中国高速铁路发展里程碑

时速486 km
京沪高铁创世界纪录

图2-4 刷新世界试验速度的"和谐号"CRH380A高速动车组

求。总采购量700列。车内温度自动调节，VIP车可上网。京沪高铁采用新型动车组，设计现代、时尚。客室震动小、噪声低，压力波动小，温度、湿度、空气质量可自动调节，坐椅全部旋转，列车上设有VIP车厢、一等车、二等车、VIP包间、会议区，设有影视娱乐系统。VIP车厢内还具有上网功能，以满足不同旅客出行和商务需要。

运行安全：自动调整速度，可抗8级大风。动车组临界失稳速度达550 km/h以上。可按运行曲线自动调整列车运行速度，确保不超速。实时监控动力组的参数和性能变化，发生故障时，自动导向安全。具有较好的抗沙、雨、雪、雾等恶劣天气的能力，在风速不超过8级的情况下动车组可按350 km/h运行，具有全天候运行功能。

节能环保：九成电能回收，采用抗菌材料。由于采用了再生制动等节能技术，动车组的人均100 km耗电不超过6 kWh。再生制动形成电能返回电网，达到90%的回收率。车内材料采用低烟无毒、阻燃、抗菌等高标准环保材料，车内乘坐环境绿色环保。动车组电磁兼容性优良，应用最新隔声减震降噪技术，动车组对外部的震动和噪声符合国家标准要求。

（3）武广高铁2009年12月26日开通，试验时一度达到394 km/h

京广高速铁路武广段是目前世界一次建成里程最长、运营速度最快的高速铁路之一，线路全长 1 069 km。12 月 9 日，武广高铁试运行中，"和谐号"动车组 CRH3 跑出了 394.2 km/h。开通运营后，武汉至广州实现 3 h 到达。

运营列车全部采用我国拥有完全自主知识产权、具有世界领先水平的国产"和谐号"动车组列车，运营模式采用本线速度 300 km/h 高速列车与跨线速度 200 km/h 列车共线运行方案。

武广客运专线上一趟 CRH3 型列车中，一等座位只有 80 个，全集中在一节车厢中，而且一等座位完全可媲美飞机上的座位，拥有独立的个人音频系统、电源插座、靠垫、脚垫、小型茶几，座位还能 360°旋转。

（4）沪杭高铁的速度比直升机的还快

2010 年 9 月 28 日，国产"和谐号"CRH 380A 新一代高速动车组，如图 2 - 5 所示。在沪杭高铁试运行杭州至上海途中，最高速度达到 416.6 km/h，沪杭 202 km 距离用时仅 40 min，再次刷新世界铁路运营试验最高速。

图 2 - 5　刷新世界试验速度的"和谐号"CRH380A 高速动车组

28 日沪杭高速列车从上海始发之后，9 时 01 分，一架直升机从嘉善南火车站起飞，直飞杭州城站。出发 14 min 之后，首趟从上海始发到杭州的沪杭高铁列车经过上海枫泾站，驶向嘉善南站。9 时 16 分，上海首发到杭州的高铁列车超越直升机。

投放沪杭运营的动车组采用八辆编组形式，列车总定员 494 人，车内设有观光区、一等座包间、一等座车、二等座车、餐车等，可满足不同层次旅客的个性化出行需求。

（5）2012 年 12 月 1 日 9 时整，四列 CRH380B 型高寒动车组分别从哈尔滨西站、长春站、沈阳北站、大连北站同时始发，中国首条、也是世界上第一条投入运营的新建高寒地区高速铁路——哈大高铁开通运营。运营里程 921 km，全线 23 个车站，冬季运营速度 200 km/h，夏季运营速度 300 km/h。

（6）京广高铁 2012 年 12 月 26 日开通，北京到广州最快 7 h，59 min，2 298 km 的京广高铁 2012 年 12 月 26 日开始运营，此线分京石、石郑、郑武、武广、广深五段完成。其中武广高铁于 2009 年 12 月 26 日建成通车。全线 22 个车站，初期运营速度 300 km/h。此路的建成对加强我国南北部人员、物资、信息交流，促进区域经济社会协调发展均具有十分意义，将为全面建成小康社会提供更加有力的运力支撑。

2.2　城市轨道交通列车

城市轨道交通运输系统可分为两类：地下的——地下铁路运输，简称地铁；地面上的——高架铁路，可简称轻轨（含中低速磁悬浮列车）。它们的铝合金车体结构大体相同，每辆车的挤压型材与板材用量约 7.5 t，其中挤压铝合金型材约占 80%。

2.2.1　世界地铁一览

根据楚杰先生的资料，世界地铁的梗概如下：

全球首条地铁在伦敦，1863 年 1 月 10 日通车，距今 148 年。地铁由于具有运量大、速度快、无污染、准时、方便、舒适等优点，日益受人青睐，发展迅速。目前全世界已有 100 多座城市开通了 300 多条地铁线路，总长度超过 6 000 km。许多车站建筑宏伟壮丽，很多地铁已成为城市的重要旅游景点。

美国是世界上拥有地铁最多的国家。纽约地铁线路达 37 条之多，全长 416 km，堪称世界第一。

旧金山地铁是很现代化的，其运行速度高达 128 km/h，1989 年旧金山发生大地震时，海湾大桥的桥板受震断裂，一瞬间大桥瘫痪，但引人注目的是地铁仍畅通无阻。

英国伦敦是世界上最早修建地铁的城市，第一条地铁线在 1863 年 1 月 10 日通车，伦敦地铁总长 294 km，居世界第二，伦敦人 80% 乘地铁上下班。

法国里尔（Lille）地铁是无人驾驶的全自动化轻型地铁。地铁列车的运行全部由电脑控制，列车的运行情况十分清晰地显示在控制中心的 24 个电视荧屏上，列车在运行中，如果由于某种原因造成局部混乱时电脑能合理地调整，迅速恢复正常的运行秩序，万一发生故障，控制中心的遥控员可令列车减速或停车，并可在几秒钟内根据有关技术数据进行检查，以判断故障性质和确定解决方法。列车间隔短时化是地铁现代化的重要标志,高峰时,里尔地铁列车间隔时间只有72 s(世界上地铁间隔时间最长的15 min,短的一般在2 min左右)。

巴黎地铁共有6层,建筑精致美观。2001年,巴黎新建了第一条全自动无人驾驶地铁,地铁行驶由中央控制室通过监视器和电脑控制。连接中央控制室的监视器安装在各车站及车厢内,这在世界地铁史上尚属首次,为地铁内的乘客安全提供了保障。这条线路集中展现了法国21世纪地铁安全、迅速、全自动的新技术。

俄罗斯莫斯科地铁是世界上最繁忙的地铁之一,800多万莫斯科市民平均每人每天乘一次地铁,它的年客运量占全市公共交通总运量的45%。莫斯科地铁站建筑气势磅礴,富有艺术特色,乘客进入车站,犹如进入富丽堂皇的地下宫殿,沉浸在美的享受之中,它是该市重要旅游景点之一。

新加坡地铁最清洁、最安全。列车及站台清洁光亮,一尘不染,为防止火灾发生,地铁乘客所触及之处,均不采用易燃材料,同时还有一整套灭火救灾的自动监测系统。为了确保乘客安全,在站台上还设置透明的安全幕门,当地铁列车到站后,在电脑控制下,幕门和车厢同步开启,保证乘客安全上下车。在车门全部关严后,列车才能起动,站台开启的幕门同时关闭。

瑞典斯德哥尔摩地铁被誉称为"世界最长的地下艺术长廊"。在99个地铁车站中,有一半以上装饰着不同的艺术品,它们表现着不同的主题,给斯德哥尔摩地铁增添了生气勃勃的活力和憧憬。

世界上最深的地铁是朝鲜平壤地铁,它埋深达100 m左右。世界上最浅的地铁是中国天津地铁,浅处仅2~3 m。

世界上最高的城市地铁是墨西哥地铁,修建在海拔2 300 m处的高原上。

世界上动工新建地铁的城市最多的国家是中国。除北京、天津、上海、香港、广州等城市地铁早已通车外,现在北京、上海、广州、南京、重庆、西安、青岛、沈阳、深圳、武汉、长沙、南昌等20多座城市正在扩建、兴建地铁。

2.2.1.1 世界大城市轨道线网密度及万人拥有轨道线网长度

线网密度是指每平方千米土地上拥有的轨道路线长度(km)。

世界主要大城市大多有比较成熟与完整的轨道交通系统(见表2-1)。欧洲是世界上轨道运输最发达的地区,巴黎1 000万人口,轨道交通承担70%的公交运量,伦敦轨道交通线路呈放射状布置,足够解决40%的出行人员需要;亚洲地区以日本的铁道密度最高,轨道交通运量占城市公交运量的86%;美国是铁路长度最长的国家,许多城市正探索新的交通政策和解决办法,其中最重要的措施就是恢复和发展城市轨道交通。

表 2 - 1　世界部分大城市轨道线网密度及万人拥有轨道线网长度(截至 2010 年)

城市	伦敦	莫斯科	巴黎	东京	旧金山	纽约	芝加哥	慕尼黑
市区面积/km²	1578	375	2060	617	119	757	590	311
线网长度/km	1160	275	849	488	152	577	173	93
线网密度/km·km⁻²	0.74	0.73	0.41	0.79	1.28	0.76	0.29	0.3
市区人口/万人	707	862	879	797	77.7	753	278	120
拥有长度/km·万人⁻¹	1.64	0.32	0.97	0.61	1.96	0.77	0.62	0.78

从表中可以看出,无论是纽约、旧金山、伦敦还是东京,其轨道交通的特点是线网密度大,分别是 0.76、1.28、0.74 和 0.79,而中国北京、上海、广州的线网密度分别为 0.15、0.11、0.09;每万人拥有的轨道线长度长,分别是 0.77、1.96、1.64 和 0.61,而北京、上海、广州的万人拥有轨道线网长度分别为 0.16、0.09、0.07,与国外相比差距较大。从国外大城市的经验来看,加大轨道线网密度不仅能够促使城市公共交通的发展,更重要的是可以提高土地集约利用程度,形成良好的城市空间结构与用地布局。

2.2.1.2　国际四大城市地铁发展现状

据统计,截至 2010 年底世界上已有 40 多个国家和地区的 137 座城市都建造了地铁,累计地铁线路总长度近 6 000 km,年客运总量约 230 亿人次。

① 纽约。纽约是世界上地铁线路最多、里程最长的城市,拥有 25 条线路,总长 421 km,设立 476 个车站,分布在全市 4 个区,每日客运量约为 400 万。

② 巴黎。巴黎有地铁 15 条,200 多 km,是内城公共交通的骨干,年客运量 12 亿人次。

③ 东京。东京地铁线网由东南海滨的城市中心向北、向西扇形发展,呈放射式布局,并与市郊铁路衔接联运。共有 13 条线路,营业总里程已超过 280 km。

④ 香港。中国香港特别行政区有 5 条地铁线路,线路总长 82.2 km,是世界上乘客人数最多的铁路系统之一,也是最繁忙、效率最高的地下交通线。

2.2.2　中国城市轨道交通

2.2.2.1　起步虽晚,成就巨大

中国的地铁建设始于 1961 年,当年北京的一号线开工建设,历时 4 年,1965 年投入营运,比世界首条建成的地铁整整晚了 103 年。地铁交通是投资量很大、回收期很长的投资(中国当前的建设投资 5 亿 ~ 7 亿元/km),但又是解决拥堵的最佳办法。随着城市化进程加快,市中心区人口急剧增加,必然导致市中心区交通拥堵。单靠地面交通,显然无法解决市中心区域的大量客流。吸取国外的经验认为,只有

把市中心的客流引入地下，才能有效减轻地面的交通压力，缓解拥堵。所以在市中心区修建地铁，让市中心出行的人转移到地下去。自进入新世纪以来，华夏大地兴起了建设地铁热浪，中国已成为世界上城市轨道交通发展最快的国家。截至 2008 年年底，已有北京、上海、天津、广州、南京、武汉、深圳、长春、大连、重庆等 10 个城市建成运营的 30 条城市轨道交通线路，运营里程813.7 km（见图 2 - 6）。其中发展最快的京、沪、穗三地的运营里程都已突破 100 km，其中运营里程最长的上海已达 235 km 左右，北京 198 km，广州则超过 117 km。大连、天津以 70 ~ 90 km 的规模紧随其后。截至 2009 年年底，10 城市开通城市轨道交通线路 33 条，运营里程 933 km，其中有 800 多 km 是过去 10 年间建成的。

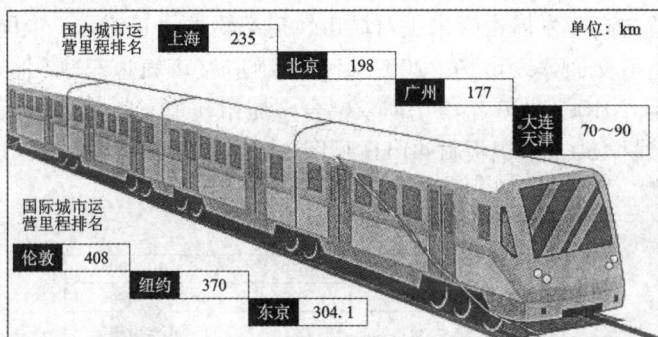

图 2 - 6　截至 2008 年年底中国 4 个城市及国外 3 个城市地铁运营里程排名

　　在图 2 - 6 中，国外城市运营里程在 2015 年或甚至 2020 年都不会有较大变化或无变化，而中国城市地铁及轻轨的通车里程则会发生很大变化，运营里程也会相应地发生大变化，例如 2008 年北京市地铁运营里程 198 km，2010 年 12 月 30 日猛增到 336 km，年平均增长率 35%，在世界地铁建设史上前所未有；据北京市基础设施投资有限公司称，到 2015 年北京地铁将超过 620 km，成为世界地铁里程最长的城市，2020 年可飙升到 1 000 km，为伦敦 2008 年里程的 2.45 倍，纽约 2008 年里程的 2.71 倍，全国的总里程将超过 6 100 km。

2.2.2.2　城市轨道交通大发展创多项记录

　　中国人口众多的大城市数量在世界独一无二，随着经济的快速发展，城市交通日益拥挤，而且愈演愈烈，已成为世界最头痛的问题之一，而发展地铁和轻轨，无论是从发达国家的经验来看，还是从我国国情和现实需求出发都是上上策。

　　2010 年 7 月 22 日世界银行发布了一份工作报告《中国城市轨道交通发展的前景、问题与对策》，这份报告是世界银行与国家发改委综合运输研究所组成的一个中外专家联合小组对中国城市轨道交通发展的调研总结，报告认为中国快速发展城市轨道交通的市场条件已成熟，前景良好，并具备实现这一前景的有利条件和能力。

2010 年中国城市规划建设的轨道交通网络总里程已达 5 000 km。截至 2009 年年底，中国已经批准了 25 个城市的轨道交通近期建设规划。目前正在建设轨道交通的线路总长度是 1 400 km，将要开工的新的轨道交通线路达到 2 610 km。其中，北京到 2012 年轨道交通线网将全部覆盖中心城区，运营里程将达到 440 km，2015 年达到 620 km 以上；上海轨道交通将形成 13 条线路、300 多座车站、运营总长度超过 500 km 的轨道交通基本网络。2020 年，京、沪、穗三地的城市轨道交通运营里程都将超过 500 km，其中北京将以 1 000 km、上海以 877 km 的总长度"领跑"全国。而国内三大城市轨道交通的远景规划都有望突破 1 000 km。预计"十二五"期间，我国地铁和轻轨建设投入将超过 1 万亿元，资金量仅次于铁路和高速公路的。

城市轨道的高速发展也带来了对城市轨道车辆的大量需求，中国已成为世界最大的城市轨道交通建设市场。2009 年中国制造城市轨道车辆（地铁、轻轨）约 3 740辆。预计 2010—2020 年市场需求铝合金城市轨道车辆将达 25 000 辆，车体制造需用铝型材 150 kt，铝板材 40 kt（见图 2 - 7）。

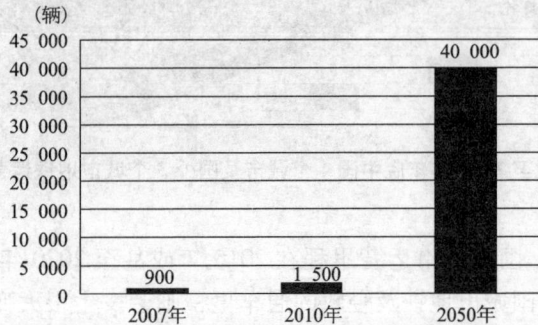

图 2 - 7　中国对铝合金城轨车辆的需求

此外，未来中国有许多城市有建轨道交通的潜力。2011 年全国 400 万以上人口城市是 13 个，200 万以上人口城市 28 个，100 万 ~ 200 万人口的城市 85 个，随着未来发展和人口增加，它们都可能发展城市轨道交通。

中国已完全拥有城市铝合金轨道车辆从材料研制、车身设计、制造到运营一整套自主知识产权，在世界处于领先水平。中国南车集团四方机车车辆股份有限公司研制的广州四、五线列车为全铝合金的，是中国首次开发的大中运量直线电机车辆（见图 2 - 8）；上海明珠三号线地铁列车是采用世界最先进的"美特罗波里斯（Metropolis）"技术设计制造的铝合金车辆，中国南车集团南京浦镇车辆有限公司研发；深圳地铁的铝合金车辆由法国庞巴迪公司按照欧洲及有关国际标准设计，速度 90 km/h，车体采用的是庞巴迪公司独有的"莫维亚（Movia）"模块化设计，模块预组装后经机械铆接而成。

图 2-8　由中国南车集团四方机车车辆股份有限公司研发的广州地铁四、五号线的列车

（1）A 型铝合金地铁车辆下线

2008 年 9 月 13 日，中国首列批量自主化 A 型铝合金地铁车辆在中国南车集团株洲电力机车有限公司下线，是为深圳地铁一号线生产的，是第一个由中国企业自主投标、自主设计、自主集成、具有自主知识产权的批量 A 型铝合金地铁车辆项目。这种车辆是国务院《加快振兴装备制造业若干意见》中确定的 16 个关键领域实现重大突破的主要任务之一，它的研制成功与批量生产打破了该型地铁车辆一直依赖外方技术负责模式，有利于降低制造成本，提高市场竞争力和市场占有率（见图 2-9）。

图 2-9　在深圳地铁一号线上服役的中国具有完全自主知识产权的 A 型铝合金列车

　　株洲电力机车有限公司自2004年1月与德国西门子公司技术合作生产第一辆地铁车辆起，充分吸收世界先进城轨车辆制造技术，通过上海地铁二号、一号延伸线和广州地铁三号线等地铁车辆的生产，积累了雄厚的技术实力。2007年该公司依靠自身技术独立完成了上海一号线102#列车C1车车体的研制，并在8月份以前对整体列车的牵引、控制、辅助系统进行升级改造，使其由交直传动提升为交流传动的高性能地铁车辆。

　　A型铝合金地铁车辆下线后，经过检测它的各项指标均超过国际标准的，达到世界领先水平，表明株洲电力机车公司在铝合金轨道车辆技术上已获得重大突破，项目管理水平、团队协作能力迈上了一个新台阶。

　　深圳一号地铁线的A型铝合金地铁车辆的技术参数见表2-2。

表2-2　株洲电力机车有限公司自主设计、制造、集成的A型铝合金地铁车辆的技术参数

项目	参数	项目	参数
列车编组	$-A+B+C=C+B+A-$	额定载客数/人·辆$^{-1}$	≥320(6人/m^2)
供电方式	架空接触网	平均启动加速度/m·s^{-2}	>1.0
额定电压/V	DC1500	冲击极限/m·s^{-3}	0.7
车辆外侧最大宽度/mm	3 100	轨距/mm	1.435
新钢车轮直径/mm	840	车辆长度A车/m	24.4
最高技术运行速度/km·h^{-1}	80	B/C车/m	22.8
设计速度/km·h^{-1}	90	车辆自身质量A车/t	34
座位载客数/人·辆$^{-1}$	48	B/C车/t	36.5

　　A型地铁车体为中国首个全焊接鼓形铝合金流线型，牵引控制采用世界先进的无牵引电机速度传感器控制技术，转向架为无摇枕的H型低合金高强度钢板焊接件。每节车辆配有2个大功率空调单元、现代化的乘客信息和广播系统，可以为乘客提供充足的音频信息。A型车辆在上海运营，而B/C型车在北京等地运营。

　　(2)首列最高速度100 km/h的铝合金地铁列车在上海投入运营

　　中国南车集团株洲电力机车有限公司制造的一列最高速度达100 km/h的铝合金A型地铁列车于2009年12月底在上海轨道交通11号线投入运行，这是当前国内开通的A型地铁车辆速度最高的，在世界范围内也属先进的，居第二。在2010年5月前，株洲电力机车公司向上海提供了近30列这类地铁列车，为世博会的运输作出了突出贡献。A型地铁列车具有车体宽大、静声环保、大载客量和

高舒适度优势，是城市轨道交通发展的方向。A 型地铁列车采用了轻量化车体设计，动力系统网络集成控制技术，智能化节能空调等前沿技术，使区间行驶里程短、停站多的地铁列车的最高速度可以达到 100 km/h 的这种指标。

（3）北京 5 条地铁线同时交付运营，史无前例

2010 年 12 月 30 日北京有 5 条新建地铁线（大兴线，与 4 号线贯通运营，总长超过 50 km，是目前国内最长地下城市轨道线路；昌平线一期；亦庄线；15 号线首开段，20.2 km，设计速度最大 100 km/h；房山线）开通试运营，在地铁发展史上举世无双。自此，北京轨道交通运营达到 336 km，一次开通里程 108 km，线路由 9 条上升到 14 条，车站达到 198 座，超过"十一五"规划制定的 270 km 的目标。

在"十二五"期间，北京将加速中心城区轨道交通建设，有 10 条新线提前开建。至 2015 年，北京轨道交通里程将超过 620 km，有可能达到 700 km，为纽约2008 年地铁里程的 1.89 倍，伦敦地铁的 1.72 倍，东京地铁的 2.30 倍。

（4）地铁首次安装"黑匣子"和各种先进监控装备

2010 年 12 月 30 日开通的北京地铁亦庄线车辆加装了黑匣子（事件记录仪），能记录车辆运行状态。制造商中国北车长客股份公司为地铁车辆加装了事件记录仪，堪称地铁上的"黑匣子"。

此外北京亦庄线为首次国产化信号系统示范线。每列列车配备了"千里眼、顺风耳和安全卫士"。千里眼和顺风耳可以让每列列车实时知道前面列车、线路和车站的准确信息，"安全卫士"还可以对线路上列车追踪，不管任何情况下不会超速、撞车。遇到情况时，自动降速或停车，两列高速追踪运行的列车停车后的间隔可控制到 30 m 左右，绝不会发生列车追尾。可实现 90 s 的行车间隔。

此外在每节车厢还装有一个收音机大小的紧急报警器，乘客遇紧急情况可按报警器向司机室的工作人员求救。司机室的门上还安装了"猫眼"，司机可通过"猫眼"单向观察车厢，而乘客不会干扰司机室。

2.2.2.3　地铁都需要政府财政补贴

除中国香港地铁公司外，世界上所有的地铁都需要政府财政补贴，否则，都无法正常运营。香港地铁赢利的原因，并不是因为地铁本身的运营，而是因为地铁运营公司兼营地铁周围的物业，用经营物业收入弥补地铁运营亏损。

实际上，地铁在耗电、维修、折旧、土建等各方面都需要很大开支，仅靠自身的运营费用是无法弥补的。地铁可以在适当的时候通过里程制票价来减少亏损，提高效率，如实行高低峰差异票价。不过，须指出的是，地铁本来就不是用来赚钱的，而是公共服务，给人们提供廉价的便捷的公交服务，乃政府之基本职责。

2.2.2.4　城市轻轨线路

轻轨在发达国家，尤其是在重视环保的城市中越来越受青睐，发展很快，如欧洲的德国、瑞士、奥地利、法国、比利时等国，成为解决城市大气污染、降低噪

声、方便市民外出的重要交通工具。轻轨车辆技术和装备与地铁的相当。

2.2.3 铝合金车辆

随着铁路的不断发展,列车的制造技术也获得快速提升,列车车辆车体的制造材料实现了从碳钢向不锈钢、铝合金材料的转变,特别是铝材具有质量轻、资源丰富、价格合理、抗腐蚀、外观洁美、易成形加工与焊接、可挤压断面复杂的中空型材、可回收性强,对于建设低碳与循环经济及可持续发展的产业均有着重要意义。为此,世界各国正在逐步停止碳钢车体制造,转向制造不锈钢和铝合金车体。2009—2010 年,在世界城市轨道交通装备中铝合金车体约占 28.5%,今后这个比例会逐年有所上升,每年上升约 0.8 个百分点,2015 年可达到 32.5%,2020 年有可能占 40% 左右。用铝合金制造车体的主要优点有以下 3 点。

(1)密度小,质量轻

铝及铝合金的密度约为钢的 1/3,铝合金车体可比钢车体轻 43% 左右,如以碳钢车体的质量为 1,则不锈钢车体的为 0.86,铝合金车体的为 0.57。车辆的轻量化不仅可以大大节约能源,而且减小制动力,改善车辆的动力性能,降低噪声,有利于减少公害,保护环境。

(2)良好的可成形加工性

铝合金有良好的可挤压性能,可生产断面复杂中空大型材,用它们制造车体可减少横向构件数量,焊接与组装工作量可比碳钢车体的减少约 40%,焊接结构还有严密的密封性能,可生产带有筋与燕尾槽等的大长型材,大大简化了车辆制造工艺,也易实现自动化。

(3)维修工作少,报废后几乎可全部回收

铝合金有很强的抗蚀性,在大气条件下不会发生腐蚀,在三十多年的服役期间几乎不需要维护。车辆报废后所有的铝合金构件与零部件可全部得到回收,仅在再生熔炼时产生约 2.5% 的烧损,而且再生铝合金有很好的品质。车辆废铝品质好,熔炼能耗与排放的温室气体仅相当于原铝提取的 5% 左右,是一种真正的绿色金属。铝在城市轨道车辆中的应用潜力巨大。

2.3 磁悬浮铁路

2.3.1 高速磁悬浮列车

磁悬浮列车是利用电磁力将车浮起来,然后再用电磁力作为牵引力拉着车走,不与钢轨接触,不会产生摩擦噪声。高速磁悬浮列车是速度大于 300 km/h 的有轨铁路列车。2010 年 2 月中国具有完全自主知识产权的首辆高速磁悬浮样车在成都交付, 由中航工业成都飞机工业(集团)有限公司制造, 标志着中国具备了磁悬浮铝合金车辆国产化设计、整车集成和制造能力。

目前中国已经建成的磁悬浮铁路只有上海浦东机场线, 长度 31 km。

2.3.2　中低速磁悬浮列车

中低速磁悬浮列车是指速度低于 100 km/h 的磁悬浮轨道列车, 是一种新近发展起来的轨道交通装备, 性能卓越, 适用于大中城市市内、近距离城市间、旅游景区的交通连接, 市场前景广阔。中低速磁悬浮列车与普通轮轨列车相比, 具有噪声低、振动小、线路敷设条件宽松、易于实施、易于维护等优点, 而且由于其牵引力不受轮轨间的黏着系数影响, 使其爬坡能力强, 转弯半径小, 是舒适、安全、快捷、环保的绿色轨道交通工具, 在各种交通方式中具有独特的优势。

此外, 它还有造价远低于地铁的与可穿行于建筑物密集区的优点。和目前的地铁、城铁相比, 磁悬浮轨道造价非常便宜, 只要几千万元/km, 这跟高达 7 亿元/km 以上的地铁相比, 可大大节省开支。

与地铁相比, 磁悬浮不需要挖地道, 能节省大笔费用; 和城铁轻轨相比, 转弯能力强、噪声小、爬坡能力强, 可在建筑密集的社区穿行。中国对外公布的最小转弯半径是 75 m, 但试验中甚至能达到 25 m, 而一般的地铁转弯半径都在300 m 左右。另外, 对于一些因土壤地质构成原因, 无法挖地道的地方, 如昆明、济南等城市, 使用磁悬浮作为城市轨道交通, 则要实际得多。

2.3.2.1　首条中低速磁悬浮轨道列车路线

北京轨道交通建设管理有限公司决定建门头沟中低速磁悬浮线(S1 线), 这是中国首条, 线路全长 19.985 km, 其中高架线 19.420 km, 地下线 0.455 km。分两期建设, 首期建西段(石门营至苹果园), 长 10.165 km, 2012 年底通车试运营; 东段二程为二期(苹果园至慈寿寺), 长 9.704 km, 计划 2013 年 11 月开工, 2017年 2 月通车试运营。

2.3.2.2　磁场及噪声污染

中低速磁悬浮列车是一类城市交通运输装备, 需穿越大街小巷, 经过建筑物与人口居住密集区, 人们自然对其对环境污染担心, 尤其是磁场辐射及噪声污染。在 S1 线开工之前, 北京控股磁悬浮技术发展有限公司同有关单位对中低速磁悬浮列车作了科学的环境评估。

2009 年, 中科院电磁学实验室研究员对中低速磁悬浮唐山试验线进行了检测。检测报告显示, 中低速磁悬浮运行中的电磁辐射低于国际非电离辐射防护委员会的安全标准, 磁悬浮列车的电磁辐射强度与一般轮轨列车的没有差别。

此外北控磁浮公司指出, 磁浮列车内的磁场及 3 m 之内的电磁辐射水平仅相当于吹风机、剃须刀等家用电器产品产生的磁场, 甚至更低些。线路辐射小于国际卫生组织认定的安全标准。电磁只漂浮在列车上方 8 mm 的高度，应该是很安全的。

由于磁浮列车的车体与轨道不接触，因此在距离轨道 10 m 处的噪声仅 64 dB，远低于轻轨的 92 dB。

S1 线使用的是 6 节车厢一编组的中低速磁悬浮列车。车厢宽 3 m，长 15 m，比一般地铁车厢宽一些、短一些，中国北车集团唐山轨道客车公司制造。每节普通地铁列车的核定载客量是 245 人，而每节中低速磁悬浮列车的载客量还不到一百人，运行速度 60~80 km/h。每节车厢的造价 800 万元，仅比普通地铁列车的高 200 万元。

2009 年 6 月 15 日，中国首列具有完全自主知识产权的实用型中低速磁悬浮列车，在中国北车唐山轨道客车有限公司下线后完成列车调试，开始进行线路运行试验，这标志着中国已经具备中低速磁悬浮列车产业化的制造能力。

S1 线中的"S"代表"市郊"（Shijiao），说明中低速磁悬浮列车最适合大城市郊区的交通运输。

北京的 S1 线于 2011 年 1 月 10 日开工建设，2013 年 12 月底开始运营，如达到预期目标，中国可能会从 2014 年下半年起掀起建设中低速磁悬浮铁路的热潮。

2.3.3　中国具有完全自主知识产权的永磁悬浮列车

中国 2003 年引进德国装备及技术的高速磁悬浮列车于上海浦东机场开始运营，不但安全运营至今，而且完全掌握、消化、吸收了引进的所有技术，并创新地拥有了完全知识产权的高速、中低速磁悬浮列车的生产与控制技术。

中国磁悬浮列车是靠列车底部永磁体产生的强磁场而悬浮驱动，这种永磁体用强磁材料钕－铁－硼（Nd－Fe－B）合金制造，钕是一种稀土金属，中国是稀土金属之乡，占世界总储量的 80% 以上，为发展 Nd－Fe－B 合金提供了强大的资源支撑。

目前世界上有 3 种类型的磁悬浮：一是以德国为代表的常导电式磁悬浮，二是以日本为代表的超导电式磁悬浮，这两种磁悬浮都需要用电力来产生磁悬浮动力。而第三种，就是中国的永磁悬浮，它利用特殊的永磁材料，不需要任何其他动力支持。日本和德国的磁悬浮列车在不通电的情况下，车体与槽轨道接触在一起，而中国利用永磁悬浮技术制造出的磁悬浮列车在任何情况下，车体和轨道之间都不接触，是独立于德国、日本磁悬浮技术之外的磁悬浮技术。中国永磁悬浮与国外磁悬浮相比有五大优势：一是悬浮力强；二是经济性好；三是节能性强；四是安全性好；五是平衡性稳定。

无论磁悬浮列车采用何种技术，都离不开永磁体，只是数量多寡而已，铁轨有多长，永磁体就有多长。

　　磁悬浮列车在铁轨上方悬浮运行,无摩擦、速度快、能耗低,是当今世界最先进的超级特别快车,世界各国都十分重视发展磁悬浮列车,而我国的自主技术已有能力将磁浮铁路应用于适用于大都市圈的城市轨道交通,我国开发的永磁悬浮列车运行成本低于现行火车的,永磁悬浮列车线路占用的土地低于高速公路和火车的,效能资源比是国外磁悬浮列车的 10 多倍。

2.4　中国可制造铝合金轨道车辆的企业

　　至 2006 年中国完全掌握了铝合金高速列车、地铁、城市轻轨、高速磁悬浮、中低速磁悬浮车辆与机车的设计、制造与集成的技术及管理,中国已成为世界高速铁路建设、机车与车辆自主设计、制造的领跑者与主宰者。"Made in China"的高速铁路上的铝合金列车将遍及世界各地,地球上的人们将享受中国车辆的快捷、舒适与安全。

　　中国具有铝合金车辆设计、制造与集成自主知识产权的主要企业有:中国北车集团的长春客车股份有限公司、唐山轨道客车有限责任公司;中国南车集团的青岛四方机车车辆股份有限公司、南京浦镇车辆股份有限公司、株洲电力机车车辆股份有限公司。它们的铝合金车辆的总设计生产能力约 3 200 辆/a。

2.4.1　首列 300 km/h 动车组在四方机车车辆公司下线

　　2007 年 12 月 22 日中国自主研制的首列 300 km/h "和谐号"动车组列车(CRH 2－300)在南车四方机车车辆股份有限公司竣工下线,由此开启了中国列车车辆制造的崭新时代。随后该公司又研制成"和谐号"CRH 380A 列车(见图 2－10),在沪杭高铁路线试运行时创造了 416.6 km/h 的世界新记录,它具有四大优点:高速度,持续运行速度 350 km/h,最高运营速度 380 km/h,最高试验速度超过 400 km/h;高安全,在临界速度 550 km/h 时,脱轨系数、轮轴横向力,构架横向加速度、车体振动和速度等指标远低于限度标准;高舒适,在运行速度 350 km/h,车内噪声小于 68 dB,车内压力变化 $200(N/m^2) \cdot s^{-1}$,运行平稳性和舒适度均在极限内;高节能,轻量化和低运行阻力,高再生制动功利用率,能耗仅 4.6 kWh/(100 km)·人。

　　"和谐号"CRH 380A 新一代高速动车组有十大系统创新:低阻力流线头型,安全可靠转向架,振动模态系统匹配,先进的噪声控制技术,高气密强度和气密性车体,高性能的牵引系统,高速双弓受电性能,安全环保的制动体系,人性化的旅客界面,智能化功能。

　　CRH 380A 新一代高速动车组与 2007 年 7 月该公司研制的速度 200 km/h 的动车组相比,具有速度更快、车体质量更轻、设计更人性化、环境适应性更强的

图 2 - 10　四方机车车辆公司研发的"和谐号"CRH 380A 列车在沪杭线运行

特点，并且具有显著的节能效果，该动车组是目前世界上运营速度最高的动车组列车之一，列车采用的高速转向架、高速受电弓、光纤网络控制等技术，均为国际一流的先进技术。根据速度 300 km/h 动车组的运行需要，技术人员对列车的牵引动力、制动能力、辅助供电系统进行了全面的系统参数匹配，其中，动力单元配置由 200 km/h 动车组的 4 辆动车 4 辆拖车，调整为 6 辆动车 2 辆拖车。同时，配合动力系统设计，重新设计了辅助电源系统、制动系统、网络控制系统和司机运行照明系统，在造就了速度 300 km/h 动车组风驰电掣的同时，充分保证了列车运行的安全性和平稳性。

300 km/h 动车组作为世界上运行速度最高的动车组，在其自身质量上自然有着极高的要求。据介绍，300 km/h 动车组采用全铝合金材料制造，整个车体的质量不超过 7 t，比 200 km/h 动车组轻 1 t 左右，是世界上最轻的动车组。为使质量达到最轻，300 km/h 动车组的最大轴重在 14 t 以下，在车体、转向架、动力设备等方面采取了大量轻量化设计，特别是车体采用薄壁筒形结构，使用大型薄壁中空铝型材料焊接而成，最薄处只有 1.5 mm，轻量化水平在国际上处于领先地位。

高度体现"以人为本"，为旅客提供更为舒适的乘车环境，是国产首列 300 km/h 动车组预先确定的设计思路。在设计过程中，技术人员综合考虑中国的气候特点、人民生活习惯以及动车组 300 km/h 运行时的各种特殊因素，对旅客服务系统进行了全面创新设计，最大限度地做到了人性化。例如，列车的餐车内配备了大型飞弧的酒红色吧台、稳重流畅的大理石台面、明亮的展示柜和采用不锈钢米粒板的橱柜，同时还配备了双弧线靠吧，乘客可以端一杯咖啡，轻倚在靠座上，品味高速所带来的便捷；列车内分为一等车一节、二等车六节、餐车一节，共 610 个座位，其中一等车设置了 6 台分别朝向两个运行方向的可翻转电视；列车采用新型真空集便系统，既保证了动车组高速运行气密性要求，又改善了卫生间内部环境。此外，为保证动车组断电时的客室环境,列车还设置了应急通风系统,在动车组断电时由蓄电池供电,提供 2 h 的客室新风供给,以保证乘客的舒适度。

在设备通风系统方面,引入系统通风设计的理念,按照流体力学原理研制了新型冷却通风系统和结构,确保车上各系统设备有效冷却,从而大大提高了列车的检修和维护效率。

作为与时俱进的新时代列车,国产 300 km/h 动车组的节能效果同样突出。国产 300 km/h 动车组的人均功率(额定功率/定员)达到 12.7 kW/人,人均质量(列车空车质量/定员)达到 0.6 t/人,这两项指标均比其他类型的动车组低 16% 以上。此外,动车组还通过采用先进的再生制动技术,将制动产生的电能返回电网,可以节约大量电能;通过改善轮轨关系、流固关系、弓网关系,有效降低运行阻力、冲击及噪声,大大降低了对线路的冲击和对周边环境的影响;通过采用新型按压式水龙头,可以根据旅客的实际用水习惯,合理调整用水量,从而达到最佳节水效果。

四方机车车辆股份有限公司是中国首批 200 ~ 250 km/h,300 ~ 350 km/h,380 km/h 高速动车组和长编卧动车组的诞生地。公司研制的 200 ~ 250 km/h 动车组主要服务于福厦、福宁、胶济、合宁、甬台温、宁武等客运专线及既有提速路线。速度 350 km/h 的动车组已先后在京津高铁、武广高铁、郑西高铁、沪宁城际高铁投入运营,截至 2010 年 11 月,已成功交付高速动车组 216 列,占在线运营动车组总数的近 50%。该公司生产 4 种型号 CRH2 动车组:

CRH2A 型:8 辆编组座车动车组,速度 200 ~ 250 km/h;

CRH2B 型:16 辆编组座车动车组,速度 200 ~ 250 km/h;

CRH2E 型:世界首创的卧车动车组,填补世界高速动车组技术空白;

CRH2C 型:速度 350 km/h 的动车组。

四方机车车辆股份有限公司的装备世界一流,制造规模行业最大,制造基地占面积 131×10^4 m^2,拥有国际一流的高速高动车组铝合金车体、不锈钢车体、转向架、总组装生产线与调试试验线(见图 2 - 11),它的生产能力为高速动车组 160 列/a,是中国国内高速动车组交付数量最多、品种最全的企业。四方公司从 2009 年开始研制速度 400 km/h 的检测车、速度 500 km/h 试验列车和智能化高速列车。

2.4.2　集成当今尖端铁路轮轨技术的 CRH3 型动车组从唐车公司驶向世界

中国北车集团唐山轨道客车有限责任公司始建于 1881 年,是中国轨道交通装备制造业的发祥地和摇篮,以制造中国首台蒸汽机车——“中国火箭号”、第一辆客车——“銮舆龙车”而闻名遐迩。公司制造的速度 350 km/h CRH3“和谐号”

图 2-11 四方机车车辆股份有限公司可制造组装四列铝合金列车的巨大明亮车间

动车组在京津城际铁路跑出 394.2 km/h——这一中国铁路第一速度,并成为当时世界运营铁路的最高速度。

唐车公司批量制造速度 350 km/h 的 CRH3 型动车组代表了世界动车组技术的先进水平,被中国铁道部定为全国高速铁路网的主型车,引领着中国铁路以前所未有的加速度冲进高速时代。当前,CRH3 型动车组在京津城际铁路、武广客运专线投入运营,被称为"陆地航班"。

CRH3 型动车组中国完全拥有自主知识产权,采用动力分散电力牵引交流传动技术,每列动力配置为 4 动 4 拖 8 辆编组,定员 557 人,牵引功率 8 800 kW,是目前世界上运营速度最高的动车组。2011 年唐车公司已形成速度 350 km/h 高速动车组设计及制造能力和月产 8 列 350 km/h 及以上高速动车组的规模。

唐车公司拥有中低速磁悬浮列车知识产权,该车爬坡能力强、噪声低、绿色环保,适用于城郊、城际运营;公司研发的 70% 低地板轻轨车为现代城市新型交通工具的佼佼者,具有乘座方便、噪声低、无污染,已在长春城轨投入正式运营,受到广大市民称赞。

唐车公司具备速度 350 km/h 及以上速度级高速动车系统集成、铝合金车体、列车网络控制系统等关键技术的自主创新能力,并形成了设备通用化、工装柔性化、模具专业化的制造技术平台,能够满足既有铁路和高速铁路全系列轨道交通装备生产的需要,并正在研制新一代高速动车组,采用 8 动 8 拖长大编组形式,持续运营速度 350 km/h,最高速度可达 380 km/h,最高试验速度可超过

400 km/h，为全球商业运营速度最快、科技含量最高、系统匹配最优的动车组，可满足长距离、大运量、高密度的客运需求。

2.4.3　长春客车公司造出全球最快列车

2010 年 5 月 27 日，具有自主知识产权，速度可达 380 km/h 的新一代高速列车"和谐号"380A 首辆车在中国北车长春客车股份公司高速车制造基地下线。

新一代动车组首辆车 CRH 380A 持续运营速度为 350 km/h，最高运营速度为 380 km/h，是当今世界速度最快的高速列车。通体白色的 CRH 380A 采用低阻力和流线头型，高气密强度和气密性车体，其先进的隔声减振技术和强动力绿色牵引系统不仅让列车能够平稳低噪声运营，同时更加节能环保。

被誉为"钢轨上的星级酒店和商务中心"的 CRH 380A 新一代高速动车组以 16 辆长编组为主，兼顾 8 辆的编组形式。新一代高速列车率先用于建成后的京沪高铁。

动车组是由一个或多个牵引动力单元组成的固定编组列车；高速动车组是指高速客运专线 ≥250 km/h 的速度运行，在客货混跑线路以 ≥200 km/h 的速度运行的动车组；而新一代高速动车组是特指在中国现有动车组研制平台上，经过自主创新集成了具有自主知识产权和最新技术的 380 km/h 速度的动车组。

2.4.3.1　CRH5 型动车组——国内相同速度等级中的佼佼者

长春客车公司制造的 CRH5 型动车组具有 5 项技术优势：

牵引功率 5 500 kW，在 200 ~ 250 km/h 动车组中配置最高；

采用适应既有提速的摆式列车转向架，适应式最强；

采用世界最先进的网络控制系统，列车动作 100% 由网络控制；

耐高寒，是中国唯一一款适应任何环境气候、任何线路条件运行的全天候高品质动车组；

使用期限与检修周期长，三级检修 120×10^4 km，四级检修 240×10^4 km，五级检修 480×10^4 km，为中国同等级其他型号动车组的 2.67 倍。

2.4.3.2　先进的制造平台与加强的铝合金车体、转向架生产能力

中国北车集团长客公司是按照国际一流标准装备了高速动车组制造的企业。新建或扩建了高速动车组铝合金车体生产线、转向架生产基地、组装调试基地、运营试验线路等，快速形成了相对于国际一流企业在产品制造硬件与能力方面的后发优势。长客高速车制造基地一期工程已于 2010 年 5 月 27 日全面启动，拥有强大的高速动车组铝合金车间生产能力（见图 2 - 12），厂房面积 62 800 m^2，其中一期的面积 43 200 m^2，可布置 CRH3、CRH5 和日立平台的 CRH3 生产线各一条，9 套加工中心，大型自动焊接设备全套引进（10 台自动大部件焊机，6 套组成自动焊接装备）。

图 2 – 12　长春客车股份有限公司的铝合金车体制造车间

　　转向架是轨道车辆最关键的部件，中国北车集团拥有转向架制造的特殊优势，产量世界第一，达 4500 余个/a，其中速度 350 km/h 高速动车组转向架的达 2 160 个/a，制造厂房 64 000 m²，拥有当今世界最庞大的焊接机械手组群，可实现转向架侧梁、横梁、构架以及其他各种部件的自动化生产。

　　中国北车现有高速动车组厂房生产面积 84 366 m²，装配台位 180 个，可月产 CRH3 型动车组 6 列，CRH5 型动车组 6 列；长客高速动车基地一期工程，拥有总装生产线厂房 63 720 m²，可实现 8 列 CRH3 型动车组的月组装水平。基地一期工程投入设备 23 种，合计 109 台套，其中 10 t 气垫车 1 台、30 t 气垫车 2 台、5 t 气垫车 2 台、1 t 气垫车 1 台，总组装工作站 24 套，预组装工作站 16 套，四点称重设备两台，可最大限度地满足高速动车组的装备制造需要。

2.5　轨道交通车辆车体材料

　　车体是轨道交通车辆结构的主体。车体的强度、刚度，关系到运行安全的可靠性和舒适性；车体的防腐耐腐能力、表面保护和装饰方法，关系到车辆外观、寿命和检修制度；车体的质量，则关系到能耗、加减速度、载客能力乃至列车编组形式（动拖比）。以上所述都直接影响轨道交通运营质量和经济效益。车体的结构形式、性能和技术经济指标主要取决于车体材料。故车体选材是选择轨道交通系统时必须同时考虑的诸多重大要素之一。

　　铝型材所具有的许多优良性能使其在轨道交通装备中前景和优势日趋明显，很多国家已将大型特种专用铝合金型材用作高速列车、地铁列车、轻轨列车、双轨列车、豪华大巴、货运敞车等大型轨道交通车辆的整体外形结构和重要受力部件以及大型装饰部件，铝型材有利于轨道车辆实现轻量化。轻量、高速、安全、大型、节能、环保、舒适、多功能、长寿命、低成本是轨道交通车辆现代化的标志，突出的例子是高速列车和地铁，而实现轨道交通的高速化，关键在于解决与列车轻量化和密封性有关的问题。轻量化对于减少列车牵引和制动力、减少能源消耗、减少轮轨磨损、提高轨道交通车辆运行速度至关重要。密封性直接影响列车的运行性能和旅客乘车的舒适性。采用铝合金材料是减轻车体自身质量及保证密封性的有效措施。

铝合金车体与碳钢车体相比，质量轻：铝的相对体积质量约为普通钢的 1/3，铝合金车体的自身质量一般可达普通钢车体的 1/2。

铝合金车体的弱点是铝的纵弹性模量小，约为普通钢的 1/3，因而往往使车体刚度下降。铝合金车体可以通过加大板厚和尽量加大车体断面以提高车体抗弯刚度。各种材料车体性能对比如表 2-3 所示。

表 2-3　各种材料车体性能对比

碳钢车	铝合金车	不锈钢车
◎ 可以自由造型	○ 可以自由造型	● 造型困难
◎ 塑性加工容易	○ 塑性加工容易	● 要有塑性加工技术
○ 可做到车体气密结构	○ 可做到车体气密结构	● 车体气密结构困难
● 轻量化难	◎ 轻量化效果佳	○ 可以轻量化
◎ 材料价格低	● 材料价格高	● 材料价格高
○ 材料强度一般	○ 材料强度略低	◎ 材料强度高
● 耐腐蚀性不好	○ 耐腐蚀性好	◎ 耐腐蚀性优越
○ 耐热性高	● 耐热性低	○ 耐热性高
○ 可焊接性好	● 要高水平焊接技术	○ 可焊接性好
◎ 制造价格低	● 制造价格高	● 制造价格稍高
● 维修难	○ 无维修	◎ 无维修

注：同类特点中，○——好，◎——其次，●——差。

从综合指标看，轨道交通应用铝合金型材车体是合理的。目前大型特种专用铝合金型材已用于高速列车、地铁列车、轻轨列车、货运敞车等大型车辆的整体外形结构件和重要受力部件以及大型装饰部件，并且随着技术的进步，应用范围还在不断扩大；除轨道交通车体外的其他应用领域也在不断增加。

2.6　将走向世界市场的中国高速铁路[3]

2.6.1　中国高铁技术世界领先

2012 年 12 月 31 日中国已投入运营的高速铁路里程达到 9 300 km，居世界第一位。已经成为世界上高速铁路系统技术最全、集成能力最强、运营里程最长、运行速度最高、在建规模最大的国家，也是高速铁路上座率最高的，部分线路上座率超过 160%。中国铁道部总工程师、中国工程院院士何华武说：中国现在的高铁技术在世界上有些处于领先地位，有些处于先进地位，总体上处于领先地位；中国的高铁路基能做到高平高稳，矿泉水瓶放在那里，可以很久不倒；在安全问题上，我们是加强加强再加强，重视重视再重视；中国高铁目前还有监测组，不久的将来还要增加一个组，通过对高铁列车的 16 项检测，列车的动力系统与控制系统都很好，安全性能指标满足要求。

在京沪高铁线路上运行的是 CRH 380A 高速动车，有一个长 12 m 的流线型车头，比上一代高速动车组的长 2.6 m，而这一头型是从 20 种候选车头中脱颖而出的。高铁的电流是通过受电弓，从铁路接触网导线中获取的。高铁受电弓与接触网的形象，类似城市中无轨电车头顶的"大辫子"与高压线，不同的是，城市电车速度不及高铁的零头，因此电线架设的要求不高。

在京沪高铁的三天冲刺中，动车组的最高速度达 486.1 km/h，相当于 1 s 跑 135 m，在这样的速度要求下，受电弓必须与导线始终"贴面滑行"，否则，一旦受电弓离线、撞线、擦火花，不仅速度无法保证，还可能会酿成事故。

为了保证"贴面滑行"，导线架设的平顺度成为重中之重。中铁电气化局的工人们创新工艺，精细施工，架设电线如同穿针引线一样精巧。误差一下子从厘米级跨入毫米级，甚至微米级别。按欧洲高铁标准，接触网误差不得超过 0.1 mm。而在京沪高铁，这个误差被控制为 0.03 mm 到 0.05 mm 等级。这个近乎微米的数据，创造了中国乃至世界第一。

2.6.2　中国高速铁路在世界市场上颇具竞争力

中国高速铁路无论在线路勘探设计、路基建设，还是机车车辆建造等方面总体上都处于世界领先水平，在世界新一轮高速铁路建设中颇具竞争力。新一轮铁路建设热潮正在世界各地兴起。犹如太阳涌出地平线有喷薄欲出之势。委内瑞拉、沙特阿拉伯、土耳其、巴西等国都在谈论高速铁路建设问题。

连接中泰老三国的高速铁路 2011 年开工建设；2010 年 12 月在中国召开的第七届世界高铁大会上，泰国及老挝官员透露，中国和泰国、老挝已签订合作协议，建一条连接三国的高速铁路。预计明年开工,2015 年建成,泰国国会已经批准这一项目,中泰两国政府已经就高铁建设计划签署了框架协议,相信连接三国的铁路可于近期动工。老挝将通过建立合资公司的方式开通由老挝首都万象至中国北京的高速铁路,中老双方已经签订合作协议。

中缅铁路的建设也在商讨,美国加利福尼亚州高速铁路的建设中国有望参与,中国还与美国通用电气公司(GE)签署了建设高速铁路备忘录;中俄、中蒙增建铁路的有关事宜也已提到议事日程;中国还向澳大利亚、菲律宾、突尼斯、加纳等国出口了动车组。

需要指出的是,中国的高速铁路技术在诸多方面居世界领先地位,超过日本、德国、法国的,发展和进步神速,但在平高比这一指标上和国外先进水平尚存在差距。所谓平高比就是列车的平均运行速度和其最高速度之比。

另外,我们还必须清晰地看到,发达国家在发展高速铁路方面有四五十年的历史与经验,而我们还只有十来年的发展历程,还谈不上经验丰富。

2.7　中国轨道机车车辆用铝量

高端装备在"十二五"规划中占有重要地位,是七大战略性新兴产业之一,分为五部分:航空、航天、高速铁路、海洋工程、智能装备。高端装备制造业是装备制造业的高端部分,具有技术密集、附加值高、成长空间大、带动作用强等突出特点,装备制造业是一个国家的战略性产业和工业崛起的标志,是一国制造业的基础和核心竞争力所在。

2.7.1　2020 年中国城市轨道交通规模翻 3 番多

截至 2012 年年底,中国城市轨道交通运营里程近 780 km,预计到 2020 年,中国城市轨道交通总规模翻 3 番,超过 8 000 km。

2010 年,中国已有北京、上海等 10 个城市的 29 条轨道交通线路建成并投入运营,运营里程近 780 km。预计到 2020 年,中国城市轨道交通总规模将达到8 000 ~ 8 500 km。

中国目前有 14 个城市共 46 条轨道线路正在开工建设,建设总里程为 1 200多千米。而自 2003 年以来,共有 19 个城市轨道交通建设规划得到了国家的批准,到 2015 年,将规划建设 70 条轨道交通线路,总长度约 3 100 km。

在此基础上,中国也成为世界上最大的城市轨道交通建设市场,受到全世界的关注,到 2020 年全国地铁总里程可达 6 100 km。

在四种城市轨道交通运输装备(地铁、轻轨、磁悬浮、中低速磁悬浮)中,后两者的机车与车辆必须是铝合金制造的,而前两者用铝合金制造的占 25% ~

32%，其余的是用碳钢或不锈钢制造的，即使这样还是要用一些铝材。2010 年中国城市轨道车辆用铝量约 12 kt，2015 年可达 22 kt，2020 年将增至 45 kt 以上。

2.7.2　客运铁路交通装备对铝的需求[4]

铁路是国民经济大动脉，对国民经济平稳持续发展和国家安全起着不可替代的全局性支撑作用。中国铁路历来重视自主创新，进入新世纪以来，铁路依靠自主创新，实现了既有线路速度 200 km/h 及以上大面积提速，标志着中国铁路大步跨入高速时代，创造了世界铁路发展史许多奇迹，确保了铁路对国民经济稳健发展的持续支撑、对国家经济及战略安全、对相关产业和制造业的持续拉动作用的保障。

2006 年，国务院发布《关于加快振兴装备制造业的若干意见》（国发〔2006〕8号），提出以铁路客运专线、城市轨道交通项目为依托，通过引进消化吸收先进技术和自主创新相结合，掌握高速列车、新型地铁车辆装备等核心技术。要求以科技进步为支撑，大力提高装备制造业自主创新能力，以系统设计技术、控制技术与关键总成技术为重点，增加研发投入，加快提高企业自主创新能力和研发能力，使中国轨道交通装备制造业在较短时间内达到世界先进水平，对轨道交通设备国产化提出了新要求。

2008 年 2 月 26 日，科技部与铁道部共同签署了《中国高速列车自主创新联合行动计划合作协议》。按照《计划》内容，中国启动了新一代速度 350 km/h 及以上高速列车的自主研发。大规模发展高速铁路和建设京沪高速铁路是党中央、国务院作出的重大举措，是我国对全球气候变化以及能源和环境约束，解决交通运输能力供给矛盾，带动高技术产业发展和提升交通运输产业国际竞争力的必由之路和必然选择。京沪高铁全长 1 138 km，2011 年 6 月投入运营。

《中国高速列车自主创新联合行动计划》重要任务包括高速列车系统动力学、高速列车关键技术及装置、高速列车相关配套技术、高速列车运行组织及控制技术、高速列车系统集成技术等研究；实现 4 个目标：一是突破关键技术，研制新一代速度 350 km/h 及以上高速列车，为京沪高速铁路提供强有力的装备保障；二是建立并完善具有自主知识产权、国际竞争力强的速度 350 km/h 及以上中国高速铁路技术体系，加快实现引领世界高速铁路技术发展的目标；三是发挥两部联合优势，构建中国特色的高速列车技术创新链和产学研联盟；四是打造中国高速列车产业链和产业群，带动并提升我国制造相关重大装备的能力。

中国新一代高速动车组持续运营速度达到 350 km/h，最高运行速度 380 km/h，试验速度超过 400 km/h，将成为世界上商业运营速度最快、科技含量最高、系统匹配最优的动车组。通过新一代高速列车的研制，中国已建立起具有自主知识产权、速度 350 km/h 以上、国际竞争力强劲的中国高速列车技术体系，实现了中国引领世界高速列车技术发展的战略目标。

根据铁道部发布的数据，2010年7月中国已投入营运的高速铁路网络总长920 km，长度居全球之最。根据国家《中长期铁路网规划（2008年调整）》，2012年之前高速铁路网络总长将增加至13 000 km，其中350 km/h速度级铁路8 000 km，250 km/h速度级铁路5 000 km；到2020年，全国铁路里程将达到12×10^4 km以上，将建成"五纵五横"的城际快速客运系统，高速铁路里程将达1.8×10^4 km；这一数字，是目前德国、日本、法国3个国家高速铁路里程总和（6 000 km）的3倍。高速铁路总里程将稳居世界第一。加上其他新建铁路和既有提速线路，铁路快速客运网将达5×10^4 km以上，覆盖全国90%以上人口。

据有关资料报道，京沪高铁列车总采购量为300列，共4 800辆，平均3.642辆/km。由此可推算到2020年全国高速铁路网（1.8×10^4 km）约采购65 556辆铝合金车厢，每辆车厢采购铝材按10 t估算，约需铝材660 kt，如果从2007年算起至2020年的14年，平均铝材用量47.14 kt/a。

中国在建设铁路客运专线时，除CRH2、CRH3、CRH5型动车组（CRH1动车组采用不锈钢车辆）全部车辆车体采用铝合金外，新建的车站及其他有关设施也会尽量采用铝材，匡算新建线路的铝材用量3 t/km。

日本新干线运营里程约2 100 km，运营车辆约6 800辆，平均3.238辆/km。

2.8 铝合金货运敞车

近年来，中国经济发展对煤炭、金属材料等大宗商品的需求猛增。由于我国资源分布和工业布局不平衡，大宗原材料的运输主要依靠铁路，造成了铁路物资运力的紧张。未来15年中国GDP将保持平稳持续增长，各种物资的需求会大幅度增加，对运输的需求将持续上升。铁路作为交通运输的主要方式，必须提供与市场需求相适应的运输能力。

高速化、重载化是今后铁路运输的发展方向，而铁道车辆轻量化则是实现高速重载的重要途径，铝无疑是轻量化最好的材料。数据表明，铝车相比钢车具有十分明显的优势。中国C80铝合金敞车较C76型钢浴盆敞车车体轻5 t，较C63A型敞车轻19 t，在车辆总重不变的情况下，大大提高了车辆有效载重。此外，铝合金敞车还有节省燃料、减少温室气体排放、寿命长、腐蚀轻、运营维护费用低等优势。

根据测算，尽管相比碳钢制货运敞车，C80铝合金敞车造价较贵，前期投入较高，但由于其无可比拟的优势，在使用至第5 a以后，C80铝合金敞车的综合效益就超过了碳钢车的。再加上铝制车有30 a的使用期限，相比钢制车可多使用10 a，其带来的经济效益十分明显。而与不锈钢敞车相比，C80铝合金敞车也有其优势。铝合金车体比不锈钢的轻 700 kg，在总长 600 多 km 的线路上每跑一辆车每年多增加收入 37 000 元，假设车辆使用 25～30 a，一共能赚 70 万～80 万元。

中国铁路货车已经经历了载重由 50 t 级向 60 t 级、60 t 级向 70 t 级的几次升级换代，正在向 80 t 级迈进，C80 货运敞车必将在这次更新换代中迎来更大的发展。

2.8.1　国外矿产品铝合金敞车的发展[5]

在 20 世纪 50 年代，世界上一些发达国家开始采用铝合金材料制造铁路车辆，包括美国、加拿大、日本、俄罗斯、德国、法国等，在铁路货车方面，美国、加拿大、南非等国家经过几十年的发展逐步形成了独具特色重载列车技术，其中美国是铝合金运煤敞车技术应用最早、最成熟的国家。

将铝合金材质用于专用铁路货车这个构想早在 1959—1960 年就已经在美国实现了。当时南方铁路公司将 750 辆铝合金敞车投入使用，运输煤炭。这些车是依据普式标准制造，大多数车辆现仍在使用。到目前为止美国已经生产了 13 万多辆铝合金运煤车辆。由于铝合金自身质量轻、载重大、耐腐蚀，大大提升了重载列车的运输效率，与钢车相比，具有巨大的经济效益，因此美国从 1993 年起已经停止生产钢制煤车而全部采用铝合金煤车。

目前美国共有特里尼特（Trinity）公司、约翰斯汤（Johnstown）公司两个铝合金车制造企业，其中前者是北美最大的铁路货车制造商，总部设在得克萨斯州的达拉斯市，约翰斯汤公司是最大的铝合金货车制造商。美国的铝合金运煤敞车有两种型式，即双浴盆式（见图 2 - 13）及底开门式（见图 2 - 14）。双浴盆式铝合金车主要应用于具有翻车机的线路上，底开门式铝合金车主要应用于具有自动开闭装置的卸货线路上，多用于发电厂。目前两种型式车辆的占有比例相当。

图 2 - 13　双浴盆式铝合金运煤敞车

图 2 - 14　底开门式铝合金运煤敞车

2.8.2　中国铁路运煤铝合金车辆的发展

中国铁路重载运输始于 20 世纪 80 年代末。首条重载运煤专线大秦线的设计能力为年运量 1 亿 t，所用主型车辆为 C63A 型运煤敞车，还有少量的 C64 型通用敞车；车辆的载重 61 t、自重 23 t、轴重 21 t。在实际运用和万吨列车试验中发现载重量小、运行速度低、车辆的强度考核标准低、运行安全可靠性较差，不适应开行 2×10^4 t 重载列车的要求，也难以实现大秦线年运量达 2 亿 t 的运输需要。

为此，铁道部提出了在大秦线开行 2 万 t 重载列车，2005 年达到年运量 2 亿 t 的运输目标。按照"先进、成熟、可靠、经济、适用"的十字方针，借鉴美国、加拿大、南非等国家开行重载列车的成功经验，实施以系统引进关键技术与自主创新相结合的技术发展路线，开发研制载重达 80 t 的铝合金运煤敞车。

为提高大秦铁路的运煤能力，开发适合中国国情的铝合金运煤重载货车，齐齐哈尔车辆公司于 1996 年底与美国有关企业合作研制了两辆铝合金运煤敞车（见图 2 - 15）样车，为后期铝合金煤车的研发奠定了良好的基础。

2004 年 3 月齐齐哈尔车辆公司、二七机车车辆公司、株洲电力机车车辆有限公司等生产的首批 210 辆运煤车交付大秦线使用（见图 2 - 16），至 2005 年底共生产约 6 580 辆，截至 2010 年运营的 C80 型运煤车已超过 11 000 辆。C80 型为双浴盆式，车厢长 13 m、高 2 m、宽 2.5 m，用 6 ~ 8 mm 的 5083 - H32 合金板与加固型材铆接而成（见图 2 - 16）。每辆车约用板材 1.8 t，型材 1.6 t，C80 型铝合金运煤车与 C63A 型、C62B 型钢运煤车的参数见表 2 - 4。每列车编组 100 辆。

图 2 – 15　1996 年中美联合研发的铝合金运煤车

图 2 – 16　齐齐哈尔车辆制造公司等设计制造的 C80 型铝合金运煤敞车

表 2 – 4　中国制的双浴盆式铝合金运煤敞车与钢制的 C63A、C62B 型运煤敞车的技术参数

参数	C80 型铝合金车	C63A 型钢车	C62B 型钢车
装煤质量/t	81	61	60
自身质量/t	18.3	22.5	22.3
轴重/t	26	21	21
容积/m³	76.05	70.7	71.6
每延米重/t	8.33	7.0	7.1
构造速度/km·h⁻¹	100	100	100
轨距/mm	1435	1435	1435
车辆长度/m	12	11.986	13.438

2.8.3 铝合金运煤车的优点及对铝材需求

2.8.3.1 铁路铝合金运煤车的优势

（1）更高的强度/密度比值，与中国现有的高强度耐候钢车辆相比，更容易实现车体轻量化，从而增加载重，大大提高运输效率。

C80 型铝合金运煤敞车用铝合金材料与铁路货车通用的牌号为 Q450NQR1 高强度耐候钢及 09CuPCrNi－A 耐候钢的强度/密度比值见表 2－5。

表 2－5 铝合金及耐候高强度钢的屈服强度/密度比值

材料牌号	5083－H32	6061－T6	Q450NQR1	09CuPCrNi－A
屈服强度/密度	215/2.7＝79.6	245/2.7＝90.7	450/7.85＝57.3	345/7.85＝43.9

按照美国制造的铝合金煤车统计，在同等强度条件下，铝合金车比钢制车质量轻约 20%，而中国 C80 型铝合金运煤敞车较 C76 型钢浴盆敞车车体轻 5 t、较 C63A 型敞车轻 19 t，在车辆总重不变的情况下，大大提高了车辆有效载重。

由于 C80 型铝合金运煤敞车载重较 C63A 型敞车每辆提高载重 19 t，提高运能 31.1%。因此，每年每辆车平均收益将提高 22.92 万元；在车辆使用寿命期内每辆收益提高 572.90 万元；同时可减少车辆保有量，按照年运量 2 亿 t 计算，可减少车辆购置 3 763 辆、减少机车购置 165 台。

采用 C80 型铝合金运煤敞车可减少列车开行对数，从而减少机车车辆的维护人员、机车司乘人员、机车燃动费、车辆维护费及线路损耗等，实现减员增效和降耗增效。

（2）铝合金煤车比钢制煤车具有更强的抗腐蚀能力。由于铝合金材料所具有的抗腐蚀性高的特点，对其的维护和修整较少，尤其是在运输硫含量高的煤炭时，这个优点更为显著；同时，因其表面光滑，有助于卸货，因此，铝合金材料成为设计煤车时一种很有吸引力的材料。美国的运营经验表明，铝合金车体可大大减少车辆维护费用。

2.8.3.2 中国铁路铝合金运煤车的市场前景

（1）大秦线需求数量的测算。C80 型铝合金运煤敞车是为我国大秦铁路提高运输能力，达到年运量 2 亿 t 的目标，开行 2 万 t 列车而研制的专用车辆。按照铁路跨越式发展战略思想及铁道部提出的经济适用原则，我们对大秦线重载运输车辆经济效益进行分析测算如下：

按照大秦线年运量 2 亿 t、车辆现周转天数 1.7 d、车辆备用率为 26% 计算：

车辆保有量＝2 亿 t ÷ 365d ÷ 80 t × 126% × 1.7d＝14 672 辆；

按照远景目标达到年运量 4 亿 t 计算，车辆的保有量应为 29 343 辆。

（2）其他运煤铁路。除大秦铁路外，国内还有全长 860 km、远期年运输能力 1 亿 t 的神黄铁路，年总运量达 1 亿 t 以上的候月铁路等几条运煤专线，由于 C80 型铝合金运煤敞车在大秦的成功应用，铝合金运煤车辆具有广阔的前景。

（3）铝合金运煤敞车的社会效益。铝合金运煤敞车在我国铁路货车上首次采用了铝合金，大大减轻了车辆自身质量，降低了车辆重心，载重达到了 80 t，具有显著的经济及社会效益，是中国铁路货运发展的一次飞跃。该车投入运用后，将实现大秦线开行 2 万 t 重载列车、年运量达 2 亿 t 的要求，大大缓解我国西煤东运的紧张局面，为国民经济的稳健、协调发展提供有力保证；同时，该车的研制成功，填补了中国铁路货车的一项空白，达到国际先进水平，同时带动了铁路货车研究、设计、制造、运用、检修等全面迈上了一个新台阶。

铝合金运煤车在中国的应力潜力远未发挥出来，2006—2012 年美国铝合金运煤车的平均产量 14 000 辆/a。

2.9　轨道车辆及城市、高铁线路建设对铝材的需求

2005—2020 年是中国城市轨道（轻轨、地铁、磁悬浮、中低速磁悬浮）、高速铁路建设黄金时期，除了速度大于 200 km/h 的动车组、磁悬浮及中低速磁悬浮车辆车厢体必须用铝材制造外，轻轨与地铁车辆的 30% 左右也采用铝合金车体，另外，在地铁、轻轨、磁悬浮客运专线、高铁路线、车站及附属设施建设中也需用一定量的铝材。在所用的铝中，以挤压铝型材为主，约占总铝材用量的 76%，其他的（板、箔、管、棒、锻件、铸件、复合材、泡沫材等）占 24% 左右，铝材除用于制造结构件外，还用于制造功能构件，如散热系统用的铝箔构件、隔声用的泡沫铝板、装潢用的铝 - 塑复合板等。轨道车辆车体铝材中各种材料的比例见图 2 - 17。

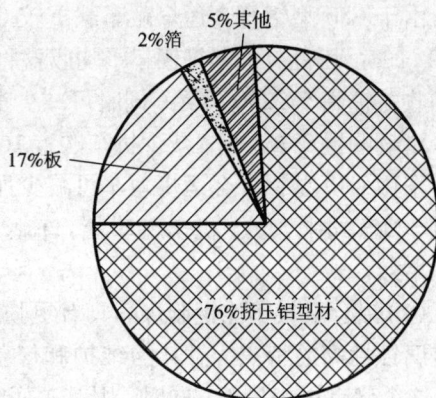

图 2 - 17　轨道铝合金车体各种材料所占比例

以上比例指的是平均值，各种车辆有各自的比例，例如 C80 型运煤敞车共用铝材约 3.9 t/辆，其中板材占 53%，型材占 47%。该车车体为双浴盆式铝合金铆接结构，由底架、浴盆、侧墙、端墙和撑杆等组成。底架（中梁、枕梁、端梁）为全钢焊接结构；浴盆、侧墙和端墙为铝合金板材和挤压型材铆接结构；浴盆、侧墙、

端墙与底架的连接采用铆接。

除了国内铁路与城市轨道线路建设正处于持续平稳发展期外,出口形势也很好,不但向发展中国家出口技术与装备,而且还将向发达国家出口。2010 年 12 月 20 日中国北方国际公司出口伊朗的首批铝合金地铁机车与车辆在大连港完成装运。2007 年北方国际公司同伊朗签订总金额 4.245 亿欧元的机车车辆供应合同,为德黑兰地铁提供有自主知识产权的铝合金电力机车 38 辆、160 辆双层客车及 65 列地铁车辆。考虑了出口在内的中国各种轨道机车车辆对铝材的预测需求如表 2-6 所示。在此需指出的是,2020 年中国客运轨道路线建设高峰期已过,同时铝合金车辆的运营期长,在 30 a 以上,因此,2020 年以后,每年轨道机车车辆的制造数量会有所减少,对铝材的需求也会有所减少。但车辆及铝材的出口量会有较大上升。

表 2-6　各种轨道机车车辆对铝材的需求(采购量)(kt)

项目	2010 年	2015 年	2020 年
城市轨道			
地铁	12.6	15	15
轻轨	5	8	10
磁悬浮	0.08	0.8	1.6
高铁	13.3	28	20
矿产品敞车	4	5	5
车站及其他设施	35	88	75
总计	69.98	144.8	126.6

前已指出,到 2020 年中国高铁里程可达 1.8×10^4 km,即使按 3.5 辆/km 计算也只有 63 000 辆(18 000 km × 3.5 辆/km),需要采购铝材 kt(63 000 辆 × 10 t/辆计算)为 660 kt,这是 2007 年(为京津高铁线路批量制造高铁车辆)至 2020 年的总需求量,平均每年需采购 47.14 kt 铝材;如果把 2012 年以后铝合金高铁车辆的出口量(平均按 250 辆/a)估算在内,从 2013 年起出口高铁车辆对铝材的需求也只有 2.5 kt/a,总计 20 kt/a。当然,2020 年以后铝合金高铁车辆的出口量可能会有所增加,但国内的需求肯定会大幅度下降。

目前,中国轨道线路高铁与城市轨道建设(2006—2020 年)正处于史无前例的黄金时期,规模之大,范围之广,投资之多,技术之高,效益之好都前所未有,恐怕在可预见的时期内也不一定有后来者。铝材是建造机车车辆的首选材料,是当前轻量化、节能减排、建设循环经济与可持续发展的最佳金属材料，需要的量虽不少，但并不如我们以前想象的那么多，单车的平均用铝量（采购量）只不过10.3 t，同时路线建设与机车车辆制造有明显的周期性，它们的运营期限超过30 a；在铝合金机车车辆制造中，挤压材用量约占76%，其他铝材占24%左右；需特别指出的是，在所用的挤压铝材中（不含车站建筑用的），须用大于80 MN 挤压机生产的仅占35%弱，需用45～80 MN 挤压机生产的占45%，而可用40 MN 级及以下的挤压机生产的约占20%。

第 3 章　铝合金轨道车辆结构及合金性能

中国轨道客运交通正处于集中投资、集中建设、稳健持续发展时期，建设规模之大、发展速度之快、技术科技含量之高、安全性之高、舒适性之稳、速度之快，在世界轨道交通发展与建设史上都是绝无仅有的，在可预见的时期内（2030年以前）恐怕没有哪一个国家能后来居上的。另外铁道部与各省、市、区通力建设的客运专线、大城市政府建设的城市轨道交通及珠江三角洲、长江三角洲、京津冀等城区的城际铁路也都在稳健地发展中。

3.1　轨道车辆的能耗与 CO_2 排放量

3.1.1　高速铁路的节能减排

客运线运营能源消耗如图 3 - 1 所示，如以高速铁路的能源消耗为 100，则小汽车的为 526，飞机的为 561，能耗最高。相应的 CO_2 排放量：小汽车为高铁的 3 倍，飞机排放为高铁的 4 倍多，如图 3 - 2 所示。

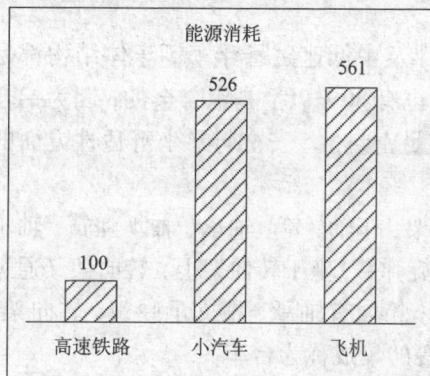

图 3 - 1　高速铁路、小汽车、
飞机的能源消费比较

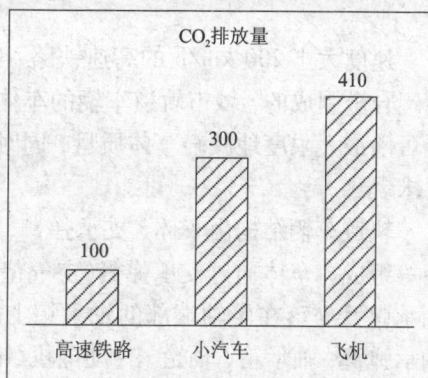

图 3 - 2　高速铁路、小汽车、
飞机的 CO_2 排放量比较

3.1.2　城市轨道交通的节能减排

　　城市轨道交通具有能耗低、效率高、污染少、对环境友好等特点，以"人·km"的能耗为例，如以轨道交通的能源消耗为1，则公共汽车的为1.83，飞机的为4.27，私用小汽车的为6.133，如图3-3所示；排放的CO_2也具有极大的优势，如以城轨的排放量为100，则公共汽车的为268，私用小汽车的为834，如图3-4所示。

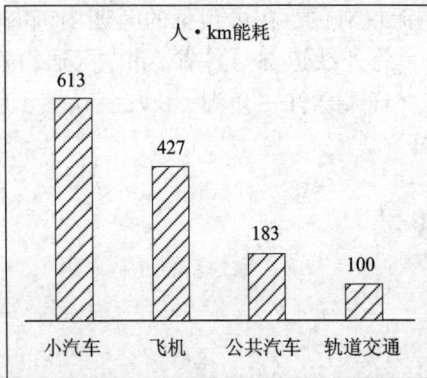

图3-3　各种交通工具的"人·km"能耗　　　　图3-4　各种交通工具的CO_2排放指数

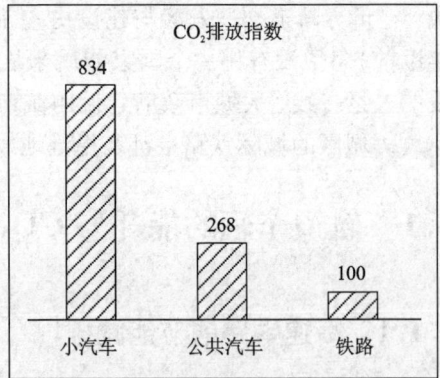

3.2　轨道铝合金车辆车体结构

　　速度大于200 km/h的高速铁路、磁悬浮及中低速磁悬浮车辆车体结构都是用铝合金制成的，城市轨道车辆的车体结构也有30%以上是铝合金的，因为铝合金可以最大限度地减轻车体质量，同时能满足密封性、安全与乘坐舒适性方面的要求。

　　轨道车辆结构由车体、支承弹簧、转向架、车轴、轮、轴承、轴承弹簧、轴承箱等组成。车体通过支承弹簧(空气垫和螺旋弹簧)坐于转向架上，转向架又通过轴承弹簧坐落在轮轴端部的轴承箱上。轴承箱内有轴承，把支承弹簧、转向架、轴承弹簧、轴承箱、轴轮、传动电机、齿轮等的集成称为台车。

　　车体由底、侧墙、车顶、端墙组成，在其内装有座椅、空调系统、门窗、卫生设施、照明、电视、行李架、隔声隔热材料等。车体和台车都带有制动器和连接器。车辆质量就是这些零部件质量的总和。车体、座椅架、行李架、门窗、空调系统等等都用铝材制造。在所用的铝材中，挤压材约占74%、板箔材约占23%、压铸件与锻件的量还不到3%。

现代化的铝合金车体是用摩擦搅拌焊(FSW)与金属电极惰性气体保护焊(MIG)连接，也有用激光焊的，中国 2011 年以前都是用 MIG 法焊接的，先进的 FSW 法技术及装备于 2011 年引进。铝材的焊接性能与钢材有相当大的差异，因此在选用铝材时应注意：

① 应考虑铝合金熔点低、热导率高、易焊凹透等特点。

② 尽量采用刚度高的挤压铝型材，如用箱式封闭截面梁柱，用空心带筋挤压壁板做地板(底架)、车顶(顶板)、侧墙、车顶端面(端墙)等；用矩形封闭截面取代工字形截面，既可以提高两轴的抗弯强度，又可以明显提高其抗扭强度。实践证明，闭口式型材的抗扭强度和刚度比相同形状与截面构件的开口式的大 100 倍。

③ 尽量采用挤压壁板以纵向焊缝连接，尽量减少或避免横向焊逢连接，不仅可提高静载强度，而且可显著提高结构的疲劳强度。

④ 构件截面筋或转角处、框架纵架梁相交处应圆滑过渡，圆弧半径宜大一些。焊缝布置应合理，不可过分集中，以提高结构疲劳强度。

⑤ 根据各处的强度要求精心合理地选择合金、材料状态和尺寸。

3.3　铝合金车体的优越性

当前用于城市轨道车辆车体制造的材料有铝合金、不锈钢、含铜的耐磨铜钢(SS41、SPAC)，不锈钢为 304，铝合金为 7005、6005A、7N01 等，它们的主要性能比较见表 3 - 1。

表 3 - 1　城市轨道车辆车体材料的主要性能比较

材料	铝合金	不锈钢	含铜耐磨钢
抗拉强度/N·mm^{-2}	>350(7005) >230(6005A)	>530	>410(SS41) >460(SPAC)
正弹性模量	1/3	0.80	1.00
密度/t·m^{-3}	2.70	7.80	7.80
比强度	高	中等	低
自然振动频率/Hz	13～14	12～13	12
表面处理	无或氧化处理	无	涂油漆
制造工艺	挤压	轧制、压制	轧制、压制

续表 3 – 1

材料	铝合金	不锈钢	含铜耐磨钢
可焊接性	可以	可以	可以
质量(18 m)/kg	约 4 500	约 6 500	7 000 ~ 8 000
材料费	4.60	4.10	1.00
人工工时	1.00 ~ 1.10	1.00 ~ 1.10	1.00

3.3.1　自身质量

　　用铝合金制造车辆车体的最大优点是可以大幅度减轻其自身质量,而自身质量的减轻对车的运行起着至关重要的作用,但同时能承受规定的拉伸、压缩、弯曲、垂直载荷与突发意外冲击、碰撞等作用力;抗震、耐火、耐电弧、耐磨、抗腐蚀、易加工成形及维护;价格合理等。由表 3 – 2 所列性能可见,铝合金具有最好的综合性能。

表 3 – 2　不同车体材料的力学性能

性能	抗拉强度 R_m /N·mm^{-2}	伸长率 A /%	弹性模量 E / ×10^{3}N·mm^{-2}	比弹性模量 (E/ρ)	比强度 (R_m/ρ)
普通碳钢 E2613	255.0	24	2 100	26.9	32.7
低合金铜钢 AC52	355.0	23	2 100	26.9	45.5
不锈钢 301	510.0	38	1 900	29.4	65.3
7005 铝合金	350.0	6	720	26.6	129.6
6005A 铝合金	235.0	8	750	27.7	100.0

　　铝合金的密度仅相当于钢的 1/3,因此在相同条件下,与耐磨铜钢车体相比,不锈钢车体的质量可轻 15% 左右,而铝合金的可轻 35% 以上,在牵引力一定时,铝合金车辆可增加运量 10% ,节能 9.6% ~ 12.5% 。此优势对城轨路线营运尤为突出,因为它们的停启频繁。另外,在牵引力同等条件下,可加挂车辆,不必加开列车。对于高速列车及双层客车,减轻自身质量可显著降低运行阻力,因为运行阻力 R 与列车质量存在着如下关系:

$$R = (a + bV)W + cV^2$$

式中:R——运行阻力;

　　　V——运行速度;

　　　W——列车质量;

　　　a、b、c——常数。

在上式中，cV^2 为空气阻力，与 W 无关，而另外两项均与 W 有关，车体质量越大，行驶阻力也越大，因此，列车车辆轻量化是发展高速列车与双层客运列车最为关键的因素之一，而最有效的轻量化途径就是尽可能地采用全铝车体。

钢的弹性变形性能与伸长率比铝合金的高得多，因而有高的抗冲撞性能与抗疲劳性能，然而由于新型铝合金与大铝合金整体空心复杂截面壁板的研发挤压成功，很快顺利地设计与制成了新的铝合金高速列车。例如这种列车的底架由 4 块外轮廓尺寸 700 mm（宽）×1 000 mm（高）、壁厚 2～10 mm 的空心蜂窝加筋壁板型材焊成，同样侧墙与车顶也可由此焊成。采用这类材料焊接的筒形车体结构，不仅质量轻，而且局部刚度、整体刚度、疲劳强度、抗应力腐蚀能力都全面显著提高，不亚于钢结构的，甚至在某些方面还有所提高，同时还大大简化了加工、制造、焊接工艺，特别是当采用摩擦搅拌焊接工艺时，可达到几乎无变形，大体上解决了焊接变形和焊接残余应力调整等方面的问题。

3.3.2　其他物理化学性能

虽然铝的熔点（660℃）比铁（1 536℃）的低得多，但它的热导率[238 W/(m·K)]远比铁[78.2 W/(m·K)]的高，有良好的散热性能，因而有良好的耐火与耐电弧性能，是一种防火材料。

铝合金车体有很强的抗腐蚀性能，铝材还有良好的表面处理性能，不会生锈，不需要涂油漆，因而维护费用比碳钢及低合金化铜钢的低得多，使用期限也更长。运营期限满后，铝车体中的废铝件可得到全部回收，比碳钢车体的高得多，有利于循环经济的建设与环境保护。

铝合金具有优秀的表面处理性能，可进行阳极氧化，也可喷涂油漆、电泳漆膜与着色等，不仅可进一步提高铝车体的抗腐蚀性能，而且车体熠熠生辉，色彩调和，列车的运行成了华夏大地上一道亮丽的风景。

3.3.3　铝合金车辆的简明经济分析

铝材的价格比钢材的贵，但作经济分析时，除考虑制造费外，还应综合多方面因素，从轨道线路运输的整体社会经济效益和最终成本通盘考虑。车体金属结构费用可按下式计算

$$P = mn + c$$

式中：P——车体金属结构总费；

　　　c——人工费；

　　　m——用材质量，

　　　n——材料单价。

　　3 种材料价格及相对费用见表 3 – 3，以低合金化铜钢的 c、m、n 值为 1 作为参照基准。由表中数据可见，不锈钢在车体材料中既无明显的质量减轻优势，又不能降低制造费，而且需要涂覆聚氨基甲酸酯涂料防腐。按单位价格计算铝合金车体价格甚高，但其质量轻，造价又低，从而可在很大程度上弥补单位造价的高昂，同时由于铝材生产技术的提高，大挤压铝材的相对价格还在不断下降。

表 3 – 3　不同材料车体的材料价格及造价比较

材料	18 m 长车体质量/kg	质量比	材料单价 n	材料费 mn	造价 c	总制造费 P（不含管理费等）
低合金化铜钢	8000	1	1	1	1	2
18 – 8 不锈钢	6500	0.810	4.80	3.88	0.88	4.76
6005A 铝合金	4500	0.560	6.20	4.01	0.57	4.98

　　铝合金的密度及刚度分别只有钢的 1/3，由于车体结构形式在设计方面作了很大改进，以及摩擦搅拌焊接技术的应用，车体质量大幅度减轻，列车节能减排效果十分显著，社会效益大。

　　铝合金车辆的维修费用比钢车的低得多，如以钢车为 100%，则铝合金车辆仅为其 1/2 左右；铝合金车辆报废后的回收价值为钢车的 4.8 倍。据统计，由于铝合金车辆的运营成本低，综合经济效益与社会效益显著，所以在运营一年后就可以收回因铝材价格高而多支付的费用。

3.3.4　铝合金车体制造关键技术

　　铝合金车体的制造工艺完全不同于碳钢车体的，初期只是模仿国外的结构和工艺，经过十五六年的发展，中国完全撑握了从铝合金材料生产到车体设计、制造、维修技术，并有许多新的独创，当前中国拥有高铁、城铁、磁悬浮列车铝合金车辆自主知识产权，在此领域全面居世界领先水平。

　　中国开发铝合金车体起步较晚，1989 年长春客车股份有限公司参照日本模式开发成功首辆铝合金地铁车体，该车目前仍在北京运行。由于设计上采用板梁结构，制造工艺复杂、平整度差，成本高等原因，未获得推广应用。1996 年铁道部组织人力、物力研发从德国引进的 ICE2 型结构铝合金车体，铝合金型材也从德国引进，用简易自动焊设备和自制窗口机加设备成功制造出了中国第一台混合结构铝合金车体。该车体制造成功极大地促进了国内车辆大铝合金型材企业的建设与型材的研究、开发、生产。

　　2001 年长春客车股份有限公司建成中国首条铝合金车体自动化焊接生产线，

并采用国产铝材相继开发制造了 210 km/h 铝合金车体电动车组、270 km/h、350 km/h、400 km/h 的高速列车及试验列车。现在在大江南北、长城内外轨道上奔驰的铝合金高速列车与在北京、武汉、广州、深圳、上海、重庆、天津等地运行的一些铝合金地铁车辆都是中国南车集团与北车集团设计制造的。南京浦镇车辆有限公司、株洲电力机车辆有限公司、唐山车辆有限公司、四方车辆有限公司等都相继建成了铝合金车体生产线。截至 2010 年年底，中国铝合金车体的总生产能力超过 4 000 辆/a。

铝合金车体关键技术可归纳为：车体设计技术，自动焊接技术，焊接变形控制技术，厚铝板弯曲成形技术，大断面型材弯曲成形技术，部件分体装配技术，品质保证和检测技术。

3.3.4.1　车体设计技术

铝合金型材设计是车体设计最为关键的部分，型材插口形式、宽度偏差、各部分的壁厚偏差和筋位置、厚薄等都直接与焊接熔透性、部件装配后的尺寸偏差、焊接刚度休戚相关。如果插口槽尺寸偏差不对，大型材插接后又很难调整间隙，即使优化焊接工艺参数也不能保证焊接品质；若型材宽度偏差不对，焊接后会使整个部件变窄，一旦这样，几乎无法解决，只得报废。因此，型材尺寸及其偏差大小决定了材料的不可逆性，设计型材时应缜密考虑车体焊接、部件刚度和整体尺寸偏差。铝材企业提供的铝材不但应保证性能符合要求，而且材料各部分尺寸及其偏差必须严格符合要求，而且应尽可能地稳定。当前有些企业生产的铝合金车体型材的力学性能都能满足标准要求，但在尺寸的一致性和稳定性方面还有待改进与提高，在合金成分、熔炼铸造工艺、热处理与挤压工艺、模具设计与制造方面加以全面改进。

3.3.4.2　自动焊接技术

焊接在车体制造中起着非常重要的作用，车体焊接分为大部件自动焊和总组成自动焊，前者指顶板、地板、边梁、底架自动焊，以及车顶和侧墙自动焊，而后者则是指侧墙和车顶、侧墙和底架连接缝的自动焊接。在小部件焊接中，如枕梁等关键部件也宜用机械手自动焊接。在所有的金属与合金中，铝及铝合金是最难焊接的，因此，为保证焊件品质，对焊接全过程进行全方位管理，除建设现代化的自动焊接生产线外，必须对人员进行严格的培训，培育一批技术精湛的工人。

中国当前建的车体焊接生产线大都采用 MIG 工艺，而铝合金最先进的焊接工艺是 FSW 法，它们的焊口不能兼容，必须有各自独立的自动焊接生产线，同时中国有些企业生产的车体大铝型材的侧弯曲偏差过大，不能满足 FSW 焊的工艺条件，中国已引进了此技术与装备，但还不普遍。FSW 法在国外铝合金车体制造中的应用已有约 15 年的历史，技术与装备都很成熟，从当初的只焊接底架地板、车顶板、侧墙板发展到焊接车体几乎所有焊缝，甚至车体总组成的焊接；设备也从当初的小型固定式发展成目前的大型多焊头龙门式工作站。

3.3.4.3　部件设计

在设计铝合金车体部件时应充分考虑等强度设计原则，应尽量避免补强。由于铝合金的焊接难度比焊钢的大得多，任何不合理部位的补焊都会对品质产生无法挽救的损失与致命的隐患，因此从单块、单根型材的设计到部件与整体设计都要精心考虑焊接技术、尺寸偏差综合控制、部件分体装配的可行性、各大部件接口的合理等问题。

3.3.4.4　焊接变形控制

在自由状态下焊接的铝变形比钢的大2倍，过大的焊接变形无法修整，因此，在铝合金焊接过程中，必须采用适当有效控制变形的手段。铝合金焊接变形的控制通常采用大部件整体反变形技术、压铁防变形技术、真空吸盘固定防变形技术、大刚度卡具防变形技术。这些防变形技术中国的车体制造厂都在采用。

3.3.4.5　焊接变形的调修

焊接变形无法避免，最佳的工艺措施只能使其变小，因此零部件在焊接后必须进行一次变形调修，通常采用的调修技术有机械加压法、火焰调修加压铁配重法等，也可几种方法综合运用。

3.3.4.6　板材和型材的弯曲成形

与钢材相比，铝合金板材的伸长率小，硬度低，表面易擦伤与划伤，弯曲成形比钢的困难，因此在铝合金板材成形时需用特殊的模具，通常采用橡胶和钢座黏合结构模具。在弯折空心铝合金型材时需用专制的型芯保护弯曲部位，以防弯曲部位产生内陷等变形。

3.3.4.7　分块装配技术

铝合金的变形量大，如果采用整体装配部件，由于每道焊缝收缩量取决于焊缝周围刚度，无法计算焊接收缩量。因此，装配部件时一般只留最后两道焊缝为焊接收缩计算单元，从而可以保证整体焊接后的偏差尺寸。

需强调引进 FSW 焊接技术及装备的必要性，与熔化焊相

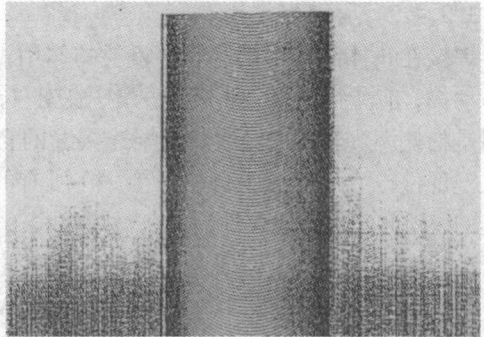

图3-5　FSW 焊缝，焊缝线流畅、均匀、平滑

比它有如下的优点：焊缝强度高，与被焊铝材的强度相差无几；焊缝中不存在气孔、疏松，气密性与水密性显著提高；焊线流畅均匀；几乎与被焊材料平齐，如图3-5所示；热变形显著减小；再现性与尺寸精度大为提高，它是全自动化操作，

需要控制的参数(工具进给速度、转速、工具位置)少,操作简便[9]。

3.3.5　车体结构与所用材料

3.3.5.1　国外的车体结构与材料

20 世纪 40 年代,瑞士铝业公司(90 年代为加拿大铝业公司并购)技术中心为伦敦地铁生产的世界第一批铝合金车辆运转了 40 年才报废。

国外车辆结构质量比较和中国地铁铝合金型材分别如表 3 - 4 和表 3 - 5 所示。

表 3 - 4　国外车辆结构质量比较

车厢种类	结构质量/kg		质量减轻/%
	钢制	铝制	
米兰地铁	6 700	3 000	55
东京地铁	9 540	4 100	56
德国地铁 ET420 尾车	11 000	5 750	48
德国地铁中间车	9 500	4 670	51
瑞士联邦铁路客车	9 350	3 950	57
法兰西国家铁路市郊车 ER15300	9 400	6 100	35
瑞士 KABDE8/12 尾车	14 300	6 800	52.5
意大利铁路包车	11 800	6 200	47.5

表 3 - 5　中国地铁铝合金车辆型材

名称	合金	长度/m
侧板	6005 - T5	6、7、22
地板	6005 - T5	22.3、22.2
边梁	6005 - T5	22.4
枕梁	7005 - T6	4
顶板	6005 - T5	6、12.7、14.55、16.75

图 3 - 6 为德国柏林地铁车辆结构及所用铝合金型材示意图,德国 IEC 高速列车车辆结构及所用的铝合金见图 3 - 7。

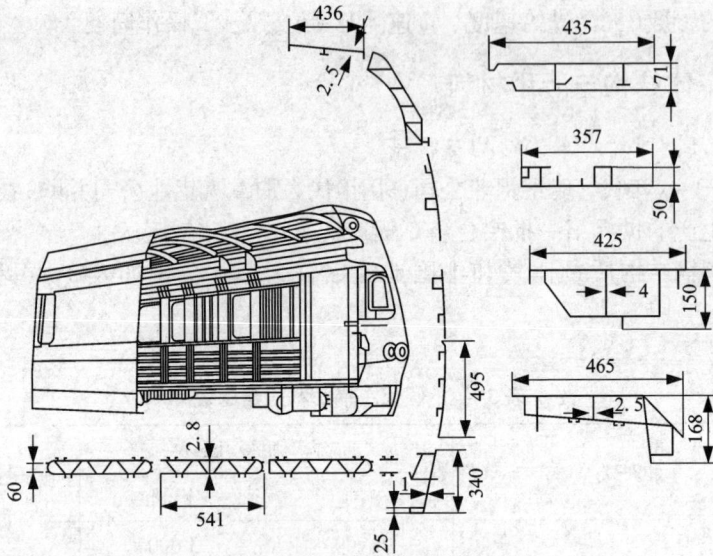

图 3-6 柏林地铁车辆结构及所用铝合金型材断面示意图

日本制造的轨道车辆的车体结构技术参数见表 3-6 及图 3-8 ~ 图 3-16。

表 3-6 日本本国及援建的新加坡铝合金车辆的技术参数与所用的铝材

车种		山阳高铁 3000	营团地铁 6000	札幌地铁 6000	JR 新干线 200	山阳高铁 3050	新加坡地铁	营团地铁 05	JR 新干线 300
制造年度		1964	1969	1975	1980	1981	1986	1988	1990
车体长/mm		M18 300	M19 500	T17 000	M24 500	M18 300	M22 100	M19 500	Tpw24500
车体宽/mm		2 768	2 800	3 030	3 380	2 780	3 100	2 800	3 380
质量/kg		M3 805	M4 360	T3 990	M7 500	M4 560	M6 970	M4 520	Tpw7122
单位长度质量/kg·m^{-1}		207.9	223.6	234.7	306.1	249.2	315.4	231.8	290.7
刚度/GN·m^{-2}		M0.59	M0.87	T0.61	M3.00	M0.59	M0.99	M0.69	Tpw1.76
自然振动频率/Hz		M12.1	M12.0	T12.8	M13.2	M14.9	M11.9	M10.8	Tpw12.1
铝合金材料	底部	5083 7N01	7N01	7N01	7N01	6N01 7N01	6N01 7N01	6N01 7N01	6N01 7N01
	侧板	5083	5083	7N01 7003 5083	7N01 7003 5083	6N01 5083	6N01 5083	6N01 5083	6N01 5083 7N01
	顶板	5052 5005	5052 5005	5083	5083	6N01 5052	6N01 6063	6N01 6063	6N01 7N01
	底板	5005	5005	5005	5083	—	—	—	6N01
车身表面处理		无涂装	无涂装	涂装	涂装	无涂装	无涂装	无涂装	涂装

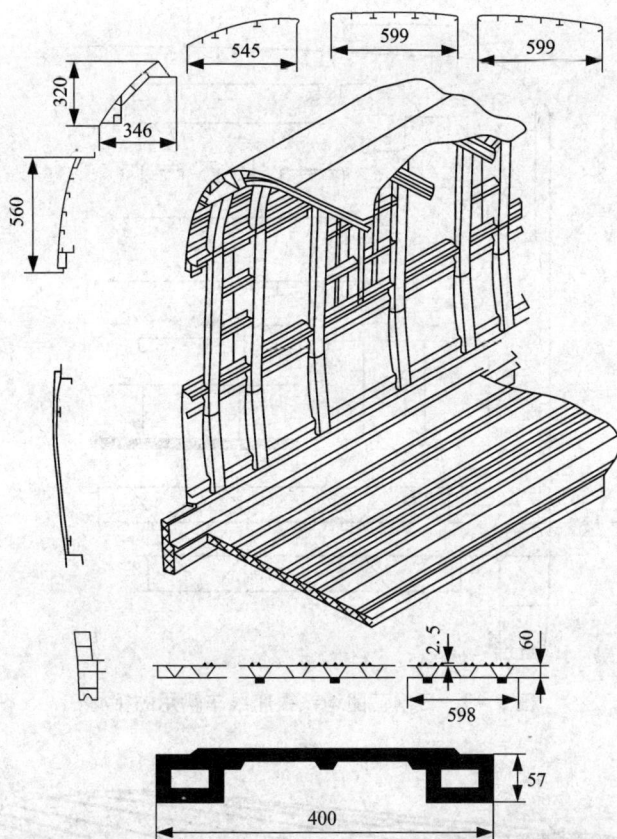

图 3-7　德国 IEC 高速列车车辆结构及所用铝合金型材断面示图

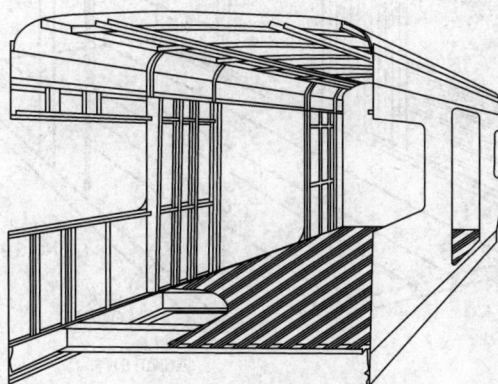

图 3-8　日本营团地铁 6×××系素车辆结构图

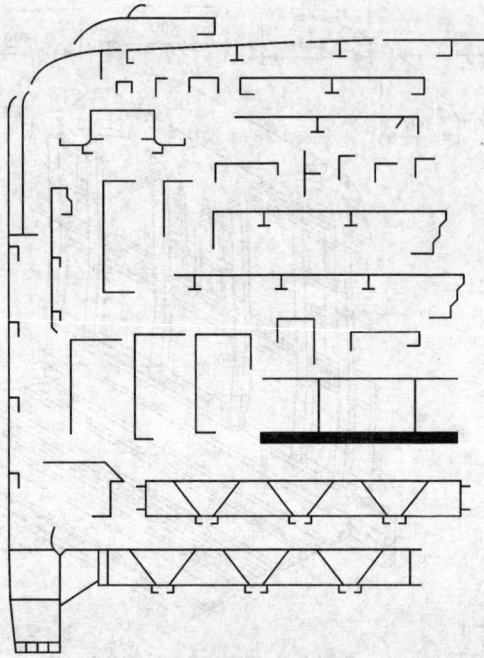

图 3-9　日本营团地铁银座线车辆用的铝材

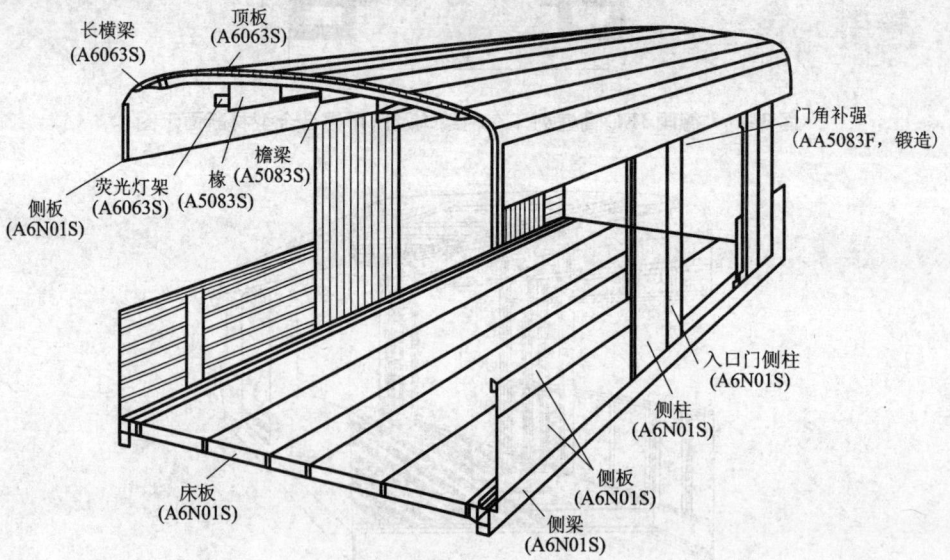

图 3-10　日本营团 05 系车辆结构示意图

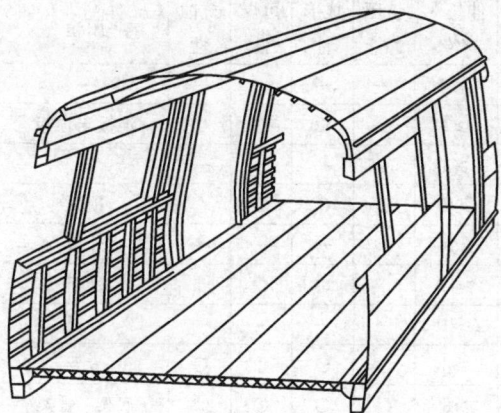

图 3 – 11　新加坡从日本引进的
地铁车辆结构示意图

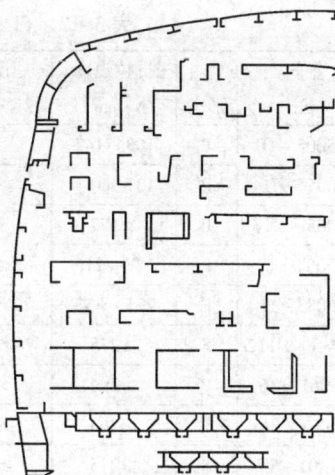

图 3 – 12　日本制造的新加坡地铁车辆
用的挤压型材示意图

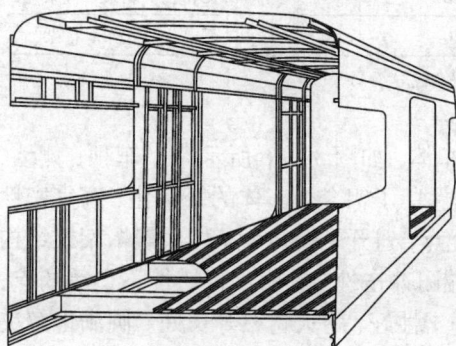

图 3 – 13　日本营团
6 × × ×系铝车体结构示意图

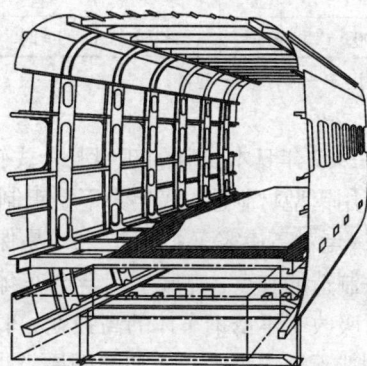

图 3 – 14　日本新干线 200 系
高铁铝车体结构示意图

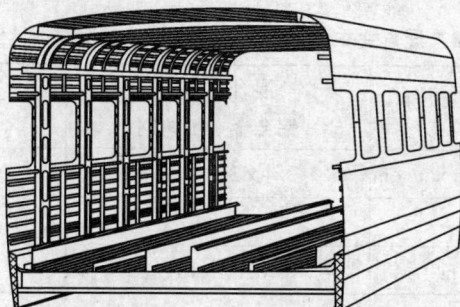

图 3 – 15　日本新干线高铁铝合金车辆车体结构示意图

表 3 − 7　日本用的轨道车辆铝材的性能及用途

合金及状态	材料形态	抗拉强度 /N·mm^{-2}	屈服强度 /N·mm^{-2}	伸长率 /%	挤压性能	成形性	可焊性	抗蚀性	用途
5005 − O	P	108 ~ 147	≥34	≥21	—	—	—	—	—
5005 − H14	P	137 ~ 177	≥108	≥3	○	◎	◎	◎	地板与顶板
5005 − H18	P	≥177	—	≥3	—	—	—	—	—
5052 − O	P	177 ~ 216	≥64	≥19	○	◎	◎	◎	顶板
5083 − O	P	275 ~ 353	127 ~ 196	≥16	—	—	—	—	外板
5083 − H112	S	≥275	≥108	≥12	△	○	◎	◎	骨架
6061 − T6	P	≥294	>245	≥10	—	—	—	—	外板
6061 − T6	S	≥265	>245	≥8	○	○	○	○	骨架
6N01 − T5		≥245	≥206	≥8	○	○	○	○	底架、骨架
6063 − T5		≥157	≥108	≥8	◎	◎	○	◎	顶板、窗框、装饰
7N01 − T4	P	≥314	≥196	≥11	○	○	○	○	底架、骨架
7N01 − T5		≥324	≥245	≥10	○	○	○	○	底架、骨架
7003 − T5	S	≥284	≥245	≥10	○	○	◎	○	底架、骨架

注：P—板材；S—型材；◎—优，○—良，△—不好；板厚约 2.5 mm。

1987 年日本研制的新型混合式轻量化车体，如图 3 − 16 所示[10]，车顶、侧墙、端墙用铝型材制造，底架为不锈钢制造，既保留了铝合金车体的轻量化、高气密性（这一点对高速客车尤为重要）、易保养等优点，避开了铝合金车体底架桁架式结构无法制造的难点，克服了铝合金车体的车端耐冲击性差，耐火耐燃性不良等弱点，同时吸收了不锈钢车体的高强度、车端耐冲击性好、耐火耐燃等长处。圆满地解决了制造不锈钢车体所面临的问题，使车体结构更趋于理想状态，减轻了车体质量，降低了车体结构的重心，提高了车体的稳定性。具体分析如图 3 − 17 所示。

日本混合式车体与 381 系铝合金电动车车体各项性能比较如表 3 − 8 所示。

表 3 − 8　混合式车体与 381 系铝合金电动车车体性能比较

项目	混合式车体 铝合金 + 不锈钢	381 系铝合金车体
车体尺寸($H \times W \times L$)/m × m × m	2.4 × 2.9 × 20.8	2.5 × 2.9 × 20.8
车体质量/t	4.04	4.58
等效弯曲刚度/N·m^2	0.87 × 10^9	0.68 × 10^9
等效扭转刚度/N·m^2·rad^{-1}	24.8 × 10^7	12.0 × 10^7

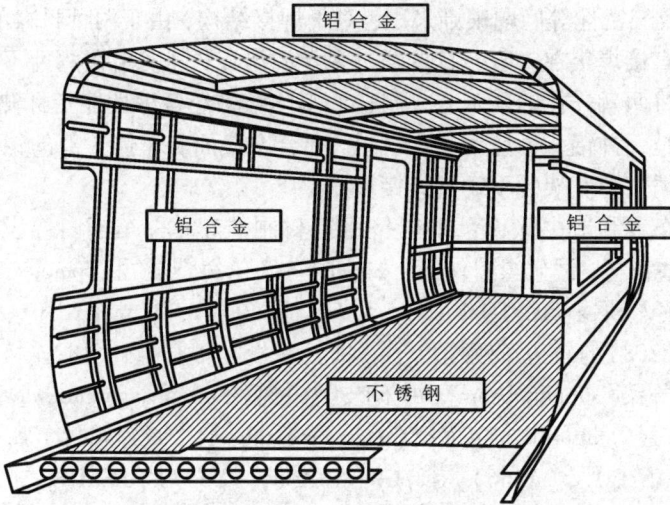

图 3 - 16　日本混合车体结构示意图

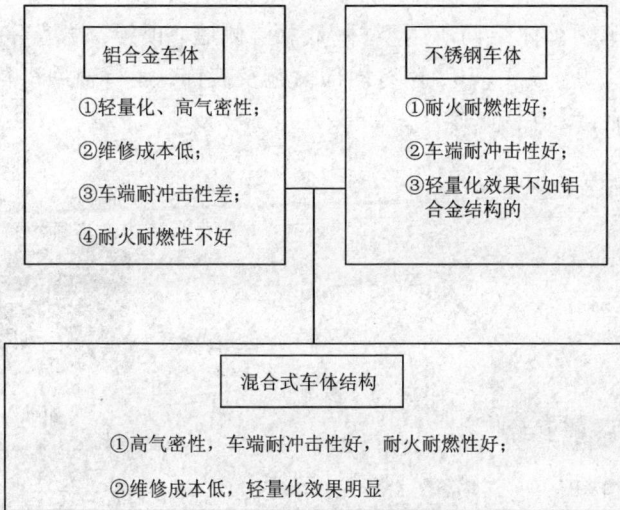

图 3 - 17　混合车体特性分析

从表 3 - 8 中可以看出，混合式车体结构与 381 系铝合金电动车车体结构相比，质量减轻了 0.54 t，等效弯曲度提高了 30%，等效扭转刚度提高了约 1 倍。

混合式车体结构的关键在于这两种不同金属的连接。就目前的连接方法而言，主要有以下 3 种：黏结、螺栓连接和焊接。黏结虽然可以连接不同的金属，但连接强度可靠性很难控制，使应用的可能性受到限制；螺栓连接由于制造成本、外观以及气密性等问题很难采用；对于焊接结构，由于两种材料的性质不同，不可能将其直接焊接在一起。日本经过多年的研究，开发出在两种不同金属中间加复合材料将两者连接的新工艺。制造的车体结构经各种性能指标测定，完全符合要求。这是一种铝－不锈钢复合材料，铝合金表面和车体上部的铝合金焊接而另一侧的不锈钢和底架的不锈钢焊接。

在轨道车辆制造中除大量采用挤压铝材制造车体、车辆内部设施、门窗等外，还用一些板材、锻件与铸件等，如法国乌塞尔铸造公司(Societe des Fonderies d'Ussel)为阿尔斯通(ALSTOM TGV)、庞巴迪(BOMBARDIER GLT)、西门子(SIEMENS VAL 208)的轨道车辆提供了一批又一批的铝合金铸件：连接座(coupling pedstal)、支撑梁(support beam)、中间支架过道(intercarriage gangway)、轴梁(axle beam)、底板(platform)、主横梁(main cross beam)、减速箱等。所用铝合金为 Al – Si 系的 AS7G0、3(A356)、AS7G0、6(A357 ~ D357)、AS5U1G(C355)、ALUSAND 191/193(新合金，成分未公布)合金；Al – Cu 合金 AU5GT(A204 – A206)、W51(A201)、AU5NKZR(X203 – RR350)合金。

3.3.5.2　中国的高铁与城轨车辆车体结构与材料

中国轨道车辆车体结构所用型材(底板、侧墙、顶板、端墙等)见图 3 – 18、图 3 – 19 及表 3 – 9、表 3 – 10，还有内部设施及装饰，运行辅助型材(导电轨、汇流排、信号系统、受电装置等)。[1]

图 3 – 18　地铁铝合金车辆车体及型材端面示意图

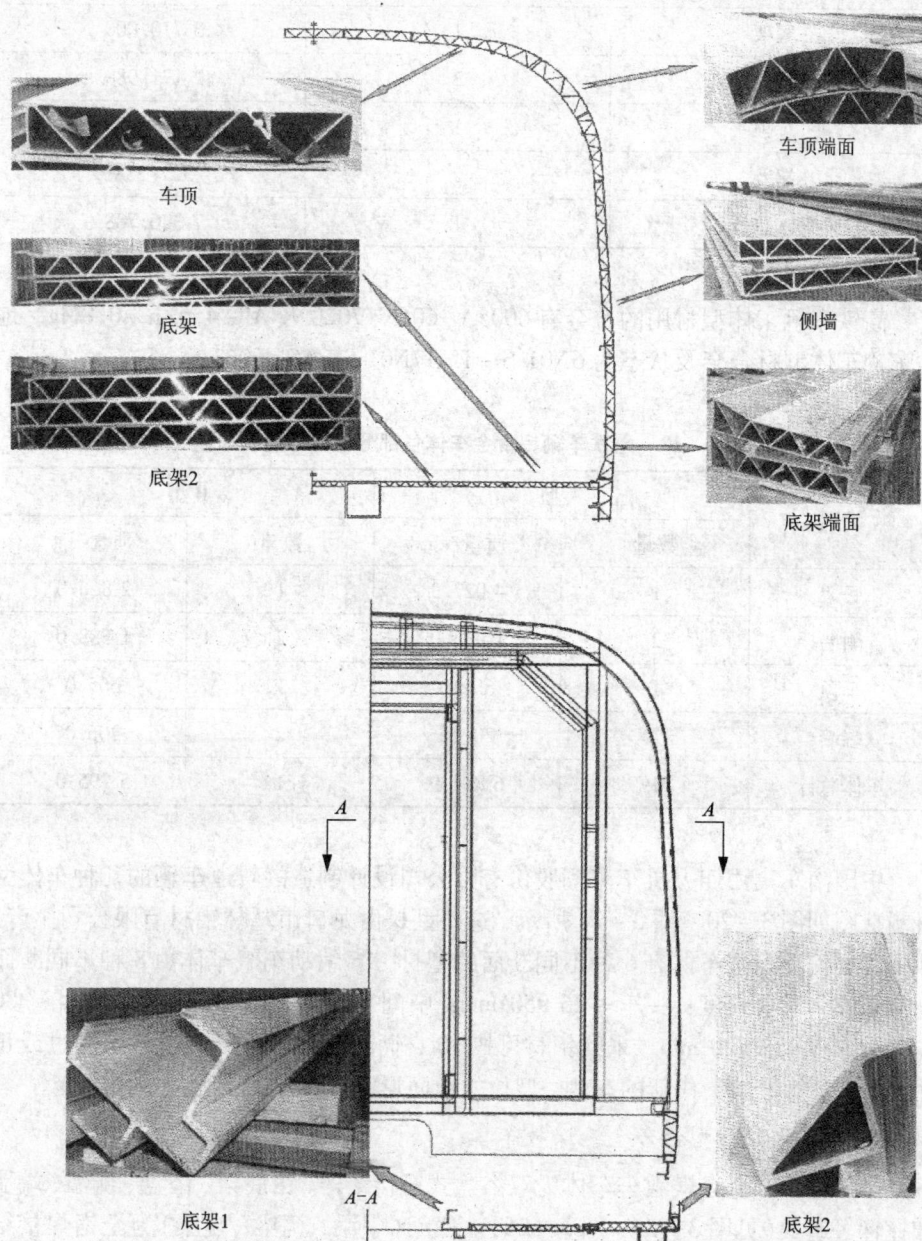

图 3-19　高铁铝合金车辆车体端面及型材示意图

表 3-9　高铁车辆铝合金车体各部分型材数量及质量

类别	数量	质量/kg
底架	1	3 710.000
侧墙	2	2 171.980
车顶	1	1 117.470
端墙	2	327.338
车体总计	1	7 326.788

高铁车辆车体型材用的合金有 6005A、6063、7020 及 Al-4.5Zn-0.8Mg。地铁车辆车体型材合金及状态为 6N01 S-T5、7N01 S-T5、6063 S-T1。

表 3-10　地铁车辆铝合金车体各部分型材数量及质量

类别	A 型		B 型	
	数量	质量/kg	数量	质量/kg
底架	1	4 027.3	1	2 866.0
侧墙	2	1 936.0	2	1 588.0
车顶	1	651.0	1	665.0
端墙	2	200.6	2	206.0
车体总计	1	6 814.9	1	5 295.0

中国南车集团四方机车车辆股份有限公司设计制造的轨道车辆的几种车体型材制造图如图 3-20~图 3-24 所示,这些型材由龙口市丛林铝材有限公司生产。新一代 8 编动车组车体有 6 种不同断面的型材,16 编动车组车体由 8 种不同断面型材制成。车辆长度:头车≤26 950 mm,中间客车≤26 600 mm,车宽≤3 380 mm,车体高≤2 790 mm。采购铝材可按 10 t/辆匡算。所示型材是指已用过或正在使用的,每推出一代新的车辆,型材的断面形状及其尺寸都可能有所改变。

3.3.5.3　C80 型铝合金运煤敞车

C80 型铝合金运煤敞车车体为双浴盆式铆接结构,由底架、浴盆、侧墙、端墙和撑杆等组成(见图 3-25、图 3-26)。底架(中梁、枕梁、端梁)为全钢焊接结构;浴盆、侧墙和端墙均采用铝合金板材与铝合金挤压型材铆接结构;浴盆、侧墙、端墙与底架之间的连接采用铆接。

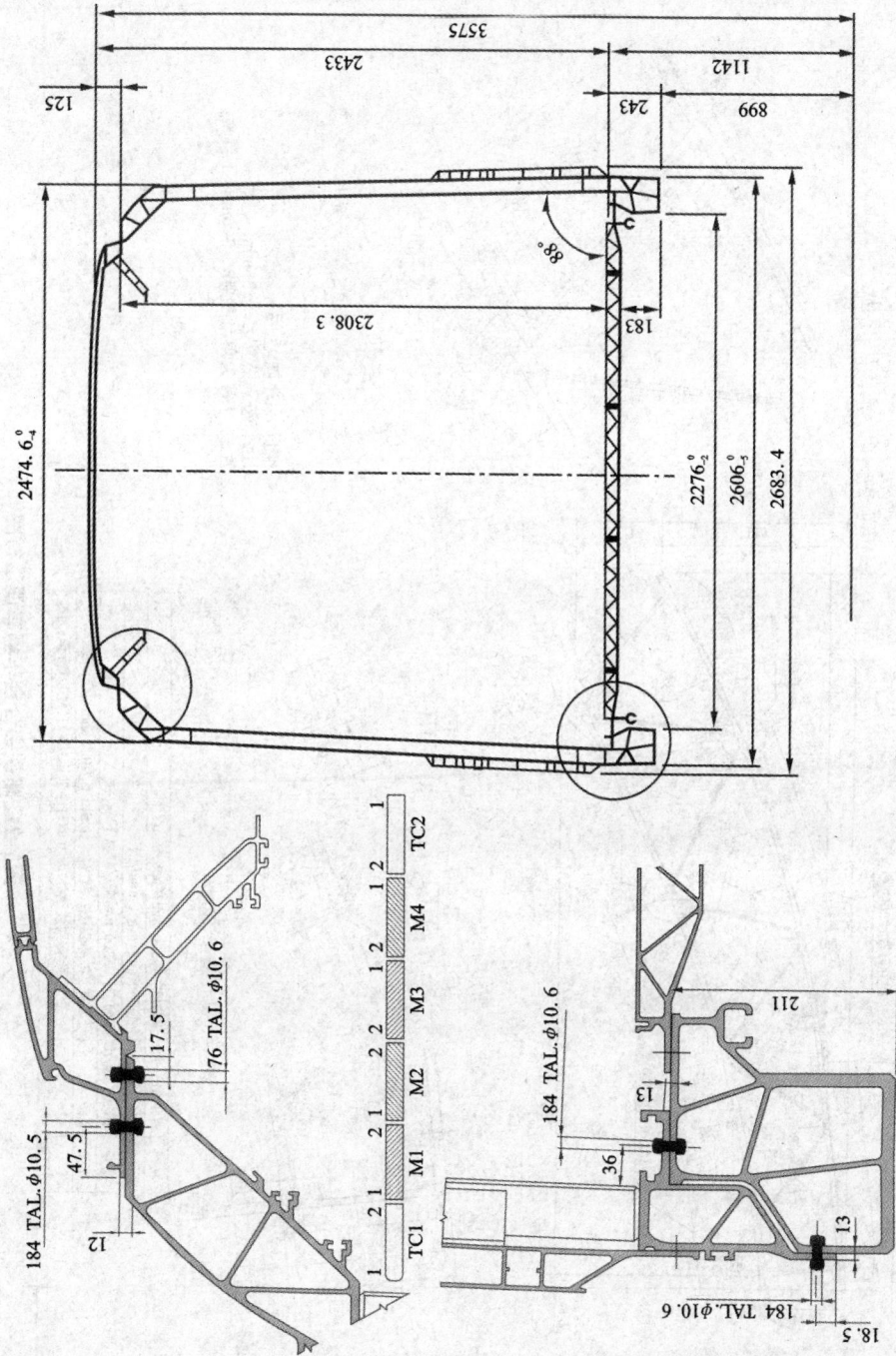

图3-20 高铁铝合金车辆车体断面

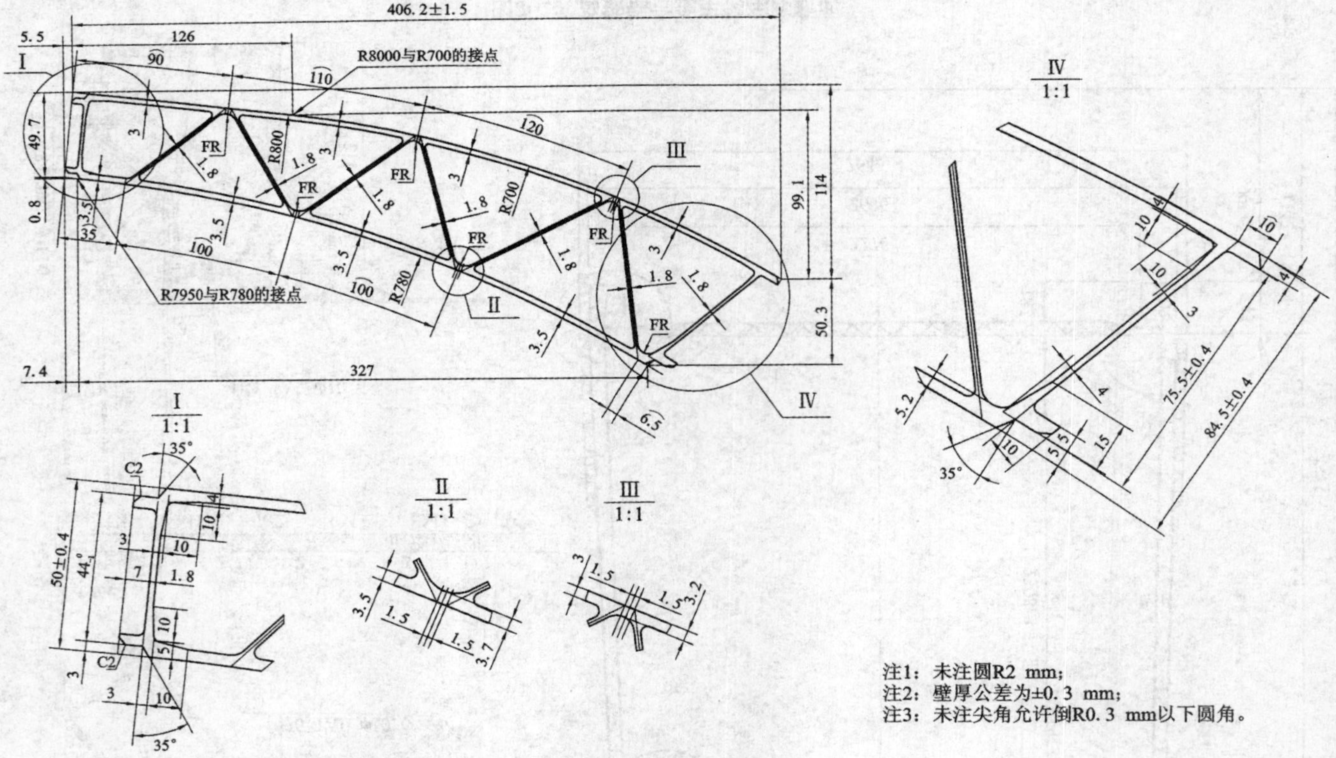

注1：未注圆R2 mm；
注2：壁厚公差为±0.3 mm；
注3：未注尖角允许倒R0.3 mm以下圆角。

材料	A6N01S-T5	弯曲度	每300 mm在0.8 mm以下
断面积	3763 mm²	扭度	每1 m在1 mm以下
质量	10.16 kg/m	扭曲度	每300 mm在1/4°以下
密度	2.70	平面度	0.4%以下。宽度25 mm以下为0.2 mm以下
			除特别注明外，尺寸容许公差以JIS H 4100(特殊)为准

图3-21 高铁铝合金车辆车顶型材图

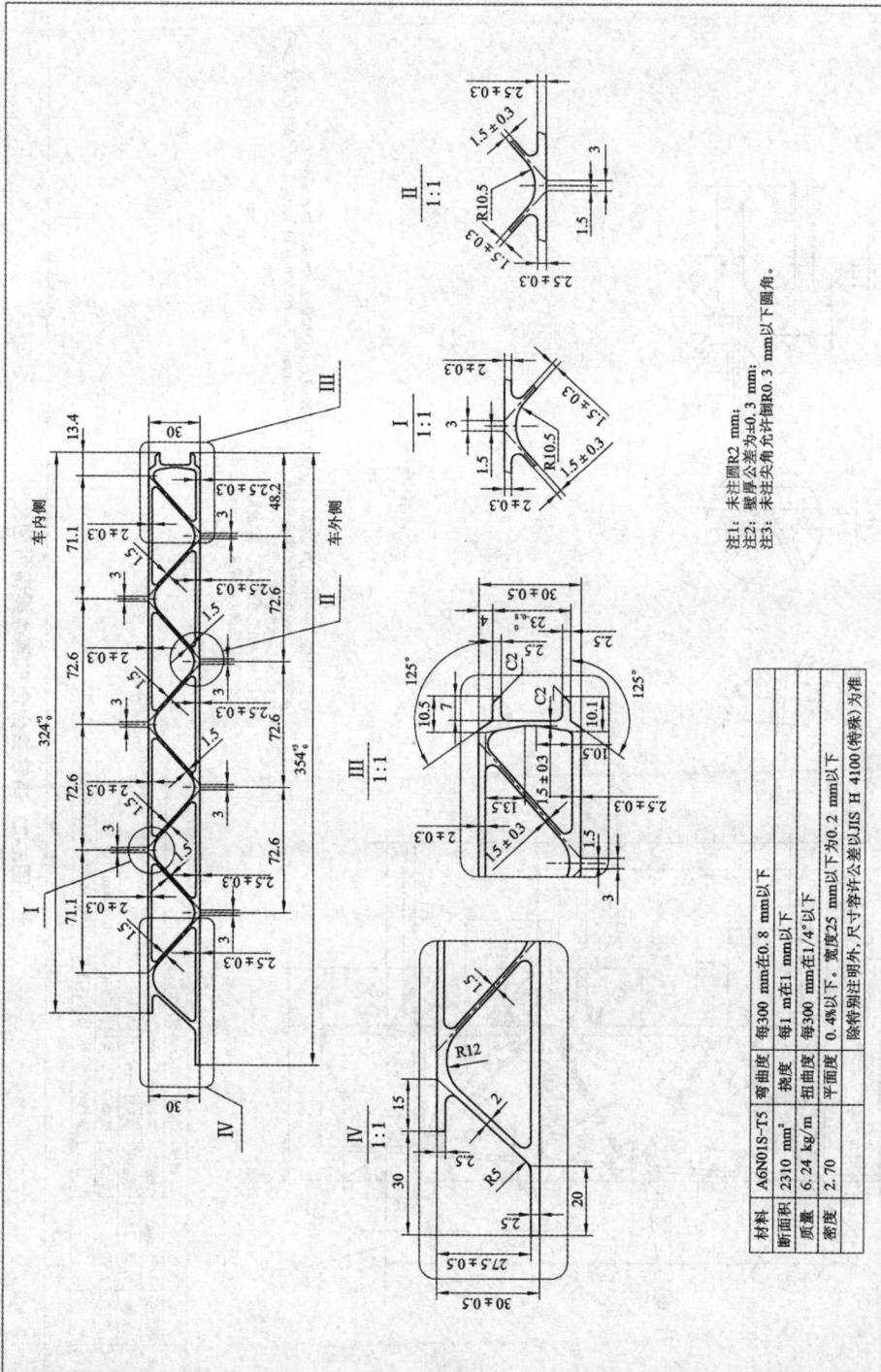

注1：未注圆R2 mm；
注2：壁厚公差为±0.3 mm；
注3：未注尖角允许倒制R0.3 mm以下圆角。

材料	A6N01S-T5	弯曲度	每300 mm在0.8 mm以下
断面积	2310 mm²		每1 m在1 mm以下
质量	6.24 kg/m	扭曲度	每300 mm在1/4°以下
密度	2.70	平面度	每300 mm以下为0.2 mm以下
			0.4%以下，宽度25 mm以下容许公差以JIS H 4100(特殊)为准
			除特别注明外，尺寸容许公差以JIS H 4100(特殊)为准

图3-22 高铁铝合金车辆端墙型材图

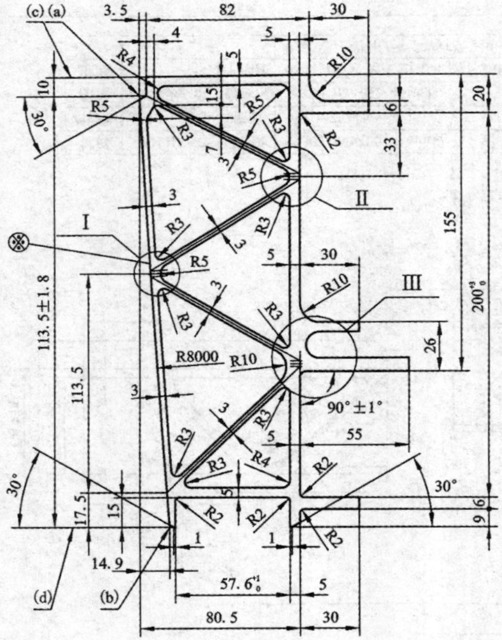

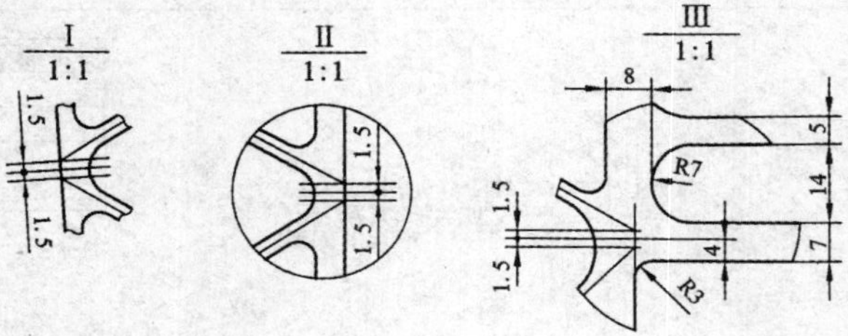

注1：号部位的曲面比照量规，与量规之间的缝隙 δ 与变形幅度 W 的关系为 $\delta \leqslant W \times 0.4\%$;

注2：(c)、(d)面的弯曲度容许误差为每1 m在1 mm以下，每25 m在20 mm以下(不加自重的状态下);

注3：材料厚度公差为 $^{+0.5}_{-0.3}$;

注4：R8000为通过(a)、(b)的R;

注5：未注尖角允许倒R0.3 mm以下圆角。

材料	A6N01S-T5	弯曲度	每300 mm在0.8 mm以下
断面积	4265 mm^2	挠度	每1 m在1 mm以下
质量	11.52 kg/m	扭曲度	每300 mm在1/4°以下
密度	2.70	平面度	0.4%以下。宽度25 mm以下为0.2 mm以下
			除特别注明外，尺寸容许公差以JIS H 4100(特殊)为准

图3-23 高铁铝合金车辆边梁型材图

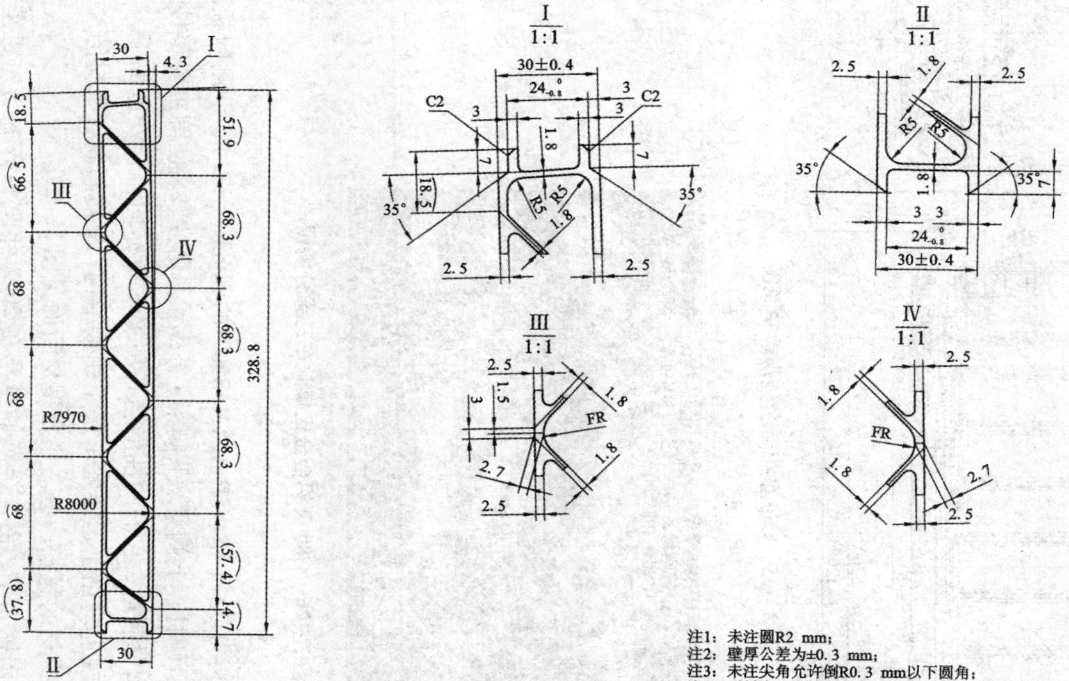

图3-24　高铁铝合金车辆侧墙门袋型材图

材料	A6N01S-T5	弯曲度	每300 mm在0.8 mm以下
			每1 m在1 mm以下
断面积	2310 mm²	挠度	每300 mm以下在1/4"以下
		扭曲度	每300 mm以下为0.2 mm以下
质量	6.24 kg/m	平面度	0.4%以下。宽度25 mm以下为0.2 mm以下
密度	2.70		除特别注明以外，尺寸容许公差以JIS H 4100(特殊)为准

注1：未注圆R2 mm；
注2：壁厚公差为±0.3 mm；
注3：未注尖角允许圆R0.3 mm以下圆角；
注4：型材未注内第尺寸为1.8、未注壁厚尺寸为2.5。

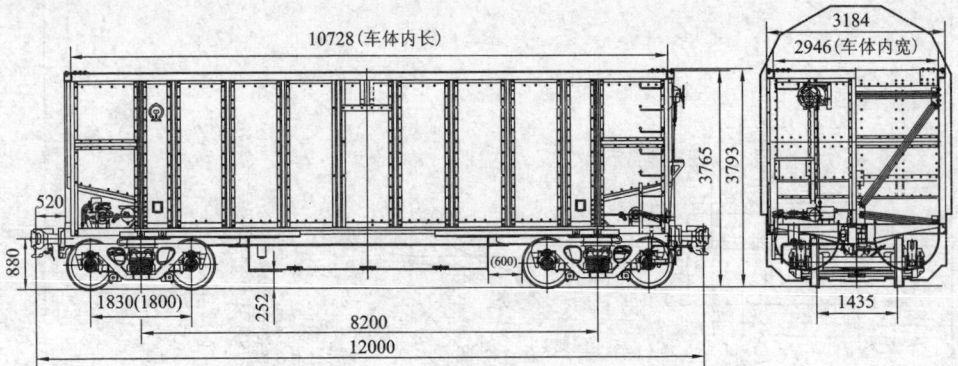

图 3 – 25　C80 型铝合金运煤敞车总图

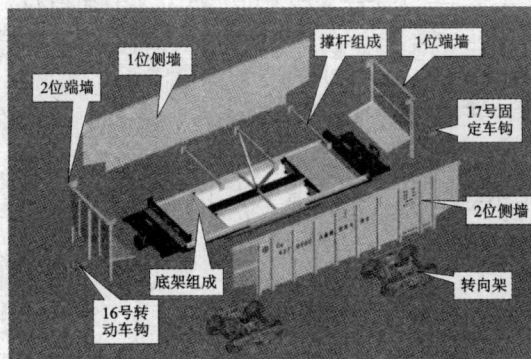

图 3 – 26　C80 型铝合金运煤敞车三维分解图

该车体侧墙板为 5083 - H321（相当于 ASTM B209 的 5083 - H32），下侧门板用
5083 - O 合金板制造，侧柱、上侧梁、下侧梁、补助梁、角柱、端柱等主要零件用
挤压 6061 - T6 合金型材制造，它们的性能与各项尺寸指标均符合铁道部下发的
运装货车技术条件的规定。由于运煤敞车采用铆接结构，故对板材、型材的尺寸
偏差要求比客运车体铝材的宽松一些。主要型材断面见图 3 – 27。

　　中国运煤敞车以碳钢为主，铝合金车辆虽早在 2003 年就在齐齐哈尔机车车
辆股份有限公司下线，但尚未得到普遍推广。车厢尺寸长 13 m、宽 2.5 m、高
2 m，底板厚 8 mm，四侧板厚 6 mm。用材量为板材 1.85 t/辆、型材 1.7 t/辆。板
宽 1 350 ~ 1 500 mm，长 2 000 ~ 4 000 mm。下完材料后用高速钻床钻出铆接孔，
固定后铆接，用有绝缘涂层的低碳低合金钢铆钉拉铆。

　　中国双浴盆式运煤敞车的技术参数列于表 3 – 11，由所列数据可见，铝合金

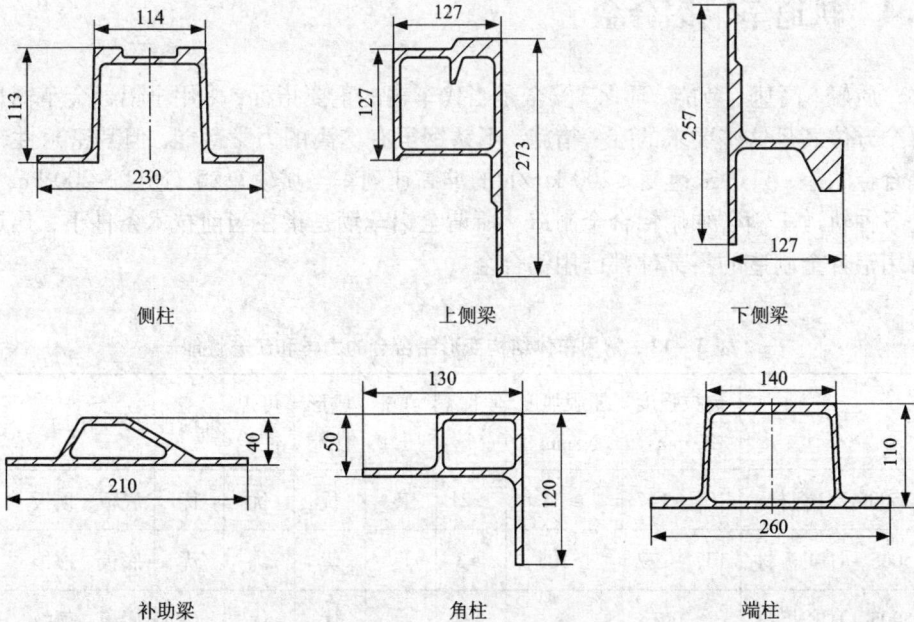

图 3 – 27　主要型材断面图

（侧柱　上侧梁　下侧梁　补助梁　角柱　端柱）

运煤敞车的优越性是不言而喻的,所用铝材中国全部可以生产,除齐齐哈尔机车车辆股份有限公司掌握了制造技术外,株洲电力机车车辆有限公司、北京二七机车车辆股份有限公司等也都能制造,全国生产能力可达 6 000 辆/a。2011 年年初铁道部下达了 10 000 辆铝合金 C80 的订单。

　　铝合金运煤车用的铝合金的强度/密度比值比高强度耐候钢(Q450NQR1 与09CuPCrNi – A)的高得多,如表 3 – 11 所示,更容易实现车体轻量化,从而增加运煤量,提高运输效率,例如比 C63A 型车每辆多装 19 t,提高运能 31.1% 。

表 3 – 11　运煤车辆车体材料的屈服强度/密度比值

合金	5083 – H321	6061 – T6	Q450NQR1	09CuPCrNi – A
屈服强度/密度	215/2.7 = 79.6	245/2.7 = 90.7	450/7.85 = 57.3	345/7.85 = 43.9

　　由于铝合金的抗蚀性能比钢的高得多,可减少维护和修整工作量,尤其是在运输硫含量高的煤时这个优点尤为重要;同时因其表面光滑,有助于卸煤。在线路运输量一定时,采用 C80 型铝合金运煤可减少列车开行对数,从而减少维护人员、司乘人员、电费与线路损耗等,实现减员增效降耗。

3.4　轨道车辆铝合金

　　质轻、高速、节能、环保、安全是当代车辆的重要指标,采用全铝合金车辆是可全方位满足这些要求的唯一措施,不锈钢虽有更高的力学性能,但其密封性较铝合金的差,只适于速度≤200 km/h 的准高速列车与城轨车辆,速度 >200 km/h 的各种轨道车辆必须用铝合金制造。所谓全铝车辆是指在当前技术条件下,凡是可用铝合金制造的零部件都已用铝合金。

表 3 - 12　常用车体结构变形铝合金的力学和工艺性能

	抗拉强度 /N·mm^{-2}	屈服强度 /N·mm^{-2}	伸长率 /%	可挤压性	成形性能	可焊性能	抗蚀性	用途
5005 - O 板材	108 ~ 147	≥34	≥21	良	优	优	优	底板、顶板
5005 - H14 板材	137 ~ 177	≥108	≥3	良	优	优	优	底板、顶板
5005 - H18 板材	≥177	—	≥3	良	优	优	优	底板、顶板
5052 - O 板材	177 ~ 216	≥64	≥19	良	优	优	优	顶板、骨架
5083 - O 板材	275 ~ 353	127 ~ 196	≥16	不好	良	优	优	外板、不涂装
5083 - H112 型材	≥275	≥108	≥12	不好	良	优	优	外板、不涂装
6061 - T6 板材	≥294	≥245	≥10	良	良	良	良	外板
6061 - T6 型材	≥265	≥245	≥8	良	良	良	良	宽大型材
6N01 - T5 型材	≥245	≥206	≥8	优	良	良	优	型材、外板
6063 - T5 型材	≥157	≥108	≥8	优	良	良	优	车顶型材、内部装饰件
7N01 - T4 板材	≥314	≥196	≥11	良	良	优	良	端梁、底梁
7N01 - T5 型材	≥324	≥245	≥10	良	良	优	良	端梁、底梁
7003 - T5 型材	≥284	≥245	≥10	优	良	优	良	外板(型材)

表 3 – 13　4 种常用轨道车辆铝合金的疲劳强度(标准值)

| 材料 | | 状态 | 试验条件 | | 疲劳强度/N·mm⁻² | | | | | |
| JIS | 住友公司 | | 试验方法 | 应力种类 | 轧制或挤压方向 | | | 与轧制或挤压成直角方向 | | |
					10⁵次	10⁶次	10⁷次	10⁵次	10⁶次	10⁷次
A5083	183S	O O	平面弯曲① 轴向③	$R=-1$	150	100	100	150	110	100
				$R=-1$	—	115	(105)	—	—	—
				$R=-0.5$	130	95	(90)	—	—	—
				$R=0$	100	70	(70)	—	—	—
				$R_{\mathrm{m}}=100\ \mathrm{N\cdot mm^{-2}}$	100	65	(60)	—	—	—
A6061	61S	T6 T4 T6	旋转弯曲② 轴向③ 轴向③	$R=-1$	200	140	110	—	—	—
				$R=-1$	140	100	(90)	—	—	—
				$R=-0.5$	135	90	(80)	—	—	—
				$R=0$	—	70	(60)	—	—	—
				$R_{\mathrm{m}}=100\ \mathrm{N\cdot mm^{-2}}$	—	60	(55)	—	—	—
				$R=-1$	—	110	(100)	—	—	—
				$R=-0.5$	150	90	(75)	—	—	—
				$R=0$	—		(60)	—	—	—
				$R_{\mathrm{m}}=100\ \mathrm{N\cdot mm^{-2}}$	—	70	(50)	—	—	—
A7N01	ZK141 ZK47	T6 T4 T7 T5 T5	旋转弯曲② 轴向④ 轴向④ 旋转弯曲② 轴向④	$R=-1$	270	200	170	—	—	—
				$R=-1$	200	165	130	195	155	130
				$R=0$	170	120	100	150	105	90
				$R_{\mathrm{m}}=200\ \mathrm{N\cdot mm^{-2}}$	145	90	80	130	75	55
				$R=-1$	190	145	135	170	145	125
				$R=0$	150	110	105	130	105	95
				$R_{\mathrm{m}}=200\ \mathrm{N\cdot mm^{-2}}$	105	80	75	100	75	55
				$R=-1$	240	190	160	—	—	—
				$R=-1$	190	145	120	—	—	—
				$R=0$	145	110	100	—	—	—
				$R_{\mathrm{m}}=200\ \mathrm{N\cdot mm^{-2}}$	125	95	75	—	—	—
A7003	ZK60	T5 T5	旋转弯曲② 轴向④	$R=-1$	220	175	145	—	—	—
				$R=-1$	—	175	145	—	160	130
				$R=0$	150	130	115	—	110	105
				$R_{\mathrm{m}}=200\ \mathrm{N\cdot mm^{-2}}$	—	90	85	140	75	70
—	ZK61	H112	平面弯曲④	$R=-1$	185	125	100	—	—	—
—	X269	T4 T4	旋转弯曲② 轴向④	$R=-1$	—	—	—	210	160	120
				$R=-1$	—	160	135	—	145	120
				$R=0$	—	105	90	—	90	85

注：① 申克式(3 500 r/min)。② 小野式(1 700 r/min)。③ 洛森·豪森式(500 r/min)。④ 电磁共振式(6 000 ~ 7 000 r/min)。

3.4.1　变形铝合金

3.4.1.1　Al – Mg 系合金(5×××系合金)

Al – Mg 合金过饱和固溶体 α' 的沉淀过程：

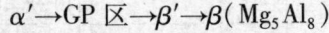

$$\alpha' \rightarrow GP \text{ 区} \rightarrow \beta' \rightarrow \beta(Mg_5Al_8)$$

Mg 原子直径(0.320 nm)远比 Al 的大(0.286 nm)，淬火后 GP 区虽可于几秒内形成，但尺寸小(1.0 ~ 1.5 nm)，周围密布空位云，与母相几乎不发生共格应变，故无明显的时效强化效应(Mg≤8%)。Mg 含量 >8% 的合金自然时效几年后，GP 区可以长大到 10 nm，虽有较为明显的强化效应，但会出现强烈的沿晶断裂现象，塑性急剧下降，伸长率小于 2%，失去使用价值。

Al – Mg 合金的 T_c 温度低，Al – 5Mg 合金的只有 5℃，Al – 10Mg 合金的也不过 10℃。因此，时效温度略有上升，即沿晶界或滑移带析出 β'，它是 $\beta(Mg_5Al_8)$ 相的过渡相，六方晶格，而 β 相为面心立方晶格。常用轨道车辆铝合金的化学成分及板材尺寸分别列于表 3 – 14 及表 3 – 15、表 3 – 16、表 3 – 17；5005、5052 合金板材的力学性能可参见 GB/T 3880.2—2006。

表 3 – 14　几种轨道车辆常用变形 Al – Mg 合金的化学成分，$w(\%)$

合金	Si	Fe	Cu	Mn	Mg	Cr	其他	其他		Al
								每个	总计	
5005	0.30	0.7	0.20	0.20	0.50 ~ 1.1	0.10	Zn0.25	0.05	0.15	其余
5052	0.25	0.40	0.10	0.10	2.2 ~ 2.8	0.15 ~ 0.35	Zn0.10		0.15	其余
5754*	0.40	0.40	0.10	0.50	2.6 ~ 3.6	0.30	Zn0.20, Ti0.15	0.05	0.15	其余
5083	0.40	0.40	0.10	0.40 ~ 1.0	4.0 ~ 4.9	0.05 ~ 0.25	Zn0.25, Ti0.15		0.15	其余
5383**	0.25	0.25	0.20	0.7 ~ 1.0	4.0 ~ 5.2	0.25	Zn0.40, Ti0.15, Zr0.20	0.05	0.15	其余

注：*(Mn + Cr)0.10 ~ 0.6。

　　**YS/T 622—2007，其他的见 GB/T 3190—2008(铁道货车用铝合金板材)。

根据 YS/T 622—2007，铁道货车铝合金板材用的合金及状态为 5083 – H321、5383 – H321。板材规格：厚度 5.00 ~ 30.00 mm，宽度 1 000 ~ 2 500 mm，长度 2 000 ~ 11 000 mm。板材长度≤4 m 时，长度允许偏差 +4 mm；长度大于 4 m 时，长度允许偏差 +6 mm。板材宽度允许偏差 ±2 mm。板材两对角线长度偏差应≤8 mm。板材的不平度应≤6 mm/m。

表 3 – 15　铁道货车铝合金板材的最低力学性能（GB/T 3190—2008）

合金及状态	厚度 mm	抗拉强度 R_m /N·mm^{-2}	屈服强度 $R_{p0.2}$ /N·mm^{-2}	伸长率/%	
				A_{50} mm	$A_{5.65}$
5083 – H321	≤12.50	305	215	12	—
	>12.50	305	215	—	12
5383 – H321	≤12.50	305	220	12	—
	>12.50	305	220	—	12

表 3 – 16　铁道载货车辆铝合金板材的厚度允许偏差

厚度/mm	规定的宽度/mm		
	≥1000 ~ 1500	>1500 ~ 2000	>2000 ~ 2500
5.0 ~ 6.30	±0.30	±0.30	±0.30
6.30 ~ 10.00	±0.40	±0.40	±0.40
10.00 ~ 16.00	±0.50	±0.69	±0.81
16.00 ~ 25.00	±0.75	±0.94	±1.10
25.00 ~ 30.00	±1.00	±1.20	±1.40

表 3 – 17　一般工业用 5005、5052 合金板带的尺寸（GB/T 3880.1—2006）

合金	类别	状态	板厚度/mm	带厚度/mm
5005	A	F	>4.50 ~ 150.00	>2.50 ~ 8.00
		H112	>6.00 ~ 80.00	—
		O	>0.20 ~ 50.00	>0.20 ~ 6.00
		H111	>0.20 ~ 50.00	—
		H12、H22、H32、H14、H24、H34	>0.20 ~ 6.00	>0.20 ~ 6.00
		H16、H26、H36	>0.20 ~ 4.00	>0.20 ~ 4.00
		H18、H28、H38	>0.20 ~ 8.00	>0.20 ~ 3.00
5052	B	F	>4.50 ~ 150.00	>2.50 ~ 8.00
		H112	>6.00 ~ 80.00	—
		O	>0.20 ~ 50.00	>0.20 ~ 6.00
		H111	>0.20 ~ 50.00	—
		H12、H22、H32、H14、H24、H34	>0.20 ~ 6.00	>0.20 ~ 6.00
		H16、H26、H36	>0.20 ~ 4.00	>0.20 ~ 4.00
		H18、H28、H38	>0.20 ~ 3.00	>0.20 ~ 3.00

　　工业用 Al－Mg 合金的 Mg 含量变化范围，最大的可达 10%，合金的强度性能因 Mg 含量的增加而上升，但塑性和抗蚀性的变化则反之，特别是 Mg 含量大于 7% 后，合金工艺塑性的下降特为明显。

　　向 Al－Mg 合金添加 Mn 和 Cr 主要为了改善其抗蚀性和可焊性，但固溶的微量 Mn 和/或 Cr 也有一些强化作用。Ti 和 V 是晶粒细化剂，也有提高强度和可焊性的作用。Be 能防止熔铸和焊接时的氧化倾向，特别是对含 Mg 量高的合金。加入微量 Bi 或 Sb 主要为了防止高 Mg 合金的"钠脆"现象。熔炼高 Mg 合金若使用钠盐熔剂（NaCl、NaF 等）被 Mg 还原于合金中，只要 $w(Na) \geq 0.001\%$ 热轧时就会出现热脆，产生裂纹，为此熔炼时不得使用含钠盐的熔剂。向 Al－Mg 合金加入 0.004% Sb 或 0.02% Bi，可形成 Na_2Bi 等化合物，能有效地消除沿晶分布的 Na，热轧时就不会产生热裂现象。

　　Si、Fe、Cu、Zn 是杂质，应严加限制，但 Si 能改善 Al－Mg 合金的可焊性。5005、5052、5083 合金在轨道车辆制造中获得广泛应用，其特点是：密度比纯铝的小，对海水有优秀的抗蚀性，而且有良好的可焊性、抛光性、塑性加工性（Mg≤5%），而强度又比 1××× 系及 3××× 系合金的高。

　　由于 Al－Mg 合金只有轻微的时效强化效果和强烈的沿晶沉淀倾向，特别是 5083、5383 合金，只能在退火（300～360℃）或冷加工状态下应用，但 Al－Mg 合金的优秀抗蚀性只有 β 相在晶内和晶界均匀分布的情况下才能显示出来，并且分布状态还受 Mg 含量的强烈影响。许多研究工作表明，$w(Mg) \leq 3.0\%$ 的合金稳定性极高，无论是在退火状态或冷作硬化状态，或室温或敏化处理温度（67～177℃）长时间加热均不形成沿晶界的 β 相网膜，对应力腐蚀开裂（SCC）和剥落腐蚀（EFC）也不敏感。不过 Mg 含量高于 3.5% 后，特别是经过冷作硬化的合金对 SCC 的敏感性会随着 Mg 含量的上升（>5%）而显著提高，甚至室温长期（20～30a）存放也会沿晶界形成连续的 β 相网膜。因为高 Mg（>6%）合金即使在 315～330℃ 充分退火，α 固溶体也不能完全分解，仍处于过饱和状态，故组织很不稳定。

　　解决高 Mg 合金组织性能稳定性的途径有二：一是退火后进行很大的冷变形（30%～50%），以增加位错密度或 β 相形核点，并在 200℃ 以上沉淀处理，促使 α 固溶体充分分解和 β 相均匀分布；另一措施是降低 Mg 含量（≤3%），加入适量 Mn 和/或 Cr，也能避免 β 相沿晶界沉淀，得到与高镁合金相当的强度性能，如 5052 与 5454 合金。5454 合金（2.7% Mg、0.7% Mn、0.12% Cr）的强度与 Al－4% Mg 合金的相当，而无 SCC 和 EFC 敏感性，不过采用此法不能使 Al－Mg 合金的强度大幅度提升。

　　Al－Mg 合金的另一不足之处是在冷加工后（加工率 10%～20%）在室温会发生"时效软化"，即沉淀处理后的 Al－Mg 合金进行轻度冷加工以提高其强度时，如不进行低温（120～150℃）稳定化处理，在过剩空位的影响下，会发生自发的回复过程，经过一段时间后，强度下降，而且这种软化过程可延续一二十年。冷作后进行稳定化处理对防止高镁合金 β 相的沿晶沉淀也是很有效的。

　　5083 合金是在交通运输装备中应用最为广泛的铝合金之一，同时主要以热轧板的形式应用，吕新宇对 5083 合金热轧板的生产工艺与性能作过全面的研究[7]：厚板生产工艺，配料→熔炼→铸造→均匀化处理→铸切→铣面→加热→热轧→退化→拉伸→锯切成品→验收；5083 合金锭在均匀化处理（460~470℃、24 h）前后的显微组织见图 3-28，均匀化后枝晶网组成物已部分溶解，并从 α 固溶体中沉淀出大量的 β 相弥散质点，化合物分布均匀，晶粒度一级，晶粒细小均一，不存在显微疏松，塑性显著升高；铸锭的高温瞬时力学性能见图 3-29，在 450~480℃时塑性最高，能够达到塑性强度的最佳配合，故热轧开始温度可在 450~480℃。

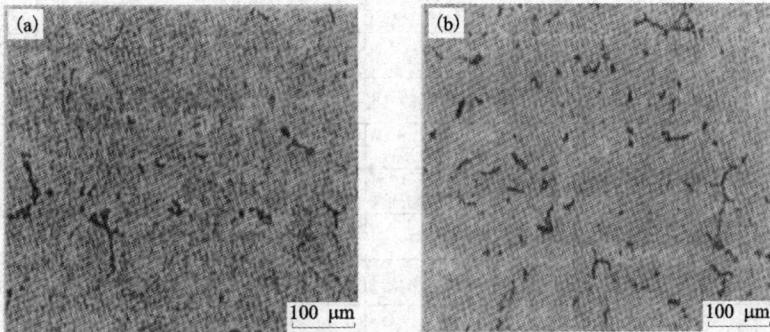

图 3-28　5083 合金 DC 锭在均匀化处理前(a)后(b)的显微组织

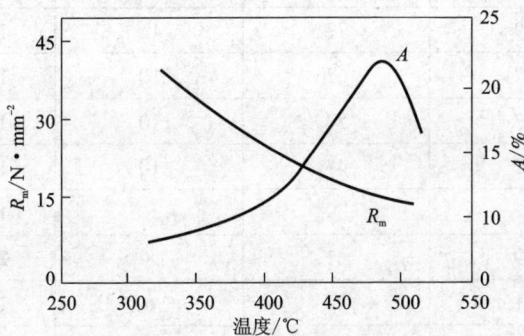

图 3-29　5083 合金高温瞬时力学性能

　　采用 255 mm × 1 500 mm 的锭坯（铸造速度 55~60 mm/min、铸造温度 700~710℃、冷却水压 0.08~0.15 N/mm^2）在 460~470℃、24 h 均匀化处理后于 450~480℃开轧，热轧到 6 mm 可得到板形、表面品质良好的热轧板（热轧规范见

表 3 – 18），热轧终了温度高于 320℃，在 270 ~ 290℃ 退火 1 h 经 1.5% 拉伸后的 O 状态板的力学性能、显微组织、不平度均符合 EN 485 标准要求。

表 3 – 18　5083 合金铸块热轧道次压下量的分配

道次	轧前厚度/mm	轧后厚度/mm	绝对压下量/mm	加工率/%	一备注
1	237	232	5	2.1	—
2	232	226	6	2.6	—
3	226	219	7	3.1	—
4	219	211	8	3.6	滚边
5	211	201	10	4.7	—
6	201	191	10	5.0	滚边
7	191	181	10	5.2	—
8	181	171	10	5.8	滚边
9	171	161	10	5.8	—
10	161	149	12	7.4	滚边
11	149	137	12	8.0	—
12	137	125	12	8.7	滚边
13	125	113	12	9.6	—
14	113	101	12	10.6	滚边
15	101	89	12	11.9	—
16	89	77	12	13.5	滚边
17	77	67	10	13.0	—
18	67	57	10	14.9	滚边
19	57	47	10	17.5	—
20	47	39	8	17.0	—
21	39	31	8	20.5	—
22	31	25	6	19.3	—
23	25	20	5	20.0	—
24	20	16	4	20.0	—
25	16	12	4	25.0	—
26	12	9	3	25.0	—
27	9	6	3	33.3	—

　　吕新宇研究的 5083 合金将 Mg、Mn 含量控制在上限,钠含量小于 6 μg/g。热轧板的力学性能见表 3 – 19。

表 3 – 19　5083 – O 板材实际力学性能

板厚 /mm	抗拉强度/N·mm⁻²		屈服强度/N·mm⁻²		伸长率 A/%	
	EN 485	东轻*	EN 485	东轻*	EN 485	东轻*
10.0	275 ~ 350	307	≥125	195	≥16	27
30.0	275 ~ 350	296	≥125	174	≥16	26
60.0	270 ~ 345	285	≥125	171	≥16	24
90.0	≥260	278	≥125	143	≥16	19

　　注:＊东北轻合金有限责任公司生产的板材的实测值。

3.4.1.2　Al – Mg – Si 系合金(6×××系合金)

　　轨道车辆用的 Al – Mg – Si 系变形铝合金主要有 6005A、6008、6082、6016、6061、6N01、6063 合金,6N01 合金是一种日本(Nippon)合金。中国 CRH 系列动车组的原型车用的铝合金见表 3 – 20,头车底架前端及底架牵枕缘等承受载荷较大的部位以 6082 – T6 或 7N01 等牌号的高强度铝合金型材、板材为主,底架边梁及地板、侧墙、车顶、端墙等部位则以 6005A、6008、6N01 等牌号的型材为主制造。6×××系轨道车辆变形铝合金的化学成分列于表 3 – 21。

表 3 – 20　CRH 系列动车组使用铝合金材料的情况[8]

动车组	CRH5	CRH3	CRH2
型材牌号	6005A – T6 6082 – T6 6016 – T6	6005A – T6 6008 – T4 6082 – T6 6082 – T6	7N01P – T4 7N01S – T5 6N01S – T5
板材牌号	5083 – H111 5754 – H22 6082 – T6	5083 – H111 5083 – H321 6082 – T6	5083P – O

　　注:P 及 S 为日本变形铝合金牌号中的材料代号:P—板材,S—型材。

表 3 – 21　6×××系轨道车辆变形铝合金的化学成分，$w(\%)$

合金	Si	Fe	Cu	Mn	Mg	Cr	Zn	Ti	其他	其他		Al
										每个	总计	
6105	0.30 ~ 0.60	0.35	0.25	0.05 ~ 0.20	0.40 ~ 0.80	0.20	0.10	—	—	0.05	0.15	其余
6005A	0.50 ~ 0.90	0.35	0.30	0.50	0.40 ~ 0.70	0.30	0.20	0.10	(Mn + Cr) 0.12 ~ 0.50	0.05	0.15	其余
6005	0.6 ~ 0.90	0.35	0.10	0.10	0.40 ~ 0.60	0.10	0.10	0.10	—	0.05	0.15	其余
6008	0.50 ~ 0.90	0.35	0.30	0.30	0.40 ~ 0.70	0.30	0.20	0.10	—	0.05	0.15	其余
6016	1.0 ~ 1.50	0.50	0.20	0.20	0.25 ~ 0.60	0.10	0.20	0.15	—	0.05	0.15	其余
6060	0.30 ~ 0.6	0.10 ~ 0.30	0.10	0.10	0.35 ~ 0.6	0.05	0.15	0.10	—	0.05	0.15	其余
6061	0.10 ~ 0.8	0.7	0.15 ~ 0.40	0.15	0.8 ~ 1.2	0.04 ~ 0.35	0.25	0.15	—	0.05	0.15	其余
6N01	0.40 ~ 0.90	0.35	0.35	0.50	0.4 ~ 0.80	0.30	0.25	—	(Mn + Cr) 0.1 ~ 0.50	0.05	0.15	其余
6063	0.20 ~ 0.60	0.35	0.10	0.10	0.45 ~ 0.90	0.10	0.10	0.10	—	0.05	0.15	其余
6082	0.7 ~ 1.30	0.50	0.10	0.40 ~ 1.00	0.6 ~ 1.20	0.25	0.20	0.10	—	0.05	0.15	其余

Al – Mg – Si 系合金是热处理强化型变形铝合金中唯一没有应力腐蚀开裂（SCC）的合金，有中等强度和优秀的可焊性和抗蚀性，故又称抗蚀可焊铝合金，在国民经济各部门获得了广泛的应用，它们的组织可用 Al – Mg_2Si 系伪二元相图（见图 3 – 30）说明。$Mg_2Si(\beta)$ 在 Al 中有明显的溶解度变化，共晶温度时的极限溶解度为 1.85%，500℃时的 1.05%，200℃时仅为 0.27%。因此，Al – Mg_2Si 系合金有相当强的时效硬化效果。

Al – Mg_2Si 合金过饱和固溶体 α' 的分解程序：

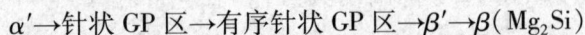

$\alpha' \rightarrow$ 针状 GP 区 $\rightarrow$ 有序针状 GP 区 $\rightarrow \beta' \rightarrow \beta(Mg_2Si)$

GP 区是在 204℃ 以下沿 <100> 方向沉淀和长大，直径为 6 nm，长 20 ~ 100 nm 的针状沉淀物。进一步时效则形成棒状 β' 相，面心立方晶格，平衡相 $\beta(Mg_2Si)$ 也是面心立方晶格。Al – Mg_2Si 合金（$Mg_2Si > 1.2\%$）的 T_c（GP 区的溶解极限温度)较高(190℃)，在 150～160℃ 的时效组织由针状 GP 区或棒状 β' 相组成，很少出现 PFZ(无沉淀区)，也不在位错上形核或沉淀。

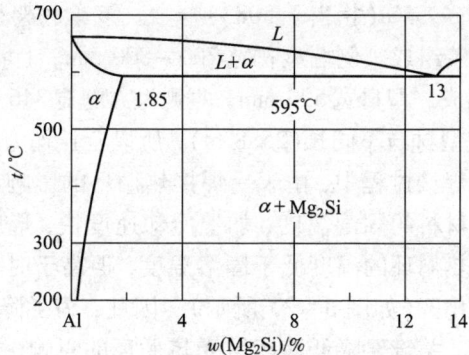

图 3 – 30　Al – Mg$_2$Si 系伪二元相图

Mg_2Si 中的 Mg/Si = 1.73，工业用的合金中，有的 Mg/Si 恰好等于 1.73，有的 Si 高一些，因而性能和用途也不同。根据 Mg_2Si 的含量和 Cu、Mn、Cr 的加入情况，6×××系合金可分为 3 类。

第一类是应用最广的产量最大的 6063 型合金，$w(Mg_2Si) = 0.8\% \sim 1.2\%$，有极为优秀的挤压性能与低的淬火敏感性，只要挤压件的出模温度高于 520℃ 就可以进行在线淬火，壁厚小于 3 mm 的还可以进行强风(空冷)淬火。这类合金的另一优点是表面光洁与良好的表面处理性能，是一种良好的建筑与车辆内部装饰材料。

第二类是含 Mg_2Si 量≥1.4% 的 6061 型合金，为了提高合金的强度加入了 0.25% Cu，加入 0.2% Cr 是为了抵消 Cu 对合金抗蚀性的不良影响。这类合金时效后的强度比 6063 合金的高，但因淬火敏感性高，最好进行离线固溶热处理，才能得到高的强度，在现代化的挤压生产线上生产壁厚小于 5 mm 的薄壁型材也可以进行喷水或水雾、气雾淬火。

第三类是有过剩 Si 存在的合金，过剩 Si 既能细化 Mg_2Si 质点，又有一定量的 Si 质点存在，故合金的强度有进一步的提高。不过过剩 Si 易于沿晶界偏析，降低合金塑性，引起晶界脆性，故须加入少量 Cr 或 Mn 以细化晶粒，抑制固溶处理时发生再结晶，以抵消这种不利影响。

日本 3005 系车辆是 1981 年开发的山阳新干线全程车辆，由于采用大型薄壁宽幅中空挤压 6N01 合金型材，大幅度降低了车体质量，节省了焊接工时和材料费用。这种车辆的型材使用质量比例为：型材/全铝合金材达 78.8%；在型材中，中空型材的比例大大增加，中空型材/全部型材达 64.3%。这些型材由 KOK 公司在93.1 MN挤压机上挤压。型材最大宽度：车顶板567 mm，地板558 mm。型材长度等于车体全长，为18.3 m。最薄厚度1.6 mm。

德国ICE高速列车中间车车体上主要型材用AlMgSi 0.7合金（相当于6005A），板材用AlMg4.5Mn（相当于5083）合金。该车底架是各向异性的中空桁架式结构，由五块拼装组成。侧墙型材宽700~800 mm，上墙型材宽560 mm。车顶由5块挤压型材焊成。型材宽599 mm，两侧为大的宽346 mm、高320 mm中空断面的上边梁。以上型材与车同长（25.8 m），所以全长均为纵向焊缝[9]。

6005A铝合金在焊接过程中，由于受焊接热循环的影响，热影响区邻近焊缝处温度较高，超过了材料的固溶温度，加上冷却速度快，形成了淬火区；热影响区远离焊缝的位置，热循环的温度低于固溶温度，但高于时效温度，会出现过时效，形成热影响区软化区（如图3-31所示）。因此，为了降低热影响区的软化，提高焊接接头的强度，关键要降低该区域受热循环的影响，并且加强冷却，缩短在高温区停留的时间，从而降低发生过时效的热影响区范围及程度。因此采用低热输入的焊接方式，加强对热影响区的冷却或散热，有利于获得热影响区狭窄、强度较高的焊接接头。最好采用摩擦搅拌焊，可完全避免这类弊端。

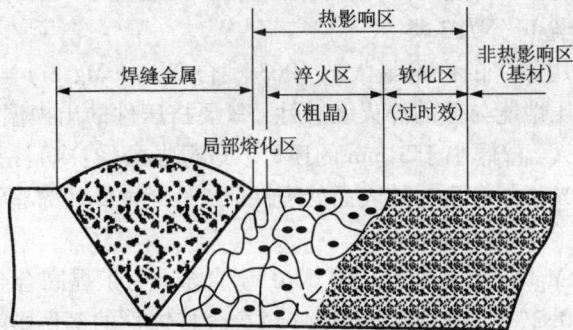

图3-31　焊接接头横截面示意图

刘艳等[10]对6005A铝合金（板厚3 mm）摩擦搅拌焊的接头性能进行了研究，并与MIG焊的接头性能做了对比。研究结果表明，摩擦搅拌焊接头的性能明显优于MIG焊的，其抗拉强度为母材的82.5%，而MIG焊的焊接接头的强度为母材的73.4%；摩擦搅拌焊接头的疲劳强度为母材的93%，而MIG焊的仅为母材的67%；摩擦搅拌焊的热影响区相比于MIG焊的十分狭窄；无论摩擦搅拌焊还是MIG焊，疲劳裂纹大都萌生在热影响区。

Al-Mg-Si合金淬火（515~525℃）后以立即（不超过5 h）人工时效为宜，同时人工时效规范以160~170℃、8~12 h（T6）为佳，才能得到高的强度，当然也有一些企业生产T5状态材料多在200℃左右人工时效。淬火后如在室温停放一段时间再时效对强度不利。$w(\mathrm{Mg_2Si}) > 1\%$ 的合金在室温停放 24 h 后时效的强度比淬火后立即时效合金的约低 10%。这种现象叫"停放效应"或"时效滞后现象"。但停放对 $\mathrm{Mg_2Si} < 0.9\%$ 的合金强度反而有利。这种效应与在室温停放期间形成的空位 – 溶质原子集团的形核能力和 T_c 温度高有关。高浓度 $\mathrm{Al} – \mathrm{Mg_2Si}$ 合金(T_c > 170℃)在室温形成的空位 – 溶质集团较小,达不到临界尺寸,还引起了基体过饱和度的降低,因此在人工时效时只有少数尺寸大的集团能转变成沉淀相,又因形团后基体浓度降低,不能形成新的晶核,所以只能获得粗大的沉淀相和低的强度。反之,低浓度合金停放后再人工时效时却能获得弥散度高的沉淀相,对材料强度反而有利。这可能与低浓度合金形核条件不同有关。加入少量 Cu(< 0.4%)能减轻停放效应的不良影响,因为 Cu 能降低 $\mathrm{Al} – \mathrm{Mg} – \mathrm{Si}$ 合金的自然时效速度。

　　Fe 是 6××× 系合金的有害杂质,对强度不利,不过也有几个含微量铁的合金,如 6101B、6015、6060 等;杂质 Zn 对强度几乎无影响;微量稀土元素对合金的性能有良好影响。

　　当前铝合金客运车辆车体结构都是焊接的,焊接品质对结构品质有相当大的影响,欧盟 EN13981 – 1:2003(铁路结构产品检验和交货技术条件,第一部分:挤压产品)对焊接零部件力学性能的规定见表 3 – 22。欧盟 EN 13981 – 2:2004 第二部分对板带焊接部位的力学性能规定见表 3 – 23。

表 3 – 22　焊接部位力学性能(EN 30042 C 级,MIG 焊接)

合金	材料状态	厚度 ≤15 mm		厚度 >15 mm	
		$R_m/\mathrm{N\cdot mm^{-2}}$	$R_{p0.2}/\mathrm{N\cdot mm^{-2}}$	$R_m/\mathrm{N\cdot mm^{-2}}$	$R_{p0.2}/\mathrm{N\cdot mm^{-2}}$
EN AW – 5754	H112	180	80	—	—
EN AW – 5083	H112	270	125	270	125
EN AW – 6060	T66	110	65	85	55
EN AW – 6063	T6	110	65	85	55
EN AW – 6063	T66	130	75	—	—
EN AW – 6106	T6	160	95	—	—
EN AW – 6005	T6	160	90	—	—
EN AW – 6005A	T6	165	115	—	—
EN AW – 6008	T6	165	115	—	—
EN AW – 6061	T6	175	115	165	115[*]
EN AW – 6082	T6	185	125	165	115[*]

注:[*] 厚度超过 20 mm 时,$R_{p0.2} = 95 \mathrm{N/mm^2}$。

表 3 – 23　焊接部位的力学性能（EN30042 C 级，MIG 焊接）

合金	材料状态	厚度≤15 mm		厚度＞15 mm	
		$R_m/\text{N}\cdot\text{mm}^{-2}$ 最小值	$R_{p0.2}/\text{N}\cdot\text{mm}^{-2}$ 最小值	$R_m/\text{N}\cdot\text{mm}^{-2}$ 最小值	$R_{p0.2}/\text{N}\cdot\text{mm}^{-2}$ 最小值
EN AW – 5454	H××	180	80	—	—
EN AW – 5754	H××	180	80	—	—
EN AW – 5083	H××	270	125	270	125
EN AW – 6061	T6	175	115	165	115*
EN AW – 6082	T6	185	125	165	115*

注：* 厚度大于 20 mm 时，$R_{p0.2} = 95\ \text{N/mm}^2$。

3.4.1.3　Al – Zn – Mg 系中强可焊铝合金（7×××系合金）

Zn 和 Mg 是在 Al 中溶解度最高的元素，早在 20 世纪 20 年代初就发现 Al – Zn – Mg 系合金有极高的时效强化能力，但因应力腐蚀敏感性高，所以长期以来一直未得到应用。直到近 50 年来发现，此类合金有优秀的可焊性，而应力腐蚀敏感性可通过 Zn、Mg 含量［$w(\text{Zn} + \text{Mg}) \leqslant 7\%$］控制和添加作为稳定剂的微量元素 Mn、Cr、Zr 等予以解决后，才又引起材料界的重视。

Mg 在 Al 中最大溶解度为 17.4%（450℃），在室温时溶解度为 1.0%。Zn 的溶解度更高，在共析温度（275℃）为 31.6%，在 200℃ 为 12.6%，在室温大于或等于 2%。因此，Zn、Mg 与 Al 能形成高浓度三元固溶体。由 Al – Zn – Mg 系三元相图可知（见图 3 – 32），该系合金除了 β、η 和 γ 等二元相外，还出现一个三元化合物 T，分子式为 $\text{Al}_2\text{Mg}_3\text{Zn}_3$，也可以用浓度范围 $(\text{AlZn})_{49}\text{Mg}_{32}$ 表示。工业用 Al – Zn – Mg 合金的化学组成多位于 M 所表示的影线范围内，主要强化相是 T 和 η，所以工业用合金多称之为 $\alpha + T$ 型合金。这两种强化相不仅在 Al 中有极大的溶解度，而且有相当大的溶解度变化（见图 3 – 33 和图 3 – 34），故有极强的时效强化效应。

$T(\text{Al}_2\text{Mg}_3\text{Zn}_3)$ 相的锌镁比约为 2.71，但因 T 的 Zn、Mg 浓度变化范围很宽，锌镁比位于 1～4 的合金的主要强化相为 T 化合物，只当 Zn/Mg＞4 的合金才有 η 相出现，Zn/Mg = 6～7 的合金才能全由 η 相组成。

$\alpha + T$ 型合金自 465℃ 以上淬火和在不同温度时效的分解过程：

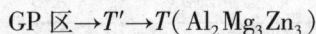

$$\text{GP 区} \rightarrow T' \rightarrow T(\text{Al}_2\text{Mg}_3\text{Zn}_3)$$

GP 区是球形 Zn、Mg 原子集团，但只有在较高温度（227℃）时效才能迅速形成。T' 是过渡相，属于立方晶格。平衡相 T 也是立方晶格。不过这种时效过程在较低温度一般很难发生。

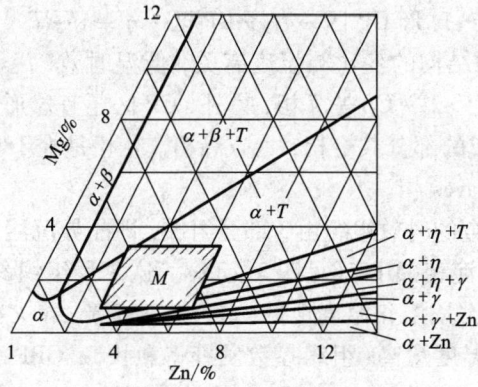

图 3 - 32　Al - Zn - Mg 系三元相图（Al 端，室温）

β—Al_3Mg_2，T—$Al_2Mg_3Zn_3$，η—$MgZn_2$，γ—$MgZn_5$

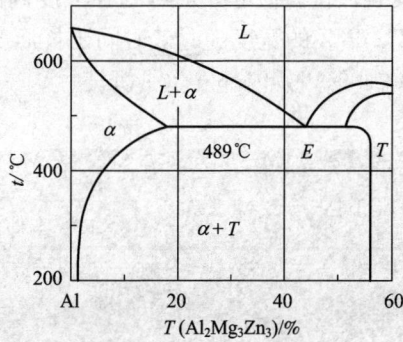

图 3 - 33　Al - T（$Al_2Mg_3Zn_3$）系伪二元相图

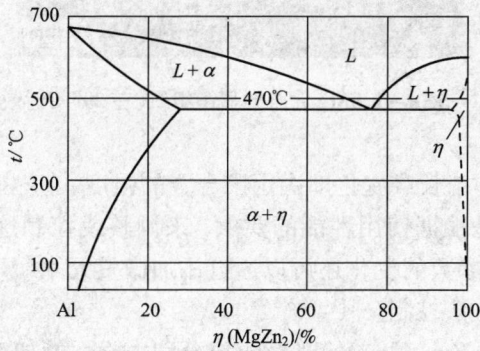

图 3 - 34　Al - η（$MgZn_2$）系伪二元相图

工业中应用最广的 $\alpha + \eta$ 或 $\alpha + T$ 型合金的一般时效过程：

$$球形\,GP\,区 \rightarrow 有序\,GP\,区 \rightarrow \eta' \rightarrow \eta \rightarrow T$$

这类合金时效时结构的变化与温度有关，低温时效（$T_a \leqslant 117℃$），主要沉淀相是 η，高温时效（$T_a > 277℃$）是 T 相，另外，GP 区还有球形与有序化两种；η' 相是在 $100 \sim 140℃$ 形成的部分共格相，六方晶格。η 相是在 180℃ 以上形成的非共格相为六方晶格的 Laves 相。

Al – Zn – Mg 合金的时效组织由 3 部分组成，即晶界沉淀相（GBP）、晶间无沉淀带（PFZ）和基体沉淀相（MPt）（见图 3 – 35）。这 3 种组织参数的变化与热处理制度有关，一般来说，固溶化温度愈低（空位浓度低），淬火冷却速度愈慢（冻结空位的愈少），时效温度愈高（组织参数发展得愈快），GBP 和 MPt 的尺寸愈大，PFZ 愈宽。反之，淬火空位浓度（即温度）愈高，沉淀相晶核的临界尺寸愈小，形核率愈高，MPt 和 PFZ 也愈小和愈窄，GBP 也愈小。另外，3 种组织参数的变化还与临界形核温度（T_c）的高低有关。如果时效温度 $T_\alpha \leqslant T_c$，3 种组织参数发展较慢，$T_\alpha > T_c$，组织参数发展较快，则可分别得到弥散度高的均匀组织或粗大的不均匀组织。另外，$T_\alpha < T_c$，PFZ 的宽度随时效时间延长而变宽，但 $T_\alpha > T_c$ 则相反，随时间的延长反而变窄，即在 PFZ 内部发生了沉淀。

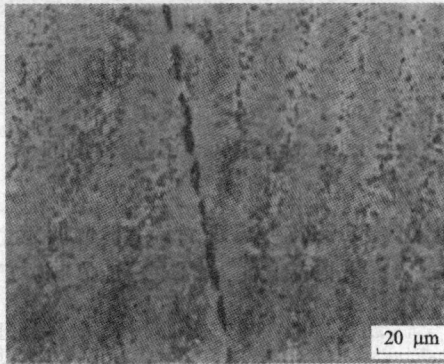

图 3 – 35　Al – 5Zn – 1.8Mg 合金的显微组织（在 200℃时效 1 h，TEM）

显微组织参数的消长或变化即决定了合金的强度、韧性和抗应力腐蚀性能，而热处理的目的就是根据使用性能的要求，来调整或控制这 3 种组织参数的变化。当然，3 种组织参数的变化还可以通过添加微量元素（Mn、Cr、Zn、Ti）或形变热处理（TMT）等方法控制。

国外常用的 Al – Zn – Mg 合金的化学成分和力学性能如表 3 – 24 所示。这种合金的浓度很分散，Zn、Mg 总含量 4.5% ~ 7.6%，锌镁比除个别者外，均为

$2\% \sim 3.8\%$，属 $\alpha + T$ 型合金。室温强度 $R_m = 340 \sim 450 \text{ N/mm}^2$，虽比硬铝和超硬铝的低，但比 Al – Mg – Si 或 Al – Mg 合金的高，并有优秀的可焊性，故有中强可焊 Al 合金之称。

为了提高这类合金抗应力腐蚀性能，还经常加入微量 Mn（$0.2\% \sim 0.45\%$）、Cr（$\leqslant 0.3\%$）、Zr（$0.15\% \sim 0.3\%$）、Ti（$< 0.2\%$）和 Cu（$< 0.25\%$）等。其中以 Cr 的作用最明显，比同量 Mn 的约高数十倍。Cu 能显著提高强度和抗应力腐蚀性能，但对焊接性能不利，故焊接用 Al – Zn – Mg 合金 Cu 含量应 $< 0.25\%$。

微量 Ag（$0.2\% \sim 0.5\%$）能强烈提高抗应力腐蚀性能和组织稳定性。因为 Ag 能提高 T_c 温度，减少 GBP 数量，消除 PFZ，提高 MPt 的弥散度，因而消除了沿晶腐蚀特点。

Zr 的主要作用是提高可焊接性能，也有改善抗应力腐蚀性能的作用，因此，焊接用铝合金均加入 $0.1\% \sim 0.25\%$ Zr。实验结果表明，向 Al – Zn – Mg 合金加入 0.2% Zr，焊接裂纹倾向显著降低，加入 $0.3\% \sim 0.4\%$ Zr，焊接裂纹几乎消失，但 Zr $< 0.1\%$，对可焊接性能的改善作用不大。

Ti 的作用也是细化晶粒，改善可焊接性能，但效果比 Zr 的小。如果 Ti、Zr 同时加入，效果则更加明显。例如，同时加入 0.12% Zr 和 0.1% Ti，起的作用与 0.2% Zr 的完全相同，如单独加入 0.12% Zr，则无明显改善可焊性能的作用。

Al – Zn – Mg 合金的力学性能见表 3 – 24，因其合金元素含量的不同，强度相差很大，很难找出明显的规律，但根据锌镁比却可以分成 3 种性能不同的类型。

中等锌镁比（$2.0 \sim 3.8$）的合金有 AlZnMg1 和 Unidur，这类合金的特点是强度虽不高但有优秀的塑性、可焊性和抗应力腐蚀性能。另外，还有宽的固溶处理温度范围，优异的热变形和抛光性能，焊后有很强的自然时效能力，焊缝区的强度在室温即能大部分恢复，甚至于接近基体的强度。如在 120℃ 时效，还能明显改善焊缝热影响区的抗剥落腐蚀性能。这种无 Cu 的 Al – Zn – Mg 合金的淬火敏感性也极低，固溶处理后缓冷（空冷）不仅强度不降低，而且能提高抗应力腐蚀性能，同 AZ5G 合金一样，除了广泛应用于民用和军用焊接结构外，还可以焊接大型火箭燃料贮箱。

7003 是高锌镁比（$\geqslant 7$）合金，突出的特点是利用 Zn 能提高热塑性（即所谓高温固溶软化效应）的现象，尽量提高 Zn 含量，把 Mg 量降低到 1% 以下。这种合金不仅有更高的强度、可焊接和合格的抗应力腐蚀性能，而且有突出的热挤压性能，挤压速度比 Al – Mg – Si 和 Al – Mg 合金的还高。这种高 Zn 合金现已广泛应用于铁道车辆、海船、摩托车和自行车配件生产方面。

7039 和 B92ц 的 Zn/Mg < 1.5，除具有上述两类合金的一般特点外，还有优秀的低温性能（见表 3 – 24），板材和型材适于焊接在超低温下工作的压力容器（$\leqslant -195.5$℃ 的液氧、液 N_2、液 H_2 容器）、装甲板和一般结构。

表 3 – 24　Al – Zn – Mg 系合金的平均成分（w）及典型力学性能

合金	国家	化学成分/%（平均）							Zn/Mg	R_m	$R_{p0.2}$	A	状态[②]
		Zn	Mg	Mn	Cr	Zr	Cu	Ti		N/mm²		%	
7003[①]	中国	5.75	0.75	0.4	—	0.15	—	—	3.36	360	280	12.0	AA
7004	中国	4.2	1.5	0.45	—	0.15	—	—	2.8	395	330	14.0	AA
7005	中国	4.5	1.4	0.4	0.1	0.15	—	—	3.21	400	325	14.0	AA
7039	中国	4.0	2.8	0.3	0.2	—	≤0.1	—	1.43	420	350	14.0	AA
AlZnMg1	德国	4.7	1.4	0.3	0.1	—	—	0.1	3.38	360	280	12.0	AA
AA7005	美国	4.5	1.4	0.4	0.1	0.15	—	—	3.21	400	325	14.0	AA
AA7039	美国	4.0	2.8	0.3	0.2	—	≤0.1	—	1.43	420	350	14.0	AA
A7003	日本	5.75	0.75	0.4	—	0.15	—	—	7.7	390	330	16.5	AA
7N01	日本	4.4	1.6	0.55	≤0.3	≤0.25	≤0.25	≤0.2	2.75	340	280	10.6	T6
Unidor[③]	瑞士	4.7	1.4	0.3	0.1	—	≤0.1	—	3.36	360	280	12.0	AA
AZ4G	法国	3.0	1.5	0.3	0.2	—	0.2	—	2.0	350	220	17.0	NA
AZ5G	法国	4.6	1.2	≤0.2	0.25	0.15	≤0.1	≤0.1	3.83	400	350	14.3	T6
7004	加拿大	4.2	1.5	0.45	—	0.15	—	—	2.8	395	330	14.0	AA
1911	俄罗斯	4.1	1.85	0.35	0.16	0.14	0.15	—	2.22	425	360	13.0	AA
1915	俄罗斯	3.7	1.55	0.4	—	0.14	0.10	—	2.38	350	210	14.0	AA
B92ц	俄罗斯	3.3	4.3	0.7	—	0.15	0.05	—	0.77	400	300	10.0	AA

注：① 见 GB/T 3190—2008。

② AA—人工时效；NA—自然时效。

③ 原瑞士铝业公司的一种合金，2003 年该公司被加拿大铝业公司并购。

表 3 – 25　7039 – T61 板材（19.2 mm）的低温力学性能

试验温度 /℃	R_m	$R_{p0.2}$	A_5	切口因子 K	切口 R_m（NTS）/N·mm⁻²	NTS/ UNTS*	NTS/ UNYS*
	N/mm²		/%				
23.8	432	363	13	6.3	597	1.38	1.6
–195.5	576	435	14.5	6.3	630	1.09	1.45
–253	684	455	16.0	15.0	532	—	1.17

注：* NTS—切口抗拉强度；UNTS—无切口抗拉强度；UNYS—无切口屈服强度。

3.4.2　铸造铝合金

　　铸造铝合金在轨道车辆中的应用不多，高铁车辆的平均用量约 800 kg/辆，城轨车辆的平均用量 550 kg/辆。欧盟 EN 13981 – 3：2006 规定 EN – Al10Si8Mg 合金砂型单铸试样的力学性能为：T1 状态，抗拉强度 $R_m \geqslant 220$ N/mm^2，屈服强度 $R_{p0.2} \geqslant 200$ N/mm^2，伸长率 $A \geqslant 1\%$，布氏硬度 HBW $\geqslant 90$；金属型单铸试样的最低力学性能：T1 状态，抗拉强度 $R_m \geqslant 280$ N/mm^2，屈服强度 $R_{p0.2} \geqslant 210$ N/mm^2，伸长率 $A \geqslant 2\%$，布氏硬度 HBW $\geqslant 105$。

　　高速列车机车车轴齿轮箱和电机齿轮箱箱体由戚墅堰机车车辆研究所设计，采用 ZlAlSi7Mg 合金铸造。这两种齿轮箱计划安装在设计速度达 300 km/h 的高速机车上。其中电机齿轮箱箱体形状复杂、热节遍布于多处，铸件的外观品质、内在品质及尺寸精度要求高，具有大型高速齿轮箱和箱体的典型特点。合金成分（质量分数）：Si6.5 ~ 7.5，Mg6.5 ~ 7.5，Ti0.1 ~ 0.3，Fe0.2，Cu0.2，Mn0.1，杂质总和 0.75，其余为 Al。T6 状态试样的最低力学性能：R_m 抗拉强度 294 N/mm^2，伸长率 A 3.5%，布氏硬度 HB90。箱体铸件为 I 类铸件，铸件指定部位需进行 X 射线探伤及实物抽样解剖。电机齿轮箱箱体为整体结构，铸件最大轮廓尺寸（mm）为 1 260 × 834 × 290，最小壁厚 7 mm，最大壁厚约 55 mm，箱体内腔三面都布有油槽，油路复杂且油槽尺寸大小不一，要求油槽底部光滑平整，不得有任何阻隔物。

　　所生产的箱体经尺寸检测，X 射线与解剖检验，各项指标均符合欧盟有关标准。熔炼时，采用经 Sb – Te 复合变质、Al – Ti – B 孕育处理的 ZlAlSi7Mg 合金锭，再经重熔调整 Mg 的成分，并用 C_2Cl_6 精炼的金属液浇注箱体。浇注前进行炉前断口和含气性试验检验，浇注温度为 710 ~ 730℃，浇注速度以控制直浇道充满为准。随炉试样的化学成分及力学性能见表 3 – 26。

表 3 – 26　随炉试样的化学成分（w）及力学性能

编号	Si	Mg	Ti	Fe	Al	抗拉强度 R_m/N·mm^{-2}	伸长率 A/%	布氏硬度（HB）
1	6.83	0.41	0.15	0.18	其余	295	3.5	96
2	6.96	0.45	0.14	0.18	其余	295	3.5	105
3	7.20	0.40	0.14	0.19	其余	320	4.0	117
4	7.33	0.43	0.15	0.18	其余	295	4.5	104
5	6.61	0.41	0.14	0.17	其余	300	5.0	107

　　国外生产这类铸件大都采用低压铸造法，以提高铸件的针孔度级别。在熔炼时应加强精炼净化处理或者采用真空炉熔炼，可以消除缩孔、缩松等缺陷，可以弥补砂型重力铸造工艺存在的一些其他不足之处。

3.5　大挤压型材生产

在轨道车辆与机车制造用的铝材及铸件中，挤压材约占74%，而在挤压铝材中，需用大于80 MN的挤压机生产的占35%弱，用45~80 MN挤压机生产的约占45%，而可用40 MN以下挤压机生产的占20%左右。在匡算车辆铝的净消费量时可按8.8 t/辆计算，其中车体用量约7.2 t/辆，其他方面的总用量约1.6 t/辆（如内部装修、通风空调系统、门窗、防震与消声系统、控制装置、受电弓装置等等）。在估算铝材与铸件的采购量时，可按10 t/辆或10.5 t/辆计算。

3.5.1　车体挤压铝型材

随着城市轨道交通、高速铁路与铁路客运专线建设的持续平稳发展，中国铝工业掀起了一股建设大挤压项目的浪潮，以便为车体制造提供优质大型材。这里所指的大挤压机是指挤压力≥45 MN的挤压机，即挤压力≥5 000 Ustf的挤压机。中国首台大挤压机是东北轻合金有限责任公司（1952年定名哈尔滨铝加工厂，代号101厂）1956年投产的从苏联引进的50 MN单动正向水压机；1962年东北轻合金公司又从苏联引进1台同规格同类型水压机，为模锻车间生产坯料，但未安装与使用，后于1967年调给中铝西北铝加工分公司（原名西北铝加工厂，代号113厂），1969年投产；1970年1台沈阳重型机器厂设计制造的125 MN水压挤压机在西南铝业（集团）有限责任公司（当时名西南铝加工厂，代号112厂）投产，既为锻造分厂提供锻压坯料，又可以生产管、棒、型材，可以挤压宽800 mm、长18 m、断面积110 cm^{2}的带筋壁板；断面积250 cm^2、长18 m的型材；最大直径600 mm、长18 m的管材；直径≤250 mm的棒材。20世纪80年代又建成一条80 MN挤压生产线，水压单动正向挤压机，但一直未正式投产，2001年在西马克公司（SMS）与波兰的技术帮助下改为95/80 MN的单动油压机。

3.5.1.1　大挤压生产线

车体铝材大都是大型材，需用大挤压机生产。自2003年开始中国进入大挤压机持续快速建设期，在到2012年为止的这段时间内年年都有现代化的大挤压机投放运转，平均每年可有近6.2台，这是世界铝加工业空前绝后的大挤压机建设期，此后会平稳一段时间。截止到2012年全国在产的大挤压机有62台（见表3－27），约占全球的55.36%，其中≥80 MN的重型挤压机近25台，约占全世界的68%。2015年保有的大挤压机可超过80台。

表 3 – 27　中国主要型材生产企业挤压力≥45 MN 的挤压机

挤压力/MN	型式	拥有企业	制造者	投产年度
50	水压单动正向	东北轻合金有限责任公司	苏联乌拉尔重型机器制造厂	1956
50	水压单动正向	中铝西北铝加工分公司	苏联乌拉尔重型机器制造厂	1967
125	水压单动正向	西南铝业（集团）有限责任公司	沈阳重型机器制造公司	1969
50	油压单动正向	爱励天津铝业有限公司	意大利达涅利布莱德公司	1988
45	油压单动反向	中铝西北铝加工分公司	德国西马克梅尔公司	1995
95/80	油压单动正向	西南铝业（集团）有限责任公司	中国第二重型机器公司，由水压改油压	2001
78/75	油压单动正向	麦达斯铝业有限公司	太原重工股份有限公司	2003
100	油压双动正向	山东丛林集团铝型材公司	中国重型机械研究院设计，上重制造	2004
72	油压单动正向	山东丛林集团铝型材公司	日本宇部兴产公司	2005
50	油压单动正向	广东金桥铝厂有限公司	日本宇部兴产公司	2005
50	油压单动正向	亚洲铝业有限公司	日本宇部兴产公司	2006
50	油压单动正向	北京 SMC 公司	日本宇部兴产公司	2007
55	油压双动正向	麦达斯铝业有限公司	西马克梅尔公司	2007
55	油压双动正向	山东南山铝材有限公司	西马克梅尔公司	2007
75	油压单动正向	辽宁忠旺集团铝型材公司	太原重工股份有限公司	2007
55	油压双动正向	辽宁忠旺集团铝型材公司	太原重工股份有限公司	2007
55	油压单动正向	利源铝业有限公司	意大利达涅利布莱德公司	2008
58.5	油压双动正向	兴发铝业有限公司	太原重工股份有限公司	2008
125	油压双动正向	辽宁忠旺集团铝型材公司	中国重型机械研究院设计，上重制造	2008
50	油压双动正向	福建南平铝业有限公司	意大利布莱德公司	2009
55	油压单动正向	山东丛林集团铝型材公司	太原重工股份有限公司	2009
91	油压双动正向	山东南山铝材有限公司	西马克梅尔公司	2009
56.7	油压双动正向	广东伟业铝业有限公司	中国兴桥机械公司	2009
55	油压反向	青海国鑫铝业有限公司	西马克梅尔公司	2009

续表 3 – 27

挤压力/MN	型式	拥有企业	制造者	投产年度
100	油压双动正向	青海国鑫铝业有限公司	西马克梅尔公司	2010
110	油压双动正向	麦达斯铝业有限公司	太原重工股份有限公司	2010
90	油压单动正向	麦达斯铝业有限公司	西马克梅尔公司	2010
55	油压单动正向	山东兖矿轻合金有限公司	太原重工股份有限公司	2010
75	油压单动正向	湖南晟通科技有限公司	太原重工股份有限公司	2010
75[①](6 台)	油压单动正向	辽宁忠旺集团铝型材公司	太原重工股份有限公司	2010
75[①](5 台)	油压单动正向	辽宁忠旺集团铝型材公司	太原重工股份有限公司	2011
55	油压双动正向	湖南晟通科技有限公司	太原重工股份有限公司	2010
55	油压双动反向	山东兖矿轻合金有限公司	西马克梅尔公司	2011
82	油压单动反向	山东兖矿轻合金有限公司	西马克梅尔公司	2011
75	油压单动正向	山东南山铝材有限公司	西马克梅尔公司	2011
150	油压双动正向	山东兖矿轻合金有限公司	西马克梅尔公司	2012
100	油压双动正向	山东兖矿轻合金有限公司	中国重型机械研究院设计，上重制造	2011
100	油压双动正向	利源铝业有限公司	中国重型机械研究院设计，上重制造	2012
90	油压双动正向	广东豪美铝业有限公司	太原重工股份有限公司	2012
90	油压单动正向	广东凤铝业有限公司	太原重工股份有限公司	2012
165	油压单动正向	山东南山铝材有限公司	西马克梅尔公司	2012
55	油压单动反向	广西南南铝业有限公司	西马克梅尔公司	2012
90[②]3 台	油压单动正向	辽宁忠旺集团铝型材公司	太原重工股份有限公司	2012
125[③] 3 台	油压单动正向	辽宁忠旺集团铝型材公司	中国重型机械研究院设计，上重制造	2012
225[④]2 台	油压单动正向	辽宁忠旺集团铝型材公司	太原重工股份有限公司	—

注：① 共订 11 台，2011 年 9 月以前已交 6 台，其他 5 台 2012 年 7 月以前交完，这是大铝挤压机销售史上最大的一笔交易；
② 忠旺 2009 年与设计、制造单位签订采购 3 台的合同，从 2012 年起陆续投产；
③ 忠旺 2009 年与设计、制造单位签订采购 3 台的合同，可从 2012 年起陆续交货；
④ 中国目前的设计、制造企业可以承担这种特大挤压机的供应任务，但由于有些工件特大，在制造中可能会遇到一些意想不到困难，投产日期很难确定。

　　表 3 - 27 中所列的企业都可以生产轨道车辆铝材，东北轻合金有限责任公司、西南铝业(集团)有限责任公司、晟通科技有限公司、南南铝业有限公司、南山集团等除生产挤压材外，还生产平轧铝材，中铝西北铝加工分公司用其 45 MN 反向挤压机生产的高精受电弓管材受到高铁车辆制造企业的好评。今后中国轨道车辆铝挤压材的主要生产企业有麦达斯铝业有限公司、利源铝业有限公司、忠旺集团铝型材有限公司、山东南山铝材有限公司、山东丛林集团铝业有限公司、山东兖矿轻合金有限公司、晟通科技有限公司、青海国鑫铝业有限公司、爱励(天津)铝业有限公司等。中国大挤压机的生产能力超出全世界总需求的两倍有余。

　　中国的轨道车辆铝型材挤压机与生产线都达到了国际领先水平与国际水平，都采用了 PLC(程序逻辑控制)和 CADEX 等控制系统。在大型优质圆、扁挤压筒与特种模具技术方面也取得了突破性的成就，但在模具寿命方面还与世界先进水平有较大差距。

3.5.1.2　日本轻金属挤压开发公司的 95 MN 挤压机及技术特性

　　日本在建设轨道车辆车体铝型材生产线方面最值得学习，20 世纪 60 年代后期一些铝型材生产企业为生产交通运输所需的大型铝型材纷纷准备建设重型挤压机，为了控制这种无序的建设局面，日本铝业协会经与各企业协商，决定组建一个拥有一台 95 MN 挤压机的挤压厂，设在四日市，名为轻金属挤压开发公司(KOK)，以后全日本凡是需要 75 MN 以上的挤压机生产的大型材均由 KOK 公司提供。该公司是由各铝业公司出资组建的。由于全日本仅此一台重型挤压机，所以几乎年年都在满负荷生产，最高产量达 10.5 kt/a，超过设计生产能力约 20%。KOK 公司 1971 年建成投产。

　　(1)装备配置

　　重型卧式油压机及其必要的配套辅助装备是生产大断面铝合金挤压型材的基础。日本 KOK 公司除一台大型的 95 MN 油压挤压机外，并配备了一套适合于生产高速列车、地铁列车及其他工业大型材的辅助设备(见表 3 - 28)。该油压机为一台双动式挤压机，德国施洛曼公司(现在的西马克梅尔公司)设计，日本石川岛播磨重工业公司制造，设计新颖、结构紧凑、功能齐全，既可挤压大型材、棒材，又可用固定针或随动针挤压大管材，既可实现圆筒挤压，又可实现扁筒挤压等。其液压系统、电气系统、速度控制系统和操作系统都有相当高的水平，实现了 PLC 控制。采用固定垫挤压，设有自动润滑系统、3 工位快速换模系统、自动调心系统、液氮和气氮冷却模系统、牵引装置和精密水淬和气淬系统、自动拉伸矫直机和辊矫机、自动锯切机床、冷床和横向运输系统等，工艺装备水平相当高。

表 3 - 28　　KOK 公司 95 MN 大断面铝合金挤压型材生产线的主要设备

设备名称	主要技术特征
95 MN 油压挤压机 1 台	配有直径 430 mm、500 mm、600 mm 圆挤压筒, 700 mm × 280 mm 扁挤压筒、筒长 1 600 mm; 挤压轴速度 0 ~ 25 mm/s; 年产能力 8 000 t; 10 kN 牵引机; 精密水淬和风淬装置; 2 MN 拉矫机; 自动锯切装置、运输装置; 石墨铺垫工作台、45 m 冷床等
10 MN 拉伸矫直机 1 台	油压, 自动上下料, 钳口尺寸 500 mm × 800 mm, 横向刻纹
立式空气固溶处理炉 1 台	工作尺寸 1 500 mm × 2 500 mm, 水槽 26 m, 温差 ±3℃; 可处理制品最大长度 18 m, 一次装料最大 5.4 t; 辐射管式, 煤油燃烧加热
卧式退火(时效)炉 1 台	辐射管式炉, 炉膛长 28 m, 温差 ±3℃; 可作退火或时效炉用, 工作温度 100 ~ 450℃, 时效温度 170 ~ 200℃
坯料感应加热炉 3 台	功率 1 200 kW × 2; 600 kW × 1, 能力 10 t/h
坯料扒皮机 1 台	坯料范围: 外径 200 ~ 600 mm, 长度 400 ~ 1 500 mm
坯料切断机 1 台	锯盘直径 1 680 mm, 切断范围: 扁坯 700 mm × 270 mm, 圆锭 400 ~ 600 mm
坯料超声波探伤仪 1 组	UM - 721 型, 水浸式
制品切断圆锯 1 台	锯片直径 914 mm, 切断断面最大尺寸 700 mm × 300 mm
大型切断机 2 台	可切最大尺寸: 650 mm × 300 mm; 可切长度 2 ~ 20 m; 转角 90° ~ 45°
试验检查设备 1 套	化学分析、力学性能检测设备和超声波探伤仪等
精整矫直设备 1 组	辊矫机、压力矫直机等

(2)优良挤压性能的铝合金

现代交通运输车辆要求挤压型材大型化、薄壁化、宽幅化、整体化、中空化, 因此, 要求采用可挤压性极好、强度中等、耐蚀性和可焊性优良的铝合金。日本1980 年开发的东京—上越新干线(200 型车辆, 速度 210 km/h)所用铝型材由 KOK 公司生产, 车体主要采用 7003 和 7N01 合金生产的形状较简单、宽度较窄、壁厚为 2 mm(最薄)的带筋壁板与 5083 合金板材组焊, 空心型材很少。1981 年开发的山阳新干线(3005 型车辆), 由于要求采用大型薄壁宽幅空心铝合金挤压型材, 其主要合金也由 7 × × × 系向 6 × × × 系发展, 即在欧洲的 6005A 合金基础上开发出日本的 6N01 合金, 用以生产车体大断面空心型材, 而内部骨架等采用 5083S、底架枕梁采用 7N01P(板材)等合金。随着运行速度的进一步提高(≥350 km/h), 要求大型型材更薄壁化、空心化, 因此要求合金不仅挤压性、可焊接性和耐蚀性优良，而且强度应进一步提高。所以，强度更高的型材采用 CZ50（7020）合金生产。

（3）高比压长寿命圆挤压筒和扁挤压筒

生产大型薄壁复杂断面型材时，即使是 Al – Mg – Si 软铝合金，其比压也要求在 500 N/mm² 以上才能顺利进行挤压。扁挤压筒内套结构强度与使用寿命是一个十分重要的技术问题。

KOK 公司的 95 MN 挤压机配备直径 430 mm、500 mm、600 mm 的圆挤压筒和 700 mm×280 mm 扁挤压筒（挤压筒长度 1 600 mm）可生产最大断面外接圆直径 380 mm、400 mm、530 mm 和断面外形尺寸 630 mm×230 mm 的型材。700 mm× 280 mm 扁挤压筒的内孔尺寸为 700 mm×280 mm×1 600 mm，比压 530 N/mm²，外套外径 1 900 mm，内套外径 970 mm。用 JIS SKD61 钢材制造，淬火 + 两次回火后 HRC 为 44 ~48，最高使用寿命约 10 000 次/套。但在生产中也常出现内套开裂的情况。因此，用扁挤压筒生产时，油压机的工作压力应降到 80% 以下。

（4）大型特殊模具的设计制造技术

日本早就将工模具的设计与制造作为挤压生产的一项关键技术，并建立了多家挤压工模具专业厂或模具中心，高取工模具公司就是其中一家具有世界先进水平的挤压模具厂，它拥有 9 工位 CAD/CAM 系统、一系列先进的自动控制 CNC 镗铣床、加工中心、电火花机床、线切割机床、流态化热处理床等电加工、机加工和热加工设备，为日本十几家大型挤压厂设计制作模具。KOK 公司用的大部分大型材模具是该企业提供的。

大型型材模分平面模和组合模两种。组合模有平面分流式、叉架式和桥式 3 种。平面模分整体圆模和装配式扁模两种，前者的抗整体弯曲性能和强度较高，而后者可节省昂贵的模具钢和便于更换品种。95 MN 挤压模组的外形尺寸为 1 000 mm×（310 ~620）mm，质量 2 ~4 t，模具材料为 SKD61，模垫材料为 SKT4，主要由日本高周波钢业公司（KOB）和日立金属公司（YSS）供给。模具的表面硬度、表面光洁度和尺寸精度达到了相当高的水平，完全能满足大型扁宽、薄壁复杂空心和实心铝合金型材生产要求，使用寿命平均可达 30 t 每模型材以上。

（5）大型扁宽薄壁型材的尺寸规格范围

日本第一代、第二代新干线列车车体大型材多为扁宽薄壁的整体带筋壁板，第三代已大量采用 6N01 合金空心壁板型材。表 3 –29 列出了 95 MN 油压机生产的大型型材的最小壁厚范围。

表 3 – 29　大型型材最小壁厚

外接圆直径/mm	实心型材的/mm			空心型材的/mm		
	软	中硬	硬	软	中硬	硬
250 ~ 320	2.5	3.0	3.8	3.0	3.5	—
320 ~ 400	2.8	3.5	4.0	3.4	4.0	—
400 ~ 450	3.2	4.0	5.0	3.8	4.5	—
450 ~ 550	3.8	4.5	5.4	4.0	4.8	—
550 ~ 650	4.0	5.0	5.6	4.5	—	—

（6）大型材挤压生产工艺流程

将 DC 法生产的挤压圆锭与扁锭经均匀化处理、车皮铣面和切定尺后所得的坯料送入感应炉加热，然后在 95 MN 油压机上挤压成各种形状的管、棒、型材。根据挤压筒的规格和制品形状，坯料最长可达 1 400 mm，挤出长度达 20 ~ 40 m（挤压比 20 ~ 60）。软合金型材在风冷或水冷淬火后进入 45 m 冷床，然后送至 2 MN 拉伸矫直机和辊式矫直机矫直。矫直合格的产品在自动圆锯上切成定尺，然后人工时效，经检验后包装交货。对于硬合金制品，一部分送入退火炉，退火后包装交货；另一部分材料送入立式固溶处理炉（最长可处理 20 m 的制品），淬火后在 10 MN 拉伸矫直机上矫直，必要时进行辊矫、压力矫和其他精整工序。经检验合格后切成定尺包装交货。淬火制品中有一部分进行人工时效，然后切定尺、检验、包装交货。

大型扁宽薄壁铝合金型材的工艺特点如下：

① 95 MN 油压机可实现无级调压，扁挤压筒挤压时应降至 80% 压力下使用。

② 挤压机偏心度可保证小于 5%，因此可生产精度很高的大型薄壁管材。

③ 挤压筒采用感应加热，温度 400 ~ 450℃；工模具温度 380 ~ 420℃；软合金型材挤压温度 450 ~ 520℃；硬合金型材挤压温度 420 ~ 470℃。

④ 挤压速度可调，硬合金型材的一般为 0.8 ~ 4.5 m/min，最高可达 30 m/min。

⑤ 挤压比一般为 15 ~ 30，软合金的 25 ~ 80。

⑥ 牵引机最大牵引力 10 kN，最大牵引速度 50 m/min。

⑦ 立式空气固溶处理炉的淬火温度：2014 合金的 496 ~ 507℃；2017 合金的 496 ~ 510℃；2024 合金的 488 ~ 493℃；6061 合金的 516 ~ 532℃；7075 合金的 460 ~ 471℃。6 × × × 系合金在线淬火温度 490 ~ 540℃。

⑧ 10 MN 拉矫机钳口尺寸 500 mm × 800 mm，横向划纹。

⑨ 大型扁宽薄壁复杂不对称空心和实心材料的长度可达到 20 m 以上,对平直度要求很高。为了达到高精度形位偏差的要求,除了采用拉矫外,尚需在特殊结构的辊式矫直机和压力矫直机上精整。

⑩ 对型材的化学成分、内部组织和尺寸精度均应进行严格的检查。

3.5.2　车辆型材生产工艺流程

各种状态车辆挤压型材的工艺流程见图 3 - 36。挤压圆锭用半连续铸造法生产,对其品质要求是:表面光洁、一级疏松、一级氧化膜、化学成分符合厂标要求。锭坯直径比挤压筒的小 4 ~ 20 mm,扁锭的长边及短边分别比扁挤压筒的小 10 ~ 30 mm 及 8 ~ 20 mm。壁板锭坯的最大长度通常比普通型材用的短一些,根据挤压机大小的不同(20 ~ 200 MN),相应地取 550 ~ 1 650 mm。

挤压前锭坯的加热温度依合金而定,硬合金的为 420 ~ 470℃,6063、6082、6005、6A02 等软合金的为 400 ~ 530℃。用宽展模和平面分流组合模挤压时取上限温度。为防止挤压件产生起皮和气泡等缺陷,挤压筒温度应比锭坯温度低 10 ~ 15℃。其他挤压工具温度一般为 350 ~ 500℃,而在宽展挤压和采用平面分流组合模挤压时,模具温度应高一些,以 480 ~ 500℃为宜。

挤压壁板时铝合金的流出速度取决于合金种类和壁板外形,硬合金对称实心壁板的为 0.3 ~ 0.8 m/min,不对称型的为 0.2 ~ 0.45 m/min;软合金和 7005 合金实心壁板可提高到 3 ~ 10 m/min,而 1×××系、3×××系和 6063 等合金可高达 25 ~ 60 m/min,在个别情况下甚至可以高达 80 m/min;宽展壁板和空心壁板的宜低,一般为 0.5 ~ 2.0 m/min。

挤压比决定于合金类型和挤压筒比压:通常硬合金的挤压比约为 35,而软合金的可达 40 ~ 100;比压 > 500 N/mm^2,挤压比可取大一些,而比压小于 400 N/mm^2 时,挤压比宜小。

轨道车辆铝材多是用 6N01、6005A、6063、6082、7N01、7003、7005 合金挤压的薄壁板与型材,通常都在线水、雾、气淬火处理后进行人工时效。为了消除挤压时的刀弯和纵向弯曲以及淬火翘曲,应在淬火后 2 h 内于 4 ~ 25 MN 拉伸矫直上矫直,拉伸伸长率 1.5% ~ 2%;用专用辊式矫直机矫直可以消除横向弯曲与调整筋距。

3.5.2.1　在线精密淬火技术和装备

车体大型材具有截面宽、形状复杂、尺寸偏差严、要求力学性能高等特点,在线淬火品质对这些性能的影响甚大,因此要求淬火系统:必须能提供足够大的冷却速度,以满足不同合金对淬火敏感性的需要和不同型材壁厚对冷却速度的要求;能有效地减少型材冷却时的变形,以确保其尺寸精度。

中国现有的约 1 650 条在线淬火生产线除近 10 年引进的 45 台先进挤压机与

重熔用锭、废料、合金元素锭等

备料

熔炼

铸造

均匀化处理 → 锯切定尺锭 → 均匀化处理

锯切定尺锭 ← 长锭

从外厂购买的锭 → 锭坯加热 ← 长锭

挤压 ← 长锭热剪

在线淬火

张力矫直

切头尾、取试样

辊式矫直

人工时效 → 表面处理

手工矫直

检查 ← 检查

切成品

打印

包装

入库

交货

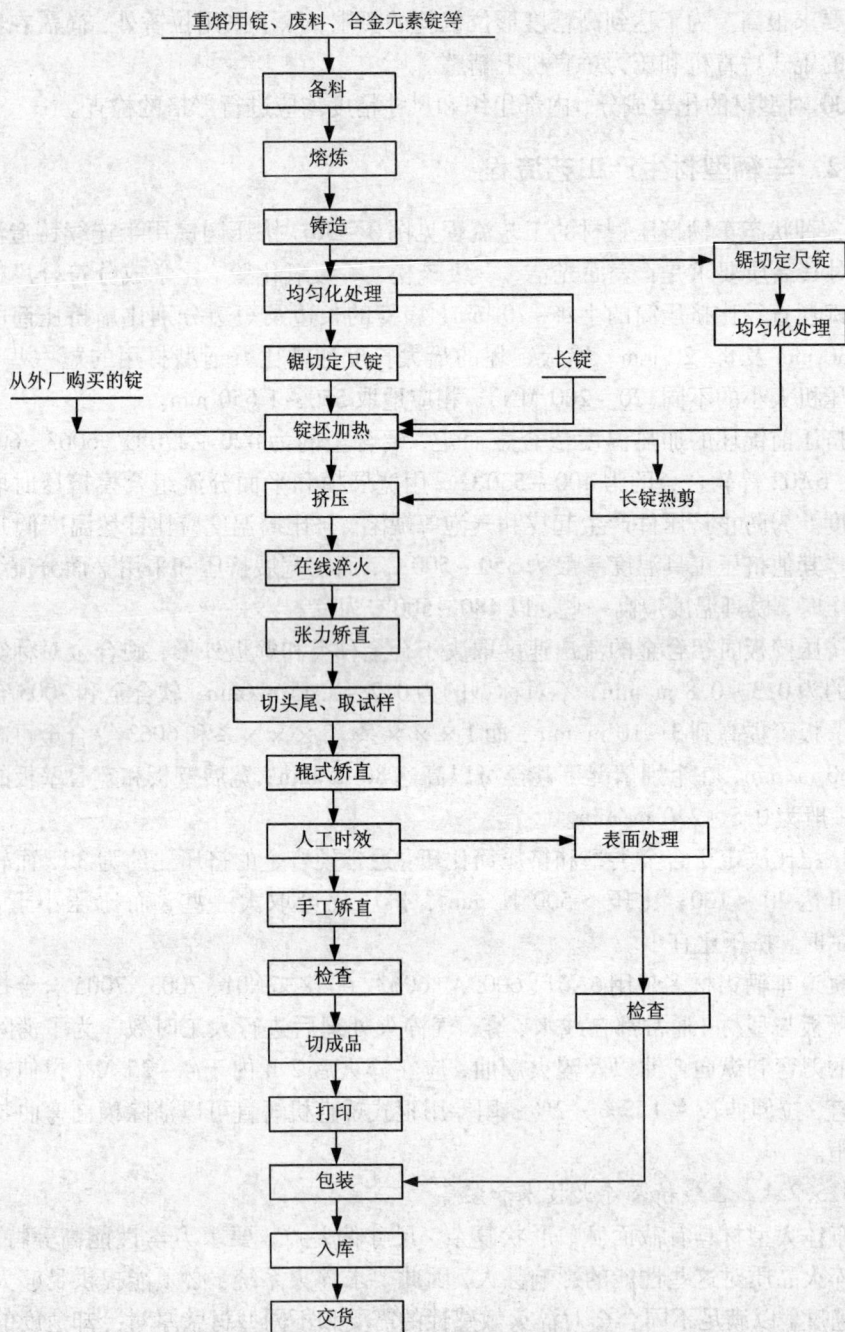

图 3-36 车辆挤压材生产工艺流程示意图

太原重型机器有限公司、上海重型机器公司制造的 40 台(不含在制的)挤压机拥有达到国际水平的在线淬火系统外，其他近 1 600 台挤压机的在线淬火装备都是传统的即较为落后的，因而冷却速度范围窄，不能根据不同合金和型材壁厚调节到合理的冷却速度；可调节性差，型材截面往往不均匀，壁厚也不一致，如果不能根据型材截面变化有效地调节冷却速度，厚壁处就会冷得慢，薄壁处就冷得快，从而造成型材变形过大和性能不均；可操作性不尽如人意，现有的一些在线淬火系统虽具备以上两种功能，但操作性差，实际操作困难，精确度低，且费时，无法生产性能与尺寸稳定、均匀一致的产品。

佛山南海赛福铝材设备有限公司新近推出的两种在线淬火装置[13]：一种适合于 16.5 MN 以上的大中挤压生产线；另一种是为挤压力≤16.5 MN 的中小挤压生产线设计制造的。它们的功能与效果达到了当前的国际水平，基本上可与引进的装备相媲美，不过还有一些有待进一步提高与完善之处。大中型挤压线生产的型材截面大，较易实现上下左右四方冷却的差异化控制。实践证明，该设备不但可以满足传统在线淬火合金的需要，而且可能使目前需要离线淬火的部分合金产品实现在线淬火，对降低能耗与提高效率有益。

大中型挤压生产线具有以下功能：

(1)风冷、风雾混合、雾冷、高压喷水四合一

采用风冷、风雾混合、雾冷、高压喷水四合一，每一种功能都可以根据需要进行大小调节，形成从弱到强无级变化的冷却强度，以适应不同合金不同壁厚对冷却强度的不同需求。生产薄壁 6063 合金型材采用风冷，生产厚壁 6063 合金型材或薄壁 6061 合金型材采用风雾混合，生产中薄壁 6061 合金采用雾冷，生产厚壁 6061 合金型材采用高压喷水。根据该机台生产的型材比重、挤出速度、合金淬火对冷却速度敏感性强弱等因素决定冷却源的配置。型材米重(kg/m)越大、挤出速度越高、合金淬火对冷却速度敏感性越强，风机和水泵的功率就越大、淬火区的长度也越长。采用风雾混合冷却主要是因为挤压车间的气温比较高，纯风冷时，哪怕风压、风量很大，冷却速度也不高，并且能耗很大。如果直接用雾冷或水冷，相对部分合金型材的冷却速度又过高，容易变形。而用风雾混合，既能获得比风冷强很多的冷却效果，又能降低风机的能耗，从而获得合适的冷却速度。

(2)周向多路冷却布置，冷却强度可差异化调节

为了解决截面周向冷却的均匀性，围绕挤压机中心线平行分布若干路风口和喷头(见图 3 - 37)，路数根据生产线生产的型材截面宽度确定。每一路风口和喷头都可单独调节风量或水量，以满足不同合金和壁厚所需要的冷却速度，确保截面上各个位置淬火均匀。这对确保型材性能均匀和有效减少型材变形至关重要。

(3)纵向分段调节及顺序启闭

纵向每段冷却强度可以单独调节。当个别型材淬火特别容易变形时，仅用以

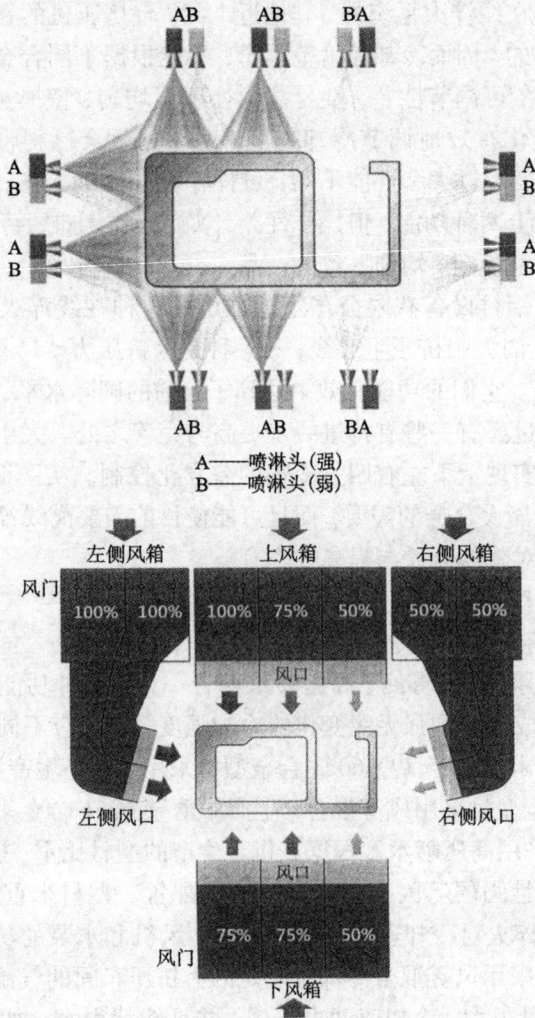

A——喷淋头（强）
B——喷淋头（弱）

图 3 - 37　周向多路冷却强度差异化调节

上两种功能无法满足要求，还可以将纵向的前段冷却强度调小，后段的冷却强度调大。这样既可保证型材得到充分的冷却，又可以减少变形。为了解决型材纵向淬火的一致性，各路风口和喷头在纵向上分若干段（见图 3 - 38），段数据具体生产线需要确定。每段都有独立的控制阀。换棒停止挤压时，从冷床往挤压机方向按顺序分段关闭；换棒开始挤压时，从挤压机往冷床方向按顺序分段开启。这样可以使型材纵向冷却时间基本一致，从而确保型材纵向性能比较均匀，减少纵向弯扭。

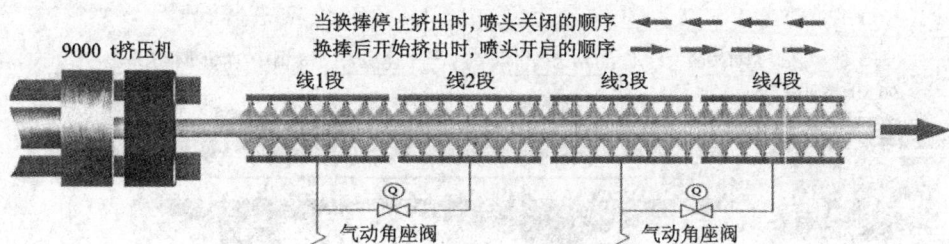

图 3-38　纵向分段调节及顺序启闭功能

（4）顶部风口（喷头）与侧风口（喷头）上下位调节

为了解决型材宽高比变化过大，引起上下左右风门或喷头与型材表面间距变化过大，将上部的风口和喷头与左右的侧风口和侧喷头设计成分离的，并且相互间可以移动（见图 3-39），这样就可以根据型材的宽高比调节风口或喷头与型材表面的距离，确保上下左右各路风口和喷头与型材各表面保持合适的距离和位置，提高冷却精准度和减少能耗。

（5）辅助牵引头

在淬火作业中，牵引机一般不适宜进入淬火区，特别是水冷时，如果牵引机进入淬火区，淬火装置就难以正常工作，通过淬火区的这段型材就无法得到正常的淬火，将会造成该段型材报废。在牵引机不进入淬火区，而又能

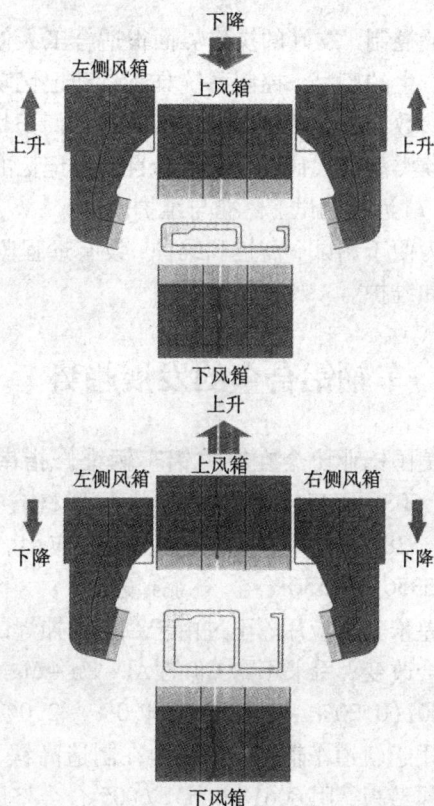

图 3-39　风门和两侧风口上下错位调节

实现牵引和淬火同时进行，就采用辅助牵引头（见图 3-40）。当挤压第一根铸棒时，用辅助牵引头牵引着型材，用牵引机牵引着辅助牵引头，从而淬火装置可正常工作。

（6）人机界面控制及参数记忆

为了方便操作人员的控制，在线淬火装置所有的动作和工艺参数均可通过人

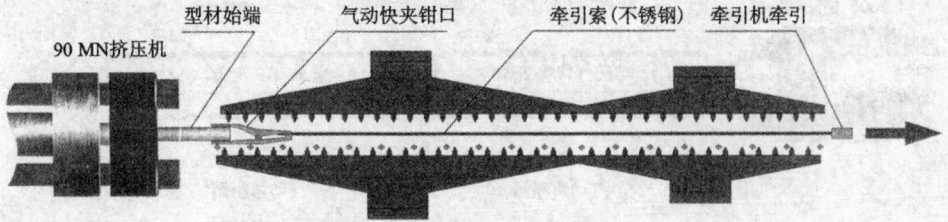

图 3-40 辅助牵引头

机对话控制，友好的操作界面很适合工人使用。为了提高调节效率，减少因调节不当产生的废品，控制系统具有自动记忆功能。对每次生产的型材，当认为淬火工艺参数合理，可启用记忆功能将它们记忆下来，下次再生产此类型材时，只要录入该类型材代码，系统便会自动按记忆的参数生产。

（7）远程调试、监控与维护

为便于调试、监控和维护，设有远程监控接口，必要时可通过网络远程调试、监控和维护。

3.6 车辆铝合金的发展趋势

美国铝业协会在有关铝车辆维修指南中称：普遍采用的板材合金有 5052、5083、5086、5454、6061 等，挤压型材合金为 5083、6061、7005 等，此外诸如 5059、5383 和 6082 等新合金也有所应用。这些合金一般都有良好的可焊性，焊丝为 5356 或 5556 合金。高强度的 $2\times\times\times$ 系和 $7\times\times\times$ 系合金因其可焊性与抗蚀性差未获得应用，不过由于摩擦搅拌焊的应用与其技术的不断提高，这种状况或许会改变；后来不含 Cu 的 Al-Zn-Mg 合金的研发成功使一些 $7\times\times\times$ 系合金如 7N01（0.20% ~ 0.7% Mn，1.0% ~ 2.0% Mg，4.0% ~ 5.0% Zn，JIS H 4100）广泛应用于轨道车辆制造，德国在制造高铁 Trans rapid 车辆车体时采用 5005 合金板制作壁板，用 6061、6063、6005 合金挤压所用的型材。总之，直到目前无论是中国还是其他国家制造高铁车辆仍沿用这些合金。

3.6.1 运营速度 200 ~ 350 km/h 的列车车辆车体铝合金

我们可根据列车运营速度将车辆车体铝合金分为：速度小于 200 km/h 的车辆用的可称第一代合金，它们是常规的合金，用于制造城市轨道车辆车体为主，如 6063、6061、5083 合金等；第二代合金是用于制造高铁（速度 200 ~ 350 km/h）车辆车体的合金，如 6N01、7N01、5005、6005A、7003、7005 合金等；第三代合金是正在研发与改进的合金,如含钪的铝合金与6082合金等,用于制造速度350~450 km/h的车辆车体。

6N01合金及7N01合金是日本为制造新干线车辆研发的合金,实际上是传统合金的改进型,已在高铁车辆制造中广为应用,它们的化学成分见表3－30。

表 3 -30　6082、6N01 及 7N01 合金的化学成分(%)

| 合金 | Si | Fe | Cu | Mn | Mg | Cr | Zn | Ti | 其他 | | Al | 注释 |
									每个	总计		
6082	0.7 ~ 1.3	<0.5	<0.1	0.4 ~ 1.0	0.6 ~ 1.0	<0.25	<0.2	<0.1	<0.05	<0.15	其余	JIS H 4100 附件 2
6N01	0.4 ~ 0.9	<0.35	<0.35	<0.5	0.4 ~ 0.8	<0.3	<0.25	<0.1	<0.05	<0.15	其余	(Mn + Cr) 0.12 ~ 0.50 JIS H 4100 附件 2
7N01	<0.3	<0.35	<0.2	0.2 ~ 0.7	1.0 ~ 2.0	<0.3	4.0 ~ 5.0	<0.2	<0.05	<0.15	其余	JIS H 4100 V < 0.10 Zr < 0.25

除了6N01、7N01合金外,还有7003合金,它的Mg含量比7N01合金低一些,是一种低Mg的Al－Zn－Mg合金,它的可焊性与强度与7N01合金的相当,并具有更高的可挤压性能。日本东北和上越新干线、札幌地铁大量采用7003、7N01合金生产壁厚3 mm的宽幅型材。

6005A合金(0.50%~0.9%Si、0.40%~0.7%Mg、0.12%~0.50%Mn+Cr)是一种法国合金,它与美国合金6005相比,Mg与Si的含量相等而增加了0.12%~0.50%(Mn+Cr),不但有与6063合金相当的可挤压性能,而且强度性能也有所提高,6N01合金也如此,日本山阳电气化铁路3050型车辆车体侧板(宽507 mm、壁厚2.5 mm)、宽558 mm的地板,以及制造侧板挂钩、檐梁等的大型宽幅空心型材都是用6N01合金挤压的。

3.6.2　速度 350 ~ 450 km/h 的列车车辆车体铝合金

这是车辆车体用的新一代铝合金,列车运营速度高达450 km/h,车辆须承受更大的外力,受到的震动也更强烈,因此研发新一代轻量化高铁铝合金是一项亟待解决的问题。

3.6.2.1　含钪的铝合金

钪是优化铝合金性能最为有效的合金元素。含钪铝合金强度高、塑性好、可焊性及抗蚀性优良,是舰船、航空航天、核能等国防军工尖端领域选用的新一代铝合金结构材料,当然也可用于制造铁路车辆。

微量钪元素(0.1% ~0.2%)既可提升力学性能,改善铝合金的微观结构,又可减少焊接处的热裂纹,从而提高可焊性。目前所开展的相关研究旨在确认5×××、6×××及7×××系列含钪铝合金能否与先进的焊接工艺(摩擦搅拌焊接技术)相结合,进而改善铝合金在铁路应用领域的性能。之前的研究成果表明:添加钪有助于改善6061合金的可焊性,但却降低其强度,而且并未改善结晶组织。向5456合金添加钪虽然改善了晶粒结构和力学性能,但对晶间腐蚀性能不利。

向7×××系列合金添加钪有助于大幅提高其力学性能、可焊性以及耐腐蚀性。而正是由于其更高的力学性能,此合金的挤压速度慢,从而抬升生产成本。因此,权衡利弊的关键就在于:添加钪之后,7×××系列合金力学性能、可焊性以及耐腐蚀性能的提升,能否足以抵冲由此上浮的材料成本。迄今为止,含钪铝合金仅少量用于制造高性能的体育器材,如棒球棒和箭头。至于含钪合金日后将普及到何种程度,当前仍不能妄下结论。先进高速列车的建造工艺正在与航空技术越发靠拢。在此背景下,含钪合金所具备的优势或将得到认可。例如,在装配中采用具有更高强度的含钪合金挤压型材,可以改善结构设计,如减少用料,进而打造更轻、更节能的高效系统。

3.6.2.2 6082合金

继6N01合金普及以来,1972年问世的6082合金已引起铁路运输业的关注。6082合金强度介于7N01合金与6N01合金的之间。6082 – T5方形管的强度(喷雾淬火),符合底架梁的相应要求(见表3 – 31)。基础实验表明:此合金可以在相关领域实地采用。然而,该合金若要在铁路运输系统得到普及推广,仍有待充分验证。此外,列车结构采用该合金,进行疲劳实验的相关数据仍不够。对于30年前的铝制列车曾被视为万无一失的装配节点疲劳强度,由于列车载重条件改变和结构轻量化,早已不再适用于当前的新型高速列车。

表3 – 31 6082合金方型管的强度

	喷雾淬火		
	抗拉强度 R_m N/mm^2	屈服强度 $R_{p0.2}$ N/mm^2	伸长率 A/%
10 mm	301	280	16.4
技术条件要求, T5	≥290	≥250	≥8

3.6.2.3 泡沫铝

高速列车具有轴重轻、频繁加减速和超载运行的特点,要求车体结构在满足强度和刚度的前提下尽可能轻量化。显然,超轻泡沫铝所具备的高比强、高比模、高阻尼等性能，与这些要求非常一致。美国弗兰霍弗（Fraunhofer）研究中心与西班牙塔尔哥（Talgo）集团合作，对泡沫铝在高速列车上应用的可行性进行了研究与评估，发现填充泡沫铝的钢管吸能本领比空管的高35%～40%，抗弯强度提高40%～50%，从而可使车厢立柱和隔板更不易坍塌；用泡沫铝填充机车头尾缓冲区，可增加对冲击能的吸收；用10 mm厚泡沫铝和薄铝板做成的夹心板比原薄钢板质量轻50%，而刚度提高8倍。在欧盟第6个框架计划的资助下，德国弗兰霍夫材料应用技术研究所对铁路、航空等交通运输装备应用泡沫铝为缓冲吸能材料进行了系统研究，建立了全面的设计准则与基本性能数据库。

　　目前中国有关高铁部门正在研究采用泡沫铝夹心板制作高速列车地板和车门的可行性。为加快解决下一代高速列车面临的一系列重大科学问题和工程技术问题，铁道部与中国科学院联合成立了先进轨道交通力学研究中心，将对高速列车材料与结构可靠性、高速列车降噪理论与技术等方面展开攻关研究，其中有相当一部分内容与超轻泡沫铝有关。

　　随着高速列车运行速度的不断提升，产生的噪声对乘客乘坐舒适度与周边环境的影响已经成为高铁发展的关键制约性因素之一。相对于车内噪声，车外噪声对环境的污染更为严重，而高速列车通过隧道或两列高速列车在隧道内交汇时产生的混响噪声及由此产生的震动具有很强的破坏作用，如不能有效控制，将可能成为高铁发展的最大障碍。为了减少高速列车的噪声污染，必须在经过人口密集区的铁路两侧及隧道内建立声屏障。超轻开孔泡沫铝的主要功能之一是吸声，而且该性能可通过改变孔型或声结构调整。此外，泡沫铝还具有良好的防腐、耐候和加工性能，因此非常适合于野外声屏障用吸声材料。日本新干线是目前国际上铁路噪声最低的，其中很多路段的声屏障采用了泡沫铝为吸声材料。中国对高铁的噪声辐射问题也极为重视，在科技部与铁道部共同签署的《中国高速列车自主创新联合行动计划》中，遴选了包括高铁噪声问题在内的十大关键技术开展攻关研究。

3.6.2.4　废料回收

　　铝在结构用的金属材料中具有最高的可回收率，在每年消费的铝及铝材中在消费后的二三十年内约有72%以上可得到回收，有些铝及铝材在消费后或使用后无法回收，如铝粉、铝膏、冶金工业作为还原剂的铝、制药用的铝、药品包装铝、包装用双零铝箔等。轨道车辆用的铝材及铝铸件的尺寸都比较大且比较厚，在车辆报废后95%左右的铝都可以得到回收。因此，在车辆设计时就要考虑铝制零部件的回收，这对建设循环经济与节能减排、节约资源都有着重要意义与经济效益。

　　轨道车辆铝合金以Al - Mg系、Al - Mg - Si系、Al - Mg - Zn系为主，前两系合金废料具有相容性，而与后一系合金却不相容。因此，为提高废料品质和经济效益，在设计车辆时，所有零部件最好只用同一个系合金，中策是用前两系合金，下策是三系合金全用。可是实际情况并没有这么简单与理想。日本曾在 20 世纪末发起了一场"一类合金运动(monoalloy movement)"，旨在轨道车辆制造中仅用 Al－Mg－Si 系，不用 7N01 合金。然而研究结果表明，该合金仅适用于地铁通勤列车，即只适用于速度 120 km/h 以下的城市轨道车辆。对速度更快的特别是高速列车车辆车体不适用，虽然它的绝大多数零部件可以用 Al－Mg－Si 系合金制造，但底架大型材必须用中强可焊的 7N01 合金制造，方能胜任特有的载重和高速行车状态。研发强度性能可与 7N01 合金的相当或更高一些的 Al－Mg－Si 合金或 Al－Mg 系合金乃当务之急。

　　最后需指出，铝材是轨道车辆制造所必需的，特别是高速与磁悬浮列车车辆车体必须是全铝的，而其他凡是可用铝制造的零部件也都必须用铝，以使车辆达到最大轻量化。高铁与磁悬浮车辆用的铝以变形铝合金为主，占 92% 以上，也用一些铸造铝合金，铝的总采购量可按 10 t/辆匡算。2010 年中国高铁通车里程约 7 000 km；城市轨道线路达到 55 条、里程 1 500 km，配备车辆逾 6 000 辆。

　　中国正在形成全球独一无二的高速铁路网。这是中国唯一一件超过发达国家的事情，我们为此深感骄傲。中国拥有高铁与城市轨道线路、铝合金车辆设计、建设与管理的全部自主知识产权，车辆用的铝合金与各种铝材全部自给有余。日本新干线速度最快的列车"隼"号 2011 年 3 月 5 日投入运营，最高速度 320 km/h，中国的京津线、武广线、沪杭线、沪宁线、郑西线的运营速度早已达到 350 km/h，然而为了更稳健更安全起见，从 2011 年 8 月起将运营速度调低到 300 km/h。

　　中国铝挤压工业虽能提供轨道车辆所需的各种型材，但在大型材的尺寸偏差及各项性能的稳定性方面与日本、德国、瑞士的材料相比还有一定差距，有待改进。研发强度性能比 7N01 合金高，而其可挤压性能又可与 6N01 合金媲美的 6×××系合金是摆在中国材料科技工作者面前的一项任务。

　　生产高铁与城轨车辆复杂断面大型材有 100 MN 级的大挤压机就足矣。中国在大型材挤压工模具设计、制造方面，生产成本等方面欲全面赶超日本 KOK 公司、德国海德鲁铝业公司埃森挤压厂、瑞士力拓加铝公司谢尔挤压厂的水平，还要做许多工作，还有一段路要走。

第 4 章 轨道车辆铝材的性能及尺寸

4.1 5×××系合金

镁是变形铝合金中应用最广与含量最多的合金元素，2010 年年末在美国铝业协会公司（AA）注册的 531 个常用铝合金中，含镁的合金有 254 个，即占 47.8%，镁的含量为 0.5% ~6.2%。Al – Mg 合金在冷加工后有相当高的强度、良好的成形加工性，以及良好的抗蚀性与可焊接性，在 6××× 系合金中镁赋予合金热处理强化能力，同时合金仍保持良好的抗蚀性与可焊性；对 7××× 系合金，镁使它们有良好的抗蚀性、尚可的可焊性与最高的强度。镁能改善铝 – 铜合金的时效特性；向 3××× 系合金添加镁，在提高合金强度的同时，不会使其抗蚀性与塑性下降。

4.1.1 合金的组织及各元素的作用

轨道车辆结构用的合金主要是 5454、5754、5083 合金，它们的化学成分见 GB/T 3190—2008。

图 4 – 1 示出了 Al – Mg 二元相图，在铝端有一共晶反应：液体 $L{\to}Al + Mg_5Al_8$，35% Mg，723 K，镁在铝中的固溶度见表 4 – 1。Mg_5Al_8 为面心立方结构，空间群 Pm3m，单位晶胞中有 108 个原子，晶格常数 $\alpha = 12.419$。5××× 合金的成分范围（质量分数）：Mg 0.5 ~6.2，Si≤0.55、Fe≤0.7，Mn≤1.8，Cu≤0.8，Cr≤0.50，Ni≤0.05，Zn≤2.8，Ti≤0.20，Zr≤0.3，（Mn + Cr）≤0.6，Ga≤0.05，V≤0.05。

表 4 –1 镁在铝中的固溶度

温度/K	$w(Mg)/\%$	$x(Mg)/\%$	温度/K	$w(Mg)/\%$	$x(Mg)/\%$
723	17.4	18.5	500	3.7	4.5
700	15.3	16.4	450	2.6	3.3
650	11.5	12.5	400	2.0	2.7
600	8.1	9.0	300	1.9	2.3
550	5.5	6.4			

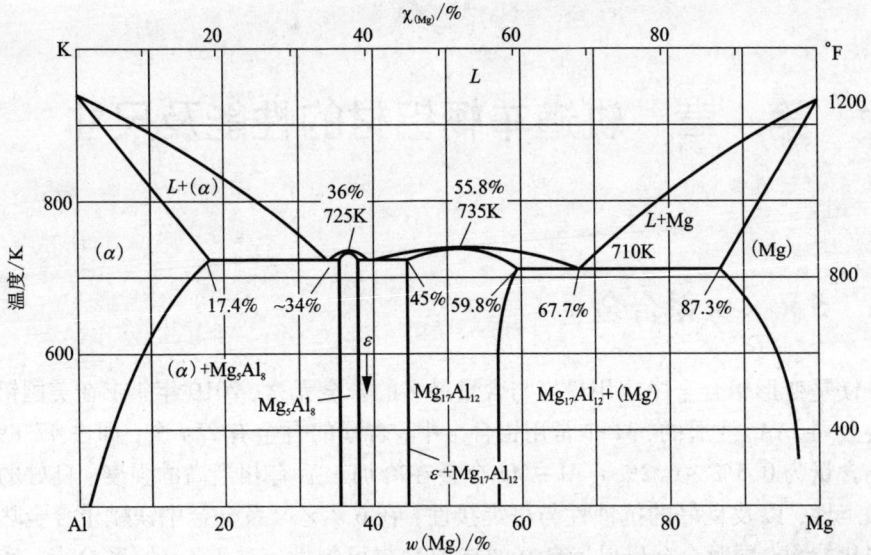

图 4-1 Al-Mg 二元相图

急冷时镁在铝中的固溶度可达 37%，在非平衡状态凝固时也会产生 Mg_5Al_8 相的晶内偏析，只有冷却速度小于 5×10^{-4} K/h 时才会形成平衡组织。Mg_5Al_8 的密度 2 230 kg/m³，维氏硬度 2 000 ~ 3400 N/mm²。液态 Al-Mg 合金为无序原子排列。镁含量每增加 1%，铝的晶格常数约增加 0.005×10^{-10} m，达到平衡固溶极限的固溶体的晶格常数为 $4.129\ 4 \times 10^{-10}$ m。

含 Mg 3% 的合金对 2 500 ~ 3 500 μm 光的反射率比纯铝的低 10% 左右，镀 Al-Mg合金(8% Mg ~ 35% Mg)的镜对光的反射率比镀纯铝的高 5%。Al-Mg 合金的硬度、强度、疲劳强度均随镁含量的增加而上升，但塑性下降。含 5% 以上镁的合金有一点点热处理效果，但没有商业价值。温度降低时 Al-Mg 合金的强度与塑性均上升；温度升高时 Al-Mg 合金强度下降速度比其他铝合金的低。镁是少数几个降低铝弹性模量元素之一，同时降低量几乎与镁含量的增加呈直线关系。镁是降低铝的蠕变速度的有效元素。

Al-Mg 合金上的氧化膜的比容比形成这种膜的金属的大，因此氧化膜致密，有高的抗蚀性，在盐水及弱碱性溶液中的比纯铝的高。镁降低铝的电极电位。

Al-Mg 固溶体合金有特别明显的延迟屈服现象。镁以粗大的 Mg_5Al_8 粒子存在时对再结晶温度没有影响，若溶于固溶体中则提高再结晶温度。Al-Mg 合金在淬火后数秒内即可在晶界、位错等高能处形成 GP 区，但它们都很小，直径为 $(10 ~ 15) \times 10^{-10}$ m，而大部分过剩空位仍以云状形式分布在 GP 区周围，时效应变很小或没有，因此，不发生可觉察到的硬化现象。

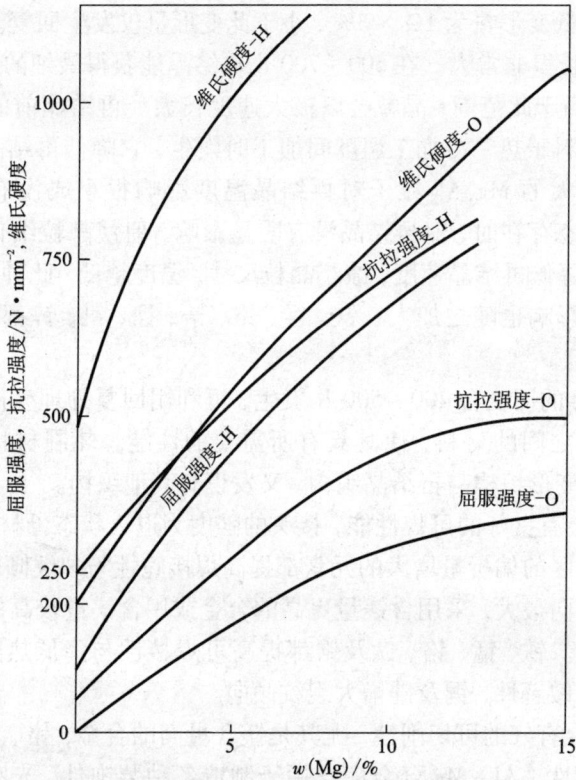

图 4 – 2　Al – Mg 合金的力学性能与镁含量的关系

Al – Mg 合金开始形成 β' 相之际，就是抗蚀性最低之时，对晶间腐蚀及应力腐蚀最敏感，因为在 β' 相周围形成了溶质贫乏区，它们虽然很薄，以膜形式存在，对母相呈阳极。Al – Mg 合金的这两种腐蚀敏感性随着镁含量的增大而上升，含 Mg 3% ~4% 的合金几乎没有这种敏感性，而对含镁量大于 6% 的合金却显得非常重要。在 500 ~525 K 退火，Mg_5Al_8 发生球化，并在空位区形成沉淀物，几乎可消除对这两种腐蚀的敏感性。

通过形变热处理可使 Al – Mg 合金具有所需要的性能，也可以消除对应力腐蚀开裂的敏感性。铸锭晶粒越细小，铝材的力学性能也越高。Al – Mg 合金的热加工性能决定于镁含量，镁含量小于 1% 时，热加工性相当好，但随着镁含量的增加而迅速下降，塑性低的原因之一是合金的 Al – Mg_5Al_8 共晶体的熔点低（723 K），比其他铝合金的热加工温度低 50 ~100 K。Al – Mg 合金的冷变形需要大的载荷，即使镁含量较低也如此。为此，轧机功率的确定应慎重。

硅显著降低 Al – Mg 合金的加工性能，锰、铬、锌、铜及铁对加工性能的影响很小。钠的作用很坏，即使约含 0.001% 也会使材料在冷加工或热加工时开裂。

引起再结晶的最低变形量为 1% ~3%，小于此变形量仅发生回复。冷变形量刚超过此值，晶粒会长得非常大。在 600~700 K 再结晶能获得最细的晶粒，低于此范围，形核过慢；高于此范围，晶粒会以极大速度长大。再结晶前的回复可在慢加热时发生或在材料于热－冷加工温度间加工时发生，它降低再结晶速度，往往引起粗大晶粒。粗大的 Mg_5Al_8 粒子对再结晶温度影响很小或没有影响；细小的 Mg_5Al_8 以弥散形态存在时，对再结晶没有明显影响，但使晶粒细化。固溶的镁提高再结晶温度，降低再结晶速度，减小晶粒尺寸，温度越低，此种影响越显著，镁含量增加，此种影响也随之加大。铁、锰、铬、锆、锂、钒、锌都提高 Al－Mg 合金的再结晶温度。

Al－Mg 合金的回复在 400~500 K 发生，可利用回复处理生产状态介于冷作硬化与退火软化之间的材料，使其具有所需要的性能。轧制材料可具有各种织构，既有正常的变形织构与再结晶织构，又发现有其他织构。

Al－Mg 合金有良好的可焊性能，接头的强度为退火状态母材的 80% ~95%。凡是使树枝状晶区的偏析量增大的元素都提高焊接脆性与裂纹倾向，约含 Mg 2% 的合金的裂纹倾向最大，采用含镁量更高的合金或用含镁量较高的焊条都能减少裂纹与提高强度。铁、锰、铬、钛及锆都提高可焊接性与降低热脆性，锰及铬还能降低应力腐蚀敏感性，铜及硅增大裂纹倾向。

Al－Mg 合金有好的可切削性，尤其是镁含量高的合金，铬、硅、铜及铅也略提高可切削加工性。Al－Mg 合金广泛用于制造各种装饰件，光亮蚀洗或电解抛光的表面对光有很高的反射率，在阳极氧化后仍如此，保持光泽的能力也比其他镜面材料的高得多。杂质降低光亮度，因此通常用 99.99% 的高纯铝配制反射器用的 Al－Mg 合金。组织也对光亮度有影响，如果合金元素完全固溶或者以亚显微沉淀物的形式存在，则反射率更大。粗大晶粒或择优取向降低反射率。Al－Mg 合金中可能出现的相见表 4－2。

4.1.2　板带材的力学性能及尺寸偏差

4.1.2.1　力学性能

欧盟标准（EN）对轨道车辆 5454、5754、5083 合金板、带材力学性能及尺寸偏差要求见表 4－3~表 4－5，中国标准对这 3 个合金板、带材的一般要求可参阅 GB/T 3880.1—2006、力学性能标准可参阅 GB/T 3880.2—2006、尺寸偏差见 GB/T 3880.3—2006。铁路货车用铝合金板材的有关要求及力学性能见表 4－6~表 4－9（YS/T 622—2007），5383 合金的化学成分见 GB/T 3190—2008；板材长度不大于 4 000 mm 时，长度允许偏差为 +4 mm，若大于 4 000 mm 时，则为 +6 mm；宽度允许偏差为 ±2 mm；对角线长度差应不大于 8 mm；不平度应不大于 6 mm/m。

表 4 – 2　Al – Mg 合金中的相

Mg	Mg < 2% 固溶	Mg > 2% Mg_5Al_8	Si > 0.05% Mg_2Si	Cu > 0.2% $CuMg_4Al_6$			
Si	Fe < 0.3% Mg_2Si	Fe > 0.3%、 Mg < 2% Fe_2SiAl_6	Fe > 0.3%、Mg < 2%、 Mn 或 Cr > 0.1% $(FeMn)_3Si_2Al_{15}$ 或$(CrFe)_4Si_4Al_{13}$				
Fe	Si < 0.3% Mg > 2% $FeAl_3$	Si > 0.3% Mg < 2% Fe_2SiAl_8	Si > 0.3% Mg < 2% Mn > 0.1% $(FeMn)_3$ Si_2Al_{15}	Si < 0.3% Mg > 2% Mn > Fe $(FeMn)Al_6$	Si > 0.3% Mg < 2% Cr > 0.1% $(CrFe)_4$ Si_4Al_{15}	Si < 0.3% Mg > 2% Cr > 0.1% $(CrFe)Al_7$	Si > 2% Fe > 0.3% Cu > 1% Cu_2FeAl_7
Mn	Si < Mg $(FeMn)Al_6$	Si > 2Mg $(FeMn)_8Si_2Al_{15}$					
Cr	Si < Mg $(CrFe)Al_7$	Si > 2Mg $(CrFe)_4Si_4Al_{13}$					
Cu	Fe < Cu $CuMg_4Al_6$	Fe > Cu、 Mg < 2% Cu_2FeAl_7					
Zn	Zn < 2% 固溶	Zn > 2% Mg_3ZnAl_2					

表 4 – 3　合金 EN AW – 5454[AlMg3Mn] 的保证力学性能(EN 485 – 2：2008)

状态	厚度/mm		抗拉强度 R_m /N·mm^{-2}		屈服强度 $R_{p0.2}$ /N·mm^{-2}		伸长率最小 /%		弯曲半径[1]		硬度 (HBW)[1]
	>	≤	最小	最大	最小	最大	$A_{50\ mm}$	A	180°	90°	
F[1]	2.5	120.0	215	—	—	—	—	—	—	—	—
	120.0	150.0	205	—	—	—	—	—	—	—	—
O	0.2	0.5	215	275	85	—	12	—	0.5t	0.5t	58
	0.5	1.5	215	275	85	—	13	—	0.5t	0.5t	58
	1.5	3.0	215	275	85	—	15	—	1.0t	1.0t	58
	3.0	6.0	215	275	85	—	17	—	—	1.5t	58
	6.0	12.5	215	275	85	—	18	—	—	2.5t	58
	12.5	80.0	215	275	85	—	—	16	—	—	58

续表 4 - 3

状态	厚度/mm		抗拉强度 R_m /N·mm^{-2}		屈服强度 $R_{p0.2}$ /N·mm^{-2}		伸长率最小 /%		弯曲半径^{①}		硬度 (HBW)^{①}
	>	≤	最小	最大	最小	最大	$A_{50\,mm}$	A	180°	90°	
H111	0.2	0.5	215	275	85	—	12	—	0.5t	0.5t	58
	0.5	1.5	215	275	85	—	13	—	0.5t	0.5t	58
	1.5	3.0	215	275	85	—	15	—	1.0t	1.0t	58
	3.0	6.0	215	275	85	—	17	—	—	1.5t	58
	6.0	12.5	215	275	85	—	18	—	—	2.5t	58
	12.5	80.0	215	275	85	—		16			58
H112	6.0	12.5	220	—	125		8	—	—	—	63
	12.5	40.0	215	—	90		—	9	—	—	59
	40.0	120.0	215	—	90		—	13	—	—	59
H12	0.2	0.5	250	305	190	—	3	6			75
	0.5	1.5	250	305	190	—	4	—			75
	1.5	3.0	250	305	190	—	5	—			75
	3.0	6.0	250	305	190	—	6	—			75
	6.0	12.5	250	305	190	—	7	—			75
	12.5	40.0	250	305	190	—	—	—			75
H14	0.2	0.5	270	325	220	—	2	4			81
	0.5	1.5	270	325	220	—	3	—			81
	1.5	3.0	270	325	220	—	3	—			81
	3.0	6.0	270	325	220	—	4	—			81
	6.0	12.5	270	325	220	—	5	—			81
	12.5	25.0	270	325	220	—	—	—			81
H22	0.2	0.5	250	305	180	—	5	—	1.5t	0.5t	74
	0.5	1.5	250	305	180	—	6	—	1.5t	1.0t	74
	1.5	3.0	250	305	180	—	7	—	2.0t	2.0t	74
	3.0	6.0	250	305	180	—	8	—	—	2.5t	74
	6.0	12.5	250	305	180	—	10	—	—	4.0t	74
	12.5	40.0	250	305	180	—	—	—	—	—	74

续表 4 – 3

状态	厚度/mm		抗拉强度 R_m /N·mm^{-2}		屈服强度 $R_{p0.2}$ /N·mm^{-2}		伸长率最小 /%		弯曲半径[①]		硬度 (HBW)[①]
	>	≤	最小	最大	最小	最大	$A_{50\,mm}$	A	180°	90°	
H32	0.2	0.5	250	305	180	—	5	9	1.5t	0.5t	74
	0.5	1.5	250	305	180	—	6	—	1.5t	1.0t	74
	1.5	3.0	250	305	180	—	7	—	2.0t	2.0t	74
	3.0	6.0	250	305	180	—	8	—	—	2.5t	74
	6.0	12.5	250	305	180	—	10	—	—	4.0t	74
	12.5	40.0	250	305	180	—					74
H24	0.2	0.5	270	325	200	—	4	7	2.5t	1.0t	80
	0.5	1.5	270	325	200	—	5	—	2.5t	2.0t	80
	1.5	3.0	270	325	200	—	6	—	3.0t	2.5t	80
	3.0	6.0	270	325	200	—	7	—	—	3.0t	80
	6.0	12.5	270	325	200	—	8	—	—	4.0t	80
	12.5	25.0	270	325	200	—	—	—	—	—	80
H34	0.2	0.5	270	325	200	—	4	7	2.5t	1.0t	80
	0.5	1.5	270	325	200	—	5	—	2.5t	2.0t	80
	1.5	3.0	270	325	200	—	6	—	3.0t	2.5t	80
	3.0	6.0	270	325	200	—	7	—	—	3.0t	80
	6.0	12.5	270	325	200	—	8	—	—	4.0t	80
	12.5	25.0	270	325	200	—	—	—	—	—	80
H26	0.2	0.5	290	345	230	—	3	—	—	—	87
	0.5	1.5	290	345	230	—	3	—	—	—	87
	1.5	3.0	290	345	230	—	4	—	—	—	87
	3.0	6.0	290	345	230	—	5	—	—	—	87
H36	0.2	0.5	290	345	230	—	3	—	—	—	87
	0.5	1.5	290	345	230	—	3	—	—	—	87
	1.5	3.0	290	345	230	—	4	—	—	—	87
	3.0	6.0	290	345	230	—	5	—	—	—	87

续表 4 - 3

状态	厚度/mm		抗拉强度 R_m /N·mm^{-2}		屈服强度 $R_{p0.2}$ /N·mm^{-2}		伸长率最小 /%		弯曲半径[1]		硬度 (HBW)[1]
	>	≤	最小	最大	最小	最大	$A_{50\,mm}$	A	180°	90°	
H28	0.2	0.5	310	—	250	—	3	—	—	—	93
	0.5	1.5	310	—	250	—	3	—	—	—	93
	1.5	3.0	310	—	250	—	3	—	—	—	93
H38	0.2	0.5	310	—	250	—	3	—	—	—	93
	0.5	1.5	310	—	250	—	3	—	—	—	93
	1.5	3.0	310	—	250	—	3	—	—	—	93

注：① 仅供参考。

表 4 - 4　合金 EN AW - 5754[AlMg3]的保证力学性能(EN 485 - 2：2008)

状态	厚度/mm		抗拉强度 R_m /N·mm^{-2}		屈服强度 $R_{p0.2}$ /N·mm^{-2}		伸长率最小 /%		弯曲半径*		硬度 (HBW)*
	>	≤	最小	最大	最小	最大	$A_{50\,mm}$	A	180°	90°	
F*	≥2.5	100.0	190	—	—	—	—	—	—	—	—
	100.0	150.0	180	—	—	—	—	—	—	—	—
O	0.2	0.5	190	240	80	—	12	17	0.5t	0t	52
	0.5	1.5	190	240	80	—	14	—	0.5t	0.5t	52
	1.5	3.0	190	240	80	—	16	—	1.0t	1.0t	52
	3.0	6.0	190	240	80	—	18	—	1.0t	1.0t	52
	6.0	12.5	190	240	80	—	18	—	—	2.0t	52
	12.5	100.0	190	240	80	—	—	—	—	—	52
H111	0.2	0.5	190	240	80	—	12	17	0.5t	0t	52
	0.5	1.5	190	240	80	—	14	—	0.5t	0.5t	52
	1.5	3.0	190	240	80	—	16	—	1.0t	1.0t	52
	3.0	6.0	190	240	80	—	18	—	1.0t	1.0t	52
	6.0	12.5	190	240	80	—	18	—	—	2.0t	52
	12.5	100.0	190	240	80	—	—	—	—	—	52

续表 4 - 4

状态	厚度/mm		抗拉强度 R_m /N·mm^{-2}		屈服强度 $R_{p0.2}$ /N·mm^{-2}		伸长率最小 /%		弯曲半径*		硬度 (HBW)*
	>	≤	最小	最大	最小	最大	$A_{50\,mm}$	A	180°	90°	
H112	≥6.0	12.5	190	—	100	—	12	10	—	—	62
	12.5	25.0	190	—	90	—	—	12	—	—	58
	25.0	40.0	190	—	80	—	—	14	—	—	52
	40.0	80.0	190	—	80	—	—	—	—	—	52
H12	0.2	0.5	220	270	170	—	4	—	—	—	66
	0.5	1.5	220	270	170	—	5	—	—	—	66
	1.5	3.0	220	270	170	—	6	—	—	—	66
	3.0	6.0	220	270	170	—	7	—	—	—	66
	6.0	12.5	220	270	170	—	9	—	—	—	66
	12.5	40.0	220	270	170	—	—	9	—	—	66
H14	0.2	0.5	240	280	190	—	3	—	—	—	72
	0.5	1.5	240	280	190	—	3	—	—	—	72
	1.5	3.0	240	280	190	—	4	—	—	—	72
	3.0	6.0	240	280	190	—	4	—	—	—	72
	6.0	12.5	240	280	190	—	5	—	—	—	72
	12.5	25.0	240	280	190	—	—	5	—	—	72
H16	0.2	0.5	265	305	220	—	2	—	—	—	80
	0.5	1.5	265	305	220	—	3	—	—	—	80
	1.5	3.0	265	305	220	—	3	—	—	—	80
	3.0	6.0	265	305	220	—	3	—	—	—	80
H18	0.2	0.5	290	—	250	—	1	—	—	—	88
	0.5	1.5	290	—	250	—	2	—	—	—	88
	1.5	3.0	290	—	250	—	2	—	—	—	88
H22	0.2	0.5	220	270	130	—	7	—	$1.5t$	$0.5t$	63
	0.5	1.5	220	270	130	—	8	—	$1.5t$	$1.0t$	63
	1.5	3.0	220	270	130	—	10	—	$2.0t$	$1.5t$	63

续表 4-4

状态	厚度/mm >	厚度/mm ≤	抗拉强度 R_m /N·mm⁻² 最小	抗拉强度 R_m /N·mm⁻² 最大	屈服强度 $R_{p0.2}$ /N·mm⁻² 最小	屈服强度 $R_{p0.2}$ /N·mm⁻² 最大	伸长率最小/% A_{50mm}	伸长率最小/% A	弯曲半径* 180°	弯曲半径* 90°	硬度 (HBW)*
H22	3.0	6.0	220	270	130	—	11	—	—	$1.5t$	63
	6.0	12.5	220	270	130	—	10	—	—	$2.5t$	63
	12.5	40.0	220	270	130	—	—	9	—	—	63
H32	0.2	0.5	220	270	130	—	7	—	$1.5t$	$0.5t$	63
	0.5	1.5	220	270	130	—	8	—	$1.5t$	$1.0t$	63
	1.5	3.0	220	270	130	—	10	—	$2.0t$	$1.5t$	63
	3.0	6.0	220	270	130	—	11	—	—	$1.5t$	63
	6.0	12.5	220	270	130	—	10	—	—	$2.5t$	63
	12.5	40.0	220	270	130	—	—	9	—	—	63
H24	0.2	0.5	240	280	160	—	6	—	$2.5t$	$1.0t$	70
	0.5	1.5	240	280	160	—	6	—	$2.5t$	$1.5t$	70
	1.5	3.0	240	280	160	—	7	—	$2.5t$	$2.0t$	70
	3.0	6.0	240	280	160	—	8	—	—	$2.5t$	70
	6.0	12.5	240	280	160	—	10	—	—	$3.0t$	70
	12.5	25.0	240	280	160	—	—	8	—	—	70
H34	0.2	0.5	240	280	160	—	6	8	$2.5t$	$1.0t$	70
	0.5	1.5	240	280	160	—	6	—	$2.5t$	$1.5t$	70
	1.5	3.0	240	280	160	—	7	—	$2.5t$	$2.0t$	70
	3.0	6.0	240	280	160	—	8	—	—	$2.5t$	70
	6.0	12.5	240	280	160	—	10	—	—	$3.0t$	70
	12.5	25.0	240	280	160	—	—	—	—	—	70
H26	0.2	0.5	265	305	190	—	4	—	—	$1.5t$	78
	0.5	1.5	265	305	190	—	4	—	—	$2.0t$	78
	1.5	3.0	265	305	190	—	5	—	—	$3.0t$	78
	3.0	6.0	265	305	190	—	6	—	—	$3.5t$	78

续表 4 - 4

状态	厚度/mm		抗拉强度 R_m /N·mm^{-2}		屈服强度 $R_{p0.2}$ /N·mm^{-2}		伸长率最小 /%		弯曲半径*		硬度 (HBW)*
	>	≤	最小	最大	最小	最大	$A_{50\,mm}$	A	180°	90°	
H36	0.2	0.5	265	305	190	—	4	—	—	1.5t	78
	0.5	1.5	265	305	190	—	4	—	—	2.0t	78
	1.5	3.0	265	305	190	—	5	—	—	3.0t	78
	3.0	6.0	265	305	190	—	6	—	—	3.5t	78
H28	0.2	0.5	290	—	230	—	3	—	—	—	87
	0.5	1.5	290	—	230	—	3	—	—	—	87
	1.5	3.0	290	—	230	—	4	—	—	—	87
H38	0.2	0.5	290	—	230	—	3	—	—	—	87
	0.5	1.5	290	—	230	—	3	—	—	—	87
	1.5	3.0	290	—	230	—	4	—	—	—	87

注：* 仅供参考。

表 4 - 5　合金 EN AW - 5083[AlMg4.5Mn0.7]（EN 485 - 2：2008）

状态	厚度/mm		抗拉强度 R_m /N·mm^{-2}		屈服强度 $R_{p0.2}$ /N·mm^{-2}		伸长率最小 /%		弯曲半径[1]		硬度 (HBW)[1]
	>	≤	最小	最大	最小	最大	$A_{50\,mm}$	A	180°	90°	
F[1]	≥2.5	250.0	250	—	—	—	—	—	—	—	—
	250	350	245	—	—	—	—	—	—	—	—
O	0.2	0.5	275	350	125	—	11	—	1.0t	0.5t	75
	0.5	1.5	275	350	125	—	12	—	1.0t	1.0t	75
	1.5	3.0	275	350	125	—	13	—	1.5t	1.0t	75
	3.0	6.3	275	350	125	—	15	—	—	1.5t	75
O	6.3	12.5	270	345	115	—	16	—	—	2.5t	75
	12.5	50.0	270	345	115	—	—	15	—	—	75
	50.0	80.0	270	345	115	—	—	14	—	—	73
	80.0	120.0	260	—	110	—	—	12	—	—	70
	120.0	200.0	255	—	105	—	—	12	—	—	69
	200.0	250.0	250	—	95	—	—	10	—	—	69
	250.0	300.0	245	—	90	—	—	9	—	—	69

续表 4 – 5

状态	厚度/mm		抗拉强度 R_m /N·mm^{-2}		屈服强度 $R_{p0.2}$ /N·mm^{-2}		伸长率最小 /%		弯曲半径[①]		硬度 (HBW)[①]
	>	≤	最小	最大	最小	最大	$A_{50\ mm}$	A	180°	90°	
H111	0.2	0.5	275	350	125	—	11	—	1.0t	0.5t	75
	0.5	1.5	275	350	125	—	12	—	1.0t	1.0t	75
	1.5	3.0	275	350	125	—	13	—	1.5t	1.0t	75
	3.0	6.3	275	350	125	—	15	—	—	1.5t	75
	6.3	12.5	270	345	115	—	16	—	—	2.5t	75
	12.5	50.0	270	345	115	—	—	15	—	—	75
	50.0	80.0	270	345	115	—	—	14	—	—	73
	80.0	120.0	260	—	110	—	—	12	—	—	70
	120.0	200.0	255	—	105	—	—	12	—	—	69
	200.0	250.0	250	—	95	—	—	10	—	—	69
	250.0	300.0	245	—	90	—	—	9	—	—	69
H112	≥6.0	12.5	275	—	125	—	12	—	—	—	75
	12.5	40.0	275	—	125	—	—	10	—	—	75
	40.0	80.0	270	—	115	—	—	10	—	—	73
	80.0	120.0	260	—	110	—	—	10	—	—	73
H116[②]	≥1.5	3.0	305	—	215	—	8	—	3.0t	2.0t	89
	3.0	6.0	305	—	215	—	10	—	—	2.5t	89
	6.0	12.5	305	—	215	—	12	—	—	4.0t	89
	12.5	40.0	305	—	215	—	—	10	—	—	89
	40.0	80.0	285	—	200	—	—	10	—	—	83
H321[②]	≥1.5	3.0	305	—	215	—	8	—	3.0t	2.0t	89
	3.0	6.0	305	—	215	—	10	—	—	2.5t	89
	6.0	12.5	305	—	215	—	12	—	—	4.0t	89
	12.5	40.0	305	—	215	—	—	10	—	—	89
	40.0	80.0	285	—	200	—	—	10	—	—	83

续表 4 - 5

状态	厚度/mm		抗拉强度 R_m /N·mm^{-2}		屈服强度 $R_{p0.2}$ /N·mm^{-2}		伸长率最小 /%		弯曲半径①		硬度 (HBW)①
	>	≤	最小	最大	最小	最大	A_{50mm}	A	180°	90°	
H12	0.2	0.5	315	375	250	—	3	—	—	—	94
	0.5	1.5	315	375	250	—	4	—	—	—	94
	1.5	3.0	315	375	250	—	5	—	—	—	94
	3.0	6.0	315	375	250	—	6	—	—	—	94
	6.0	12.5	315	375	250	—	7	—	—	—	94
	12.5	40.0	315	375	250	—	—	—	—	—	94
H14	0.2	0.5	340	400	280	—	2	3	—	—	102
	0.5	1.5	340	400	280	—	3	—	—	—	102
	1.5	3.0	340	400	280	—	3	—	—	—	102
	3.0	6.0	340	400	280	—	3	—	—	—	102
	6.0	12.5	340	400	280	—	4	—	—	—	102
	12.5	25.0	340	400	280	—	—	—	—	—	102
H16	0.2	0.5	360	420	300	—	1	—	—	—	108
	0.5	1.5	360	420	300	—	2	—	—	—	108
	1.5	3.0	360	420	300	—	2	—	—	—	108
	3.0	4.0	360	420	300	—	2	—	—	—	108
H22	0.2	0.5	305	380	215	—	5	9	2.0t	0.5t	89
	0.5	1.5	305	380	215	—	6	—	2.0t	1.5t	89
	1.5	3.0	305	380	215	—	7	—	3.0t	2.0t	89
	3.0	6.0	305	380	215	—	8	—	—	2.5t	89
	6.0	12.5	305	380	215	—	10	—	—	3.5t	89
	12.5	40.0	305	380	215	—	—	—	—	—	89
H32	0.2	0.5	305	380	215	—	5	9	2.0t	0.5t	89
	0.5	1.5	305	380	215	—	6	—	2.0t	1.5t	89
	1.5	3.0	305	380	215	—	7	—	3.0t	2.0t	89

续表 4 – 5

状态	厚度/mm		抗拉强度 R_m /N·mm^{-2}		屈服强度 $R_{p0.2}$ /N·mm^{-2}		伸长率最小 /%		弯曲半径[①]		硬度 (HBW)[①]
	>	≤	最小	最大	最小	最大	$A_{50\,mm}$	A	180°	90°	
	3.0	6.0	305	380	215	—	8	—	—	2.5t	89
H32	6.0	12.5	305	380	215	—	10	—	—	3.5t	89
	12.5	40.0	305	380	215	—	—	—	—	—	89
	0.2	0.5	340	400	250	—	4	7	—	1.0t	99
	0.5	1.5	340	400	250	—	5	—	—	2.0t	99
H24	1.5	3.0	340	400	250	—	6	—	—	2.5t	99
	3.0	6.0	340	400	250	—	7	—	—	3.5t	99
	6.0	12.5	340	400	250	—	8	—	—	4.5t	99
	12.5	25.0	340	400	250	—	—	—	—	—	99
	0.2	0.5	340	400	250	—	4	7	—	1.0t	99
	0.5	1.5	340	400	250	—	5	—	—	2.0t	99
H34	1.5	3.0	340	400	250	—	6	—	—	2.5t	99
	3.0	6.0	340	400	250	—	7	—	—	3.5t	99
	6.0	12.5	340	400	250	—	8	—	—	4.5t	99
	12.5	25.0	340	400	250	—	—	—	—	—	99
	0.2	0.5	360	420	280	—	2	—	—	—	106
H26	0.5	1.5	360	420	280	—	3	—	—	—	106
	1.5	3.0	360	420	280	—	3	—	—	—	106
	3.0	4.0	360	420	280	—	3	—	—	—	106
	0.2	0.5	360	420	280	—	2	—	—	—	106
H36	0.5	1.5	360	420	280	—	3	—	—	—	106
	1.5	3.0	360	420	280	—	3	—	—	—	106
	3.0	4.0	360	420	280	—	3	—	—	—	106

注：① 仅供参考。② 在 ASTM G66 加速剥落腐蚀敏感性试验中，该状态材料应显示没有剥落腐蚀迹象，晶间腐蚀敏感性试验应根据 ASTM G67 进行。

表 4 – 6　合金 EN AW –5383[AlMg4.5Mn0.9](EN 485 – 2：2008)

状态	厚度/mm		抗拉强度 R_m /N·mm^{-2}		屈服强度 $R_{p0.2}$ /N·mm^{-2}		伸长率最小 /%		弯曲半径[1]		硬度 (HBW)[1]
	>	≤	最小	最大	最小	最大	$A_{50\,mm}$	A	180°	90°	
O	0.2	0.5	290	360	145	—	11	15	1.0t	0.5t	85
	0.5	1.5	290	360	145	—	12	14	1.0t	1.0t	85
	1.5	3.0	290	360	145	—	13	12	1.5t	1.0t	85
	3.0	6.0	290	360	145	—	15	12	—	1.5t	85
	6.0	12.5	290	360	145	—	16	—	—	2.5t	85
	12.5	50.0	290	360	145	—	—	—	—	—	85
	50.0	80.0	285	355	135	—	—	—	—	—	80
	80.0	120.0	275	—	130	—	—	—	—	—	76
	120.0	150.0	270	—	125	—	—	—	—	—	75
H111	0.2	0.5	290	360	145	—	11	15	1.0t	0.5t	85
	0.5	1.5	290	360	145	—	12	14	1.0t	1.0t	85
	1.5	3.0	290	360	145	—	13	12	1.5t	1.0t	85
	3.0	6.0	290	360	145	—	15	12	—	1.5t	85
	6.0	12.5	290	360	145	—	16	—	—	2.5t	85
	12.5	50.0	290	360	145	—	—	—	—	—	85
	50.0	80.0	285	355	135	—	—	—	—	—	80
	80.0	120.0	275	—	130	—	—	—	—	—	76
	120.0	150.0	270	—	125	—	—	—	—	—	75
H112	≥6.0	12.5	290	—	145	—	12	10	—	—	85
	12.5	40.0	290	—	145	—	—	10	—	—	85
	40.0	80.0	285	—	135	—	—	—	—	—	80
H116[2]	≥1.5	3.0	305	—	220	—	8	10	3.0t	2.0t	90
	3.0	6.0	305	—	220	—	10	10	—	2.5t	90
	6.0	12.5	305	—	220	—	12	—	—	4.0t	90
	12.5	40.0	305	—	220	—	—	—	—	—	90
	40.0	80.0	285	—	205	—	—	—	—	—	84

续表 4－6

状态	厚度/mm		抗拉强度 R_m /N·mm^{-2}		屈服强度 $R_{p0.2}$ /N·mm^{-2}		伸长率最小 /%		弯曲半径[①]		硬度 (HBW)[①]
	>	≤	最小	最大	最小	最大	$A_{50\,mm}$	A	180°	90°	
H321[②]	≥1.5	3.0	305	—	220	—	8	10	3.0t	2.0t	90
	3.0	6.0	305	—	220	—	10	10	—	2.5t	90
	6.0	12.5	305	—	220	—	12	—	—	4.0t	90
	12.5	40.0	305	—	220	—	—	—	—	—	90
	40.0	80.0	285	—	205	—	—	—	—	—	84
H22	0.2	0.5	305	380	220	—	5	9	2.0t	0.5t	90
	0.5	1.5	305	380	220	—	6	—	2.0t	1.5t	90
	1.5	3.0	305	380	220	—	7	—	3.0t	2.0t	90
	3.0	6.0	305	380	220	—	8	—	—	2.5t	90
	6.0	12.5	305	380	220	—	10	—	—	3.5t	90
	12.5	40.0	305	380	220	—	—	—	—	—	90
H32	0.2	0.5	305	380	220	—	5	9	2.0t	0.5t	90
	0.5	1.5	305	380	220	—	6	—	2.0t	1.5t	90
	1.5	3.0	305	380	220	—	7	—	3.0t	2.0t	90
	3.0	6.0	305	380	220	—	8	—	—	2.5t	90
	6.0	12.5	305	380	220	—	10	—	—	3.5t	90
	12.5	40.0	305	380	220	—	—	—	—	—	90
H24	0.2	0.5	340	400	270	—	4	7	—	1.0t	105
	0.5	1.5	340	400	270	—	5	—	—	2.0t	105
	1.5	3.0	340	400	270	—	6	—	—	2.5t	105
	3.0	6.0	340	400	270	—	7	—	—	3.5t	105
	6.0	12.5	340	400	270	—	8	—	—	4.5t	105
	12.5	25.0	340	400	270	—	—	—	—	—	105

续表 4 - 6

状态	厚度/mm		抗拉强度 R_m /N·mm^{-2}		屈服强度 $R_{p0.2}$ /N·mm^{-2}		伸长率最小 /%		弯曲半径①		硬度 (HBW)①
	>	≤	最小	最大	最小	最大	$A_{50\ mm}$	A	180°	90°	
H34	0.2	0.5	340	400	270	—	4	7	—	1.0t	105
	0.5	1.5	340	400	270	—	5		—	2.0t	105
	1.5	3.0	340	400	270	—	6		—	2.5t	105
	3.0	6.0	340	400	270	—	7		—	3.5t	105
	6.0	12.5	340	400	270	—	8		—	4.5t	105
	12.5	25.0	340	400	270	—			—		105

注：① 仅供参考。

② 在 ASTM G66 加速剥落腐蚀敏感性试验中，该状态材料应显示没有剥落腐蚀迹象，晶间腐蚀敏感性试验应根据 ASTM G67 进行。

表 4 - 7 铁道货车板材的牌号、状态和规格 (YS/T 622—2007)

牌号	状态	规格/mm		
		厚度	宽度	长度
5083、5383	H321*	5.00 ~ 30.00	1 000 ~ 2 500	2 000 ~ 11 000

注：* H321 代表板材通过加工硬化、稳定化处理达到规定的力学性能和抗晶间腐蚀或剥落腐蚀性能的一种状态。

表 4 - 8 铁道货车板材厚度允许偏差 (YS/T 622—2007)

厚度/mm	规定的宽度/mm		
	≥1 000	>1 500	>2 000
	厚度允许偏差/mm		
5.00 ~ 6.30	±0.30	±0.30	±.30
6.30 ~ 10.00	±0.40	±0.40	±0.40
10.00 ~ 16.00	±0.50	±0.69	±0.81
16.00 ~ 25.00	±0.75	±0.94	±1.10
25.00 ~ 30.00	±1.00	±1.20	±1.40

表 4 - 9 铁道货车板材的力学性能 (YS/T 622—2007)

牌号	状态	厚度/mm	抗拉强度 $R_m/N \cdot mm^{-2}$	非比例延伸强度 $R_{p0.2}/N \cdot mm^{-2}$	断后伸长率	
					$A_{50\,mm}$ [①]	$A_{5.65}$ [②]
			不小于			
5083	H321	≤12.50	305	215	12	—
		>12.50			—	12
5383	H321	≤12.50	305	220	12	—
		>12.50			—	12

注：① A_{50} 表示原始标距(L_0)为 50 mm 的断后伸长率；

　　② $A_{5.65}$ 表示原始标距(L_0)为 5.65 $\sqrt{S_0}$ 的断后伸长率。

4.1.2.2 尺寸偏差

(1)热轧产品的尺寸和形位偏差

按 EN 485 - 3：2003，热轧板带的尺寸及形位允许偏差见表 4 - 10 ~ 表4 - 15。

表 4 - 10 厚度允许偏差(EN 485 - 3：2003)

公称厚度/mm		相对于公称宽度的厚度偏差/mm				
>	≤	≤1 250	>1 250	>1 600	>2 000	>2 500
≥2.5	4	±0.28	±0.28	±0.32	±0.35	±0.40
4	5	±0.30	±0.30	±0.35	±0.40	±0.45
5	6	±0.32	±0.32	±0.40	±0.45	±0.50
6	8	±0.35	±0.40	±0.40	±0.50	±0.55
8	10	±0.45	±0.50	±0.50	±0.55	±0.60
10	15	±0.50	±0.60	±0.65	±0.65	±0.80
15	20	±0.60	±0.70	±0.75	±0.80	±0.90
20	30	±0.65	±0.75	±0.85	±0.90	±1.0
30	40	±0.75	±0.85	±1.0	±1.1	±1.2
40	50	±0.90	±1.0	±1.1	±1.2	±1.5
50	60	±1.1	±1.2	±1.4	±1.5	±1.7
60	80	±1.4	±1.5	±1.7	±1.9	±2.0

续表 4 – 10

公称厚度/mm		相对于公称宽度的厚度偏差/mm				
80	100	±1.7	±1.8	±1.9	±2.1	±2.2
100	150	±2.1	±2.2	±2.5	±2.6	—
150	220	±2.5	±2.6	±2.9	±3.0	—
220	350	±2.8	±2.9	±3.2	±3.3	—
350	400	±3.5	±3.7	±3.9	±4.2	—

注：压型板的偏差值由供需双方协商。

表 4 – 11 带材的宽度和长度允许偏差（EN 485 – 3：2003）

公称厚度/mm	相对于公称宽度的宽度偏差/mm	
	< 500	500 ~ 2 500
2.5 ~ 15	按协定	+8 0

表 4 – 12 薄板和厚板的宽度和长度允许偏差（EN 485 – 3：2003）

公称厚度/mm		相对于公称宽度的厚度偏差/mm				
>	≤	≤1 000	>1 000	>2 000	>3 000	>3 500
—	6	+5 0	+7 0	+8 0	+10 0	+10 0
6	12	+6 0	+7 0	+8 0	+10 0	+10 0
12	50	+6 0	+8 0	+9 0	+10 0	+10 0
50	200	+8 0	+8 0	+9 0	+10 0	+10 0
200	400	+11 0	+11 0	+12 0	+12 0	+12 0

注：1. 长度 6 000 ~ 15 000 mm 的板材，长度偏差为长度的 +0.2% 。
2. 压型板的偏差值由供需双方协商。

表 4 – 13　薄板和厚板的侧边弯曲度（EN 485 – 3：2003）

公称宽度/mm		长度 L 方向的侧边弯曲度 d_{max}/mm			
>	≤	≤2 000	>2 000	>3 000	>5 000
—	1 250	4	7	10	
1 250	1 500	3	6	8	公称长度的 0.2%
1 500	2 000	3	6	7	
2 000	3 500	—	5	6	

表 4 – 14　薄板和厚板的不平度（EN 485 – 3：2003）

公称厚度/mm		总不平度/%		局部不平度/%
>	≤	长度方向 d_{max}/L	宽度方向 d_{max}/W	（弦长至少为 300 mm）d_{max}/L
≥2.5	3.0	0.4	0.5	0.5
3.0	6.0	0.3	0.4	0.35
6.0	50	0.2	0.4	0.3
50	350	0.2	0.2	协商

注：压型板和非拉伸板的偏差值由双方协商。

表 4 – 15　薄板和厚板的对角线偏差（EN 485 – 3：2003）

公称长度/mm		相对于公称宽度的对角线偏差/mm			
>	≤	≤1 000	>1 000	>1 500	>2 000
—	2 000	6	7	8	—
2 000	3 000	7	7	9	10
3 000	3 500	7	8	10	10
3 500	5 000	8	10	10	12
5 000	—	12	12	15	15

（2）冷轧板带的尺寸和形位偏差

在欧盟标准中，冷轧板带是指厚度大于 0.2 mm 而小于 50 mm 的轧制产品。欧盟标准按照加工难易程度将合金分为两类，厚度偏差控制较严的仅适用于 I 类合金（软合金）。

Ⅰ类合金：

①1×××系合金；

②不可热处理强化的7×××系及8×××系合金；

③Si 含量小于2%的4×××系合金；

④3×××系和5×××系合金，且 Mn、Mg 含量各不超过1.8%，而它们的总和也不大于2.3%。

除Ⅰ类合金之外的所有合金均为Ⅱ类合金。

具体的Ⅰ类合金举例：1080A、1070A、1050A、1200、3003、3103、3005、3105、4006、4007、5005、5050、8011A；典型的Ⅱ类合金：2104、2017A、2024、3004、5040、5049、5251、5052、5154A、5454、5754、5182、5083、5086、6061、6082、7020、7021、7022、7075。

冷轧板带的尺寸和形位偏差见表 4 – 16 ~ 表 4 – 23。

表 4 – 16　厚度允许偏差（EN 485 – 4：1994）

公称厚度 /mm		公称宽度下的厚度允许偏差/mm									
		≤1 000		>1 000		>1 250		>1 600		>2 000	>2 500	>3 000
		合金种类		合金种类		合金种类		合金种类		合金种类	合金种类	合金种类
>	≤	Ⅰ	Ⅱ	Ⅰ	Ⅱ	Ⅰ	Ⅱ	Ⅰ	Ⅱ	Ⅰ 和 Ⅱ	Ⅰ 和 Ⅱ	Ⅰ 和 Ⅱ
0.20	0.4	±0.02	±0.03	±0.04	±0.05	±0.05	±0.06	—		—	—	—
0.4	0.5	±0.03	±0.03	±0.04	±0.05	±0.05	±0.06	±0.06	±0.07	±0.10	—	—
0.5	0.6	±0.03	±0.04	±0.05	±0.06	±0.06	±0.07	±0.07	±0.08	±0.11	—	—
0.6	0.8	±0.03	±0.04	±0.06	±0.07	±0.07	±0.08	±0.08	±0.09	±0.12	—	—
0.8	1.0	±0.04	±0.05	±0.06	±0.08	±0.08	±0.09	±0.09	±0.10	±0.13	—	—
1.0	1.2	±0.04	±0.05	±0.07	±0.09	±0.09	±0.10	±0.10	±0.12	±0.14	—	—
1.2	1.5	±0.05	±0.07	±0.09	±0.11	±0.10	±0.12	±0.11	±0.14	±0.16	—	—
1.5	1.8	±0.06	±0.08	±0.10	±0.12	±0.11	±0.13	±0.12	±0.15	±0.17	—	—
1.8	2	±0.06	±0.09	±0.11	±.13	±0.12	±0.14	±0.14	±0.16	±0.19	—	—
2	2.5	±0.07	±0.10	±0.12	±0.14	±0.13	±0.15	±0.15	±0.17	±0.20	—	—
2.5	3.0	±0.08	±0.11	±0.13	±0.15	±0.15	±0.17	±0.17	±0.19	±0.23	—	—
3.0	3.5	±0.10	±0.12	±0.1	±0.17	±0.17	±0.19	±0.18	±0.20	±0.24	—	—

续表 4 – 16

公称厚度 /mm		公称宽度下的厚度允许偏差/mm											
		≤1 000		>1 000		>1 250		>1 600		>2 000	>2 500	>3 000
		合金种类		合金种类		合金种类		合金种类		合金种类	合金种类	合金种类
>	≤	Ⅰ	Ⅱ	Ⅰ	Ⅱ	Ⅰ	Ⅱ	Ⅰ	Ⅱ	Ⅰ 和Ⅱ	Ⅰ 和Ⅱ	Ⅰ 和Ⅱ
3.5	4.0	±0.15	±0.20	±0.22	±0.23	±0.25	±0.34	±0.38				
4.0	5.0	±0.18	±0.22	±0.24	±0.25	±0.29	±0.36	±0.42				
5.0	6.0	±0.20	±0.24	±0.25	±0.26	±0.32	±0.40	±0.46				
6.0	8.0	±0.24	±0.30	±0.31	±0.32	±0.38	±0.44	±0.55				
8.0	10	±0.27	±0.33	±0.36	±0.38	±0.44	±0.50	±0.56				
10	12	±0.32	±0.38	±0.40	±0.41	±0.47	±0.53	±0.59				
12	15	±0.36	±0.42	±0.43	±0.45	±0.51	±0.57	±0.63				
15	20	±0.38	±0.44	±0.46	±0.48	±0.54	±0.60	±0.66				
20	25	±0.40	±0.46	±0.48	±0.50	±0.56	±0.62	±0.68				
25	30	±0.45	±0.50	±0.53	±0.55	±0.60	±0.65	±0.70				
30	40	±0.50	±0.55	±0.58	±0.60	±0.65	±0.70	±0.75				
40	50	±0.55	±0.60	±0.63	±0.65	±0.70	±0.75	±0.80				

注：应在距侧边不小于 10 mm 的区域内测量厚度。

表 4 – 17 带材的宽度允许偏差（EN 485：1994）

公称厚度 mm		公称宽度下的宽度允许偏差/mm					
>	≤	≤100	>100	>300	>500	>1 250	>1 650
0.20	0.6	+0.3 0	+0.4 0	+0.6 0	+1.5 0	+2.5 0	+3 0
0.6	1.0	+0.3 0	+0.5 0	+1 0	+1.5 0	+2.5 0	+3 0
1.0	2.0	+0.4 0	+0.7 0	+1.2 0	+2 0	+2.5 0	+3 0
2.0	3.0	+1 0	+1 0	+1.5 0	+2 0	+2.5 0	+4 0
3.0	5.0	—	+1.5 0	+2 0	+3 0	+3 0	+5 0

表 4 - 18　板材的宽度允许偏差 (EN 485 : 1994)

公称厚度/mm		公称宽度下的宽度允许偏差/mm				
>	≤	≤500	>500	>1 250	>2 000	>3 000
0.20	3.0	+1.5 0	+3 0	+4 0	+5 0	—
3.0	6.0	+3 0	+4 0	+5 0	+8 0	+8 0
6.0	50	+4 0	+5 0	+5 0	+8 0	+8 0

表 4 - 19　板材的长度允许偏差 (EN 485 : 1994)

公称厚度/mm		公称长度下的长度允许偏差/mm				
>	≤	≤1 000	>1 000	>2 000	>3 000	<5 000
0.20	3.0	+3 0	+4 0	+6 0	+8 0	公称长度的 +0.2%
3.0	6.0	+4 0	+6 0	+8 0	+10 0	
6.0	50	+6 0	+8 0	+10 0	+10 0	

表 4 - 20　带材的侧边弯曲度

(宽度≤3 500 mm 的带材在 2 000 mm 长的带材上测得, EN 485 - 4 : 1994)

公称宽度/mm		侧边弯曲度 d_{max}/mm
>	≤	
≥25 *	100	8
100	300	6
300	600	5
600	1 000	4
1 000	2 000	3
2 000	3 500	3

注: * 宽度小于 25 mm 的带材, 其侧边弯曲度由供需双方协商确定。

表 4 – 21　板材的侧边弯曲度（EN 485 – 4：1994）

公称宽度/mm		公称长度 L 下的侧边弯曲度 d_{max}/mm				
>	≤	≤1 000	>1 000	>2 000	>3 500	>5 000
≥100*	300	2	4	8	—	—
300	600	15	3	5	—	—
600	1 000	1	2	4	5	公称长度的 0.1%
1 000	2 000	—	2	4	5	
2 000	3 500	—	—	4	5	

注：＊宽度小于 100 mm 的板材，其侧边弯曲度由供需双方协商确定。

表 4 – 22　板材的不平度（EN 485 – 4：1994）

公称厚度/mm		总不平度/%		局部不平度/% （弦长不小于 300 mm）d_{max}/L
>	≤	纵向不平度 d_{max}/L	横向不平度 d_{max}/W	
0.20	0.50	双方协商确定	双方协商确定	双方协商确定
0.5	3.0	0.4	0.5	0.5
3.0	6.0	0.3	0.4	0.4
6.0	50	0.2	0.4	0.3

表 4 – 23　板材的对角线偏差（EN 485 – 4：1994）

公称长度/mm		公称厚度 /mm	公称宽度下的对角线偏差/mm			
>	≤		≤1 000	>1 000	>1 500	>2 000
	1 000	≤6	4	—	—	—
		>6	5	—	—	—
1 000	2 000	≤6	4	5	6	—
		>6	6	7	8	—
2 000	3 000	≤6	5	5	7	8
		>6	7	7	9	10
3 000	5 000	≤6	6	8	8	10
		>6	8	10	10	12

续表 4 – 23

公称长度/mm		公称厚度	公称宽度下的对角线偏差/mm			
>	≤	/mm	≤1 000	>1 000	>1 500	>2 000
5 000	15 000	≤6	10	10	12	12
		>6	12	12	15	15

4.1.3　轨道车辆挤压材的力学性能及尺寸偏差

4.1.3.1　力学性能(EN 755 – 2：2008)

5052、5154A、5454、5754、5083 合金的力学性能见表 4 – 24 ~ 表 4 – 30。

表 4 – 24　合金 EN AW –5052[AlMg2.5]

挤压棒材									
状态	尺寸/mm		R_m/N·mm^{-2}		$R_{p0.2}$/N·mm^{-2}		A/%	$A_{50\,mm}$/%	HBW
	$D^①$	$S^②$	最小	最大	最小	最大	最小	最小	典型值
F^③,H112	全部	全部	170	—	70	—	15	13	47
O，H111	全部	全部	170	230	70	—	17	15	45
挤压管材									
状态	壁厚 t/mm		R_m/N·mm^{-2}		$R_{p0.2}$/N·mm^{-2}		A/%	$A_{50\,mm}$/%	HBW
			最小	最大	最小	最大	最小	最小	典型值
F^③,H112	全部		170	—	70	—	15	13	47
O，H111	全部		170	230	70	—	17	15	45
挤压型材									
状态	壁厚 t/mm		R_m/N·mm^{-2}		$R_{p0.2}$/N·mm^{-2}		A/%	$A_{50\,mm}$/%	HBW
			最小	最大	最小	最大	最小	最小	典型值
F^③,H112	全部		170	—	70	—	15	13	47

注：① D—圆棒直径。

　　② S—方形和六角形棒对边距离，矩形棒厚度。

　　③ F 状态：性能值仅供参考。

表 4 – 25 合金 EN AW – 5154[AlMg3.5(A)]

挤压棒材

状态	尺寸/mm		R_m/N·mm^{-2}		$R_{p0.2}$/N·mm^{-2}		A/%	$A_{50\ mm}$/%	HBW
	$D^①$	$S^②$	最小	最大	最小	最大	最小	最小	典型值
F^③,H112	≤200	≤200	200	—	85	—	16	14	55
O, H111	≤200	≤200	200	275	85	—	18	15	55

挤压管材

状态	壁厚 t/mm	R_m/N·mm^{-2}		$R_{p0.2}$/N·mm^{-2}		A/%	$A_{50\ mm}$/%	HBW
		最小	最大	最小	最大	最小	最小	典型值
F^③,H112	≤25	200	—	85	—	16	14	55
O, H111	≤25	200	275	85	—	18	16	55

挤压型材

状态	壁厚 t/mm	R_m/N·mm^{-2}		$R_{p0.2}$/N·mm^{-2}		A/%	$A_{50\ mm}$/%	HBW
		最小	最大	最小	最大	最小	最小	典型值
F^③,H112	≤25	200		85		16	14	55

注：① D—圆棒直径。
② S—方形和六角形棒对边距离，矩形棒厚度。
③ F 状态：性能值仅供参考。

表 4 – 26 合金 EN AW – 5454[AlMg3Mn]

挤压棒材

状态	尺寸/mm		R_m/N·mm^{-2}		$R_{p0.2}$/N·mm^{-2}		A/%	$A_{50\ mm}$/%	HBW
	$D^①$	$S^②$	最小	最大	最小	最大	最小	最小	典型值
F^③,H112	≤200	≤200	200	—	85	—	16	14	60
O, H111	≤200	≤200	200	275	85	—	16	16	60

挤压管材

状态	壁厚 t/mm	R_m/N·mm^{-2}		$R_{p0.2}$/N·mm^{-2}		A/%	$A_{50\ mm}$/%	HBW
		最小	最大	最小	最大	最小	最小	典型值
F^③,H112	≤25	200	—	85	—	16	1	60
O, H111	≤25	200	275	85	—	18	16	60

续表 4 – 26

挤压型材

状态	壁厚 t/mm	$R_m/N \cdot mm^{-2}$		$R_{p0.2}/N \cdot mm^{-2}$		A/%	$A_{50\,mm}/\%$	HBW
		最小	最大	最小	最大	最小	最小	典型值
F[③], H112	≤25	200	—	85	—	16	14	60

注：① D—圆棒直径。

② S—方形和六角形棒对边距离，矩形棒厚度。

③ F 状态：性能值仅供参考。

表 4 – 27　合金 EN AW – 5754[AlMg3]

挤压棒材

状态	尺寸/mm		$R_m/N \cdot mm^{-2}$		$R_{p0.2}/N \cdot mm^{-2}$		A/%	$A_{50\,mm}/\%$	HBW
	$D^①$	$S^②$	最小	最大	最小	最大	最小	最小	典型值
F[③], H112	≤150	≤150	180	—	80	—	14	12	47
	150.D	200.S	180	—	70	—	13	—	47
	≤250	≤250							
O, H111	≤150	≤150	180	250	80		17	15	45

挤压管材

状态	壁厚 t/mm	$R_m/N \cdot mm^{-2}$		$R_{p0.2}/N \cdot mm^{-2}$		A/%	$A_{50\,mm}/\%$	HBW
		最小	最大	最小	最大	最小	最小	典型值
F[③], H112	≤25	180	—	80	—	14	12	47
O, H111	≤25	180	250	80		17	15	45

挤压型材

状态	壁厚 t/mm	$R_m/N \cdot mm^{-2}$		$R_{p0.2}/N \cdot mm^{-2}$		A/%	$A_{50\,mm}/\%$	HBW
		最小	最大	最小	最大	最小	最小	典型值
F[③], H112	≤25	180	—	80	—	14	12	47

注：① D—圆棒直径。

② S—方形和六角形棒对边距离，矩形棒厚度。

③ F 状态：性能值仅供参考。

表 4 - 28　　合金 EN AW - 5083[AlMg4,5Mn0,7]

挤压棒材

状态	尺寸/mm		$R_m/\text{N} \cdot \text{mm}^{-2}$		$R_{p0.2}/\text{N} \cdot \text{mm}^{-2}$		$A/\%$	$A_{50\,\text{mm}}/\%$	HBW
	$D^{①}$	$S^{②}$	最小	最大	最小	最大	最小	最小	典型值
$F^{③}$,H112	≤200 200.D ≤250	≤200 200.S ≤250	270 260	— 	110 100	— 	12 12	10 	70 70
O,H111	≤200	≤200	270	—	110	—	12	10	70
H112	≤200	≤200	270	—	125	—	12	10	70

挤压管材

状态	壁厚 t/mm	$R_m/\text{N} \cdot \text{mm}^{-2}$		$R_{p0.2}/\text{N} \cdot \text{mm}^{-2}$		$A/\%$	$A_{50\,\text{mm}}/\%$	HBW
		最小	最大	最小	最大	最小	最小	典型值
$F^{③}$,H112	全部	270	—	110	—	12	10	70
O,H111	全部	270	—	110	—	12	10	70
O,H12	全部	270	—	125	—	12	10	70

挤压型材

状态	壁厚 t/mm	$R_m/\text{N} \cdot \text{mm}^{-2}$		$R_{p0.2}/\text{N} \cdot \text{mm}^{-2}$		$A/\%$	$A_{50\,\text{mm}}/\%$	HBW
		最小	最大	最小	最大	最小	最小	典型值
$F^{③}$	全部	270	—	110	—	12	10	70
$F^{③}$,H112	全部	270	—	125	—	12	10	70

注：① D—圆棒直径。

② S—方形和六角形棒对边距离，矩形棒厚度。

③ F 状态：性能值仅供参考。

表 4 - 29　　合金 EN AW - 5086[AlMg4]

挤压棒材

状态	尺寸/mm		$R_m/\text{N} \cdot \text{mm}^{-2}$		$R_{p0.2}/\text{N} \cdot \text{mm}^{-2}$		$A/\%$	$A_{50\,\text{mm}}/\%$	HBW
	$D^{①}$	$S^{②}$	最小	最大	最小	最大	最小	最小	典型值
$F^{③}$,H112	≤250	≤250	240	—	95	—	12	10	65
O,H111	≤200	≤200	240	320	95	—	18	15	65

续表 4 - 29

挤压管材

状态	壁厚 t/mm	$R_{\mathrm{m}}/\mathrm{N \cdot mm^{-2}}$		$R_{\mathrm{p0.2}}/\mathrm{N \cdot mm^{-2}}$		$A/\%$	$A_{50\,\mathrm{mm}}/\%$	HBW 典型值
		最小	最大	最小	最大	最小	最小	
F[③],H112	全部	240	—	95	—	12	10	65
O,H111	全部	240	320	95	—	18	15	65

挤压型材

状态	壁厚 t/mm	$R_{\mathrm{m}}/\mathrm{N \cdot mm^{-2}}$		$R_{\mathrm{p0.2}}/\mathrm{N \cdot mm^{-2}}$		$A/\%$	$A_{50\,\mathrm{mm}}/\%$	HBW 典型值
		最小	最大	最小	最大	最小	最小	
F[③],H112	全部	240	—	95	—	12	10	65

注：① D—圆棒直径。

② S—方形和六角形棒对边距离，矩形棒厚度。

③ F 状态：性能值仅供参考。

4.1.3.2　尺寸偏差和形位偏差

欧盟在制定挤压材标准时，将常用的工程合金分为Ⅰ类和Ⅱ类（见表 4 - 30），其他合金归为哪一类由供需双方商定，不过有时很难把类似的合金划为哪一类。

表 4 - 30　合金类别

Ⅰ 类	EN AW - 1050A, EN AW - 1070A, EN AW - 1200, EN AW - 1350
	EN AW - 3102, EN AW - 3003, EN AW - 3103
	EN AW - 5005, EN AW - 5005A, EN AW - 5015A, EN AW - 5251
	EN AW - 6101A, EN AW - 6101B, EN AW - 6005, EN AW - 6005A, EN AW - 6106
	EN AW - 6008, EN AW - 6010A, EN AW - 6012, EN AW - 6014, EN AW - 6018, EN AW - 6023
	EN AW - 6351, EN AW - 6060, EN AW - 6360, EN AW - 6061, EN AW - 6261, EN AW - 6262
	EN AW - 6262A, EN AW - 6063
Ⅱ 类	EN AW - 2007, EN AW - 2011, EN AW - 2011A, EN AW - 2014, EN AW - 2014A
	EN AW - 2017A, EN AW - 2024, EN AW - 2030
	EN AW - 5019, EN AW - 5049, EN AW - 5052, EN AW - 5154A, EN AW - 5454, EN AW - 5754
	EN AW - 5083, EN AW - 5086
	EN AW - 7003, EN AW - 7005, EN AW - 7108

（1）圆棒（EN 755 - 3：2008）

圆棒的尺寸和形位偏差见表4 -31～表4 -33。

表4 -31　直径偏差

直径 D/mm		偏差/mm	
>	≤	Ⅰ类合金	Ⅱ类合金
≥8	18	±0.22	±0.30
18	25	±0.25	±0.35
25	40	±0.30	±0.40
40	50	±0.35	±0.45
50	65	±0.40	±0.50
65	80	±0.45	±0.70
80	100	±0.55	±0.90
100	120	±0.65	±1.0
120	150	±0.80	±1.2
150	180	±1.0	±1.4
180	220	±1.15	±1.7
220	270	±1.3	±2.0
270	320	±1.6	±2.5

表4 -32　定尺偏差

直径 D/mm		长度偏差/mm		
>	≤	$L \leqslant 2\ 000$	$2\ 000 < L \leqslant 5\ 000$	$L > 5\ 000$
—	100	$+5$ 0	$+7$ 0	$+10$ 0
100	200	$+7$ 0	$+9$ 0	$+12$ 0
200	320	$+8$ 0	$+11$ 0	—

　　无论是定尺还是不定尺的圆棒，其切斜度均为表4 -32 中定尺长度偏差的一半，即如果定尺偏差为 $^{+100}_{-0}$ mm，则切斜度不得超过 $+5$ mm。最大允许度是

表 4 - 31 中直径偏差范围的 50%。

表 4 - 33　弯曲度偏差

直径 D/mm		每米最大弯曲度偏差 h_t/长度 mm/m	任意 300 mm 内的最大弯曲度 h_s/mm
>	≤		
≥8	80	2	0.6
80	120	2	1.0
120	200	3	1.5
200	320	6	3.0

（2）方棒（EN 755 - 4：2008）

方棒的尺寸偏差及形位偏差见表 4 - 34 ~ 表 4 - 39。

表 4 - 34　对边距离偏差

对边距离 S/mm		偏差/mm	
>	≤	I 类合金	II 类合金
≥10	18	±0.22	±0.30
18	25	±0.25	±0.35
25	40	±0.30	±0.40
40	50	±0.35	±0.45
50	65	±0.40	±0.50
65	80	±0.45	±0.70
80	100	±0.55	±0.90
100	120	±0.65	±1.0
120	150	±0.80	±1.2
150	180	±1.0	±1.4
180	220	±1.15	±1.7

表 4 – 35　最大圆角半径

对边距离 S/mm		最大圆角半径/mm	
>	≤	Ⅰ类合金	Ⅱ类合金
≥10	25	1.0	1.5
25	50	1.5	2.0
50	80	2.0	3.0
80	120	2.5	3.0
120	180	2.5	4.0
180	220	3.5	5.0

　　如果是定尺方棒的话,则应在订单中注明,其偏差详见表 4 – 36。

表 4 – 36　定尺偏差

对边距离 S/mm		长度偏差/mm		
>	≤	$L \leqslant 2\ 000$	$2\ 000 < L \leqslant 5\ 000$	$L > 5\ 000$
≥10	100	+5 0	+7 0	+10 0
100	200	+7 0	+9 0	+12 0
200	220	+8 0	+11 0	+14 0

　　如果订单中没有定尺或未规定最小长度,挤压方棒可以以不定尺交货。不定尺的实际长度和偏差由供需双方协商。

　　无论是定尺还是不定尺,切斜度都应不超过定尺偏差范围的一半,即定尺偏差为 $^{+100}_{-0}$ mm,则切斜度应不超过 5 mm。

表 4 – 37　弯曲度偏差

对边距离 S/mm		每米最大弯曲度偏差 h_t/长度 mm/m	任意 300 mm 内的最大弯曲度 h_s/mm
>	≤		
≥10	80	2	0.8
80	120	2	1.0
120	220	3	1.5

表 4 - 38 扭拧度偏差

对边距离 S/mm		扭拧度 T/mm	
>	≤	每 1 000 mm	大于总长
≥10	30	1	3
30	50	1.5	4
50	120	2	5
120	220	3	6

表 4 - 39 直角偏差

对边距离 S/mm		最大直角偏差 Z/mm
>	≤	
≥10	100	0.01 × 宽度
100	180	1.0
180	220	1.5

（3）矩形棒（EN 755 - 5：2008）

厚度 2 ~ 240 mm、宽 10 ~ 600 mm 的铝及铝合金挤压矩形棒的形状和尺寸偏差见表 4 - 40 ~ 表 4 - 47。

表 4 - 40 Ⅰ 类合金的厚度和宽度偏差

宽度 W、厚度 t/mm			厚度偏差范围/mm								
>	≤	偏差	$2 \leq t$ ≤6	$6 < t$ ≤10	$10 < t$ ≤18	$18 < t$ ≤30	$30 < t$ ≤50	$50 < t$ ≤80	$80 < t$ ≤120	$120 < t$ ≤180	$180 < t$ ≤240
≥10	18	±0.25	±0.20	±0.25	±0.25	—	—	—	—	—	—
18	30	±0.30	±0.20	±0.25	±0.30	±0.30	—	—	—	—	—
30	50	±0.40	±0.25	±0.25	±0.30	±0.35	±0.40	—	—	—	—
50	80	±0.60	±0.25	±0.30	±0.35	±0.40	±0.50	±0.60	—	—	—
80	120	±0.80	±0.30	±0.35	±0.40	±0.45	±0.60	±0.70	±0.80	—	—
120	180	±1.0	±0.40	±0.45	±0.50	±0.55	±0.60	±0.70	±0.90	±1.0	—
180	240	±1.4	—	±0.55	±0.60	±0.65	±0.70	±0.80	±1.0	±1.2	±1.4
240	350	±1.8	—	±0.65	±0.70	±0.75	±0.80	±0.90	±1.1	±1.3	±1.5
350	450	±2.2	—	—	±0.80	±0.85	±0.90	±1.0	±1.2	±1.4	±1.6
450	600	±3.0	—	—	—	—	±0.90	±1.0	±1.4	—	—

表4-41　Ⅱ类合金的厚度和宽度偏差

宽度 W、厚度 t/mm			厚度偏差范围/mm								
>	≤	偏差	2≤t≤6	6<t≤10	10<t≤18	18<t≤30	30<t≤50	50<t≤80	80<t≤120	120<t≤180	180<t≤240
≥10	18	±0.35	±0.25	±0.30	±0.35	—	—	—	—	—	—
18	30	±0.40	±0.25	±0.30	±0.40	±0.40	—	—	—	—	—
30	50	±0.50	±0.30	±0.30	±0.40	±0.50	±0.50	—	—	—	—
50	80	±0.70	±0.30	±0.35	±0.45	±0.60	±0.70	±0.70	—	—	—
80	120	±1.0	±0.35	±0.40	±0.50	±0.60	±0.70	±0.80	±1.0	—	—
120	180	±1.4	±0.45	±0.50	±0.55	±0.70	±0.80	±1.0	±1.1	±1.4	—
180	240	±1.8	—	±0.60	±0.65	±0.70	±0.90	±1.1	±1.3	±1.6	±1.8
240	350	±2.2	—	±0.70	±0.75	±0.80	±0.90	±1.2	±1.4	±1.7	±1.9
350	450	±2.8	—	—	±0.90	±1.0	±1.1	±1.4	±1.8	±2.1	±2.3
450	600	±3.5					±1.2	±1.4	±1.8	—	—

表4-42　最大圆角半径

厚度 t/mm		最大圆角半径/mm	
>r	≤	Ⅰ类合金	Ⅱ类合金
≥2	10	0.6	1.0
10	30	1.0	1.5
30	80	1.8	2.5
80	120	2.0	3.0
120	180	2.5	4.0
180	240	3.5	5.0

　　如果订单中未规定长度或未规定最小长度，挤压矩形棒可以以不定尺交货。不定尺的实际长度和偏差由供需双方协商。

　　无论是定尺还是不定尺，切斜度都不应超过尺寸偏差范围（见表4-43）的一半，即定尺偏差为 $_{-0}^{+100}$ mm，则切斜度应为不超过5 mm。

表 4 – 43　定尺偏差(正偏差)

宽度 W/mm		长度偏差/mm		
>	≤	$L \leqslant 2\,000$	$2\,000 < L \leqslant 5\,000$	$L > 5\,000$
—	100	+5 0	+7 0	+10 0
100	200	+7 0	+9 0	+12 0
200	450	+8 0	+11 0	+14 0
450	600	+9 0	+12 0	+16 0

表 4 – 44　扭拧度

宽度 W/mm		扭拧度 T/mm	
$>r$	≤	每 1 000 mm	大于总长
≥10	30	1	3
30	50	1.5	4
50	120	2	5
120	240	3	8
240	350	4	10
350	450	5	12
450	600	6	14

表 4 – 45　弯曲度偏差

宽度 W/mm		厚度/mm		每米最大弯曲度偏差 h_t/长度 mm/m	300 mm 内的最大弯曲度 h_s/mm
$>r$	≤	$>r$	≤		
≥10	80	≥10	80	2	1
80	120	≥10	50	2	1
		50	120	3	1.5
120	180	≥10	50	3	1.5
		50	180	4	2

续表 4 – 45

宽度 W/mm		厚度/mm		每米最大弯曲度偏差 h_t/长度 mm/m	300 mm 内的最大弯曲度 h_s/mm
$>r$	$\leqslant$	$>r$	$\leqslant$		
180	350	$\geqslant 10$	50	4	2
		50	240	6	4
350	450	$\geqslant 10$	240	6	4
450	650	30	120	6	4

表 4 – 46　直角偏差

厚度 t/mm		最大直角偏差 Z/mm
$>$	$\leqslant$	
$\geqslant 2$	10	0.1
10	100	$0.01 \times$ 厚度
100	180	1.0
180	240	1.5

表 4 – 47　平面间隙偏差

宽度 W/mm		平面间隙偏差 f/mm
$>r$	$\leqslant$	
$\geqslant 10$	30	0.2
30	50	0.3
50	80	0.4
80	120	0.6
120	180	0.9
180	240	1.2
240	350	1.5
350	450	2.0
450	600	2.5

（4）六角形棒（EN 755 - 6：2008）

对边距离 10 ~ 220 mm、宽 10 ~ 600 mm 的铝及铝合金挤压六角形棒的形状及尺寸偏差见表 4 - 48 ~ 表 4 - 52。

表 4 - 48　六角形棒对边距离偏差

对边距离 S/mm		偏差/mm	
>	≤	Ⅰ类合金	Ⅱ类合金
≥10	18	±0.22	±0.30
18	25	±0.25	±0.35
25	40	±0.30	±0.40
40	50	±0.35	±0.45
50	65	±0.40	±0.50
65	80	±0.50	±0.70
80	100	±0.55	±0.90
100	120	±0.65	±1.0
120	150	±0.80	±1.2
150	180	±1.0	±1.4
180	220	±1.15	±1.7

表 4 - 49　六角形棒最大圆角半径

对边距离 S/mm		最大圆角半径/mm
>	≤	
≥10	30	1.5
30	60	2.0
60	80	2.5
80	120	3.0
120	180	4.0
180	220	5.0

表 4 – 50　六角形棒定尺偏差

对边距离 S/mm		长度偏差/mm		
>	≤	$L \leqslant 2\ 000$	$2\ 000 < L \leqslant 5\ 000$	$L > 5\ 000$
—	100	+5 0	+7 0	+10 0
100	200	+7 0	+9 0	+12 0
200	220	+8 0	+11 0	+14 0

　　无论是定尺还是不定尺，切斜度都应不超过定尺偏差范围（见表 4 – 50）的一半，即定尺偏差为 $^{+100}_{-0}$ mm，则切斜度应不超过 5 mm。

表 4 – 51　弯曲度偏差

对边距离 S/mm		最大弯曲度偏差	300 mm 内的最大弯曲度
>	≤	h_t/长度 mm/m	h_s/mm
≥10	80	2	0.8
80	120	2	1.0
120	220	3	1.5

表 4 – 52　扭拧度

对边距离 S/mm		扭拧度 T/mm	
>r	≤	>r	≤
≥10	30	1	1.5
30	80	1.5	2.5
80	120	2	3
120	220	2.5	4

　　(5)挤压无缝管(EN 755 – 7：2008)

　　以直管供应外径(OD)8 ~ 450 mm 圆管或横截面含外接圆(CD)从 10 ~ 350 mm 的铝及铝挤压无缝管的形状和尺寸偏差见表 4 – 53 ~ 表 4 – 63。本标准仅适用于芯棒式无缝管与一般工程挤压无缝管，不适用于轿式挤压管、以盘卷供应的管材或盘管切成的一段段的直管。

表 4 − 53　圆管的直径偏差

直径(OD 或 ID)/mm		直径偏差/mm			
		规定直径[④]平均直径的最大允许偏差	规定直径[①]任意点的最大允许偏差		
>	≤		状态 F 和 H112	热处理管[②]	状态 O，H111 和 Tx510
≥8	18	±0.25[③]	±0.40[③]	±0.60[③]	±1.5[③]
18	30	±0.30	±0.50	±0.70	±1.8
30	50	±0.35	±0.60	±0.90	±2.2
50	80	±0.40	±0.70	±1.1	±2.6
80	120	±0.60	±0.90	±1.4	±3.6
120	200	±0.90	±1.4	±2.0	±5.0
200	350	±1.4	±1.9	±3.0	±7.6
350	450	±1.9	±2.8	±4.0	±10.0

注：① 不适用于壁厚小于规定外径 2.5% 的管材。壁厚小于规定外径 2.5% 的管材偏差应乘以以下合适的偏差：

壁厚大于 2.0% 小于等于外径的 2.5%：1.5 × 偏差；

壁厚大于 1.5% 小于等于外径的 2.0%：2.0 × 偏差；

壁厚大于 1.0% 小于等于外径的 1.5%：3.0 × 偏差；

壁厚大于 0.5% 小于等于外径的 1.0%：4.0 × 偏差。

② 适用于 T4、T5、T6、T64、T66 和 TX511 状态的所有合金。

③ 该偏差仅用于外径，即该尺寸范围内的管材只能表述为"外径×壁厚"。

④ 不适用于 TX510 或 TX511 状态。

表 4 − 54　宽度、深度或对边距离的偏差

宽度、深度或对边距离/mm		宽度、深度或对边距离偏差[①②]/mm							
		CD≤100		100 < CD≤200		200 < CD≤300		300 < CD≤350	
>	≤	Ⅰ类合金	Ⅱ类合金	Ⅰ类合金	Ⅱ类合金	Ⅰ类合金	Ⅱ类合金	Ⅰ类合金	Ⅱ类合金
—	10	±0.25	±0.40	±0.30	±0.50	±0.35	±0.55	±0.40	±0.60
10	25	±0.30	±0.50	±0.40	±0.70	±0.50	±0.80	±0.60	±0.90
25	50	±0.50	±0.80	±0.60	±0.90	±0.80	±1.0	±0.90	±1.2

续表 4 – 54

宽度、深度或对边距离/mm		宽度、深度或对边距离偏差[①②]/mm							
		CD≤100		100<CD≤200		200<CD≤300		300<CD≤350	
>	≤	Ⅰ类合金	Ⅱ类合金	Ⅰ类合金	Ⅱ类合金	Ⅰ类合金	Ⅱ类合金	Ⅰ类合金	Ⅱ类合金
50	100	±0.70	±1.0	±0.90	±1.2	±1.1	±1.3	±1.3	±1.6
100	150	—	—	±1.1	±1.5	±1.3	±1.7	±1.5	±1.8
150	200	—	—	±1.3	±1.9	±1.5	±2.2	±1.8	±2.4
200	300	—	—	—	—	±1.7	±2.5	±2.1	±2.8
300	350	—	—	—	—	—	—	±2.8	±3.5

注: ① 不适用于壁厚小于规定外径 2.5% 的管材。壁厚小于规定外径 2.5% 的管材偏差应乘以以下合适的偏差求得:

壁厚大于 2.0% 小于等于外径的 2.5%: 1.5×偏差;

壁厚大于 1.5% 小于等于外径的 2.0%: 2.0×偏差;

壁厚大于 1.0% 小于等于外径的 1.5%: 3.0×偏差;

壁厚大于 r0.5% 小于等于外径的 1.0%: 4.0×偏差。

② 这些偏差不适用于 O 和 Tx510 状态。对于这些状态,偏差应由供需双方协商确定。

表 4 – 55　圆管的壁厚偏差

公称壁厚 t/mm		圆管的壁厚偏差/%[①]
>	≤	
—	3	±10
3	5	±9
5	—	±8

注: 圆管直径可用三种不同方式表示: 外径(OD)、壁厚(t), 内径(ID)×t(t 为公称壁厚); OD×ID。

根据订购管材的方式, 表 4 – 4 中的值表述如下:

对于 OD×t 或 ID×t 的管材, 该值为任何点的允许偏差;

对于 OD×ID 的管材, 上述值则为计算平均壁厚所得允许偏差。

注: ① OD 大于 150 mm 并且 OD/ID 比率大于 10 的圆管的壁厚偏差应由供需双方协商。

表 4 - 56　其他管材的壁厚偏差

公称壁厚 t/mm		外接圆 CD 的壁厚偏差/mm					
		$CD \leqslant 100$		$100 < CD \leqslant 300$		$300 < CD \leqslant 350$	
>	≤	Ⅰ类合金	Ⅱ类合金	Ⅰ类合金	Ⅱ类合金	Ⅰ类合金	Ⅱ类合金
≥0.5	1.5	±0.25	±0.35	±0.35	±0.50	—	—
1.5	3	±0.30	±0.45	±0.50	±0.65	±0.75	±0.90
3	6	±0.50	±0.60	±0.75	±0.90	±1.0	±1.2
6	10	±0.75	±1.0	±1.0	±1.3	±1.2	±1.5
10	15	±1.0	±1.3	±1.2	±1.7	±1.5	±1.9
15	20	±1.5	±1.9	±1.9	±2.2	±2.0	±2.5
20	30	±1.9	±2.2	±2.2	±2.7	±2.5	±3.1
30	40	—	—	±2.5		—	±2.7

表 4 - 57　定尺偏差

外径或外接圆直径/mm		定尺偏差/mm				
>	≤	$L \leqslant 2\,000$	$2\,000 < L \leqslant 5\,000$	$5\,000 < L \leqslant 10\,000$	$10\,000 < L \leqslant 15\,000$	$15\,000 < L \leqslant 25\,000$
≥8	100	+5 0	+7 0	+10 0	+16 0	+22 0
100	200	+7 0	+9 0	+12 0	+18 0	+24 0
200	450	+8 0	+11 0	+14 0	+20 0	+28 0

表 4 - 58　圆管弯曲度偏差

对边距离 S/mm		最大弯曲度偏差 h_t/长度 mm/m	300 mm 内的最大弯曲度 h_s/mm
>	≤		
≤8	150	1.5	0.8
150	250	2.5	1.3
250	450	3.5	1.8

注：壁厚小于规定外径1.5%的管材弯曲度偏差由供需双方协商。

表 4 – 59　平面间隙偏差

宽度 W/mm		最大允许偏差 f/mm	
>	≤	壁厚≤5	壁厚>5
—	30	0.30	0.20
30	60	0.40	0.30
60	100	0.60	0.40
100	150	0.90	0.60
150	200	1.2	0.80
200	350	1.8	1.2

表 4 – 60　扭拧度

宽度 W/mm		扭拧度 T/mm		
>	≤	每 1 000 mm 长度 *	总管长 L/mm	
			小于等于 6 000	大于 6 000
≥10	30	1.2	2.5	3.0
30	50	1.5	3.0	4.0
50	100	2.0	3.5	5.0
100	200	2.5	5.0	7.0
200	350	2.5	6.0	8.0

注：＊长度小于 1 000 mm 时扭拧度偏差由供需双方协商。

表 4 – 61　方管和矩形管的直角偏差

深度 B/mm		直角最大允许偏差 Z/mm
>	≤	
—	30	0.4
30	50	0.7
50	80	1.0
80	120	1.4
120	180	2.0
180	240	2.6
240	350	3.1

表 4 – 62　最大允许圆角和倒角半径

壁厚/mm	最大允许圆角和倒角半径/mm	
	Ⅰ类合金	Ⅱ类合金*
≤5	0.6	0.8
>5	1.0	1.5

注：* 这些偏差仅用于Ⅱ类中 6×××系列合金。Ⅱ类中其他合金的最大允许半径应由供需双方协商。

表 4 – 63　规定的转角和倒角半径的最大允许偏差

规定的半径/mm	半径公称值的最大允许偏差/mm
≤5	±0.5
>5	±10%

挤压直管在轨道车辆中的应用并不多，如城市轨道车辆中的扶杆、拉杆；高铁等的受电弓系统管材，中国用反向挤压机生产，欧洲与日本等用正向挤压机挤压，因此它们的生产成本低一些。

4.2　6×××系合金

轨道车辆用的 6×××系合金主要有 6061、6063、6082 及日本的 A6N01 合金等，它们的化学成分见表 4 – 64。

表 4 – 64　在美国铝业协会注册的轨道车辆铝合金的化学成分，w(%)

合金	Si	Fe	Cu	Mn	Mg	Cr	Zn	Ti	Pb	Zr	其他		Al
											每个	总计	
6061	0.40~0.8	0.7	0.15~0.40	0.15	0.8~1.2	0.04~0.35	0.25	0.15	—	—	0.05	0.15	其余
6061A	0.40~0.8	0.7	0.15~0.40	0.15	0.8~1.2	0.04~0.35	0.25	0.15	0.003	—	0.05	0.15	其余
6261	0.40~0.7	0.40	0.15~0.40	0.20~0.35	0.7~1.0	0.10	0.20	0.10	—	—	0.05	0.15	其余
6063	0.20~0.6	0.35	0.10	0.10	0.45~0.9	0.10	0.10	0.10	—	—	0.05	0.15	其余

续表 4 – 64

合金	Si	Fe	Cu	Mn	Mg	Cr	Zn	Ti	Pb	Zr	其他		Al
											每个	总计	
6063A	0.30~0.6	0.15~0.35	0.10	0.15	0.6~0.9	0.05	0.15	0.10	—	—	0.05	0.15	其余
6463	0.20~0.6	0.15	0.20	0.05	0.45~0.9	—	0.05	—	—	—	0.05	0.15	其余
6463A	0.20~0.6	0.15	0.25	0.05	0.30~0.9	—	0.05	—	—	—	0.05	0.15	其余
6763	0.20~0.6	0.08	0.04~0.16	0.03	0.45~0.9	—	0.03	—	—	—	0.03	0.10	其余
6963	0.40~0.6	0.25	0.15~0.25	0.05	0.35~0.7	0.10	0.10	0.10	—	—	0.05	0.15	其余
6082	0.7~1.3	0.50	0.10	0.40~1.0	0.6~1.2	0.25	0.20	0.10	—	—	0.05	0.15	其余
6182	0.9~1.3	0.50	0.10	0.50~1.0	0.7~1.2	0.25	0.20	0.10	—	0.05~0.20	0.05	0.15	其余
6082A	0.7~1.3	0.50	0.10	0.40~1.0	0.6~1.2	0.25	0.20	0.10	0.003	—	0.05	0.15	其余

4.2.1　合金的组织及各元素的作用

6×××系合金属 Al – Mg – Si 系,有些合金还含有铜、锰、铁、锌、铅、铋、锡等,全系合金(截至 2010 年底注册的常用合金)共有 92 个,全世界 98.4%以上的建筑及结构型材与管材都是用此系合金挤压的,也是产量最大的一系铝合金,在 2010 年全球生产的约 41 000 kt 铝材中,此系合金占 12 600 kt。仅以镁、硅二元素为主要合金元素的 Al – Mg – Si 合金有 6101 等 26 个,占全系合金总数的 29%。A6N01 合金的成分:0.40~0.9 Si,0.35 Fe,0.35 Cu,0.50 Mn,(Mn + Cr)0.50,0.40~0.8 Mg,0.30 Cr,0.25 Zn,0.01 Ti,其他杂质单个 0.05,总计 0.15,其余 Al。

4.2.1.1　Al – Mg – Si 系合金

Al – Mg – Si 相图比较简单(见图 4 – 3),Mg_2Si 与铝相(α)平衡,有一条 Al – Mg_2Si 伪二元线,在 Mg:Si 为 1.73 时(见图 4 – 4)。铝端的二元及三元反应见表 4 – 65。当镁与硅溶于铝中时,它们有偏聚倾向,形成 Mg_2Si。当 Mg:Si 值超过 1.73,剩余的 Si 轻微地降低 Mg_2Si 在铝中的溶解度,但是过剩镁严重地降低 Mg_2Si 在铝中的溶解度(见表 4 – 66)。

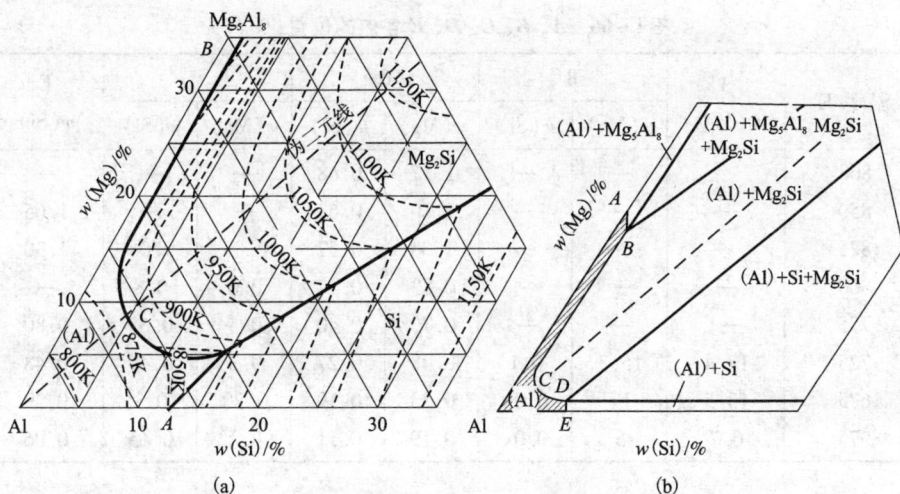

图 4 – 3　Al – Mg – Si 三元相图

（a）液相面；（b）固态相区分布，A、B、C、D、E 各点位置见表 4 – 66

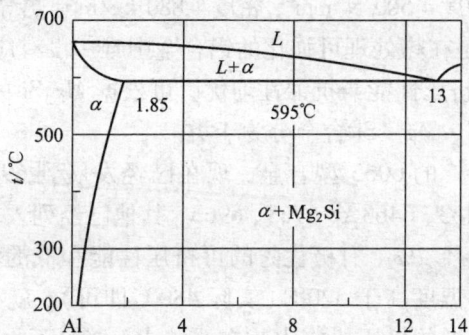

图 4 – 4　Al – Mg$_2$Si 系伪二元相图

表 4 – 65　Al – Mg – Si 相图铝端的反应

| 反应 | 成分 $w/\%$ | | | | 温度/K |
| | 液体 | | Al | | |
	Mg	Si	Mg	Si	
A 液体→Al + Si	—	12.5	—	1.65	850
B 液体→Al + Mg$_5$Al$_8$	34.0	—	17.4	—	723
C 液体→Al + Mg$_2$Si（伪二元）	8.15	7.75	1.17	0.68	868
D 液体→Al + Mg$_2$Si + Si	4.96	12.95	0.85	1.10	828
E 液体→Al + Mg$_2$Si + Mg$_5$Al$_8$	32.2	0.37	15.3	0.05	722

表 4 – 66　*A*、*B*、*C*、*D*、*E* 各点的位置(%)

温度/K	A	B		C		D		E
	$w(Mg)$	$w(Mg)$	$w(Si)$	$w(Mg)$	$w(Si)$	$w(Mg)$	$w(Si)$	$w(Si)$
868	—	—	—	1.17	0.68	—	—	—
850	—	—	—	1.10	0.63	—	—	1.65
825	—	—	—	1.00	0.57	0.83	1.06	1.30
800	—	—	—	0.83	0.47	0.6	0.8	—
775	—	—	—	0.70	0.40	0.5	0.65	0.80
725	17.4	15.3	0.1	0.48	0.27	0.3	0.45	0.48
675	13.5	11	0.0x	0.33	0.19	0.22	0.3	0.29
575	6.7	5	0.0x	0.19	0.11	0.1	0.15	0.06

Mg_2Si 化合物(63.2% Mg、36.8% Si)的结构为立方晶格,空间群 Fm3m,单位晶胞中有 12 个原子,晶格常数 $a = (6.35 \times 10^{-10}) \sim (6.40 \times 10^{-10})$ m,存在范围很窄,熔点 1 360 K,维氏硬度 4 500 N/mm²,密度 1 880 kg/m³,热导率 0.234 W/(m·K)。

6 × × × 系合金是在热处理可强化的铝合金中唯一没有应力腐蚀开裂的合金,强度中等,可焊性、挤压性能与抗蚀性均优。可根据 Mg_2Si 的含量及 Cu、Mn、Cr 等的添加情况,将 Al – Mg – Si 合金分为 4 类。

第一类是应用特广的 6063 型合金,现在已经发展到 6963,但常用的只有 6 个:6063、6063A、6463、6463A、6763、6963,其他已经列入非常用合金。它们的 Mg_2Si 含量为 0.8% ~ 1.2%,有极优秀的可挤压性能和低的淬火敏感性,挤压或锻造脱模后只要材料温度高于 520℃(实际 480℃ 即可),就可用喷水、水雾或穿水的方法淬火,即常说的挤压机淬火或在线淬火,壁厚不大于 3 mm 的材料还可以进行空冷淬火,不必进行离线固溶处理。

第二类是 Mg_2Si 含量 ≥1.4% 的 6061 型合金(Al – 1Mg – 0.3Si),为了提高强度而加入 ≤0.40% Cu,≤0.2% Cr,有些还含有少量的锰。铬是为抵消铜对抗蚀性的不良影响而加入的。这类合金在时效后可以得到更高的强度,可是它们的淬火敏感性高,挤压后须进行离线固溶处理和在水中或其他介质中淬火,才能获得所需要的强度,控制好挤压温度对某些管材与产品也可以在挤压线上风冷淬火获得 T5。

第三类是 Si 含量超过了 Mg_2Si 化合比的合金。过剩硅的存在,既能细化 Mg_2Si 质点,还能析出过剩 Si 质点,使材料强度进一步提高如 6151、6351 等(见表 4 – 67)。但过剩硅易于沿晶界偏析,降低塑性,引起晶界脆性,故须加入微量 Cr(6151 合金)或 Mn(6351 合金)以细化晶粒,抑制固溶处理时发生再结晶。这类合金多用于生产挤压材和锻件。以上 3 类 Al – Mg – Si 合金的典型力学性能见表 4 –68。

表 4 - 67　无过剩镁及形成 Mg_2Si 后的过剩镁对 Mg_2Si 在铝中溶解度的影响

温度		过剩镁/%					
K	°F	0	0.5	1	1.5	2	3
868	1 103	1.85					
850	1 070	1.73					
800	980	1.34	0.9	0.55	0.35	0.2	0.05
750	890	0.93	0.52	0.25	0.13	0.07	0.03
700	800	0.64	0.32	0.13	0.05	0.03	—
650	710	0.47	0.21	0.07	—	—	—
600	620	0.38	0.16	0.04	—	—	—

表 4 - 68　3 类 Al - Mg - Si 合金的典型力学性能

合金	$R_m/N \cdot mm^{-2}$	$R_{p0.2}/R \cdot mm^{-2}$	$A_5/\%$	主要用途
6063 - T6	250	219	12	建筑及结构型材与管材
6061 - T6	316	281	12	各种焊接结构挤压材
6151 - T6	337	301	17	中等强度锻件

第四类是含有铋和铅（6012 合金、6033 合金）、铋和锡（6012A 合金、6023 合金）、铅和锡（6020 合金）或仅含锡（6021 合金）的合金，它们有良好的可切削性能，用于高速切削各种零部件，故棒材是其主要产品。

在快速冷却的合金中存在局部偏析现象，因而在形成 Mg_2Si 的合金中可以出现硅晶体。由于晶内偏析，Mg_2Si 或 Mg_5Al_8 在平衡状态下的单相合金中也可能存在。

镁增大铝的晶格，硅使其减小，含有镁和硅的固溶体的实际晶格常数比添加的镁和硅造成的预计影响要小。含 Mg 和 Si 的合金也是一种电工合金，既有比纯铝高的强度又有好的电导率。Mg：Si = 1.73 的合金有特殊的电阻率。含 1%（Mg + Si）的合金在 750 K 的电阻率为 $(8.6 \times 10^{-8}) \sim (8.8 \times 10^{-8}) \Omega \cdot m$，但是当 Mg：Si = 1.73 时，电阻率下降到 $8.5 \times 10^{-10} \Omega \cdot m$。室温电阻率比较低，含 1% ~ 1.5% Mg_2Si 的合金在完全时效状态下的电阻率为 $(3 \times 10^{-8}) \sim (3.2 \times 10^{-8})$ $\Omega \cdot m$，而退火材料的电阻率则低到 $(2.8 \times 10^{-8}) \sim (2.9 \times 10^{-8}) \Omega \cdot m$。过剩 Si 提高电阻率，而过剩 Mg 则减小电阻率，但它们的影响都不大于 5%，合金的电阻率温度系数为 $(3.6 \times 10^{-12}) \sim (3.8 \times 10^{-12}) \Omega \cdot m/K$。接近 1.3 K 时合金有超导性，但时效降低转变温度。

Mg_2Si 对甘汞电极的电位是可变的，为 0.7 ~ 1.5 V，决定于极化强度，Mg_2Si 的固溶或沉淀对铝的电位没有明显影响。因而当镁与硅的比例适当时，Al－Mg－Si合金有很好的抗蚀性，在热处理状态没有晶间腐蚀或应力腐蚀开裂敏感性。若Mg_2Si在晶界形成连续网状，可能出现晶间腐蚀。过剩镁对抗蚀性没有明显影响；另一方面，含有过剩硅的合金的母体贫硅对过饱和部分呈负电性，因此稍有晶间腐蚀或应力腐蚀开裂敏感性。含有大量过剩镁的合金的抗蚀性比相应的二元Al－Mg合金的稍低。在富硅合金中，Al－Si电偶是控制腐蚀的主要因素，少量Mg_2Si的影响可以忽略不计。

在含有Mg_2Si的合金中，无论是否有过剩硅，镁或硅在铝中的扩散速度由于它们的同时存在而下降，但扩散速度仍与浓度梯度成比例。

时效开始时形成球形GP区，最初它们在的[100]方向长大伸长，呈针状。β相属单斜晶系，$a=b=6.16\times10^{-10}$ m，$c=7.1\times10^{-10}$ m，$\alpha=\beta=90°$，$\gamma=82°$，取向关系：

$$(111)_\beta/\!/(110)_{Al}，[110]_\beta/\!/[001]_{Al}$$

β相含有大量空位。沉淀质点的尺寸差异极大：长$(160\times10^{-10})\sim(2000\times10^{-10})$m，直径$(15\times10^{-10})\sim(60\times10^{-10})$m，数量$(2\times10^{12})\sim(3\times10^{15})$个/$mm^3$，它们对母体施加一定的压力，因而对屈服点有影响。

针状β相先长大呈棒状，最后成为片状Mg_2Si。合金的硬度于Mg_2Si片形成之前达到最大值，然后软化。在开始软化之前，沉淀质点的最大尺寸可能达到0.03 μm，只有其他时效硬化型合金的1/10。中间β'相与母体共格，立方晶格，$a=6.42\times10^{-10}$ m，也有人认为它是六方晶格，晶格常数$a=7.05\times10^{-10}$ m，$c=4.05\times10^{-10}$ m。最后长大，转变为Mg_2Si，取向关系：

$$(100)_{Mg_2Si}/\!/(100)_{Al}，[110]_{Mg_2Si}/\!/[001]_{Al}$$

它在母体β'界面上成核，并靠消耗β'而成长。GP区的形成激活能为0.37 eV，而沉淀激活能为0.9 eV。阶段时效时的激活能与此相等。在长大成针状、棒状和片状时会相应地放热。约高于500 K时效时不形成GP区，不过缓慢淬火明显降低此温度，铁也有同样的作用。

常规可变因素如Mg_2Si含量、淬火速度、冷加工、时效温度等对时效过程的影响遵循一般规律：Mg_2Si含量稍大于溶解度极限的合金有最快的时效速度和最大的硬度；冷加工促进时效，但同时降低硬化效果，若变形量足够大，则时效后硬化效果的减少量大于加工所造成的硬化增加量。时效后的冷加工可导致软化。织构同样对时效后的性能有很大影响。快速淬火促进沉淀物的细小弥散，为达到最高性能适当的快速淬火是必要的。空气淬火降低硬化效果，这一点特别对Mg_2Si含量接近溶解度极限的合金是正确的；Mg_2Si含量低的合金能够在空气中淬火。加入银促进β相形成和使它稳定，锡和铁减慢GP区形成，同时减小β相尺寸。

Al－Mg－Si合金淬火(515～525℃)后必须立即人工时效(160～170℃、8～

12 h, T6), 才能得到高的强度, 对在线淬火的 $6 \times \times \times$ 系合金也最好是这样, 但在实际生产中是做不到的, 不过以不超过 4 h 为宜, 也就是说当班生产的材料最好当班人工时效。淬火后若在室温停放一段时间再时效, 对强度性能不利。Mg_2Si 含量大于 1% 的合金在室温停放 24 h, 强度比淬火后立即时效的合金的约低 10%。这种现象叫停放效应或时效滞后现象。停放对 $w(Mg_2Si) < 0.9\%$ 的 $6 \times \times \times$ 系合金的强度反而有利。这种效应与在室温停放期间形成空位 - 溶质原子集团的形核能力和 T_c 温度的高低有关。高浓度 $Al - Mg_2Si$ 合金 ($T_c > 170℃$) 在室温形成的空位 - 溶质集团较小, 达不到临界尺寸, 还引起了基体过饱和度降低, 因此在人工时效时只有少数尺寸大的集团能转变成沉淀相, 又因形团后基体浓度降低, 不能独立形成新的晶核, 所以只能得到粗大的沉淀相和较低的强度。反之, 低浓度的 $6 \times \times \times$ 系合金停放后再人工时效时, 沉淀相有很高的弥散度, 停放对强度反而有益, 因为低浓度合金有不同的形核条件。

向 $Al - Mg - Si$ 合金加入微量铜 ($\leqslant 0.4\%$) 能减轻停放效应的不良影响, 因为铜能降低这类合金的自然时效速度。铁是 $6 \times \times \times$ 系合金的有害杂质, 对强度不利, 因为它有利于形成中间相, 减少 GP 区的成核, 但也有含铁的合金如 6101B ($0.10 \sim 0.30\%$ Fe)、6015 ($0.10 \sim 0.30\%$ Fe)、6022 ($0.05\% \sim 0.20\%$ Fe)、6260 ($0.15\% \sim 0.40\%$ Fe)、6360 ($0.10\% \sim 0.30\%$ Fe)、6560 ($0.10\% \sim 0.30\%$ Fe)。铍增加 GP 区的成核, 因而增大 GP 区的密度; 钠阻碍时效; 镓对铝性能及时效硬化的影响很小; 少量锌对强度影响不大, 含锌的 $6 \times \times \times$ 系合金有: 6019 ($0.40\% \sim 1.0\%$ Zn)、6033 ($0.50\% \sim 1.0\%$ Zn)、6056、6156 (各 $0.10\% \sim 0.7\%$ Zn)。

微量 ($< 0.15\%$) 稀土元素 (RE) 能显著改善电线用 $Al - Mg - Si$ 合金的铸造、加工和热处理工艺性能。例如向 $Al - 0.6Mg - 0.6Si$ 合金加 0.1% RE, 提高了铸锭品质, 改善了拉伸工艺, 提高了成品率, 热轧后可以直接淬火, 省去了离线固溶处理, 有利于节能减排, 人工时效 (165℃、4 h) 后的抗拉强度提高约 15 N/mm^2, 电阻率降低 2%。加入铈基混合稀土即可, 中国是稀土之乡, 适宜于发展含稀土的 $Al - Mg - Si$ 系导电铝合金。

室温停放对 $Al - Mg - Si$ 系合金来说就是进行低温时效, 若这种时效进行到 GP 区已达足够大的尺寸, 则在人工时效时 GP 区的回归不可能完全, 性能峰值线既发散又扁平。时效温度越低和 Mg_2Si 含量越高, 此效应越显著, 在温室停放 1 h 足以产生此效应, 230 K 的允许时间为 $10 \sim 15$ h。在 $400 \sim 450$ K 时效过的合金加热到 $550 \sim 600$ K 时仅有局部回归。淬火后立即进行短时预时效处理, 即在高于室温下处理几分钟就可以抑制停放效应。短时低温 (240 K) 处理同样能够增加晶核, 所以能稍稍提高性能。不过对这样处理的工艺参数应严加控制, 所以没有实际生产意义。先在低温时效, 然后在高温时效, 在两者之间进行形变热处理能提高各种性能。不过 Mg_2Si 多于 1% (原子分数) 的合金, 短时预时效会引起性能下降。

4.2.1.2　Al – Mg – Si – Cu 系合金

Al – Mg – Si – Cu 系铝合金是在 Al – Mg – Si 系三元合金的基础上发展起来的，镁和硅的合金化原则与上述的三元合金的完全相同，属于硅过剩型合金。在 6××× 系合金中含铜的有 47 个，占总注册的常用合金的 52%，铜的含量为 0.05% ~ 1.2%。加铜是为了提高强度，锰和铬可以提高抗蚀性和抑制再结晶时晶粒长大，也有提高强度和耐热性的作用，钛可以细化铸锭组织。

Al – Mg – Si – Cu 四元相图的铝角如图 4 – 5 ~ 图 4 – 8 所示，有一个四元相 W，分子式 $Al_4CuMg_5Si_4$，成分相当于（质量分数）：Cu 14 ~ 17，Mg 28 ~ 30，Si 27 ~ 29。铝角的一些反应列于表 4 – 69。

表 4 – 69　Al – Cu – Mg – Si 系的不变反应

反应	成分/%			温度/K
	$w(Cu)$	$w(Mg)$	$w(Si)$	
二元				
A. 液体→Al + CAl_2	33	—	—	821
B. 液体→Al + Mg_5Al_6	—	34	—	723
C. 液体→Al + Si	—	—	12.5	850
三元				
D. 液体→Al + $CuMgAl_2$ + $CuAl_2$	33	6	—	780
E. 液体→Al + $CuMgAl_2$（伪二元）	24.5	10.1	—	791
F 液体 + $CuMgAl_2$→Al + $CuMg_4Al_6$	10	26	—	740
G. 液体→Al + $CuMg_4Al_6$ + Mg_5Al_6	2.7	32	—	722
H. 液体→Al + Mg_5Al_8 + Mg_2Si	—	32	0.4	722
I. 液体→Al + Mg_2Si（伪二元）	—	8.15	4.75	868
J. 液体→Al + Si + Mg_2Si	—	5	13	828
K. 液体→Al + $CuAl_2$ + Si	26.7	—	5.2	798
四元				
L. 液体→Al + Mg_5Al_8 + Mg_2Si + $CuMg_4Al_6$	1.5	32.9 ~ 33	0.3	717 ~ 721
M. 液体 + $CuMgAl_2$→Al + Mg_2Si + $CuMg_4Al_6$	10	25.5	0.3	740
N. 液体→Al + Mg_2Si + $CuMgAl_2$（伪三元）	23	10.5	0.3	789
O. 液体→Al + $CuAl_2$ + $CuMgAl_2$ + Mg_2Si	30 ~ 33	6.1 ~ 7.1	0.3 ~ 0.4	773
P. 液体→Al + $CuAl_2$ + Mg_2Si（伪三元）	31.5	3.9	2.3	788
Q. 液体 + Mg_2Si→Al + $CuAl_2$ + $Cu_2Mg_8Si_6Al_5$	31	3.3	3.3	785
R. 液体→Al + $CuAl_2$ + Si + $Cu_2Mg_8Si_6Al_5$	28	2.2	6	780
S. 液体 + Mg_2Si + Si→Al + $Cu_2Mg_8Si_6Al_5$	13.8	3.3	9.6	802

注：代表反应的字母位置见图 4 – 5（a）

　　析出 Mg_2Si 初生晶体的范围很广，在非平衡状态下，Mg_2Si、$CuAl_2$ 及 Si 往往同时出现，同时所形成的相的组元是能固溶的。因此，在大部分常用的注册合金中，即使在铜含量远低于 4% 时，也可以观察到 $CuAl_2$ 或 $CuMgAl_2$；硅含量低于 0.8% 时，可出现 Si、Mg_2Si；镁含量小于 6% 时，可看到 Mg_5Al_8。

　　铜使铝的晶格收缩，镁却使它膨胀。在合金元素含量符合形成四元化合物条件时，铜及硅的影响起主导作用。热处理合金的力学性能见图 4-7～图 4-9。添加 0.25% Cu 对合金强度的影响很小。

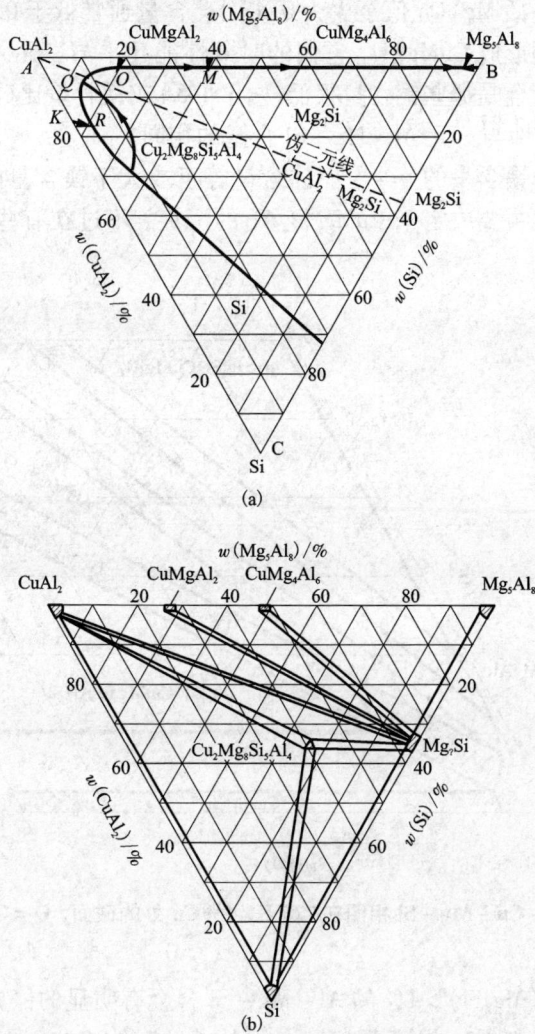

(a)

(b)

图 4-5　Al-Cu-Mg-Si 相图铝角的投影图

(a)液相面；(b)固态下的相区分布

Al – Mg – Si – Cu 系合金的时效硬化特性决定于沉淀相，因而可根据沉淀相把常用注册合金分为 4 组：$CuAl_2$ 相为主的，$CuMgAl_2$ 相为主的，Mg_2Si 相为主的，$CuMg_5Si_4Al_4$ 相为主的。实际上，大多数合金的组织组成物都多于一个，它们可含所述的 2 个或 3 个强化相。

属于第一组的合金是铜含量等于或高于固溶极限（4% ~ 5% Cu），而镁及硅的量又少或其比例正好形成 Mg_2Si 的合金，在不超过三元共晶 $Al + Mg_2Si + CuAl_2$ 熔点的热处理温度下，Mg_2Si 的熔解极少，对合金的时效硬化没有多大影响。

第二组合金包括 Mg∶Cu 值至少为 0.4 而硅含量通常低于 0.2% 的那些合金，因而大部分镁与铜形成 $CuMgAl_2$，它们的时效性能几乎与三元 Al – Cu – Mg 合金的一样。第三组合金是那些铜含量很低（< 0.4%）或镁含量比硅含量大得多的合金，它们的时效特性与三元 Al – Mg – Si 合金的相同。

凡铜含量约为镁含量的一半，而硅含量等于或大于镁含量的合金属第四组，它们的时效和硬化主要决定于 $CuMg_5Si_4Al_4$ 的沉淀，不过在有些合金中也会出现 $CuAl_2$ 相。

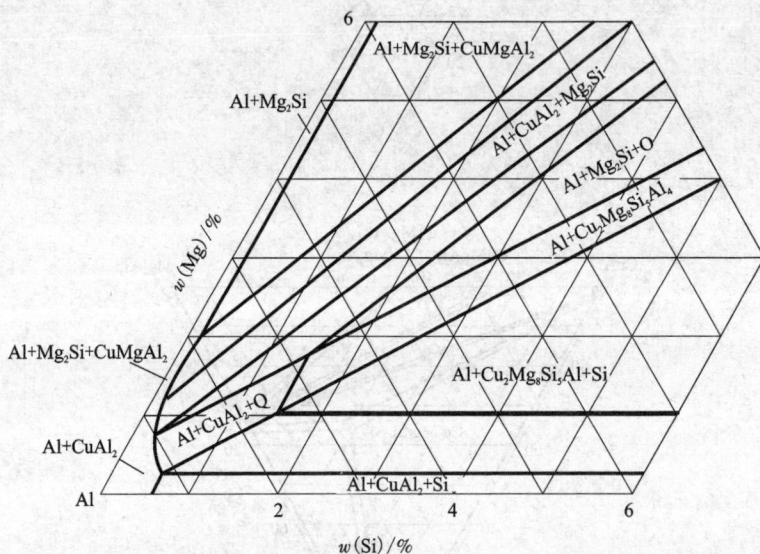

图 4 – 6   Al – Cu – Mg – Si 相图在 775 K、4% Cu 处的截面，$Q = Cu_2Mg_8Si_5Al_4$

如上所述，$w(Mg_2Si) > 1\%$ 的 Al – Mg – Si 合金有明显的停放效应，于是加少量 Cu 以消除停放效应，提高强度，中国的 6A02（LD2）就是一种这样的合金（0.45% ~ 0.9% Mg、0.5% ~ 1.2% Si、0.2% ~ 0.6% Cu、0.15%（Mn + Cr）~ 0.35%（Mn + Cr），也可以加等量的 Mn 或 Cr）。它有优秀的可挤压、锻压性能和

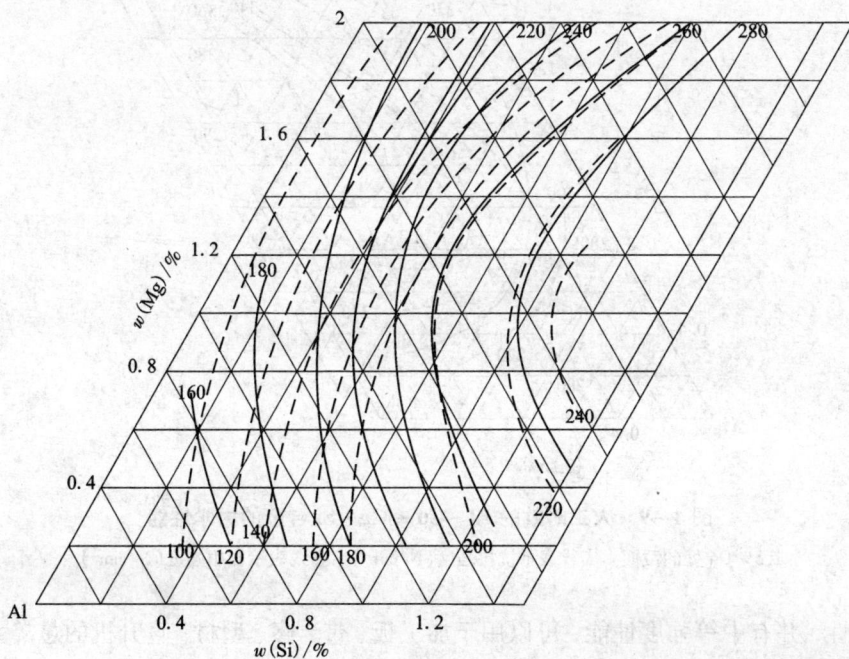

图 4 – 7　人工时效的 Al – Cu – Mg – Si 合金的力学性能

实线表示抗拉强度（N/mm²）；虚线表示屈服强度（N/mm²）

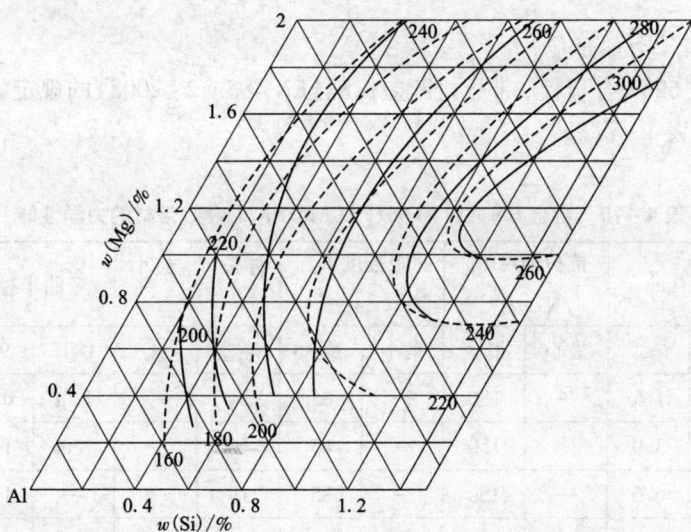

图 4 – 8　Al – Cu – Mg – Si 合金在人工时效后的力学性能

含 0.25% Cu 处的截面。实线表示抗拉强度（N/mm²）；虚线表示屈服强度（N/mm²）

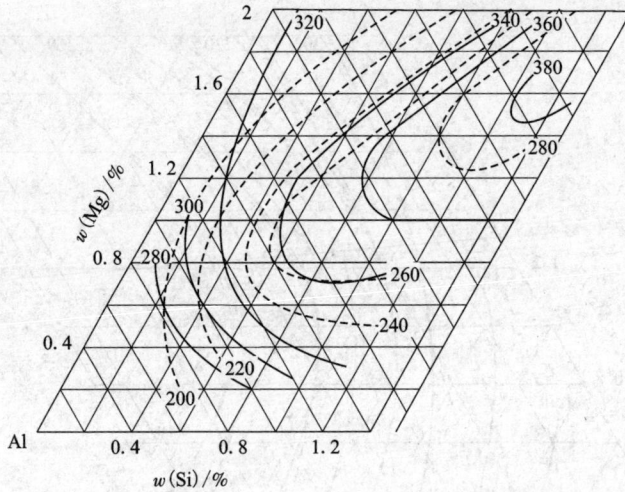

图 4 – 9　人工时效的 Al – Cu – Mg – Si 合金的力学性能

1.5% Cu 处的截面。实线表示抗拉强度(N/mm²)；虚线表示屈服强度(N/mm²)

抗蚀性，并有中等强度性能，可以用于加工板、带、棒、型材，直升机的悬翼大梁及轨道车辆的一些受力结构件可用此合金锻造。应用状态为 T6，淬火温度 540℃，时效温度 150～160℃，保温 6～15 h。

4.2.2　轨道车辆板带材的力学性能及尺寸偏差

4.2.2.1　力学性能

6061 及 6082 合金板、带板材欧盟标准(EN 485 – 2：2008)的规定力学性能见表 4 –70 及表 4 –71。

表 4 –70　合金 EN AW – 6061[Al Mg1SiCu]板、带材的力学性能

状态	厚度/mm		抗拉强度 R_m /N·mm⁻²		屈服强度 $R_\text{p0.2}$ /N·mm⁻²		伸长率，最小 /%		弯曲半径①		硬度 (HBW)①
	>	≤	最小	最大	最小	最大	$A_{50\,\text{mm}}$	A	180°	90°	
O	≥0.4	1.5	—	150	—	85	14	—	1.0t	0.5t	40
	1.5	3.0	—	150	—	85	**16**	—	1.0t	1.0t	40
	3.0	6.0	—	150	—	85	19	—		1.0t	40
	6.0	12.5	—	150	—	85	16	—		2.0t	40
	12.5	25.0	—	150				16			40

续表 4－70

状态	厚度/mm		抗拉强度 R_m /N·mm^{-2}		屈服强度 $R_{p0.2}$ /N·mm^{-2}		伸长率，最小 /%		弯曲半径[1]		硬度 (HBW)[1]
	>	≤	最小	最大	最小	最大	$A_{50\,mm}$	A	180°	90°	
T4	≥0.4	1.5	205	—	110	—	12	—	$1.5t$[2]	$1.0t$[2]	58
	1.5	3.0	205	—	110	—	14	—	$2.0t$[2]	$1.5t$[2]	58
	3.0	6.0	205	—	110	—	16	—	—	$3.0t$[2]	58
	6.0	12.5	205	—	110	—	18	—	—	$4.0t$[2]	58
	12.5	40.0	205	—	110	—	—	15	—	—	58
	40.0	80.0	205	—	110	—	—	14	—	—	58
T451	≥0.4	1.5	205	—	110	—	12	—	$1.5t$[2]	$1.0t$[2]	58
	1.5	3.0	205	—	110	—	14	—	$2.0t$[2]	$1.5t$[2]	58
	3.0	6.0	205	—	110	—	16	—	—	$3.0t$[2]	58
	6.0	12.5	205	—	110	—	18	—	—	$4.0t$[2]	58
	12.5	40.0	205	—	110	—	—	15	—	—	58
	40.0	80.0	205	—	110	—	—	14	—	—	58
T42	≥0:4	1.5	205	—	95	—	12	15	—	$1.0t$[2]	57
	1.5	3.0	205	—	95	—	14	14	—	$1.5t$[2]	57
	3.0	6.0	205	—	95	—	16	—	—	$3.0t$[2]	57
	6.0	12.5	205	—	95	—	18	—	—	$4.0t$[2]	57
	12.5	40.0	205	—	95	—	—	—	—	—	57
	40.0	80.0	205	—	95	—	—	—	—	—	57
T6	≥0.4	1.5	290	—	240	—	6	8	—	$2.5t$[2]	88
	1.5	3.0	290	—	240	—	7	6	—	$3.5t$[2]	88
	3.0	6.0	290	—	240	—	10	5	—	$4.0t$[2]	88
	6.0	12.5	290	—	240	—	9	5	—	$5.0t$[2]	88
	12.5	40.0	290	—	240	—	—	4	—	—	88
	40.0	80.0	290	—	240	—	—	4	—	—	88
	80.0	100.0	290	—	240	—	—	2	—	—	88
	100.0	150.0	275	—	240	—	—	—	—	—	84

续表 4－70

状态	厚度/mm		抗拉强度 R_m /N·mm⁻²		屈服强度 $R_{p0.2}$ /N·mm⁻²		伸长率，最小 /%		弯曲半径①		硬度 (HBW)①
	>	≤	最小	最大	最小	最大	$A_{50\,mm}$	A	180°	90°	
T6	150.0	250.0	265	—	230	—	—	—	—	—	81
	250.0	350.0	260	—	220	—	—	—	—	—	80
	350.0	400.0	260	—	220	—	—	—	—	—	80
T651	≥0.4	1.5	290	—	240	—	6	8	—	$2.5t$②	88
	1.5	3.0	290	—	240	—	7	6	—	$3.5t$②	88
	3.0	6.0	290	—	240	—	10	5	—	$4.0t$②	88
	6.0	12.5	290	—	240	—	9	5	—	$5.0t$②	88
	12.5	40.0	290	—	240	—	—	4	—	—	88
	40.0	80.0	290	—	240	—	—	4	—	—	88
	80.0	100.0	290	—	240	—	—	2	—	—	88
	100.0	150.0	275	—	240	—	—	—	—	—	84
	150.0	250.0	265	—	230	—	—	—	—	—	81
	250.0	350.0	260	—	220	—	—	—	—	—	80
	350.0	400.0	260	—	220	—	—	—	—	—	80
T62	≥0.4	1.5	290	—	240	—	6	8	—	$2.5t$②	88
	1.5	3.0	290	—	240	—	7	6	—	$3.5t$②	88
	3.0	6.0	290	—	240	—	10	5	—	$4.0t$②	88
	6.0	12.5	290	—	240	—	9	5	—	$5.0t$②	88
	12.5	40.0	290	—	240	—	—	4	—	—	88
	40.0	80.0	290	—	240	—	—	4	—	—	88
	80.0	100.0	290	—	240	—	—	2	—	—	88
	100.0	150.0	275	—	240	—	—	—	—	—	84
	150.0	250.0	265	—	230	—	—	—	—	—	81
	250.0	350.0	260	—	220	—	—	—	—	—	80
	350.0	400.0	260	—	220	—	—	—	—	—	80

注：① 仅供参考。

　　② 淬火后能立即获得略小的冷弯曲半径。

表 4 −71　合金 EN AW −6082(AlSi1MgMn) 板、带材的力学性能

状态	厚度/mm		抗拉强度 R_m /N·mm^{-2}		屈服强度 $R_{p0.2}$ /N·mm^{-2}		伸长率, 最小 /%		弯曲半径[1]		硬度 (HBW)[1]
	>	≤	最小	最大	最小	最大	$A_{50\,mm}$	A	180°	90°	
O	≥0.4	1.5	—	150	—	85	14	16	$1.0t$	$0.5t$	40
	1.5	3.0	—	150	—	85	16	—	$1.0t$	$1.0t$	40
	3.0	6.0	—	150	—	85	18	—	—	$1.5t$	40
	6.0	12.5	—	150	—	85	17	—	—	$2.5t$	40
	12.5	25.0	—	155	—	—	—	—	—	—	40
T4	≥0.4	1.5	205	—	110	—	12	13	$3.0t^{[2]}$	$1.5t^{[2]}$	58
	1.5	3.0	205	—	110	—	14	12	$3.0t^{[2]}$	$2.0t^{[2]}$	58
	3.0	6.0	205	—	110	—	15	—	—	$3.0t^{[2]}$	58
	6.0	12.5	205	—	110	—	14	—	—	$4.0t^{[2]}$	58
	12.5	40.0	205	—	110	—	—	—	—	—	58
	40.0	80.0	205	—	110	—	—	—	—	—	58
T451	≥0.4	1.5	205	—	110	—	12	13	$3.0t^{[2]}$	$1.5t^{[2]}$	58
	1.5	3.0	205	—	110	—	14	12	$3.0t^{[2]}$	$2.0t^{[2]}$	58
	3.0	6.0	205	—	110	—	15	—	—	$3.0t^{[2]}$	58
	6.0	12.5	205	—	110	—	14	—	—	$4.0t^{[2]}$	58
	12.5	40.0	205	—	110	—	—	—	—	—	58
	40.0	80.0	205	—	110	—	—	—	—	—	58
T42	≥0.4	1.5	205	—	95	—	12	13	—	$1.5t^{[2]}$	57
	1.5	3.0	205	—	95	—	14	12	—	$2.0t^{[2]}$	57
	3.0	6.0	205	—	95	—	15	—	—	$3.0t^{[2]}$	57
	6.0	12.5	205	—	95	—	14	—	—	$4.0t^{[2]}$	57
	12.5	40.0	205	—	95	—	—	—	—	—	57
	40.0	80.0	205	—	95	—	—	—	—	—	57
T6	≥0.4	1.5	310	—	260	—	6	8	—	$2.5t^{[2]}$	94
	1.5	3.0	310	—	260	—	7	7	—	$3.5t^{[2]}$	94
	3.0	6.0	310	—	260	—	10	6	—	$4.5t^{[2]}$	94

续表 4 – 71

状态	厚度/mm		抗拉强度 R_m /N·mm^{-2}		屈服强度 $R_{p0.2}$ /N·mm^{-2}		伸长率，最小 /%		弯曲半径[1]		硬度 (HBW)[1]
	>	≤	最小	最大	最小	最大	$A_{50\,mm}$	A	180°	90°	
T6	6.0	12.5	300	—	255	—	9	4	—	$6.0t$[2]	91
	12.5	60.0	295	—	240	—	—	2	—	—	89
	60.0	100.0	295	—	240	—	—	—	—	—	89
	100.0	150.0	275	—	240	—	—	—	—	—	84
	150.0	175.0	275	—	230	—	—	—	—	—	83
	175.0	350.0	260	—	220	—	—	—	—	—	—
T651	≥0.4	1.5	310	—	260	—	6	8	—	$2.5t$[2]	94
	1.5	3.0	310	—	260	—	7	7	—	$3.5t$[2]	94
	3.0	6.0	310	—	260	—	10	6	—	$4.5t$[2]	94
	6.0	12.5	300	—	255	—	9	4	—	$6.0t$[2]	91
	12.5	60.0	295	—	240	—	—	2	—	—	89
	60.0	100.0	295	—	240	—	—	—	—	—	89
	100.0	150.0	275	—	240	—	—	—	—	—	84
	150.0	175.0	275	—	230	—	—	—	—	—	83
	175.0	350.0	260	—	220	—	—	—	—	—	—
T62	≥0.4	1.5	310	—	260	—	6	8	—	$2.5t$[2]	94
	1.5	3.0	310	—	260	—	7	7	—	$3.5t$[2]	94
	3.0	6.0	310	—	260	—	10	6	—	$4.5t$[2]	94
	6.0	12.5	300	—	255	—	9	4	—	$6.0t$[2]	91
	12.5	60.0	295	—	240	—	—	2	—	—	89
	60.0	100.0	295	—	240	—	—	—	—	—	89
	100.0	150.0	275	—	240	—	—	—	—	—	84
	150.0	175.0	275	—	230	—	—	—	—	—	83
	175.0	350.0	260	—	220	—	—	—	—	—	—

续表 4 –71

状态	厚度/mm		抗拉强度 R_m /N·mm^{-2}		屈服强度 $R_{p0.2}$ /N·mm^{-2}		伸长率，最小 /%		弯曲半径[①]		硬度 (HBW)[①]
	>	≤	最小	最大	最小	最大	$A_{50\,mm}$	A	180°	90°	
T61	≥0.4	1.5	280	—	205	—	10	12	—	$2.0t$[②]	82
	1.5	3.0	280	—	205	—	11	10	—	$2.5t$[②]	82
	3.0	6.0	280	—	205	—	11	9	—	$4.0t$[②]	82
	6.0	12.5	280	—	205	—	12	8	—	$5.0t$[②]	82
	12.5	60.0	275	—	200	—	—	—	—	—	81
	60.0	100.0	275	—	200	—	—	—	—	—	81
	100.0	150.0	275	—	200	—	—	—	—	—	81
	150.0	175.0	275	—	200	—	—	—	—	—	81
T6151	≥0.4	1.5	280	—	205	—	10	12	—	$2.0t$[②]	82
	1.5	3.0	280	—	205	—	11	10	—	$2.5t$[②]	82
	3.0	6.0	280	—	205	—	11	9	—	$4.0t$[②]	82
	6.0	12.5	280	—	205	—	12	8	—	$5.0t$[②]	82
	12.5	60.0	275	—	200	—	—	—	—	—	81
	60.0	100.0	275	—	200	—	—	—	—	—	81
	100.0	150.0	275	—	200	—	—	—	—	—	81
	150.0	175.0	275	—	200	—	—	—	—	—	81

注：① 仅供参考。
② 淬火后能立即获得略小的冷弯曲半径。

4.2.2.2 尺寸偏差

6061 及 6082 合金板、带材的尺寸偏差见 4.1.1.2 节。

4.2.3 轨道车辆挤压材的力学性能及尺寸偏差

（1）6061 合金

EN AW – 6061（AlMg1SiCu）合金挤压材的力学性能（EN 755 – 2：2008）见表 4 –72。

表 4 – 72　合金 EN AW – 6061［AlMg1SiCu］的力学性能（EN 755 – 2：2008）

挤压棒材

状态	尺寸/mm		R_m/N·mm^{-2}		$R_{p0.2}$/N·mm^{-2}		A/%	$A_{50\,mm}$/%	HBW
	D①	S②	最小	最大	最小	最大	最小	最小	典型值
O，H111	≤200	≤200	—	150	—	110	16	14	30
T4③	≤200	≤200	180	—	110	—	15	13	65
T6③	≤200	≤200	260	—	240	—	8	6	95

挤压管材

状态	壁厚	R_m/N·mm^{-2}		$R_{p0.2}$/N·mm^{-2}		A/%	$A_{50\,mm}$/%	HBW
	t/mm	最小	最大	最小	最大	最小	最小	典型值
O，H111	≤25	—	150	—	110	16	14	30
T4③	≤25	180	—	110	—	15	13	65
T6③	≤5	260	—	240	—	8	6	95
	5t≤25	260	—	240	—	10	8	95

挤压型材④

状态	壁厚	R_m/N·mm^{-2}		$R_{p0.2}$/N·mm^{-2}		A/%	$A_{50\,mm}$/%	HBW
	t/mm	最小	最大	最小	最大	最小	最小	典型值
T4③	≤25	180	—	110	—	15	13	65
T6③	≤5	260	—	240	—	9	7	95
	5t≤25	260	—	240	—	10	8	95

注：① D—圆棒直径。

② S—方形和六角形棒对边距离，矩形棒厚度。

③ 可通过挤压淬火获得性能。

④ 如果型材横截面由不同厚度组成，达不到一系列规定的力学性能值，则应把最小规定值当做整个横截面的有效值。

　　(2)6063 合金

　　6063 合金 EN AW – 6063（AlMg 0.7Si）的力学性能见表 4 – 73（EN 755 – 2：2008）。

表 4 - 73 合金 EN AW - 6063A[AlMg0.7Si(A)]挤压材的力学性能(EN 755 - 2：2008)

挤压棒材

状态	尺寸/mm		$R_m/N\cdot mm^{-2}$		$R_{p0.2}/N\cdot mm^{-2}$		A/%	$A_{50\,mm}/\%$	HBW
	$D^①$	$S^②$	最小	最大	最小	最大	最小	最小	典型值
O，H111	≤200	≤200	—	150	—	—	16	14	28
T4^③	≤150	≤150	150	—	90	—	12	10	50
	150D≤200	150S≤200	140	—	90	—	10		50
T5	≤200	≤200	200	—	160	—	7	5	75
T6^③	≤150	≤150	230	—	190	—	7	5	80
	150D≤200	150S≤200	220	—	160	—	7		80

挤压管材

状态	壁厚 t/mm	$R_m/N\cdot mm^{-2}$		$R_{p0.2}/N\cdot mm^{-2}$		A/%	$A_{50\,mm}/\%$	HBW
		最小	最大	最小	最大	最小	最小	典型值
O，H111	≤25	—	150	—	—	16	14	28
T4^③	≤10	150	—	90	—	12	10	50
	10t≤25	140	—	90	—	10	8	50
T5	≤25	200	—	160	—	7	5	75
T6^③	≤25	230	—	190	—	7	5	80

挤压型材^④

状态	壁厚 t/mm	$R_m/N\cdot mm^{-2}$		$R_{p0.2}/N\cdot mm^{-2}$		A/%	$A_{50\,mm}/\%$	HBW
		最小	最大	最小	最大	最小	最小	典型值
T4^③	≤25	150	—	90	—	12	10	50
T5	≤10	200	—	160	—	7	5	75
	10t≤25	190	—	150	—	6	4	75
T6^③	≤10	230	—	190	—	7	5	80
	10t≤25	220	—	180	—	5	4	80

注：① D—圆棒直径；

② S—方形和六角形棒对边距离，矩形棒厚度；

③ 可通过挤压淬火获得性能；

④ 如果型材横截面由不同厚度组成，达不到一系列规定的力学性能值，则应把最小规定值当做整个横截面的有效值。

(3)6082 合金

EN AW6082 合金(AlSi1MgMn)的力学性能见表 4 - 74。

表 4 – 74 合金 EN AW – 6082 [AlSi1MgMn]

挤压棒材

状态	尺寸/mm		$R_m/N \cdot mm^{-2}$		$R_{p0.2}/N \cdot mm^{-2}$		$A/\%$	$A_{50\,mm}/\%$	HBW
	$D^①$	$S^②$	最小	最大	最小	最大	最小	最小	典型值
O，H111	≤200	≤200	—	160	—	110	14	12	35
T4③	≤200	≤200	205	—	110	—	14	12	70
T6③	≤20	≤200	295		250		8	6	95
	20D≤150	20S≤150	310		260		8	—	95
	150D≤200	150S≤200	280		240		6	—	95
	200D≤250	200S≤250	270		200		6	—	95

挤压管材

状态	壁厚 t/mm	$R_m/N \cdot mm^{-2}$		$R_{p0.2}/N \cdot mm^{-2}$		$A/\%$	$A_{50\,mm}/\%$	HBW
		最小	最大	最小	最大	最小	最小	典型值
O，H111	≤25	—	160	—	110	14	12	35
T4③	≤25	205	—	110	—	14	12	70
T6③	≤5	290		250		8	6	95
	5t≤25	310		260		10	8	95

挤压型材④

状态	壁厚 t/mm	$R_m/N \cdot mm^{-2}$		$R_{p0.2}/N \cdot mm^{-2}$		$A/\%$	$A_{50\,mm}/\%$	HBW
		最小	最大	最小	最大	最小	最小	典型值
O，H111	全部	—	160	—	110	14	12	35
T4③	≤25	205	—	110	—	14	12	70
开口型材 T5	≤5	270	—	230		8	6	90
开口型材 T6③	≤5	290		250		8	6	95
	5t≤25	310		260		10	8	95
空心型材 T5	≤5	270		230		8	6	90
空心型材 T6③	≤5	290		250		8	6	95
	5t≤25	310		260		10	8	95

注：① D—圆棒直径；

② S—方形和六角形棒对边距离，矩形棒厚度；

③ 可通过挤压淬火获得性能；

④ 如果型材横截面由不同厚度组成，达不到一系列规定的力学性能值，则应把最小规定值当做整个横截面的有效值。

（4）6N01 合金

6N01 合金是一种日本合金，其中的"N"就是"Nippon（日本）"的第一字母，尚未在美国铝业协会注册，但在日本的轨道车辆制造中获得广泛应用。它的化学成分见 4.1.2.1 节。

① 热处理：6N01 合金挤压材在 T5 及 T6 状态下应用。T5 状态：挤压后在线淬火，170～180℃ 人工时效 8 h；T6 状态：离线固溶处理，处理温度 525～535℃，然后于 170～180℃ 人工时效 8 h。

② 物理性能：20℃ 密度 2 700 kg/m³，液相线温度 652℃，固相线温度 615℃，20～100℃ 的平均膨胀系线 23.5×10^{-6}/℃，T5 状态的热导率 188 W/(m·℃)，T5 状态的电导率 46% IACS。

③ 20℃ 时的力学性能：6N01 合金在 20℃ 的力学性能列于表 4－75。

表 4－75 6N01 合金的室温力学性能

状态	抗拉强度 R_m /N·mm^{-2}	屈服强度 $R_{p0.2}$ /N·mm^{-2}	伸长率 A /%	正弹性模量 E /kN·mm^{-2}	切变弹性模量 /kN·mm^{-2}	泊松比
T5	275	245	12	68.9	25.8	0.33
T6	290	260	12	68.9	25.8	0.33

④ 抗腐蚀性能：6N01 合金的抗一般与大气腐蚀性能好，在实际使用条件下既没有应力腐蚀开裂倾向又不会发生剥落腐蚀。

⑤ 工艺性能：6N01 合金有良好的可熔焊与钎焊性能，挤压性能优秀，压力加工性能良好，由于强度不高，可切削加工性能低下。因为强度比 6061 合金的低，有非常好的可挤压性能，可挤压断面复杂的薄壁大型材，同时有良好的表面处理性能，挤压材料在交通运输装备领域有着广泛应用。

⑥ 尺寸偏差：轨道车辆用的 6063、6061 及 6082 型合金挤压材的尺寸及形位偏差见 4.1.1.3 节。

4.3 7×××系合金

4.3.1 7×××系合金的相及时效

7×××系合金可分为两大类：Al－Zn－Mg 合金及 Al－Zn－Mg－Cu 合金，轨道车辆用的为前者，除在美国铝业协会注册的 4 个合金（表 4－76）外，还有日本的 7N01。轨道车辆用的主要为 7003 及 7N01 合金大型薄壁焊接结构挤压型材，

7005 合金也有应用。

表 4 – 76　注册的常用 Al – Zn – Mg 合金的合金元素含量(%)

合金	注册国	w(锌)	w(镁)	w(锆)	其他
7003	日本	5.0 ~ 6.5	0.5 ~ 1.0	0.05 ~ 0.25	不可避免的杂质及铝
7108	美国	4.5 ~ 5.5	0.7 ~ 1.4	0.12 ~ 0.25	不可避免的杂质及铝
7108A	挪威	4.8 ~ 5.8	0.7 ~ 1.5	0.15 ~ 0.25	不可避免的杂质及铝
7021	美国	5.0 ~ 6.0	1.2 ~ 1.8	0.08 ~ 0.18	不可避免的杂质及铝

Al – Zn – Mg 系相图的特征见图 4 – 10、图 4 – 11，以及表 4 – 77、表 4 – 78。

在固态铝能够与 Mg_5Al_8、$Mg_3Zn_3Al_2$、$MgZn_2$、Mg_5Zn_{11}、ZnAl 和 Zn 处于平衡状态，可溶于 Mg_5Al_8 中的锌不多于 2%，ZnAl 不能溶解多于 1% Mg。

表 4 – 77　Al – Mg – Zn 系铝角最可能的反应

反应	温度/K	成分, w/%							
		Mg	Zn	Mg	Zn	Mg	Zn	Mg	Zn
二元反应		液		Al		Mg_5Al_8	—		—
A. 液体→Al + Mg_5Al_8	723	34	—	17.4	—	36	—	—	
						ZnAl			
B. 液体 + Al→ZnAl	716	—	86	—	70	—	71.6	—	
				Zn					
C. 液体→ZnAl + Zn	655	—	95	—	99	—	82.2	—	
						Mg_2Zn_{11}			
D. 液体→Mg_2Zn_{11} + Zn	637	3.0	97.0	0.15	99.85	6.0	94.0	—	
				$MgZn_2$					
E. 液体 + $MgZn_2$→Mg_2Zn_{11}	654	3.5	96.5	15	85	6.4	93.6	—	
				Al		Zn		ZnAl	
F. ZnAl→Al + Zn	548			31.6			99.5		82.1
三元反应						Mg_5Al_8		$Mg_8Zn_3Al_2$	
G. 液体→Al + Mg_5Al_8 + $Mg_3Zn_3Al_2$	720	30	12	13	2	34	10	30	26
H. 液体→Al + $Mg_3Zn_3Al_2$	762	18	45	5	12			21	54

续表 4 - 77

反应	温度K	成分, w/%							
		Mg	Zn	Mg	Zn	Mg	Zn	Mg	Zn
(伪二元)							$MgZn_2$		
I. 液体→Al + $MgZn_2$ 液体→Al + $MgZn_2$ + $Mg_3Zn_3Al_2$	748	11.3	60.4	3	14	16	83	20	64
								$ZnAl$	
J. 液体 + Al→$MgZn_2$ + ZnAl	651	4	91	1	70	15.5	84	1	75
				Mg_2Zn_{11}					
K. 液体 + $MgZn_2$→ Mg_2Zn_{11} + ZnAl	641	3.5	92	7	92	15	85	1	78
						Zn			
L. 液体→ ZnAl + Mg_2Zn_{11} + Zn	616	3	93	7	92	0.5	99 +	1	80
		Al							
M. ZnAl→Al + Mg_2Zn_{11} + Zn	547	0.5	31	7	92	0.5	99 +	0.5	77

表 4 - 78　在各不同温度下 3 相三角形铝顶点的位置

温度/K	成分, w/%			
	顶点 Al + Mg_5Al_8 + $Mg_3Zn_3Al_2$		顶点 Al + $Mg_3Zn_3Al_2$ + $MgZn_2$	
	Mg	Zn	Mg	Zn
725	12.5	2.0	2.3	12.1
700	11.2	1.75	2.15	10.5
650	9.0	1.28	2.0	7.6
600	6.8	0.98	1.92	6.3
550	5.0	0.78	1.90	3.6
500	3.5	0.58	1.90	2.3
450	2.7	0.46	1.90	1.5
400	2.3	0.37	1.90	1.0

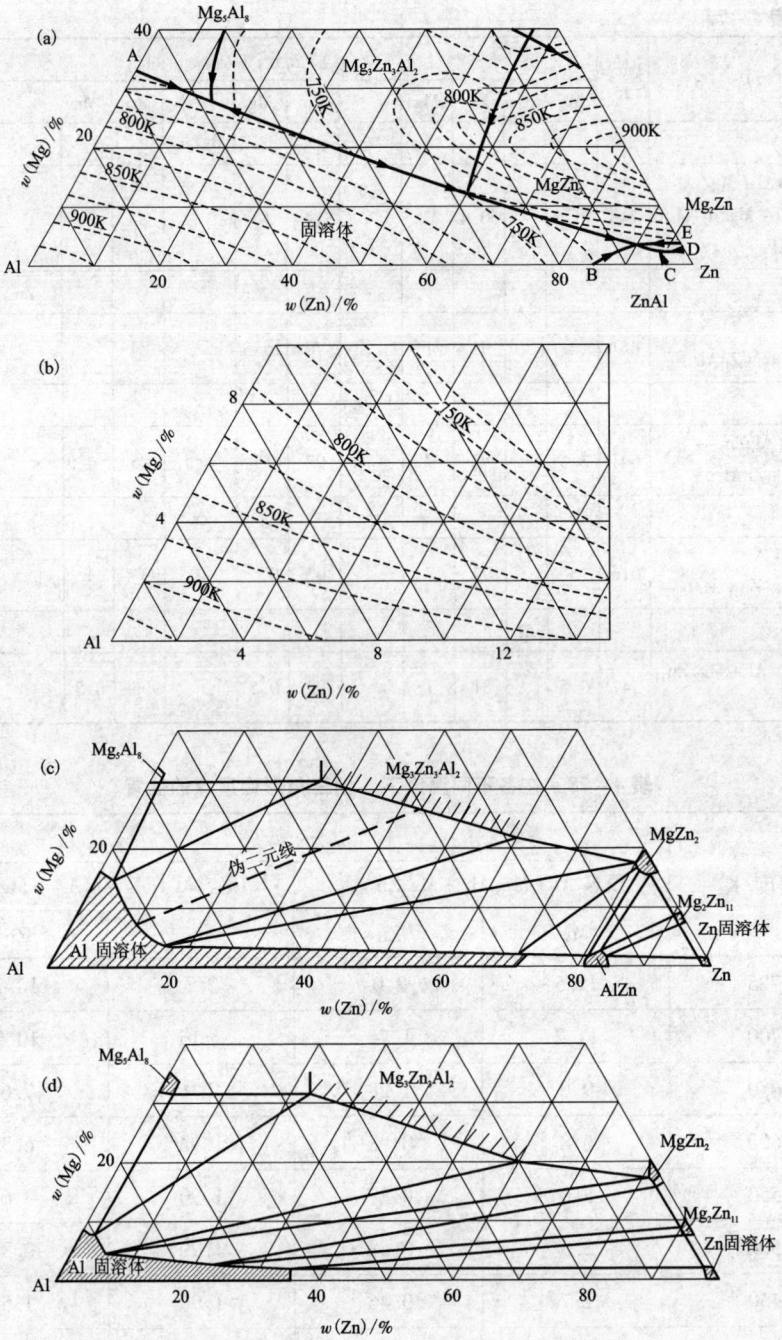

图 4 – 10 Al – Mg – Zn 相图 Al – Zn 边

(a)液相面；(b)固相面；(c)正好在凝固点下的相区分布；(d)在 500 K 时的相区分布

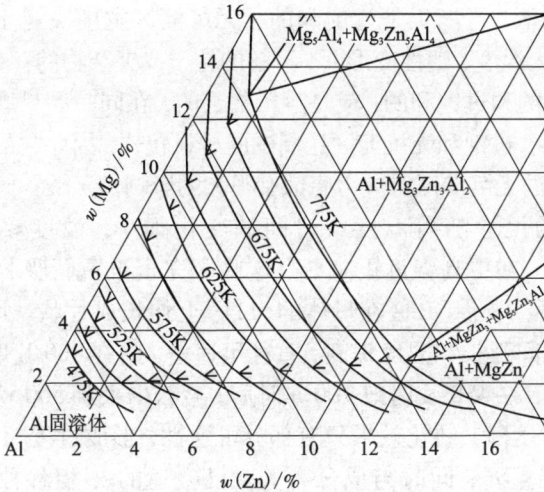

图 4 – 11　Al – Mg – Zn 相图铝角，在各种温度下镁和锌在铝中的溶解度

$MgZn_2$（84.32% Zn）相是典型的六角晶格拉维斯相。它的空间群为 $P6_3/mmc$；单位晶胞中有 12 个原子；晶格常数 $a = (5.16 \sim 5.22) \times 10^{-10}$ m，$c = (8.49 \sim 8.56) \times 10^{-10}$ m。该相能溶入高达 3% Al。凝固时它的收缩量很高达 24%。直到 600 K 它的维氏硬度仍为 2 500 N/mm^2，此后硬度迅速降低。在 NaCl – H$_2$O$_2$ 溶液中对甘汞电极的电位是 1.04 V。

Mg_2Zn_{11}（6.33% Mg）相的结构是立方晶格；空间群 Im3；单位晶胞内有 39 个原子；晶格常数 $a = 8.55 \times 10^{-10}$ m。不管是 $MgZn_2$ 还是 Mg_2Zn_{11}，都不能溶解多于 1% 的 Al。超过 600 K，两个相的塑性都很高。三元相的成分范围为 20% ~35% Mg 和 22% ~65% Zn，在此范围内，形成（AlZn）$_{49}$Mg$_{32}$。它属立方晶系；与 CuMg$_4$Al$_6$ 同晶型；空间群为 Im3；单位晶胞中有 162 个原子；具有互相贯穿的多面体结构。

在非平衡状态结晶，由于偏析，在平衡状态应是完全固溶的合金，也往往出现共晶体。这些共晶体通常是离异的。

Mg∶Zn 为（2∶5）~（1∶7）的合金的沉淀相为 $MgZn_2$（η）（≤450 K），在更高的温度下（>550 K）是三元相 $Mg_3Zn_3Al_2$（T）。在 $MgZn_2$ 沉淀过程中，首先形成球形 GP 区，在室温时直径为（20×10^{-10}）~（30×10^{-10}）m，其密度为 10^{12} 个/mm^3。时效开始时体积稍有增大，随后就减小，因为开始形成的原子团，镁向它们运动的速度较慢。GP 区形成时伴随着放出大量热。在此阶段区内的溶质仅是小部分，大部分仍处于固溶体中。由空位 – 溶质互相作用形成 GP 区，对于 GP 区的成核必须达到临界空位浓度。时效温度越低，临界浓度越低，任何有位错存在之处（晶界、亚晶界、夹杂物）都是空位陷阱，阻碍 GP 区成核，其结果是产生无沉淀区，因而无沉淀区不一定总是溶质贫乏区，可能仍是过饱和的。无沉淀区宽度决定于成分、晶粒间夹角、淬火速度、淬火温度、塑性变形、不溶解的粒子或夹杂物的存在，等等。无沉淀区可以是空位贫乏的和过饱和的，或是溶质贫乏的，在同一晶界周围可以有两种典型的无沉淀区共存。过饱和无沉淀区比周围的材料较软，因此它的存在影响变形和疲劳。然而，贫乏的无沉淀区对应力腐蚀有很大的影响。

球形 GP 区的尺寸随着温度或时间的变化很小，温度 $\leqslant 450$ K 时，直径 $(3\sim60)\times10^{-10}$ m。在更高温度下加热，这些区完全被重新吸收。断续时效，特别是在较高温度下，球形 GP 区在母体的(111)上伸长成片状。厚度不显著增加，但是，随着时效时间延长和温度提高，直径迅速增大，在 400 K 时效 800 h 后，增大到 200×10^{-10} m，在 450 K 时效 700 h 时后，直径增大到 500×10^{-10} m。

时效到这种程度时，硬化效果只有部分可逆性，形成过渡相 η'。可作为 η' 相核心的区的大小很重要，同时与成分有关。已报道的 η' 相各种晶格如表 4 – 79 所示。

表 4 – 79　η' 相的晶格

类型	常数 $\times10^{-10}$ m	
	a	c
六方晶格	4.96	8.68
六方晶格	4.89～4.96	13.74～14.03
单斜晶格(伪六方晶格)	4.97, $b=a$	5.54, $\gamma=120°$

由于中间相周围存在引力场，所以它的晶格与母相至少部分共格，中间相 η' 在发生软化之前出现，取向关系是：

$$(001)_{\eta'}/\!/(111)_{Al}, \quad [100]_{\eta'}/\!/[110]_{Al}$$

形成 GP 区的激活能约 0.67 eV，η' 相的激活能 1～1.2 eV。T' 相在空位聚集区形核。

高于临界温度不形成 GP 区，一开始就沉淀中间相，临界温度决定于成分。中间相形核主要在晶格缺陷如位错环处。

Al – Zn – Mg 合金对回归有特殊的敏感性，即使处理温度不高于时效温度100 K，也会产生回归。如果回归完全，那么重新时效过程显著变慢。通常回归是不完全的，硬化过程继续进行，若干个时效阶段交替进行，使性能降低。

4.3.2　工业用 Al – Zn – Mg 系合金

在 7×××系合金中，除了表 4 – 80 所列的 4 种合金外，在工业上获得广泛应用的还有表 4 – 80 所列的，有些已在美国铝业协会注册，有的尚未注册。

表 4 – 80　常用 Al – Zn – Mg 合金的牌号、化学成分和力学性能

牌号	国别	主要成分/%（平均值）								R_m N/mm²	$R_{p0.2}$ N/mm²	A %	状态*
		Zn	Mg	Mn	Cr	Zr	Cu	Ti	Zn/Mg				
AlZnMg1	德国	4.7	1.4	0.3	0.1	—	0.1	—	3.36	360	280	12.0	AA
Unidur	瑞士	4.7	1.4	0.4	0.1	—	0.05	—	3.36	360	280	12.0	AA
7039	美国	4.0	2.8	0.3	0.2	—	≤0.1	—	1.43	420	350	14.0	AA
7005		4.5	1.4	0.3	0.1	0.15	—	—	3.21	400	325	14.0	AA
7004	加拿大	4.2	1.5	0.45	—	0.15	—	—	2.8	395	330	14.0	AA
7N01	日本	5.75	0.75	0.4	—	0.15	—	—	7.7	390	330	16.5	AA
		4.4	1.6	0.55	<0.3	<0.3	<0.25	<0.2	2.75	340	280	10.6	T6
AZ4G	法国	3.0	1.5	0.3	0.2	—	0.2	—	2.0	350	220	17.0	NA
AZ5G		4.6	1.2	<0.2	0.25	0.15	<0.1	<0.1	3.83	400	350	14.3	T6
74S	加拿大	4.3	1.7	0.3	—	—	0.1	—	2.53	390	320	15.0	AA
1911	俄国	4.1	1.85	0.35	0.16	0.18	0.15	—	2.22	425	360	13.0	AA
1950		3.7	1.55	0.4	0.14	0.18	0.10	—	2.38	350	210	14.0	AA
B92ц		3.3	4.3	0.7	—	0.15	0.05	—	0.77	400	300	10.0	AA

注：* AA——人工时效；NA——自然时效；T6——人工时效到最高强度。

4.3.3　轨道车辆典型合金挤压材的力学性能

4.3.3.1　力学性能

（1）7003 及 7005 合金

按 EN 755 – 2：2008，7003 及 7005 合金挤压材的力学性能见表 4 – 81 及表 4 – 82。

表 4 – 81　合金 EN AW – 7003［AlZn6Mg0.8Zr］挤压材的力学性能（EN 755 – 2：2008）

挤压棒材

状态	尺寸/mm		R_m/N·mm^{-2}		$R_{p0.2}$/N·mm^{-2}		A/%	$A_{50\,mm}$/%	HBW
	D[1]	S[2]	最小	最大	最小	最大	最小	最小	典型值
T5	全部	全部	310	—	260	—	10	8	—
T6[3]	≤50	≤50	350		290		10	8	110
	50D≤150	50S≤150	340		280		10	8	110

挤压管材

状态	壁厚 t/mm	R_m/N·mm^{-2}		$R_{p0.2}$/N·mm^{-2}		A/%	$A_{50\,mm}$/%	HBW
		最小	最大	最小	最大	最小	最小	典型值
T5	全部	310		260		—	10	8
T6[3]	≤10	350		290		10	8	110
	10t≤25	340		280		10	8	110

续表 4 - 81

挤压型材④

状态	壁厚 t/mm	$R_m/N\cdot mm^{-2}$		$R_{p0.2}/N\cdot mm^{-2}$		$A/\%$	$A_{50\,mm}/\%$	HBW
		最小	最大	最小	最大	最小	最小	典型值
T5	全部	310	—	260	—	10	8	—
T6③	≤10	350	—	290	—	10	8	110
	10t≤25	340	—	280	—	10	8	110

注：① D—圆棒直径。

② S—方形和六角形棒对边距离，矩形棒厚度。

③ 可通过挤压淬火获得性能。

④ 如果型材横截面由不同厚度组成，达不到一系列规定的力学性能值，则应把最小规定值当做整个横截面的有效值。

表 4 - 82　合金 EN AW - 7005[Al Zn4.5Mg1.5Mn]挤压材的力学性能(EN 755：2008)

挤压棒材

状态	尺寸/mm		$R_m/N\cdot mm^{-2}$		$R_{p0.2}/N\cdot mm^{-2}$		$A/\%$	$A_{50\,mm}/\%$	HBW
	D①	S②	最小	最大	最小	最大	最小	最小	典型值
T6③	≤50	≤50	350	—	290	—	10	8	110
	50D≤200	50S≤200	340	—	270	—	10	—	110

挤压管材

状态	壁厚 t/mm	$R_m/N\cdot mm^{-2}$		$R_{p0.2}/N\cdot mm^{-2}$		$A/\%$	$A_{50\,mm}/\%$	HBW
		最小	最大	最小	最大	最小	最小	典型值
T6③	≤15	350	—	290	—	10	8	110

挤压型材④

状态	壁厚 t/mm	$R_m/N\cdot mm^{-2}$		$R_{p0.2}/N\cdot mm^{-2}$		$A/\%$	$A_{50\,mm}/\%$	HBW
		最小	最大	最小	最大	最小	最小	典型值
T6③	≤40	350	—	290	—	10	8	110

注：① D—圆棒直径。

② S—方形和六角形棒对边距离，矩形棒厚度。

③ 可通过挤压淬火获得性能。

④ 如果型材横截面由不同厚度组成，达不到一系列规定的力学性能值，则应把最小规定值当做整个横截面的有效值。

（2）7N01 合金

7N01 合金是一种日本合金，可用于加工板、管、棒、型材及锻件，是一种有良好熔焊性能的高强度合金，在交通运输装备制造中获得相当广泛的应用，未在美国铝业协会注册。

① 化学成分。7N01 合金的化学成分（质量分数）：0.30 Si，0.35 Fe，0.20 Cu，0.20~0.7 Mn，1.0~2.0 Mg，0.30 Cr，4.0~5.0 Zn，0.20 Ti，0.10 V，0.25 Zr，其他杂质每个 0.05，总计 0.15，其余 Al。

② 热处理。退火处理温度约 415℃，固溶处理温度约 450℃。T4：室温自然时效 1 个月以上；T5：约 120℃ 人工时效约 24 h；T6：约 120℃ 人工时效约 24 h。

③ 物理性能。25℃ 时密度 2 780 kg/m³，液相线温度 620~650℃，线膨胀系数（20~100℃）23.6×10⁻⁶/℃。

④ 室温时的力学性能（典型值）。7N01 合金的典型力学性能见表 4-83（挤压型材）。

表 4-83　7N01 合金的典型室温力学性能

状态	抗拉强度 R_m /N·mm^{-2}	屈服强度 $R_{p0.2}$ /N·mm^{-2}	伸长率 A /%	布氏硬度 HBW	抗剪强度 /N·mm^{-2}
T4	390	255	13	101	205
T5	380	315	17	109	200
T6	430	355	15	108	200

⑤ 抗腐蚀性能。对饱和甘汞电极（SCE）的 T4 材料的自然电位（在 3.5% NaCl 溶液中）：-940 mV；T6 材料：-951.5 mV。在以上条件下的点蚀电位：T4 材料：-919.6 mV；T6 材料：-814.6 mV。厚板高向（短横向）上有应力腐蚀开裂倾向，熔焊件热影响区在时效处理后有相当强的抗蚀性。

⑥ 其他性能。熔焊性能与表面处理性能良好，可钎焊性能及可切削加工性能较好，强度高，成形性差。在轨道车辆等方面的应用较广泛。

（3）7003 合金的典型性能

7003 合金的锌含量（5.0%~6.5%）比 7N01 合金的高，而其镁含量（0.5%~1.0%）则比 7N01 合金的低 50%，可熔焊性能良好，是一种中等强度的焊接结构合金，用于挤压薄壁大型车体型材。

① 化学成分（质量分数）。0.30 Si，0.35 Fe，0.20 Cu，0.30 Mn，0.50~1.0 Mg，0.20 Cr，5.0~6.5 Zn，0.05~0.25 Zr，其他杂质每个 0.05，总计 0.15，其余 Al。

② 热处理。管、棒、型材双级人工时效 T5：90℃/（5~8）h + 160℃/（8~16）h。

③ 物理性能。密度（20℃）2 790 kg/m³，液相线温度 620~650℃，线膨胀系

数$(20 \sim 100℃)23.6 \times 10^{-6}/℃$，$20℃$时电导率（T5 材料）$36.8\%$ IACS。

④ T5 材料的室温典型力学性能。抗拉强度 R_m 360 N/mm^2，屈服强度 $R_{p0.2}$ 325 N/mm^2，伸长率 A 18%，布氏硬度 HB 90，正弹性模量 E 72.3 kN/mm^2。

⑤ 抗腐蚀性能。表面处理后有相当好的抗腐蚀性，T5 状态材料有比较好的抗应力腐蚀开裂能力。

⑥ 其他性能。可熔焊及表面处理性能良好，挤压性能相当高，可钎焊性能及加工性能比较好。薄壁大型材在焊接车体结构中获得广泛应用。

4.3.3.2 尺寸偏差

挤压 7×××合金型材的尺寸偏差见 4.1.1.2 节。

4.4 铁路结构铝合金锻件

在轨道车辆车架结构中含有一些铝合金锻件，数量虽不多，却很重要，因为它们都是受力件，对保证行车安全，起着至关重要的作用。根据欧盟标准 EN 13981 - 4：2006，制造锻件的合金有 5754、5083、6082、6061、6110A。6110A 是一个德国合金，1996 年在美国铝业协会注册，前 4 个合金是最常见的变形铝合金，它们的化学成分无须介绍，在此仅介绍 6110A 合金的化学成分（质量分数）：0.7 ~ 1.1 Si, 0.50 Fe, 0.30 ~ 0.8 Cu, 0.30 ~ 0.9 Mn, 0.7 ~ 1.1 Mg, 0.05 ~ 0.25 Cr, 0.20 Zn, 0.20(Zr + Ti)，其他杂质每个 0.05、总计 0.15，其余 Al。

4.4.1 锻坯及锻件的力学性能

5083、5754、6082 合金锻坯的力学性能见表 4 - 84，6110A 合金锻件的力学性能见表 4 - 85。

表 4 - 84 5083（AlMg4.5Mn0.7）、5754（AlMg3）、6082（AlSiMgMn）
合金锻坯的力学性能（EN 603 - 2：1997）

产品	状态	断面尺寸 t /mm	抗拉强度 R_m /N·mm^{-2}	屈服强度 $R_{p0.2}$ /N·mm^{-2}	伸长率 A /%	合金
挤压锻坯	H112	≤150	≥270	≥110	≥12	5083
挤压锻坯	H112	≤150	≥180	≥80	≥14	5754
挤压锻坯	H112	≤200	≥310	≥260	≥7	6082

铝合金锻件有好的强度、塑性与韧性，焊接后热影响区的这些性能都会有所下降，因此宜少用焊接法连接锻件。焊接锻件可用 MIG 法或 TIG 法，焊接部位力学性能见表 4 - 86。

表 4 – 85 EN AW – 6061 及 EN AW – 6110A 合金锻件的
最低力学性能(EN 13981 – 4：2006)

合金及状态	试样方向	抗拉强度 R_m /N·mm^{-2}	屈服强度 $R_{p0.2}$ /N·mm^{-2}	伸长率 A /%	电导率[1] /MS·m^{-1}	硬度[1] HBW
6061 – T6	L	260	240	6	25 ~ 30	85
	LT	260	240	5	25 ~ 30	85
	ST	255	230	4	25 ~ 30	85
6110A – T6	L	360	320	10	22 ~ 26	115
	LT	355	310	8	22 ~ 26	115
	ST	350	310	8	22 ~ 26	115

注：所有值对应的厚度小于 100 mm。[1] 供参考。

表 4 – 86 合金 EN AW – 5083[AlMg4.5Mn0.7]、EN AW – 5754[AlMg3]、
EN AW – 6082[AlSiMgMn]所有锻件的力学性能(EN 5862 – 2：1994)

合金	状态	断面尺寸 t /mm	试样方向	抗拉强度 R_m, ≥ /N·mm^{-2}	屈服强度 $R_{p0.2}$, ≥ /N·mm^{-2}	伸长率 A, ≥ /%
5083	H112	≤150	L	270	120	12
			T	260	110	10
5754	H112	≤150		180	80	15
6082	T6	≤100	L	310	260	6
			T	290	250	5

表 4 – 87 焊接部位的最低力学性能(EN ISO 1004 2C 级 MIG 法)

合金	材料状态	厚度≤15 mm		>15 mm	
		抗拉强度 R_m /N·mm^{-2}	屈服强度 $R_{p0.2}$ /N·mm^{-2}	抗拉强度 R_m /N·mm^{-2}	屈服强度 $R_{p0.2}$ /N·mm^{-2}
5754	H112	180	80	—	—
5083	H112	270	125	270	125
6061	T6	175	115	165	115[1]
6082	T6	185	125	165	115[1]

注：厚度大于 20 mm 时，$R_{p0.2}$ = 92 N/mm^2。

4.4.2 挤压及轧制锻坯的尺寸及形位偏差

欧盟 EN 603 – 3：2008 规定了挤压圆棒直径不大于 320 mm，方棒边长不大于 220 mm，矩形棒长边宽度不大于 600 mm，且短边宽度（厚度）不大于 240 mm，热轧板边宽度不大于 3 500 mm 且厚度（短边宽度）为 10 ~ 200 mm。

超过以上尺寸范围产品的尺寸偏差和形位偏差由供需双方协商确定并在合同中或图纸上注明。根据合金的挤压成形能力将合金分为两类，即 Ⅰ 类合金和 Ⅱ 类合金（见表 4 – 88）。A 级为制造大体积锻坯的合金，而 B 级包括那些用来制造较小体积锻坯的合金。锻坯的尺寸及形位偏差列于表 4 – 88 ~ 表 4 – 114。

表 4 – 88 合金类别（EN 603 – 3：2000）

Ⅰ 类合金（易锻）		Ⅱ 类合金（难锻）	
牌号	级别	牌号	级别
EN AW – 1050A［Al99.5］	B	EN AW – 2011［AlCu6BiPb］	B
		EN AW – 2014［AlCu4SiMg］	A
EN AW – 6005A［AlSiMg（A）］	B	EN AW – 2017A［AlCu4MgSi（A）］	B
		EN AW – 2618A［AlCu2Mg1.5Ni］	B
EN AW – 6060［AlMgSi］	B	EN AW – 2219［AlCu6Mn］	B
		EN AW – 2024［AlCu4Mg1］	A
EN AW – 6061［AlMg1SiCu］	B	EN AW – 2031［AlCu2.5NiMg］	B
		EN AW – 4032［AlSi12.5MgCuNi］	B
EN AW – 6082［AlSi1MgMn］	A	EN AW – 5454［AlMg3Mn］	B
		EN AW – 5754［AlMg3］	A
		EN AW – 5019［AlMg5］	B
		EN AW – 5083［AlMg4.5Mn0.7］	A
		EN AW – 7010［AlZn6MgCu］	B
		EN AW – 7012［AlZn6Mg2Cu］	B
		EN AW – 7020［AlZn4.5Mg1］	B
		EN AW – 7075［AlZn5.5MgCu］	A

注：其他合金按照以下方式分类：

Ⅰ 类合金：

① 纯铝；

② 铝 – 锰合金；

③ 镁含量不大于 2.8% 的 Al – Mg 合金；

Ⅱ 类合金：

① 镁含量大于 2.8% 的 Al – Mg 合金

② 铝 – 铜 – 镁合金；

③ Al – Zn – Mg 合金。

表 4 - 89　锻造用圆棒直径偏差（EN 603 - 3：2000）

直径/mm		偏差/mm			
			Ⅱ类合金		
>	≤	Ⅰ类合金	正向挤压	反向挤压	
				普通级单孔或多孔模	高精级单孔模
8^①	18	±0.22	±0.30	±0.20	±0.15
18	25	±0.25	±0.35	±0.23	±0.20
25	40	±0.30	±0.40	±0.27	±0.22
40	50	±0.35	±0.45	±0.30	±0.25
50	65	±0.40	±0.50	±0.35	±0.27
65	80	±0.45	±0.70	±0.40	±0.30
80	100	±0.55	±0.90	±0.45	±0.35
100	120	±0.65	±1.0	±0.50	±0.40
120	150	±0.80	±1.2	±0.60^b	—
150	180	±1.0	±1.4	±0.70^b	—
180	220	±1.15	±1.7	±0.85^b	—
220	270	±1.3	±2.0	±1.0^b	—
270	320	±1.6	±2.5	±1.3^b	—

注：① 包括 8 mm。
　　② 仅为单孔模的。

表 4 - 90　定尺长度锻造用挤压圆棒（EN 603 - 3：2000）

直径/mm		长度 L 的偏差/mm		
>	≤	L≤2 000	2 000 < L≤5 000	L > 5 000
0	100	+5 / 0	+7 / 0	+10 / 0
100	200	+7 / 0	+9 / 0	+12 / 0
200	320	+8 / 0	+11 / 0	—

表 4 - 91　挤压圆棒弯曲度偏差(EN 603 - 3：2000)

直径/mm		弯曲度 h_t	弯曲度 h_s
>	≤	mm/m	mm/m
8 *	80	2.0	0.80
80	120	2.0	1.0
120	200	3.0	1.5
200	320	6.0	3.0

注：* 包括 8 mm。

表 4 - 92　挤压方棒长边偏差(EN 603 - 3：2000)

长边尺寸 S/mm		偏差/mm	
>	≤	Ⅰ类合金	Ⅱ类合金
10 *	18	± 0.22	± 0.30
18	25	± 0.25	± 0.35
25	40	± 0.30	± 0.40
40	50	± 0.35	± 0.45
50	65	± 0.40	± 0.50
65	80	± 0.45	± 0.70
80	100	± 0.55	± 0.90
100	120	± 0.65	± 1.0
120	150	± 0.80	± 1.2
150	180	± 1.0	± 1.4
180	220	± 1.15	± 1.7

注：* 包括 10 mm。

表 4 - 93　挤压方棒圆角半径偏差(EN 603 - 3：2000)

圆角半径/mm	圆角半径偏差/mm
≤5	± 0.50
>5	± 0.10

表 4 – 94　挤压方棒圆角半径最大值（EN 603 – 3：2000）

长边尺寸 S/mm		圆角半径最大值/mm	
>	≤	Ⅰ类合金	Ⅱ类合金
10*	25	1.0	1.5
25	50	1.5	2.0
50	80	2.0	2.5
80	120	2.5	3.0
120	180	3.0	4.0
180	220	3.5	5.0

注：* 包括 10 mm。

表 4 – 95　挤压方棒直角偏差（EN 603 – 3：2000）

长边尺寸 S/mm		直角偏差 Z/mm
>	≤	
10*	100	0.01 × 宽
100	180	1.0
180	220	1.5

注：* 包括 10 mm。

表 4 – 96　挤压方棒的平面间隙（EN 603 – 3：2000）

长边尺寸 S/mm		平面间隙 f/mm
>	≤	
10*	18	0.15
18	25	0.20
25	40	0.25
40	50	0.30
50	65	0.35
65	80	0.40
80	100	0.50
100	120	0.60
120	150	0.75
150	180	0.90
180	220	1.1

注：* 包括 10 mm。

表 4 – 97　挤压方棒弯曲度(EN 603 – 3：2000)

长边尺寸 S/mm		弯曲度 h_t mm/m	弯曲度 h_s mm/m
>	≤		
10*	80	2.0	0.80
80	120	2.5	1.0
120	200	3.0	1.5

注：* 包括 10 mm。

表 4 – 98　挤压方棒的扭拧度(EN 603 – 3：2000)

长边尺寸 S/mm		扭拧度 T/单位	
>	≤	每 1 000 mm 长度上的	全长上的
10*	30	1.0	3.0
30	50	1.5	4.0
50	120	2.0	5.0
120	220	3.0	6.0

注：* 包括 10 mm。

表 4 – 99　定尺长度挤压方棒的偏差(EN 603 – 3：2000)

长边尺寸 S/mm		长度 L 的偏差/mm		
>	≤	$L \leqslant 2\,000$	$2\,000 < L \leqslant 5\,000$	$L > 5\,000$
10*	100	+5 0	+7 0	+10 0
100	200	+7 0	+9 0	+12 0
200	220	+8 0	+11 0	+14 0

注：* 包括 10 mm。

表 4 – 100　Ⅰ类合金挤压矩形棒的厚度偏差和宽度偏差(EN 603 – 3：2000)

宽度 W/mm			厚度 t 范围及对应厚度偏差/mm							
>	≤	宽度偏差	$t \leqslant 10$	$10 < t$ $\leqslant 18$	$18 < t$ $\leqslant 30$	$30 < t$ $\leqslant 50$	$50 < t$ $\leqslant 80$	$80 < t$ $\leqslant 120$	$120 < t$ $\leqslant 180$	$180 < t$ $\leqslant 240$
10*	18	±0.25	±0.25	±0.25	—					
18	30	±0.30	±0.25	±0.30	±0.30	—				
30	50	±0.40	±0.25	±0.30	±0.35	±0.40				
50	80	±0.60	±0.30	±0.35	±0.40	±0.50	±0.60			
80	120	±0.80	±0.35	±0.40	±0.45	±0.60	±0.70	±0.80	—	—
120	180	±1.4	±0.45	±0.50	±0.55	±0.60	±0.70	±0.90	±1.0	
180	240	±1.4	±0.55	±0.60	±0.65	±0.70	±0.80	±1.0	±1.2	±1.4
240	350	±1.8	±0.65	±0.70	±0.75	±0.80	±0.90	±1.1	±1.3	±1.5
350	450	±2.2	—	±0.80	±0.85	±0.90	±1.0	±1.2	±1.4	±1.6
450	600	±3.0				±0.90	±1.0	±1.4		

注：* 包括 10 mm。

表 4 – 101　Ⅱ类合金挤压矩形棒的厚度偏差和宽度偏差(EN 603 – 3：2000)

宽度 W/mm			厚度 t 范围及对应厚度偏差/mm							
>	≤	宽度偏差	$t \leqslant 10$	$10 < t$ $\leqslant 18$	$18 < t$ $\leqslant 30$	$30 < t$ $\leqslant 50$	$50 < t$ $\leqslant 80$	$80 < t$ $\leqslant 120$	$120 < t$ $\leqslant 180$	$180 < t$ $\leqslant 240$
10*	18	±0.35	±0.30	±0.35	—	—	—	—	—	—
18	30	±0.40	±0.30	±0.40	±0.40	—				
30	50	±0.50	±0.30	±0.40	±0.50	±0.50				
50	80	±0.70	±0.35	±0.45	±0.60	±0.70	±0.70	—	—	
80	120	±1.0	±0.40	±0.50	±0.60	±0.70	±0.80	±1.0	—	
120	180	±1.4	±0.50	±0.55	±0.70	±0.80	±1.0	±1.1	±1.4	—
180	240	±1.8	±0.60	±0.65	±0.70	±0.90	±1.1	±1.3	±1.6	±1.8
240	350	±2.2	±0.70	±0.75	±0.80	±0.90	±1.2	±1.4	±1.7	±1.9
350	450	±2.8	—	±0.90	±1.0	±1.1	±1.4	±1.8	±2.1	±2.3
450	600	±3.5			±1.2	±1.4	±1.8			

注：* 包括 10 mm。

表 4 - 102　挤压矩形棒圆角半径偏差（EN 603 - 3：2000）

圆角半径/mm	圆角半径偏差/mm
≤5	±0.50
>5	±10%

表 4 - 103　挤压矩形棒圆角半径最大值（EN 603 - 3：2000）

厚度 t/mm		圆角半径最大值/mm	
>	≤	I 类合金	II 类合金
2 *	10	0.60	1.0
10	30	1.0	1.5
30	80	1.8	2.5
80	120	2.0	3.0
120	180	2.5	4.0
180	240	3.5	5.0

注：* 包括 2 mm。

表 4 - 104　挤压矩形棒的直角偏差（EN 603 - 3：2000）

厚度 t/mm		直角偏差 Z/mm
>	≤	
2 *	10	0.10
10	100	0.01 × 宽度
100	180	1.0
180	240	1.5

注：* 包括 2 mm。

　　7050 D 合金是一种日本合金，尚未在美国铝业协会注册，其主要成分与 1971 年注册的 7050 合金的相同（2.0% ~ 2.6% Cu、1.9% ~ 2.6% Mg、5.7% ~ 6.7% Zn），是一种高纯的高强高韧合金，特别在航空工业上获得广泛应用。

　　若非定尺供货或合同中规定了最小长度，则可以提供任意长度圆棒。

　　此任意长度的实际长度和偏差由供需双方商定并在合同中注明。

表 4 - 105　挤压矩形棒的平面间隙

宽度 W/mm		平面间隙 f/mm
>	≤	
10*	30	0.20
30	50	0.30
50	80	0.40
80	120	0.60
120	180	0.90
180	240	1.2
240	350	1.5
350	450	2.0
450	600	2.5

注：* 包括 10 mm。

厚度不小于 10 mm 的矩形棒的弯曲度 h_t 和 h_s 应符合表 4 - 106 的规定。厚度小于 10 mm 的矩形棒的弯曲度由供需双方协商确定。

表 4 - 106　挤压矩形棒的弯曲度(EN 603 - 3 : 2000)

宽度 W/mm		厚度 t /mm		弯曲度 h_t mm/m	弯曲度 h_s mm/m
>	≤				
10①	80	10②	80	2.0	1.0
80	120	10②	50	2.0	1.0
		50	120	3.0	1.5
120	180	10②	50	3.0	1.5
		50	180	4.0	2.0
180	350	10②	50	4.0	2.0
		50	240	6.0	4.0
350	450	10②	240	6.0	4.0
450	600	30	120	6.0	4.0

注：① 包括 10 mm。

　　② 包括厚度 10 mm。

表 4 – 107　挤压矩形棒的扭拧度（EN 603 – 3：2000）

宽度 W/mm		扭拧度 T/mm	
>	≤	每 1 000 mm 长度上的	全长上的
10*	30	1.0	3.0
30	50	1.5	4.0
50	120	2.0	5.0
120	240	3.0	8.0
240	350	4.0	10
350	450	5.0	12
450	600	6.0	14

注：* 包括 10 mm。

　　定尺挤压矩形棒的长度偏差见表 4 – 108 的规定，若非定尺供货或合同中规定了最小长度，则可以任意长度供货，其实际长度和偏差由供需双方商定。

表 4 – 108　挤压定尺矩形棒的长度偏差（EN 603 – 3：2000）

宽度 W/mm		长度 L 的偏差/mm		
>	≤	$L \leqslant 2\,000$	$2\,000 < L \leqslant 5\,000$	$L > 5000$
10*	100	+5 / 0	+7 / 0	+10 / 0
100	200	+7 / 0	+9 / 0	+12 / 0
200	450	+8 / 0	+11 / 0	+14 / 0
450	600	+9 / 0	+12 / 0	+16 / 0

注：* 包括 10 mm。

　　不论提供的矩形棒是定尺的还是任意长的，其最大切斜度均为定尺棒长度偏差的 1/2（表 4 – 108），例如定尺长度偏差为 $^{+100}_{0}$ mm 时，切斜度最大值为 5 mm。
　　厚板也可以作为锻件生产坯料，其厚度、长度和宽度、对角线偏差见表 4 – 109、表 4 – 110、表 4 – 111。

表 4 –109　厚板锻坯的厚度偏差(EN 603 –3：2000)

厚度/mm		宽度范围及对应的厚度偏差/mm				
>	≤	≤1 250	>1 250 ~16 00	>1 600 ~2 000	>2 000 ~2 500	>2 500 ~3 500
10*	15	±0.50	±0.60	±0.65	±0.70	±80
15	20	±0.60	±0.70	±0.75	±0.80	±0.90
20	30	±0.65	±0.75	±0.85	±0.90	±1.0
30	40	±0.75	±0.85	±1.1	±1.1	±1.2
40	50	±0.90	±1.0	±1.1	±1.2	±1.5
50	60	±1.1	±1.2	±1.4	±1.5	±1.7
60	80	±1.4	±1.5	±1.7	±1.9	±2.0
80	100	±1.7	±1.8	±1.9	±2.1	±2.2
100	150	±2.2	±2.5	±2.7	±2.8	—
150	200	±2.8	±3.0	±3.3	±3.5	—

注：* 包括 10 mm。

表 4 –110　厚板锻坯的长度和宽度偏差(EN 603 –3：2000)

厚度/mm		长度和宽度范围及对应的偏差/mm			
>	≤	≤1 000	>1 000 ~2 000	>2 000 ~3 000	>3 000[②]
10*	12	+6 0	+8 0	+10 0	+10 0
12	50	+7 0	+9 0	+12 0	+14 0
50	200	+10 0	+12 0	+14 0	+16 0

注：* 包括 10 mm。② 长度≤15 000 mm 且宽度≤3 500 mm。

表 4 –111　厚板锻坯的对角线偏差（EN 603 –3：2000）

长度		宽度范围及对应的对角线偏差			
>	≤	≤1 000	1 000 ~ 1 500	1 500 ~ 2 000	2 000 ~ 3 500
0	2 000	6	7	8	—
2 000	3 000	7	7	9	10
3 000	3 500	7	8	10	10
3 500	5 000	8	10	10	12
5 000	15 000	12	12	15	15

4.5　材料选择

在设计轨道车辆时如何选择材料是一个很重要的问题，涉及的因素很多，必须对各种因素加以综合考虑，权衡利弊后再作决定，最好是车辆厂与铝材厂的工程技术人员在一起讨论决定。

在选择铝合金时应综合考虑材料的强度性能、使用性能、耐用性能、韧性、耐损伤容限、物理性能、可焊接性、成形性能、抗腐蚀性和成本等因素。图 4 –12 ~4 –15示出了日本 700 系新干线车体、东京地铁 05 系 13 次车的车体（见图 4 –13）、东京地铁 05 系 13 次车的内部（见图 4 –14）、新干线齿轮箱（见图 4 –15）的构造及用材情况。由图可见：车体结构（见图 4 –12、见图 4 –13）几乎 94% 以上的用的 A6N01S 挤压型材（S –挤压型材，section），材料状态为 T5，型材壁厚（mm）2、2.2、2.3、2.5、3.5、5、9、12 等，仅用了少量的 A7N01S 型材（图 4 –12）与 A5083P 板材（P –板材，plate）作为枕梁补强板（见图 4 –13），以及复合材与作为栏网的 5052W 线材。

车辆内部用的铝材也多用挤压材，但选用装饰性强、挤压性能优、表面处理性能好的 6063 S –T5 挤压型材，5005 P、5052 P 板材、5052 W 线材（W –线材，wire）与铸造铝合金 AC7A。AC7A 是一种有良好可抛光性能的 Al –Mg 系合金（质量分数：0.10 Cu，0.20 Si，3.5 –5.5 Mg，0.15 Zn，0.30 Fe，0.6 Mn，0.05 Ni，0.20 Ti，0.05 Pb，0.05 Sn，0.15 Cr，其余 Al）。AC7A 合金铸件在 F 状态下应用，其抗拉强度应 $\geqslant$210 N/mm^2、屈服强度 $\geqslant$120 N/mm^2、布氏硬度约 60。

日本轨道车辆的齿轮箱是用 AC4CH 铸造铝合金生产的（见图 4 –16），AC4CH 是一种 Al –Si –Mg 合金，其他化学成分（质量分数）为：0.20 Cu，6.5 ~7.5 Si，0.25 ~0.45 Mg，0.10 Zn，0.20 Fe，0.10 Mn，0.05 Ni，0.20 Ti，0.05 Pb，0.05 Sn，0.05 Cr，其余为 Al。它的力学性能及热处理规范分别见表 4 –112、表 4 –113。

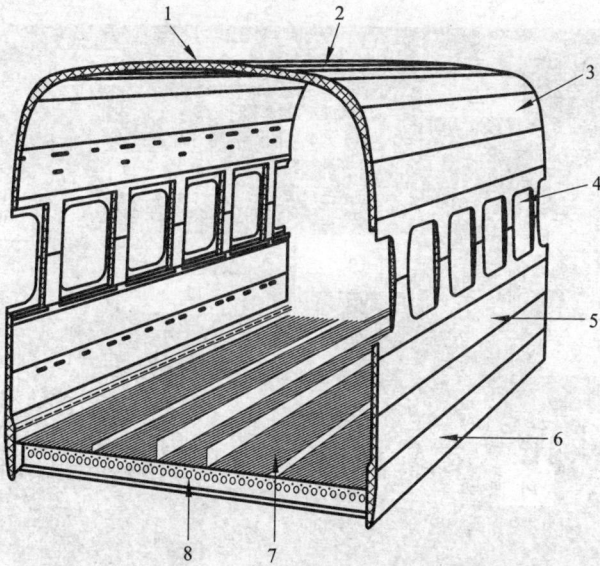

图 4 – 12　日本 700 系新干线高速铁路车辆车体结构材料示意图

1—车体顶部(A6N01S – T5)，$t = 2.5$ mm(中间部分)；2—车体顶部(A6N01S – T5)，$t = 2.2$ mm；
3—车体檐部(A6N01S – T5)，$t = 2.3$ mm；4—车体侧型材(A6N01S – T5)，$t = 3.5$ mm(窗)；
5—车体侧型材(A6N01S – T5)，$t = 2$ mm(中下部)；6—车体下横梁(A6N01S – T5)，$t = 5$ mm；
7—车厢地板型材(A6N01S – T5)，$t = 2.3$ mm；8—车体横底梁(A6N01S – T5)，$t = 12、9、5$ mm

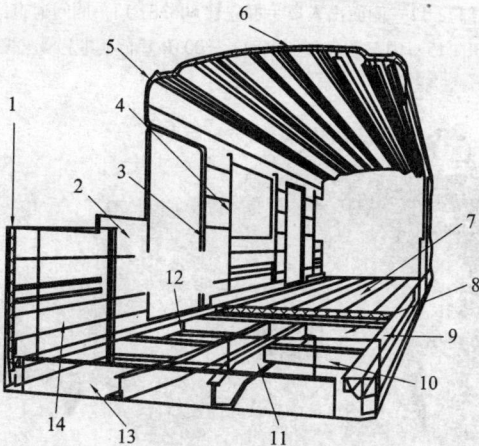

图 4 – 13　东京地铁 05 系 13 线车车体构造及用材示意图

1—内拐角处立柱；2—中间侧板；3—进门立柱；4—侧立柱；5—檐部横梁桁架；6—车体顶板；
7—地面板；8—枕梁；9—侧梁；10—横梁；11—中梁；12—枕梁补强板；13—端梁；14—外层覆板

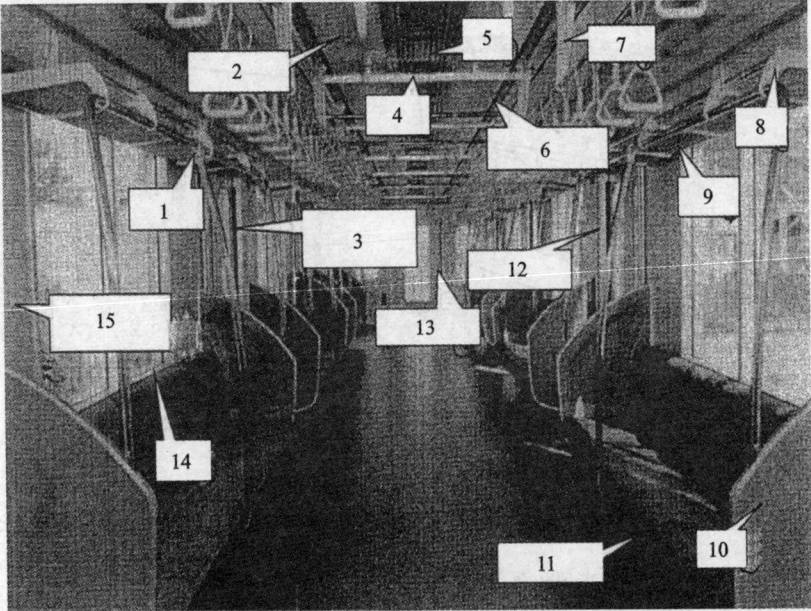

图 4 - 14　日本东京地铁 05 系 13 线车车辆内部结构及用材图

1—手握横管接头 AC7A；2—内部装潢板(厢顶板)，5005P；3—侧拉门(内部装有三聚氰胺树脂)；

4—广告板吊架(6063S)；5—进风板(6063S)；6—排风孔兼萤光灯具(6063S)；

7—吊手环支架(AC7A)；8—物品吊挂架 AC7A；9—物品架网格 5052W；10—门两侧挡板 5052P；

11—座椅支架(座椅下部)；12—侧面出入口手握立柱 6063S；13—厢间通道门侧手握立柱 6063S；

14—窗框 6063S；15—内部装潢板(侧面)，3003P 基板，其上覆三聚氰胺树脂板

图 4 - 15　日本新干线高速铁路车辆齿轮箱(用 AC4CH 合金铸造)

表 4 – 112　AC4CH 合金金型试样的力学性能

状态	抗拉强度 R_m，$\geqslant$ /N·mm^{-2}	伸长率 A，$\geqslant$ /%	布氏硬度 HB(10/500)
F	160	3	约 55
T5	180	3	约 65
T6	240	5	约 85
T61	260	3	约 90

表 4 – 113　AC4CH 合金铸件的热处理规范

状态	固溶处理		人工时效	
	温度/℃	时间/h	温度/℃	时间/h
T5	—	—	约 225	约 5
T6	约 535	约 8	约 155	约 6
T61	约 575	约 8	约 170	约 7

　　日本新干线车辆轴箱是用 7050D 合金锻造的，是一种超强度的高韧性合金，它的成分未见诸报道，在轨道车辆用的锻造铝合金中是综合性最好的，也是成本最高的，是保证列车安全所必需的。

第 5 章　轨道车辆大挤压型材的生产

5.1　概要

5.1.1　挤压工艺分类

　　所谓挤压就是对放在容器(挤压筒)内的锭坯一端施加压力,使之通过模孔成形的一种压力加工方法。

　　挤压方法有许多,并且可以根据不同的特征进行分类。最基本的挤压方法是正挤压与反挤压(见图 5 - 1)。在正挤压时,金属的流动方向与挤压杆的运动方向相同,其最主要特征是锭坯与挤压筒内壁间有相对滑动,所以二者间存在着很大的外摩擦。在反挤压时,金属的流动方向与挤压杆的运动方向相反,其特点是金属与挤压筒内壁间无相对运动,无外摩擦。正挤压与反挤压的不同特点对挤压过程、产品品质和生产效率等都有着极大影响。

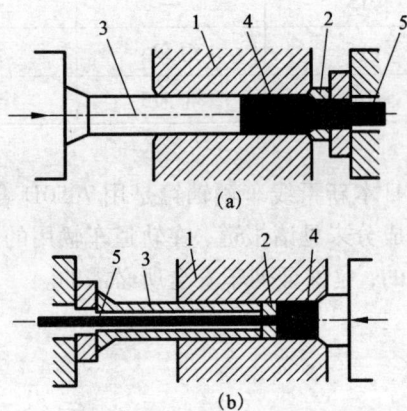

图 5 - 1　挤压的基本方法

(a)正挤压;(b)反挤压

1—挤压筒;2—挤压模;

3—挤压杆;4—锭坯;5—制品

　　用挤压法也可以生产空心的制品,生产管材时最常用的是正挤压法。所用的锭坯一般为实心,在某些情况下也用空心锭坯,这主要取决于设备结构。挤压时,穿孔针与模孔形成一环形间隙,在挤压杆作用下,金属由此间隙流出形成管材。

　　2012 年全世界生产过与正在生产的挤压产品品种、规格有约 4.8 万种,辊压、弯折、焊接成形管、棒、型材品种、数量有限,还不到 5%。2010 年全球生产的挤压材约 18 500 kt,其中,中国产量约 9 100 kt,占总数的 49.2%。2010 年中国约有 800 家铝挤压企业,拥有 5 ~ 125 MN 的挤压机约 4 800 台,挤压材总生产能力约 14 000 kt/a。辽阳忠旺集团是全球最大的单一铝材挤压企业,有近 80 台挤压机，其中最大的为 125 MN，并正在建设 225 MN 的挤压生产线；兖矿轻合金有限公司从西马克集团梅尔公司(SMS Siemag Meer)引进全球首条全新的 150 MN 卧式双动油压机于 2012 年 11 月投产。至 2015 年年底，中国将拥有 80 多台挤压力≥45 MN(5 000 UStf.)的大挤压机。

　　100 MN 挤压生产线的配置见图 5-2，丛林集团的 95 MN 挤压机是中国自行设计制造的首台现代化重型挤压机，双动，实物如图 5-3 所示，已于 2004 年投产。

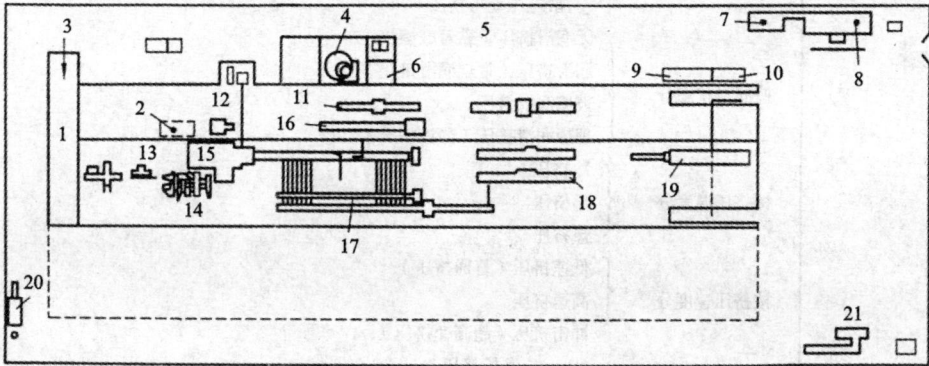

图 5-2　100 MN 油压机平面配置图

1—铸锭堆料场；2—泵房；3—冷却塔；4—立式淬火炉；5—空压机；6—配电间；
7—力学性能试验和化学分析室；8—办公室；9—更衣室、浴室；10—食堂；
11—弯曲机；12—模具加热炉；13—剥皮机；14—铸锭加热炉；
15—100 MN 挤压机；16—9.8 MN 张力矫直机；17—1.96 MN 张力矫直机；
18—辊式矫直机；19—退火炉；20—高压变电所；21—宿舍

图 5-3　山东丛林铝业有限公司的 100 MN 级双动现代化挤压机

根据挤压筒内金属的应力－应变状态、金属流动方向、润滑状态、挤压温度、挤压速度和设备的结构形式、工模具的种类或结构以及坯料的形状和数目、制品的形状或数目等的不同，挤压成形方式可分为如图 5－4 所示的多种方法。

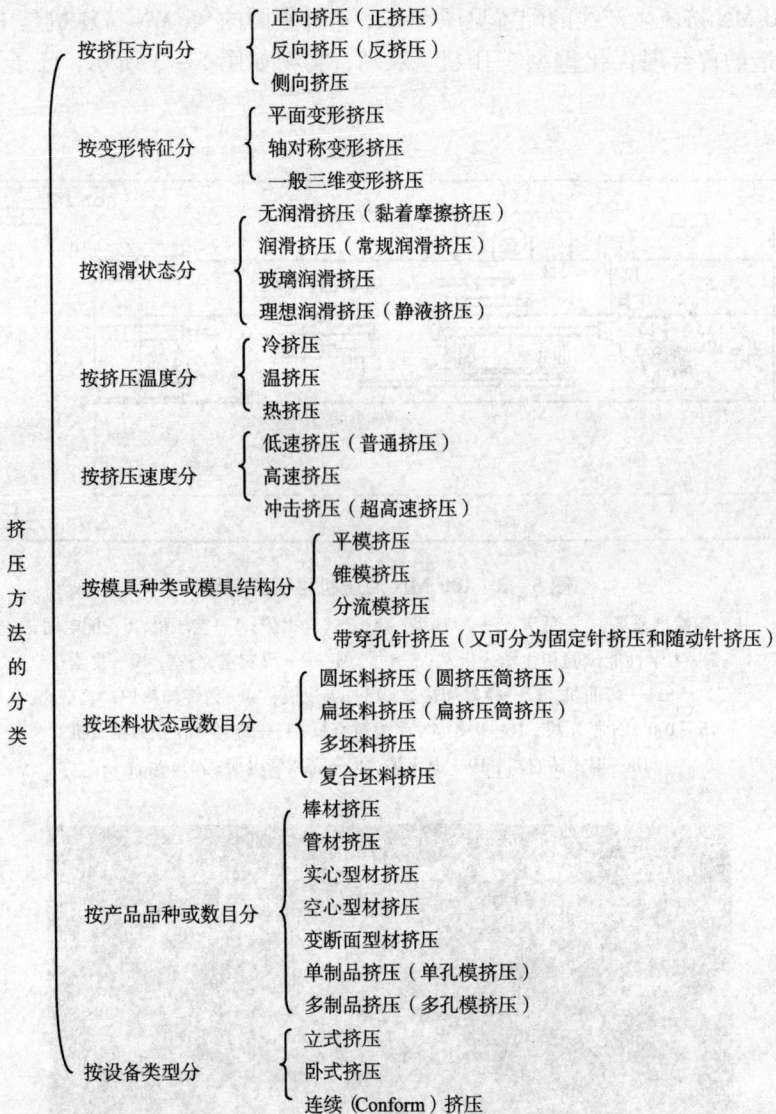

挤压方法的分类

按挤压方向分
- 正向挤压（正挤压）
- 反向挤压（反挤压）
- 侧向挤压

按变形特征分
- 平面变形挤压
- 轴对称变形挤压
- 一般三维变形挤压

按润滑状态分
- 无润滑挤压（黏着摩擦挤压）
- 润滑挤压（常规润滑挤压）
- 玻璃润滑挤压
- 理想润滑挤压（静液挤压）

按挤压温度分
- 冷挤压
- 温挤压
- 热挤压

按挤压速度分
- 低速挤压（普通挤压）
- 高速挤压
- 冲击挤压（超高速挤压）

按模具种类或模具结构分
- 平模挤压
- 锥模挤压
- 分流模挤压
- 带穿孔针挤压（又可分为固定针挤压和随动针挤压）

按坯料状态或数目分
- 圆坯料挤压（圆挤压筒挤压）
- 扁坯料挤压（扁挤压筒挤压）
- 多坯料挤压
- 复合坯料挤压

按产品品种或数目分
- 棒材挤压
- 管材挤压
- 实心型材挤压
- 空心型材挤压
- 变断面型材挤压
- 单制品挤压（单孔模挤压）
- 多制品挤压（多孔模挤压）

按设备类型分
- 立式挤压
- 卧式挤压
- 连续（Conform）挤压

图 5－4 挤压方法的分类

5.1.2　挤压法的优、缺点

作为生产管、棒、型材以及线坯的挤压法与其他加工方法(如型材轧制和斜轧穿孔法)相比具有以下一些优点：

① 具有比轧制更为强烈的三向压应力状态图，金属可以发挥其最大的塑性。因此可以加工用轧制或锻造加工有困难甚至无法加工的金属材料。

由于挤压法的应力状态非常有利于发挥塑性，因而金属可以一次承受很大的塑性变形。在许多情况下，挤压比(锭坯断面面积与制品断面面积之比)可达 50 或更大一些，而在挤压纯铝时可高达 1 000 以上。

② 挤压法不只可以在一台设备上生产形状简单的管、棒和型材，而且还可以生产断面极其复杂的，以及变断面的管材和型材。这些产品用轧制法生产非常困难，有些甚至是不可能的，或者虽可用滚压成型、焊接和铣削等加工方法生产，但是很不经济。

③ 具有极大的灵活性。在同一台设备上能够生产出很多的产品品种和规格。当从一种品种或规格改换生产另一品种规格的制品时，操作极为方便、简单，只需要更换相应的模具即可，而所占的工作时间很短。因此，挤压法非常适合于生产小批量、多品种和多规格的产品。

④ 产品尺寸精确，表面品质高。热挤压制品的精确度和光洁度介于热轧与冷轧、冷拔或机械加工的之间。用挤压法可以生产出的型材最小断面尺寸可达 2 mm，壁厚为 0.3 mm，其尺寸偏差为名义尺寸的 +0.5%，制品的表面粗糙度 Ra 可达 $1.6 \sim 2.5$ μm。

⑤ 实现生产过程自动化和封闭化比较容易。目前建筑铝型材的挤压生产线已经实现完全自动化操作，每条生产线的操作人员数已减少到 2 人或甚至 1 人。在生产一些具有放射性的材料时，挤压生产线比轧制生产线更容易实现封闭化。

挤压法在具有上述优点的同时，也存在一些缺点：

① 金属的固定废料损失较大。在挤压终了时要留压余和挤压缩尾。在挤压管材时还有穿孔料头的损失。压余量一般可占锭坯质量的 10% ~ 15%。此外，正挤压时的锭坯长度受一定的限制，一般锭长与直径之比为 3 ~ 4。因此，不能通过增大锭坯长度减少固定的压余损失，故成品率较低。然而，用轧制法生产时没有此种固定废料，轧制件的切头尾损失仅为锭重的 1% ~ 3%。

② 加工速度低。由于挤压时一次变形量和金属与工具间的摩擦都很大，而且塑性变形区又完全为挤压筒所封闭，使金属在变形区内的温度升高，从而可能达到某些合金的脆性区温度，会引起挤压制品表面出现裂纹或开裂而成为废品。因此，金属流出的速度受到一定的限制。在轧制时，由于道次变形量和摩擦都比较小，因此生成的变形热和摩擦热不大。在此条件下，金属由塑性区温度升高到

脆性区温度的可能性非常小，所以一般金属的轧制速度实际上是不受限制的。不过，挤压软合金的最高速度可达 50 m/h 或更高。

此外，在一个挤压周期中，由于较多的辅助工序，占用时间较长，生产率也比轧制的低。

③ 沿长度和断面上，制品的组织和性能不够均一。这是由于挤压时，锭坯内外层和前后端变形不均匀所致。

④ 工具消耗较大。挤压法的突出特点就是工作应力高，可达到金属变形抗力的 10 倍。挤压垫上的压力平均为 $400 \sim 800 \ N/mm^2$。此外，在高温和高摩擦的作用下，使得挤压工具的使用寿命比轧辊的低得多。同时，由于加工制造挤压工具的材料皆为价格昂贵的高级耐热合金钢，所以对挤压制品的成本有不可忽视的影响。

由上所述可知，挤压法非常适合于生产品种、规格和批数繁多的有色金属管、棒、型材以及线坯等。在生产断面复杂或薄壁的管材和型材，直径与壁厚之比趋近于 2 的超厚壁管材，以及脆性的有色金属和钢铁材料方面，挤压法是唯一可行的压力加工法。

5.1.3　挤压生产的发展与现状

挤压法在金属塑性加工领域中出现较晚，是一种新的金属加工工艺。据文献记载，大约在 1797 年英国的布拉马（Bramah）首先发明了一种挤压铅管的装置，后将此原理应用到电缆包铅上面。因为当时尚不能解决挤压时所需要的巨大而持续的压力，所以只能挤压像铅一类低熔点软金属。直到 1894 年，才由德国人迪克（A. Dick）设计和制造了第一台挤压黄铜的挤压机。自此以后，挤压生产日益发展，在第二次世界大战中的 1943 年，德国制造的水压机的能力已达 150 UStf.。

第二次世界大战后，由于航空、航天技术以及汽车、船舶、铁路运输、桥梁、输电等各部门的发展，特别是建筑业开始大量采用铝合金型材，促进了挤压生产的急剧发展，主要体现在以下一些方面。

① 挤压机的台数和能力在不断地增加，挤压生产线的自动化程度不断提高。例如，为了满足制造大型运输机和客机所需的整体壁板等结构材料，建造了能力为 270 MN 的大型水压机。

在挤压机的液压传动方面，以前主要是由高压泵 - 蓄能站集中供给工作液体。目前，单独传动的油压机已在挤压机中占绝对优势，再也没有建水压机的了。2012 年，中国已拥有了世界上最大的油压机，其能力已达 150 MN。

近代的挤压机已完全摆脱了人工操作分配器的繁重体力劳动，改为远距离集中控制、程序控制和带有计算机的可编程序逻辑控制，从而使生产效率大幅度提高，操作人员显著减少，甚至实现了挤压生产线的无人化操作。

② 强化挤压生产过程，新的挤压技术不断出现。例如，在铝合金挤压方面，为了控制流出速度，防止在制品表面上出现周期性裂纹，出现了等温挤压技术；为了提高挤压速度出现了冷挤压技术和润滑挤压技术；为了提高生产效率和成材率，出现了锭接锭挤压和 Conform 及 Castex 连续挤压；为了提高铝合金型材的生产效率，20 世纪 60 年代出现了挤压机淬火即制品出模孔后，利用其自身的余热在出料台上直接淬火；进入新世纪，前装料挤压机进入商业化生产。

为了使常规的正挤压时锭坯与筒之间的摩擦所造成的有害作用变为有利于挤压过程，出现了"有效摩擦挤压"。至于具有连续挤压性质的，诸如黏稠介质挤压、Conform 挤压、Linex 挤压、Extrolling 挤压等方法则更是以摩擦力作为动力来实现挤压过程。

③ 产品品种、规格不断扩大。铝合金型材的品种已达 48 000 多种，其中包括了逐渐变断面和阶段变断面型材。管材方面，除一般的等壁厚管材外，还出现了变壁厚管材和多孔腔管材。

挤压法除了可以生产实体金属和单一的金属制品以外，目前也可以用金属粉末、颗粒挤压成材，同时，还能用来生产双金属、多层金属以及复合材料等制品。

④ 理论研究有突破性的进展。尽管挤压法早在 18 世纪末就已出现，但是对其理论研究却较晚。1913 年，H·C·库尔纳柯夫首先进行了挤压时金属流动和压力的研究。稍后，施维斯古特研究了挤压黄铜时的金属流动规律和挤压缩尾的形成机理。H·温凯尔则用塑胶泥研究了不同的挤压时的流动景象。

直到 1931 年，E·西贝尔利用了 C·芬克导出的轧制变形功的解析法首先建立了计算挤压力的简略公式。由于在该公式中未考虑不均匀变形和摩擦的影响，因而计算结果与实际相差甚远。随后，G·萨克斯、C·H·古布金相继利用平截面法得出各自的计算挤压力公式。然而，平截面法仍存在不能考虑不均匀变形影响的问题。

R·希尔于 1948 年经严密的数学处理，将滑移线场理论运用到解决平面应变挤压问题。此后，主要是 W·约翰逊等人运用了滑移理论解决各种挤压条件下的平面应变问题。因此，在到 20 世纪六七十年代，P·V·马尔卡、山田、小林等人相继将有限元技术用于解决塑性加工问题。这种方法能满意地给出塑性加工时变形区中的应力、应变、应变速率的分布及温度场。现在已用此法分析挤压过程。

上界法和有限元法虽然对分析挤压过程非常有用，但是计算工作量太大。近年来电子计算机的普及对上述方法的推广应用提供了可能，并且对挤压模具的优化设计创造了条件，目前已开始实现复杂断面型材的计算机辅助设计与制造。

中国的马怀宪教授、谢建新教授在用有限元法分析铝合金挤压过程理论方面作了许多卓有成效的工作。

5.2 铝材挤压的主要方法

如前所述，挤压铝材的方法很多，但主要的是正向挤压法、反向挤压法、Conform 挤压法。全世界 98% 以上的挤压铝材是用正向挤压法生产的，用反挤压生产的铝材还不到总量的 1.5%，用 Conform 法生产的是细小的型材与管材，也仅占总量的 0.5% 弱。

5.2.1 正向挤压法

正向挤压法的特点是：挤压时，挤压筒一端紧靠前梁并且被模支承封死。挤压轴在主柱塞力的作用下向前挤压，迫使挤压筒内金属流出模孔。此时，铸锭随着挤压过程的进行而逐渐向前移动，其表面层与挤压筒内衬内壁发生激烈的摩擦并引起铸锭温度逐渐升高。正向挤压时，制品的流出方向与挤压轴的移动方向一致。

正向挤压与反向挤压比较有以下优点：更换工具简单、迅速；辅助时间少；制品表面品质好；对铸锭表面品质没有严格要求；设备简单，投资费用少；制品外接圆直径大。正向挤压的缺点表现在：因铸锭表面和挤压筒内衬内壁发生激烈摩擦，消耗高达 30% ~40% 总挤压力；因摩擦作用机械能转换为热能，使铸锭升温，因而制品头、尾温度不一致（头端低，尾端高），致使尺寸不均匀，精度下降；因摩擦作用，铸锭表层金属发生激烈的剪切变形，这层金属流入制品表层，热处理后形成粗大晶粒层——粗晶环，粗晶环力学性能低；因摩擦作用，使金属流动不均匀，中心流速较边部的快，为避免挤压表面裂纹，必须降低挤压速度，挤压残料厚。由于正向挤压具有上述许多优点，因而目前绝大多数型、棒材都是采用正向挤压法生产的。

5.2.2 反向挤压法

反向挤压的特点：现代专用的反向或反/正两用挤压机设有双挤压轴（挤压轴和空心模轴）。挤压时，模轴固定不动（中间框架式和挤压筒剪切式反向挤压机）、挤压筒紧靠挤压轴进入挤压筒内进行反向挤压。反向挤压时，铸锭表层与挤压筒内衬内壁之间无相对运动，因而无摩擦。反向挤压时，制品的流出方向与模轴的相对运动方向相反。

反向挤压根据其设备结构特点可分为中间框架式、挤压筒剪切式和后拉式。中间框架式是通过中间框架的作用实现正/反向挤压；而挤压筒剪切式和后拉式只能实现单一反向挤压。后拉式与前两种结构不同的地方是：中间横梁固定，前后梁是通过 4 根张力柱连接作为一整体的活动框架。挤压时，挤压筒紧靠中间固定梁。模轴固定在前梁上,在主缸力的作用下,向后进入挤压筒内进行挤压。

反向挤压优点是:由于反向挤压时铸锭表面与挤压筒内衬内壁之间无激烈摩擦,因而不消耗挤压力。所以反向挤压时可降低挤压力30%~40%,制品尺寸精度高,力学性能均匀,组织均匀,挤压速度高,成品率和生产率高。反向挤压硬合金时,挤压速度与正向挤压比较可提高0.5~1.0倍,成品率可提高10%~20%。反向挤压的特点是,制品外接圆直径受模轴限制,一般比正向挤压要小30%左右,对铸锭表面品质要求严,设备一次投资费用比正向挤压机的高20%~30%,辅助时间长。因反向挤压机具备以上许多优点,所以它特别适应于挤压硬合金型、棒、管材以及要求尺寸精度高、组织细密无粗晶环的制品。

5.2.3 Conform 连续挤压法

Conform(康福姆)连续挤压法是英国原子能管理局(UKAEA)于20世纪70年代初研制成功的一种新的铝合金连续挤压法。Conform挤压法的特点是,利用送料辊和坯料之间的接触摩擦力而产生挤压力并同时将坯料温度提高到500℃左右。图5-5为Conform法单辊及双辊挤压示意图。

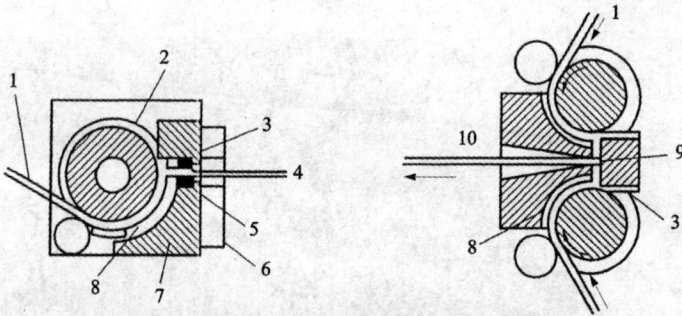

图5-5 Conform挤压法

1—毛坯;2—带模槽的送料辊;3—限制器;4—挤压制品;5—挤压模;
6—模座支架;7—模座;8—扇形模槽;9—挤压模和芯棒;10—挤压管

毛坯被送入直径为260 mm的送料辊,通过送料辊与毛坯之间的摩擦作用使毛坯升温并迫使毛坯沿着模槽(槽长大约为送料辊周长的1/4)方向前进,然后进入模具。Conform挤压法有单辊送料和双辊送料两种方法。图5-5左侧为单辊送料,右侧为双辊送料。图5-6为双辊送料辊主部放大图。双辊送料时,两辊按顺、逆时针方向旋转,两根毛坯从两边进入挤压模。康福姆挤压法的优点为:可一次成形生产出尺寸小、壁薄的型材、管材;成品率高,一般可达到98.5%;毛坯无须加热;设备造价低;可以连续生产,生产效率高。缺点是:目前只适应于尺寸小的和软合金制品的生产，规格、品种均受限制。

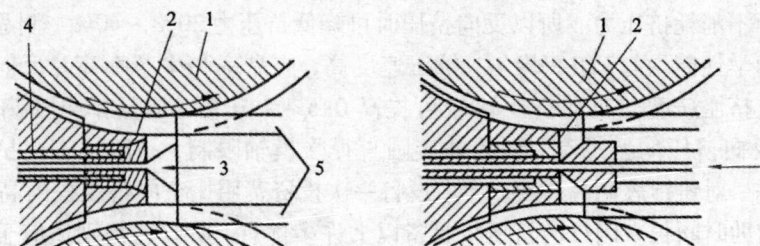

图 5 – 6　Conform 双辊挤压机主部
1—送料辊；2—模具；3—芯棒；4—管材；5—供坯限制器

　　中国京沪高速铁路的 CRH 380B 列车的受电弓（见图 5 – 7）就是用反向挤压机生产的无缝管（6061 合金）制造的，因与别的高铁的单弓受电有所不同，为双弓受电，受电弓需承受更大的应力。欧洲用的受电弓一般是用正向挤压的有缝管制造的。

图 5 – 7　CHR 380B 高速列车上方的铝合金管制的双弓受电装置
（取自 2011 年 6 月 10 日《新京报》）

5.3　金属挤压时的应变状态和挤压力计算

5.3.1　挤压时金属的应变状态

挤压时，金属在挤压筒内受力和变形状态十分复杂，金属的变形已不仅仅限于滑移变形范围，与此同时还进行了在高温、高压、真空状态下金属的不断撕裂与焊合的过程。其过程的应力、应变的理论研究就更复杂了。目前大多数的研究仍是通过实验分析，总结出一般的规律性，以指导生产。

正向挤压时挤压筒内金属在外力作用下通过模孔流出。此时，作用在金属上的外力有挤压力、挤压筒、模及模的工作带表面对金属的正压力与摩擦力。反向挤压时，由于金属与挤压筒内衬内壁、挤压垫片之间无相对运动，因而此处的摩擦力亦不存在。

应力状态。挤压时，变形区内主要是三向压应力，即径向应力 σ_k；圆周向应力 σ_θ 和轴向应力 σ_e，但在锥形区表面应力状态为两向压缩一向拉伸，即 σ_e 由压应力变为拉应力。

变形状态。挤压时，变形区内金属的变形状态是两向压缩(径向变形和切向变形)与一向延伸(轴向变形)。根据塑性变形理论，在轴对称条件下(挤压和拉伸)其圆周向与径向的应力和应变可以认为是相等的。

5.3.2　正向挤压时金属的变形过程和特点

正向挤压单孔棒材时，对金属网格变形特点的分析。为分析方便起见，采用了锥模挤压。因平模挤压和锥模挤压在动力学上是一致的，因而完全可以代替。

挤压过程的 3 个阶段：充填、平流和紊流(倒流)。充填：为了使铸锭顺利地装入挤压筒，一般要求铸锭外径小于挤压筒内径的。因此，在挤压前必须用挤压轴进行缓慢的镦粗，以逐步充满挤压筒。平流阶段：当金属流出模孔 500 ~ 800 mm 时，即认为过程已建立，金属已经达到了平稳的层状流动。紊流(倒流)阶段：当挤压邻近终止时，由于中心金属供给不足和金属受力状态的改变，迫使尾端金属沿着挤压垫片倒流，发生紊流。此时，死区金属亦参与流动，挤压力增加。

金属流动坐标网格变形分析：

① 原坐标网格所有的纵向平行直线，除前端面线以外，经过变形后仍为直线。

② 这些纵向线在进入和流出变形区压缩锥时，都要发生两次方向相反的弯曲变形。这证明金属变形是非单调的。

③ 变形的不均匀性由边部向中心减少。

④ 纵向线的第一次弯曲发生在进入变形区压缩锥平面之前。第二次变曲发生在流出变形区的压缩锥平面之前。此两平面的凸起方向与被挤压金属流动方向相反。被该均匀轴对称平面所包围的体积即为变形区压缩锥。

⑤ 距离变形区压缩锥一定距离的网格纵向线朝毛坯轴向发生弯曲，形成扭弯，中心变薄，边部变厚。

⑥ 原坐标网格的所有横向直线朝被挤压金属移动方向凸起。

⑦ 在正常压力条件下，在制品中的坐标网格横向线除紧靠前端的少数几条外，其余的都可以用抛物线公式表示。

⑧ 前端横向线成了折线。

⑨ 横向线朝金属运动相反的方向越来越尖。

⑩ 这些曲线顶点之间的距离，在前端较小，在大部分中间位置相同，而在挤压后期激剧增大。

⑪ 纵向线的弯曲形状表明，挤压制品的所有环形层，除了基本的延伸和压缩变形外，还发生了纯剪切变形。

⑫ 前端横向线的弯曲程度很小。

⑬ 用锥模挤压时，前端的变形量比平模挤压时的大得多。

⑭ 正向挤压时，金属与挤压筒内壁等接触摩擦是死区(弹性区)、缩尾、成层产生的根本原因。

5.3.2.1 死区

死区是在平流阶段挤压时金属不发生流动的区域。死区分为前死区和后死区，如图 5 - 8 所示。前死区的形成及因素：前死区(图 5 - 8 中的 1)的形成是由于金属沿 abc 面流动的阻力较沿 ac 面流动的阻力大得多造成的。挤压时铸锭表面的脏物都被堆集在死区内，因而，保证了挤压制品的表面品质。死区与内层流动金属接触区为金属内部激烈摩擦区。角 α、α_{max} 为金属流动半锥角，亦称为自然流动角。

影响死区大小和形状的因素：随着模锥角 α 的增大而增大，当 $\alpha = 90°$ 时死区最大，当 α 等于金属自然流动角时，死区为零；冷挤压时，由于无冷却区，因而不存在死区或不十分明显；当被加热金属温度高于模具温度时，由于摩擦力增加，死区剧烈增加；挤压系数增加，金属流动半锥角 α 加大，死区减小；润滑挤压时，死区减小，甚至完全消失。软合金死区较硬合金的小。

尾端死区的形成及影响因素：图 5 - 8 中的 7、7′为尾端死区。尾端死区的形成一是由于挤压垫片上的摩擦力阻止了金属的流动；二是由于挤压筒和挤压垫片对金属的冷却作用，使此区域内金属变形抗力增加，因而形成了尾端死区。尾端死区与挤压垫片间摩擦力 4 的方向阻止了靠挤压筒内壁的由于挤压筒摩擦力而移动的金属的运动。这就形成了弯曲区 6(金属由边部向中心凸起)。这个弯曲区域使中心金属向模子方向运动，因而形成了靠挤压垫片区的圆形死区。尾端死区形状取决于挤压条件且随挤压过程的进行而变化。平流阶段挤压终了时，为补充中心金属之不足，靠近挤压垫片区域剧烈缩到 7′ 并成为尖形。

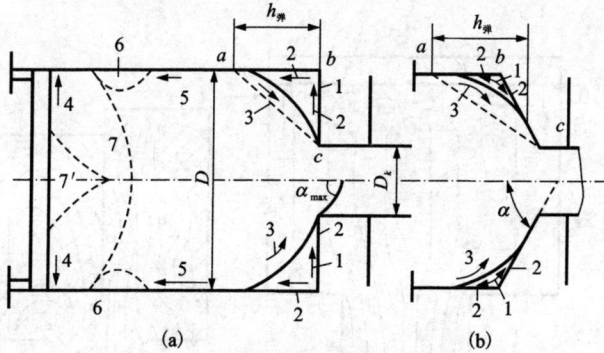

图 5－8　正挤压时弹性区形成示意图

（a）平模挤压；（b）锥模挤压

1—前端弹性区；3—金属沿弹性区内表面的流动方向；2、4、5—接触摩擦阻力；

α、α_{max}—金属流动的半锥角；D_k—棒材直径；

6—由于周边金属的堆挤而形成的缩径区；$h_弹$—前端弹性区高度；

7—尾端弹性区；7′—在平流压出阶段末期，被剧烈缩小后的尾端弹性区

5.3.2.2　缩尾和成层

① 缩尾的特征。缩尾分为中空缩尾和环状缩尾两种。中空缩尾：在铝挤压制品（型、棒材）尾端中心部分形成中空。横断面呈现为边缘光滑的孔洞或边缘充满润滑剂、氧化物和其他杂质的孔洞。纵向呈漏斗状（锥形），漏斗尖端朝向金属流出方向。这种缩尾又称为一类缩尾，主要出现在单孔挤压、挤压系数小、制品直径大或厚壁或者采用了有油污染的垫片挤压的时候。环状缩尾：在挤压制品的尾端呈不连续的环形或弧形。当挤压双孔或多孔棒材、型材时，则呈月牙形。各孔制品的环状缩尾对称。这种缩尾又称为二类缩尾。缩尾形成的原因：缩尾形成的力学条件是，当平流阶段结束，挤压垫片逐渐接近模时，挤压力增加并产生一个对挤压筒侧表面压力 $dN_筒$。该力与摩擦 $dT_筒$ 一起，当破坏了力的平衡条件，$(dN_筒 + dT_筒) \geqslant dT_筒$ 时，位于挤压垫片区周围的金属，向后，横向沿 aba 面流入毛坯中心，便形成了缩尾。形成缩尾时金属流动具有如下特点：

如上所述，当力学平衡条件破坏时，边部金属因发生堆集，使纵向线条发生弯曲并向内凸起，如图 5－9 所示，沿后端死区和边部摩擦层金属的交界面进入毛坯中心形成二类环状缩尾。当继续挤压时，因中心金属供给不足或因垫片有油、垫片光滑且无冷却金属区时，紧靠挤压垫片周围的金属及表面的脏物沿挤压垫片

流入铸锭中心，形成中心缩尾。减少和防止缩尾形成的措施：保持毛坯表面清洁、无油污；保持挤压筒内衬完好；禁止挤压垫片抹油；降低铸锭挤压前加热温度；采用特殊的凹形垫片；采用合理的残料长度。

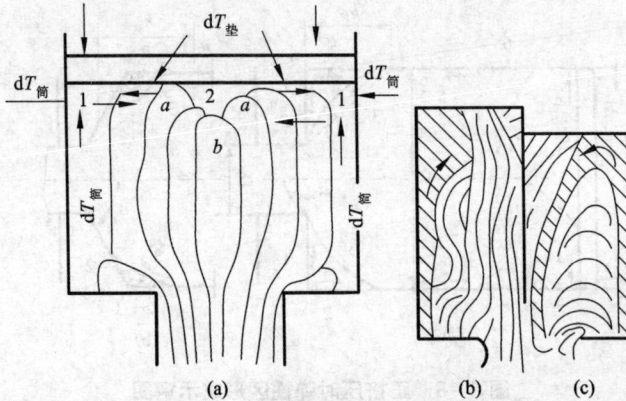

图 5 - 9　环形缩尾形成示意图

(a)形成的力学条件；(b)开始形成缩尾时的流动情况；(c)缩尾形成后的流动情况

$dT_筒$，$dT_垫$—分别为挤压筒、挤压垫上的摩擦力；$dN_筒$—挤压筒的侧压力

② 成层的特征。成层大多出现在距离制品表面深 0.1 ~ 0.3 mm 处，横断面观察为不连续的无规律的点状或弧形状。其间夹有脏物或氧化物、油污。成层产生产的原因：产生成层的主要原因是铸锭表面脏；挤压时脏物从靠近模子的金属剧烈变形区的外边界，如图 5 - 10 所示，并被少量的死区金属包裹着流入到制品表皮下面；挤压筒工作部分超差；挤压筒内径与垫片外径配合尺寸差过大；制品剪切时，模具不干净，留有残余金属。

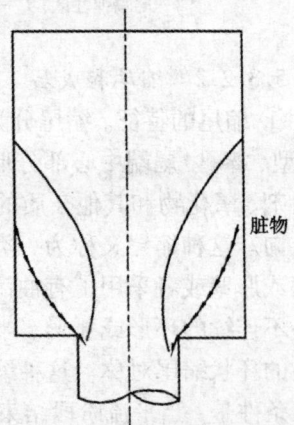

图 5 - 10　成层形成示意图

5.3.2.3　残料

为了不使缩尾流入制品，保证产品品质，在挤压后期，当金属开始发生倒流形成缩尾以前停止挤压，并将这部分未压出的金属毛坯切除。被切除的金属毛坯称为残料或压余。挤压残料的厚度与挤压方法、挤压筒直径、合金、制品直径或厚度有关。一般根据经验决定，为挤压筒直径的 10% ~30%，在生产中为了节省挤压有效时间和能源，便于操作，通常都是把所有型、棒材切尾长度规定为 300 mm，多余的部分算成铸锭长度保留在残料里。这

种增大了的残料称为增大残料。采用增大残料的方法也称为增大残料挤压法。

5.3.3　反向挤压时金属的变形过程和特点

通过对反向挤压时金属网格流动现象及残料的定量、定性分析图分析，可以对反向挤压时金属流特点归纳为如下几点：反向挤压时金属的变形区紧靠模面，其变形后面的金属不发生任何变形。变形区的形状近似于圆筒形，筒底为曲面而且曲率半径很大；靠近模处，由于模面的摩擦阻力作用产生一薄层死区不参与金属流动。当挤压到最后阶段时，挤压力增加，死区金属才产生横向流动；主延伸定量测量图表明：反向挤压时制品的头、尾、边部与中心变形量比正向挤压时均匀得多，因而制品的组织与性能也比正向挤压的均匀得多；铸锭边部无激烈摩擦而产生的剪切变形层；铸锭最表面层金属(小于 2 mm)被阻止在模死区内，而稍深层的金属(大于 4 mm)直接流入制品表层内。尾端金属无倒流现象。

5.3.4　挤压力计算公式

计算挤压力的公式很多，现介绍一种简便易行的适于现代挤压机的挤压力计算公式，即

$$P = \beta A_0 \sigma_0 ln\lambda + \mu\sigma (D + d) L \qquad (5-1)$$

式中：P——挤压力，N；

A_0——挤压筒或挤压筒减挤压针面积，mm^2；

σ_0——与变形速度、温度等有关的变形抗力，$N \cdot mm^{-2}$；

λ——挤压系数；

μ——系数，1/3；

D——挤压筒直径，mm；

L——镦粗后铸锭长度，mm；

d——挤压针直径，mm；

β——修正系数(1.3 ~ 1.5，硬合金取下限，软合金取上限)。

正向挤压型、棒材时：

$$P = \beta A_0 \sigma_0 \ln\lambda + (1/3)\sigma_0 DL \qquad (5-2)$$

正向不润滑挤压管材时：

$$P = \beta A_0 \sigma_0 \ln\lambda + (1/3)\sigma_0 (D + d) L \qquad (5-3)$$

反向挤压型、棒材时：

$$P = \beta A_0 \sigma_0 \ln\lambda \qquad (5-4)$$

反向不润滑挤压管材时：

$$P = \beta A_0 \sigma_0 \ln\lambda + (1/3)\sigma_0 dL \qquad (5-5)$$

根据不同的挤压机、合金、挤压速度、挤压温度测定实际的 σ_0 值。利用实测

的 σ_0 值就能很方便地计算挤压力。

穿孔挤压管材时，穿孔针上所受摩擦拉力为

$$F = \mu (P/A_0) dL \qquad\qquad (5-6)$$

式中：F——穿孔针上所受摩擦力，MN；

　　　μ——摩擦系数，根据具体挤压机实际测定（参考值：0.05～0.08）；

　　　A_0——挤压筒面积减挤压针面积，cm^2；

　　　d——穿孔针直径，cm；

　　　L——铸锭长度，cm。

设穿孔针允许的拉应力为

$$\sigma_t = F_t / A_m$$

式中：F_t——穿孔针材料允许最大拉力，MN；

　　　A_m——穿孔针危险断面面积，cm^2，A_m 挤压时不发生断针的力学条件是 $F < F_t$。

对现代自动控制的挤压机，通常都根据以上公式计算穿孔针允许最大拉力来进行预先设定，当摩擦拉力超过穿孔针允许的最大拉力时，挤压机会自动减速或停止运行，以降低穿孔针的拉应力，防止断针事故。

5.4　挤压制品的组织与性能

5.4.1　挤压制品组织与性能的一般特点

挤压铝合金型、棒材热处理后可能出现各种组织。但总的可归纳为以下 3 种：多边化且具有 <111> 取向的变形，完全再结晶的以及二者均有的混合组织（当然未包括挤压制品前端因变形不充分而残留的铸造组织）。晶粒在纵向被拉长，其中，多边化的变形组织具有较其他两种组织高得多的纵向力学性能和较低的伸长率，而横向力学性能则有所下降。

影响再结晶程度和力学性能的主要因素有：合金成分，过渡族元素的添加量，均匀化退火规范，挤压温度，挤压方法，变形程度，应力状态和热处理规范等。正确控制以上各个因素，就可以有效地控制再结晶程度，从而获得所需要的制品组织和性能。

生产实践证明：1070A、8A06、5A02、2A70、2A80、6063 等软合金挤压型、棒材大多只能获得完全再结晶的组织。而高合金化，含有过渡金属添加剂的 5A05、5A06、3A21、2A11、2A12、7A04、2A50、2A14 等合金的挤压型、棒材，根据制品尺寸、形状和生产工艺参数的不同所获得的组织亦不同，甚至在同一根制品上，在不同部位可产生以上 3 种不同的组织，因而就引起了制品组织的极不均匀性。

一般制品尾端因变形充分较前端力学性能高，边部力学性能较中心的高。

需要指出的是：挤压型、棒材时经常出现两种特别的组织，粗晶环和具有挤压效应的多边化变形织构组织。前者为粗大的再结晶晶粒，后者为非再结晶组织。这两种组织在热处理强化和 Al‐Mg、Al‐Mn 系合金挤压制品中经常可以见到。因此，正确地认识与掌握它们的特点、影响因素、控制方法，对于提高生产效率、产品品质是十分重要的。

5.4.2　挤压效应

许多高合金化，并含有过渡元素的铝合金 2A11、2A12、6A02、2A14、7A04、3A21、5A02、5A06 等，热处理后（淬火＋时效或退火）纵向强度较采取其他方法诸如轧制、拉伸等所获得的制品（当其他条件相同时）的高，而伸长率却低；长横向及短横向性能低。这种挤压制品所特有的现象称为挤压效应。

5.4.2.1　挤压效应的本质

挤压效应的本质到目前为止尚无统一的结论。但大多数学者认为：这种晶向在具有面心立方结构的金属铝中，由于原子排列密度在 $<111>$ 方向最大，因而具有最大强度。

① 在具有挤压效应的制品中，均含有过渡族金属，如 Mn、Cr、Zr 等。铸造时这些过渡族金属以过饱和形式固溶于铝中。在以后的挤压、加工及其热处理过程中，在晶界大量地呈弥散状态析出，阻止被拉长了的多边化变形织构发生再结晶。

② 除过渡族金属外，添加的其他基本金属和杂质均会对挤压效应产生一定的影响，如 Al‐Zn‐Mg 和 Al‐Zn‐Mg‐Cu 系合金中减少 Mg、Zn 含量可使合金再结晶开始和终了温度变化 $100\sim150℃$。提高杂质 Fe、Si 的含量，会形成粗大的不固溶的 $Al_6(FeMn)$ 和 Mg_2Si 相，因而降低了对再结晶的阻力。

③ 凡影响过渡族金属大量弥散析出的各种因素，如铸造冷却速度、均匀化退火规范、挤压工艺参数（温度、速度和挤压系数）、热处理前的应力状态、热处理规范、合金元素和杂质等均对挤压效应有影响。

5.4.2.2　各种因素对挤压效用的影响

（1）过渡族金属 Mn 的影响。当 Mn 含量在 1.2% 以下时，随 Mn 含量的增加 R_m、$R_{p0.2}$ 逐渐升高。但当 Mn 含量继续增加时，R_m、$R_{p0.2}$ 反而下降。伸长率 A 的变化则与 R_m、$R_{p0.2}$ 的变化相反。

（2）挤压参数的影响。① 变形程度影响。其影响随合金不同而不同。如分别用变形程度为 95%、83%、85%、72% 挤压 2A12、7A04 合金棒材，热处理后发现：2A12 合金力学性能随变形程度增加而增加，在 95% 时获得最大值。而 7A04 合金棒材仅在变形程度为 83%～83.5% 时力学性能最大。② 挤压温度影响。挤压 2A12、6A02 合金棒材时若 Mn 含量在 0.8% 以下，随着挤压温度的升高，R_m、$R_{p0.2}$ 不断升高，伸长率 A 下降。当 Mn 含量超过 0.8% 时，挤压温度的影响不大。对 5A06 合金棒材，挤压温度由 400℃提高到 450℃无影响，当继续提高挤压温度时，反而会使 R_m、$R_{p0.2}$ 下降。但必须指出的是：对于大多数合金来说，如果挤压温度低于 380℃，则挤压效应会随挤压温度的降低而明显减弱；当挤压温度为 320～310℃时，有可能会使挤压效应大部分丧失，对有的合金如 2A11、6A02 等甚至会在挤压制品中出现完全再结晶的粗大晶粒组织，明显地降低 R_m、$R_{p0.2}$。铸锭如果经过二次挤压，其挤压效应全部消失。

（3）热处理影响。铸锭均匀化退火规范对挤压效应有明显的影响，温度越高，保温时间越长，冷却速度越慢，其挤压效应损失越大。淬火温度越高，保温时间越长，挤压效应损失越大。时效规范一般对挤压效应影响不大，但如果过时效，则由于析出弥散强化相的聚集而显著地降低力学性能。了解了挤压效应的本质和影响因素后，就可在生产中加以灵活应用。例如：为了获具有高的纵向 R_m、$R_{p0.2}$ 的挤压制品，一般采用高温挤压（400～450℃），不得低于 380℃。挤压温度高于 380℃效果不明显，甚至会产生相反的结果（不包括 6063、6061）。如果高温挤压仍达不到要求，则应考虑适当提高合金中过渡族金属和主要合金元素含量，采用不均匀化退火铸锭。

对于要求长横向和短横向性能的大断面型材必须采用部分消除挤压效应的措施：铸锭长时间均匀化退火；降低挤压温度；在挤压筒内加大镦粗量，以使金属预先发生横向变形；适当延长淬火保温时间；中等的合金元素含量等。对于力学性能要求不高的制品，冷加工毛料，则宜采用低温（320～350℃）挤压，以获得易于在退火时产生完全再结晶组织并提高挤压速度。重复热处理：实际生产中的可热处理强化铝合金制品，热处理完成经常出现两种力学性能不合格的现象。一般是 R_m、$R_{p0.2}$、A 都低，二是 R_m、$R_{p0.2}$ 高，而 A 低。前者是固溶淬火不完全，强化相未充分固溶；而后者则是因为挤压效应太强引起的。前者重复热处理的目的在于使合金中强化相再一次固溶，而后者实质是为了消除部分挤压效应而进行的退火处理。

5.4.2.3 粗晶环

不少铝合金正向挤压制品经热处理（淬火、退火）后，在制品的周边形成一层很深的粗大再结晶晶粒环，且粗晶区和细晶区有着明显的分界线，一般称这层组织为粗晶环。而用反向挤压生产的制品，粗晶环很浅，为 2～3 mm，有的甚至完全消失。由于粗晶环降低力学性能 R_m、$R_{p0.2}$，因而生产中作为一种缺陷严加控制。对于要求严格的型、棒材，这种缺陷应控制在 3 mm 以下。

粗晶环形成机理，从金属学的观点来分析是十分复杂的，至今仍无统一的意见，也无有效的防止措施。只能通过对成分、工艺规范等进行适当调整以达到在一定程度上加以控制的目的。

（1）粗晶环的组织特征

① 对于单孔棒材，在制品横断面的周围上粗晶环呈环状分布。对于两孔或多孔棒材则呈月牙状分布，且各孔棒材之间呈对称状。在型材上分布的特征是：沿型材周边分布，对于不等壁型材，其厚壁部分的较薄壁部分的深。粗晶环的深度由制品尾端向前端逐渐减少，如图 5 - 11 所示。

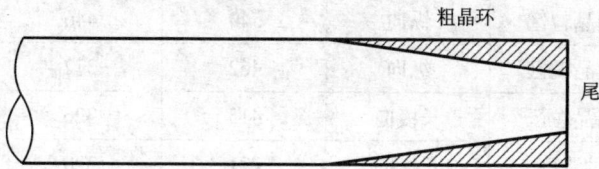

图 5 - 11　制品中粗晶环分布图

② 正向不润滑挤压时，由于铸锭边部金属与挤压筒内衬内壁发生激烈的摩擦和剪切变形，这部分流入制品尾端，热处理后形成粗晶环。

③ 淬火前对有粗晶环的低倍试片进行观察可以发现，粗晶环区发暗无光泽。

④ 对淬火前粗晶环区进行显微和 X 射线分析，粗晶环区为不均匀的细小晶粒，有时其中还夹有个别的不规则的大晶粒。除在德拜环上有大量的斑点外，还有大的劳埃斑点。这说明此区域为再结晶织构加少量的大晶粒组织。

⑤ 粗晶环区与中心区的电阻率和晶格常数不同。棒材边部的电阻率比中心的高，而晶格常数则边部的比中心的低，说明边部 Mn 的分解较中心的更为强烈。因为 Mn 的原子半径为 1.30×10^{-10} m，比铝的原子半径 1.43×10^{-10} m 小，所以 Mn 从铝的固溶体中析出后晶格常数增加。

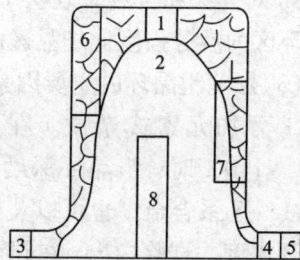

图 5 - 12　型材取样部位图

⑥ 边部具有再结晶织构的细晶粒组织在粹火加热的保温过程中发生二次再结晶，晶粒不均匀地高速长大而生成粗晶。

（2）粗晶环组织降低制品的力学性能

① 粗晶区的纵向 R_m、$R_{p0.2}$ 较中心细晶区的低而 A 高，见表 5 - 1，取样部分如图 5 - 12 所示。

表 5 – 1　2A12 – T4 合金型材粗、细晶区力学性能

取样部位	取样区域	取样方向	典型性能		
			$R_{\mathrm{m}}/\mathrm{N \cdot mm^{-2}}$	$R_{\mathrm{p0.2}}/\mathrm{N \cdot mm^{-2}}$	$A/\%$
1	粗晶粒区	纵向	446	354	8.6
2	细晶粒区	纵向	545	438	15.4
3	粗晶粒区	纵向	419	349	16.4
4	细晶粒区	纵向	540	446	12.9
5	粗晶粒区	纵向	462	372	16.1
6	细晶粒区	长横向	415	326	13.2
7	过渡区	长横向	421	320	12.2
8	细晶粒区	长横向	449	378	10.2

　　② 粗、细晶区的冲击韧性差别很小。2A12 合金型材粗晶环区的冲击韧度为 $16.5 \sim 21.6 \ \mathrm{J/cm^2}$。

　　③ 粗晶环区的缺口敏感性比细晶区的小些。

　　④ 断口试验发现试样破裂并不在粗、细晶区交界处，也没有分层现象。但反复弯曲试验时，发现破裂是从强度较小的粗晶区的一面开始的。

　　⑤ 粗晶区淬火时易沿晶界产生应力裂纹。因此，对于有粗晶环的制品，为避免淬火裂纹，应适当降低淬火温度。

　　⑥ 对淬火和自然时效状态的型材用 2.0×10^6 次循环进行的疲劳试验发现，粗晶环区的疲劳强度比细晶区的低，并且试样都不是沿粗、细晶区的边界破裂。

　　(3) 影响粗晶环的主要因素

　　① 添加元素或杂质。在 Al – Cu – Mg – Mn 系合金中，当 Mn 含量达到 $0.8\% \sim 1.0\%$ 时，粗晶环深度明显减少，甚至完全消失。在 Al – Cu – Mn – Zn、Al – Mg – Si 系合金中也可以获得同样的结果。添加少量 Zr、Ti 等元素，亦能减少粗晶环深度。试验指出，在硬铝合金中添加 $0.15\% \sim 0.2\%$ Zr 和 0.4% Ti 时，不产生粗晶。在 7A04 合金中含有 0.2% Zr 时，没有粗晶环。对许多合金来说，Fe、Si 杂质含量越多，粗晶区晶粒越大。因此，应将它们严格控制在一定的范围内。

　　② 挤压温度。它包括铸锭温度和挤压筒温度的共同影响。当挤压筒温度与铸锭温度配合适当时，可以获得粗晶环深度浅而晶粒细的组织。试验指出：当挤压筒温度为 $400℃$，铸锭温度为 $440℃$、合金成分为中等，不均匀化退火的 $\phi162$ mm 铸锭挤压成 $\phi40$ mm 的 2A12 合金单孔棒材时，热处理后其粗晶环深度可控制

在 0~2.082 mm。

③ 均匀化退火。试验指出，均匀化退火温度越高，时间越长，其粗晶环深度越深，见表 5-2。

表 5-2　2A11 合金型材粗晶环深度与各种均匀化退火规范的关系

挤压筒直径/mm	挤压系数/λ	变形程度/%	锭坯长度/mm	取样部位	均匀化退火温度/℃				
					未均匀化	470	490	510	530
105	18.3	94.5	230	前端	无	无	无	无	1.5
				尾端	0.6	1.0	1.5	2.0	2.5
			290	前端	无	无	无	无	1.3
				尾端	0.2	1.0	1.5	1.7	2.5
			350	前端	无	无	0.3	无	无
				尾端	0.2	1.5	4.0	3.5	3.0
115	22.1	95.5	230	前端	无	1.5	2.0	再	再
				尾端	0.8	2.0	2.5	2.7	2.7
			290	前端	无	无	再	再	再
				尾端	0.6	1.8	2.5	2.7	2.7
			350	前端	无	3.0	再	3.0再	4.0再
				尾端	0.6	1.5	3.0	4.0	4.0
130	28.1	96.3	230	前端	无	再	再	再	再
				尾端	0.8	1.9	1.9	2.2	3.5
			290	前端	无	2.0	再	再	再
				尾端	0.8	1.8	2.0	2.5	2.6
			350	前端	无	再	再	再	再
				尾端	无	2.7	3.0	3.0	2.5

注：表中"无"表示无粗晶粒，"再"表示断面上为完全再结晶，数字表示粗晶粒深度而且在全断面上都呈再结晶组织

④淬火温度与保温时间。调控淬火温度和保温时间既不能消除或减少粗晶环深度，也不能增加，而只能控制其显现的程度。淬火温度越高，保温时间越长，粗晶环区晶粒显现得越完全。

5.5　挤压型材品种与规格

各种铝材(含铸件与锻件)在轨道车辆制造中都有应用，但用得最多的是挤压

型材，从车体结构的大型材到车辆内部的装修都有铝合金型材件。在高速铁路列车制造中凡是可用铝合金制造的零部件几乎都已铝化。

5.5.1 铝合金型材品种

5.5.1.1 型材的分类

对铝合金型材进行科学分类，有利于科学合理地确定生产工艺和设备，正确地设计制造工模具以及迅速地处理挤压车间的专业技术问题和生产管理问题。

(1)按用途或使用特性分

按用途或使用特性，铝合金型材可分为通用型材和专用型材。专用型材按用途可分为以下几种。

① 航天航空型材。如整体带筋壁板、工字大梁、机翼大梁、梳状型材、空心大梁型材等，主要用作飞机、宇宙飞船等航天航空器的受力结构部件以及直升机异型空心旋翼大梁和飞机跑道板等。

② 车辆型材。主要用作高速列车、地铁列车、轻轨列车、双层客车、豪华大巴以及货车、专用车等车辆的整体外形结构件的重要受力部件以及装饰部件。

③ 舰船、兵器型材。主要用作船舶、舰艇、航空母舰、汽艇、快艇、水翼艇的上层结构和甲板、隔板、地板以及坦克、装甲车、运兵车等整体外壳、重要受力部件，火箭和中远程导弹的外壳，鱼雷、水雷的壳体等。

④ 电子电气、家用电器、邮电通讯以及空调散热器型材。主要用作外壳、散热部件等。

⑤ 石油、煤炭、电力等能源工业以及机械制造工业型材。主要用作管道、支架、矿车架、输电网、汇流排以及电机外壳和各种机器的受力零部件等。

⑥ 交通运输、集装箱、冷藏箱以及桥梁型材。主要用作装箱板、跳板、集装箱框架、冷冻型材以及桥面板等。

⑦ 民用建筑及农业机械型材。如民用建筑门窗型材、装饰件、围栏以及大型建筑结构件、玻璃和铝合金幕墙型材和农用喷灌器械零部件等。

⑧ 其他用途型材。如文体器材、跳水板、家具结构型材等。

需指出的是，在世界及中国铝工业界通常把铝合金型材分为两大类：建筑型材与工业型材。工业型材是除建筑及其结构用的铝合金型材以外各个产业用的型材。2011 年中国建筑型材约占铝型材总消费量的 64%，这两类型材的产量比例并不代表一个国家或地区的工业化或现代化程度，一个国家或地区可根据资源、消费与地区情况发展建筑和/或工业型材。

(2)按形状与尺寸变化特征分

按形状与尺寸变化特征，型材可分为恒断面型材和变断面型材。

恒断面型材可分为通用实心型材、空心型材、壁板型材和建筑门窗型材等，如图 5－13 所示；变断面型材可分为阶段变断面和渐变断面型材，如图 5－14 所示。

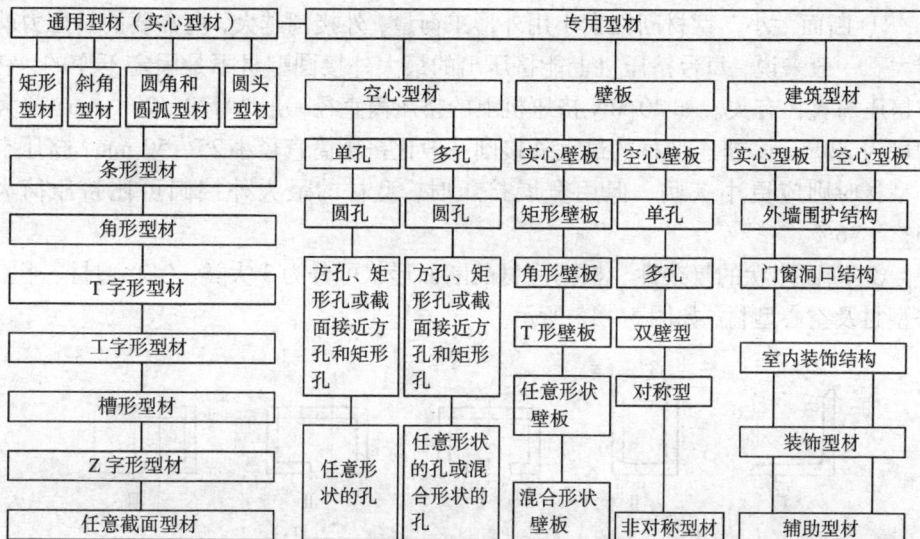

图 5－13 恒断面型材分类图

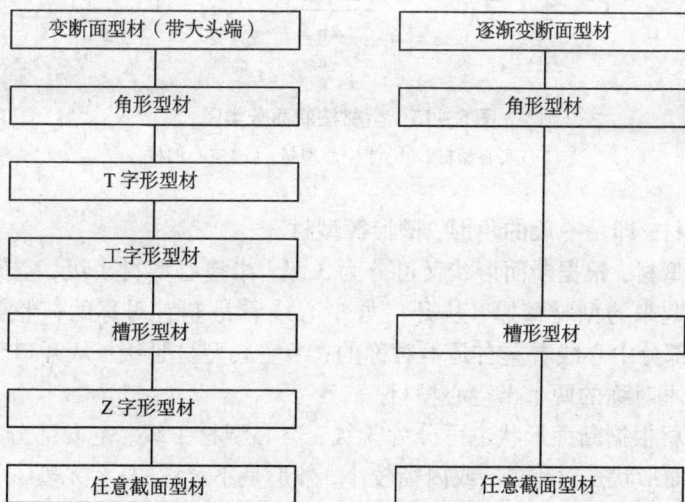

通用型材（实心型材）	专用型材		
矩形型材 / 斜角型材 / 圆角和圆弧型材 / 圆头型材	空心型材	壁板	建筑型材
条形型材	单孔 / 多孔	实心壁板 / 空心壁板	实心型板 / 空心型板
角形型材	圆孔 / 圆孔	矩形壁板 / 单孔	外墙围护结构
T 字形型材	方孔、矩形孔或截面接近方孔和矩形孔 / 方孔、矩形孔或截面接近方孔和矩形孔	角形壁板 / 多孔	门窗洞口结构
工字形型材		T 形壁板 / 双壁型	室内装饰结构
槽形型材	任意形状的孔 / 任意形状的孔或混合形状的孔	任意形状壁板 / 对称型	装饰型材
Z 字形型材			
任意截面型材		混合形状壁板 / 非对称型材	辅助型材

图 5－13　恒断面型材分类图

变断面型材（带大头端）	逐渐变断面型材
角形型材	角形型材
T 字形型材	
工字形型材	
槽形型材	槽形型材
Z 字形型材	
任意截面型材	任意截面型材

图 5－14　变断面型材分类图

5.5.1.2　型材断面设计

（1）铝合金型材断面的设计原则

用挤压法生产铝型材是一种节约金属、生产效率较高的方法，但是，它受到许多因素的影响，在型材断面设计时要考虑到挤压的可能性。以下讨论型材断面设计的几个主要因素。

① 断面大小。型材断面大小用外形来衡量，外接圆越大，所需要的挤压力就越大。一般来说，每台挤压机上能挤压出的最大外接圆型材不是固定不变的，它与挤压筒直径有关。如 20 MN 挤压机上的挤压筒直径一般为 170 ~ 200 mm，最大的可为 220 mm，挤压型材的最大外接圆一般比挤压筒直径小 25 ~ 50 mm，挤压空心型材时则应更小一些。但用宽展挤压时，型材的最大外接圆可比挤压筒大 15% ~ 36%。

② 断面形状的复杂性。根据型材的断面形状可分为 3 大类：实心型材、半空心型材及空心型材，如图 5 – 15 所示。

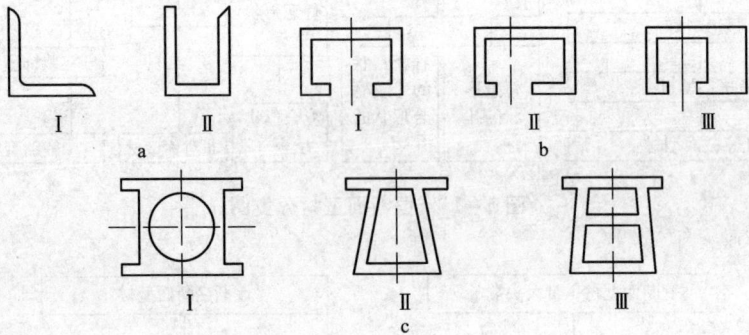

图 5 – 15　型材按断面分类图
(a)实心型材；(b)半空心型材；(c)空心型材

实心型材，即是一般的角形、槽形等型材。

半空心型材，根据断面形状又可分为 3 级：半空心型材 Ⅰ 级，空间部分和将空间部分围起来的型材壁厚，从开口处中心线看是左右对称的；半空心型材 Ⅱ 级，从开口部分中心线看左右是不对称的；半空心型材 Ⅲ 级，从开口部分看是左右对称的与不对称的两个半空心型材。

空心型材根据断面形状也可分为 3 级：空心型材 Ⅰ 级，空心部分是圆的，直径较小，断面形状是对称的，或内径较小，外形是不对称的；空心型材 Ⅱ 级，除 Ⅰ 级以外的，外接圆不大于 φ130 mm，只有一个空心部分，而且空心部分是非圆形；空心型材 Ⅲ 级，除 Ⅰ、Ⅱ 级以外所有的空心型材，壁厚是均匀的，其空心断面是完整或多孔的，即圆形、正方形、长方形、六角形、椭圆形、梯形等。

但上述 3 个级别没有包括某些专用的空心型材。

除了断面复杂性之外，还要考虑其形状因素。

形状因素就是型材断面周长与单位质量之比，或周长与断面积之比，即

$$F_0 = \frac{S}{A} = \frac{S}{W} \tag{5-7}$$

式中：F_0——形状因素；

　　　S——型材断面周长；

　　　W——型材的单位质量；

　　　A——型材断面积。

综上所述，如以 C 表示型材的外接圆直径，那么 SC/A 就是一个反映挤压难易程度的指标，指数值越大，就越难挤压。

③ 挤压系数。为使挤压型材具有一定的变形量，同时又不至于难挤压，合理地选择挤压系数很重要。一般，纯铝的挤压系数可达 300，6063 合金的可达 200，硬铝的可选为 20~60。有时可用变形率表示，即

$$\varepsilon = \frac{A_1 - A_2}{A_1} = \frac{\lambda_1 - 1}{\lambda} \times 100\% \tag{5-8}$$

式中：ε——变形率；

　　　A_1——铸锭断面积（挤压筒断面积）；

　　　A_2——挤压制品断面积。

通常认为 ε 在 95% 以上是经济合理的。

④ 型材壁厚。某一特定型材壁厚最小值取决于型材外接圆直径大小、合金成分和形态因素等。

壁厚与合金的挤压难易程度有关系。如 6063 合金壁厚取 1 mm 时，则 6061 合金就应取 1.5 mm 左右，而 7075 合金则应取 2.0~2.5 mm。

壁厚选择除与合金有关外，还与外接圆直径、断面形状等有关。型材的外接圆尺寸或宽度尺寸越大，设计的厚度也应越大，一般型材的宽厚比（B/t）以小于 30 为宜；当 $B/t > 50$ 时就难以挤压了，当 $B/t > 100$ 时，属特别难以挤压成形的型材，需要采用一些特殊的技术措施，才能保证产品品质和使挤压过程得以顺利进行。断面形状对挤压难易程度的影响见表 5-3。越难挤压的断面，要求有较大的壁厚、较小的宽厚比和较小挤压系数。

⑤ 包围空间面积的设计。在型材的断面形状方面，凡有三面被包围，一面开口的部分，称之为空间面积。这个空间从模子方面来看是悬臂梁。当悬臂梁细而深时，模子破损率就大，甚至很难挤压出来，即使能挤压出来，也很难挤压出合格型材。表 5-4 所示为美国的型材断面形状挤压难易程度的分级。由表 5-2 所示，按 F/C^2 或 $E + F/C^2$ 公式计算，哪个数值大取哪个，然后与表 5-4 中的数值对照，比表 5-4 上数值大的为半空心型材，小的则为实心型材。

表 5 - 3　铝合金型材按形状挤压难易程度排列表

型材类型	型材形状类型	示例
1	简单断面棒材	
2	异形断面棒材	
3	标准型材	
4	简单实心型材	
5	半空心型材	
6	薄壁型材	
7	舌比大的型材	
8	管材	
9	简单空心型材	
10	多孔空心型材	
11	外翅片空心型材	
12	内翅片空心型材	
13	大腔空心型材	

表 5 - 4　美国断面形状与挤压难易程度的分级

开口部分深度 /mm	1 级		2 级		3 级	
	合金 A	合金 B	合金 A	合金 B	合金 A	合金 B
0.76 ~ 1.27	1	1	1	0.75	1	0.5
1.27 ~ 1.6	2.0	1.5	1.5	1.0	1.125	0.75
1.6 ~ 3.18	2.5	2.0	2.0	1.5	1.5	1.125
3.18 ~ 6.35	3.0	2.5	2.5	2.0	1.875	1.5
12.7 ~ 25.4	3.5	2.75	3.0	2.5	2.25	1.875

续表 5 - 4

开口部分深度 /mm	1 级		2 级		3 级	
	合金 A	合金 B	合金 A	合金 B	合金 A	合金 B
25.4 ~ 38.1	4.0	3.0	3.5	2.5	3.0	2.25
38.1 ~ 63.3	3.5	2.75	3.0	2.0	2.25	1.5
38.1 ~ 63.5	3.0	2.0	2.0	1.5	1.5	1.125
63.5 以上	2.25	2.0	2.0	1.5	1.5	1.125

注：1. 合金 A 所指为 1060、1100、3003、5052、5154、5254、6061、6062、6082、6005、6063、6101、6251、6403、7004、7104、7005、7003 等。

2. 合金 B 所指为 2011、2014、2017、2117、2024、5083、5086、5454、5456、6066、7001、7075、7178、7079、7050、7055、7086、8091 等。

⑥ 直角间的圆角半径。凸出的直角上的过渡半径是很重要的，过小模上会发生应力集中，而凹形的直角则在模孔入口处易于磨损，因此，应尽量避免尖角。像 6063 一类挤压性能良好的合金，其最小圆角半径可取 $R = 0.4$ mm，其他合金的应取 0.6 mm 以上。

⑦ 型材的断面尺寸偏差。断面尺寸偏差应根据产品的加工余量、使用条件、型材挤压的难易程度、合金牌号和形状的部位确定。一般可在有关的技术标准中或在用户提供的图纸中规定。对某些挤压难度大的型材，可改变形状，或增大工艺余量、尺寸偏差以降低挤压难度。挤压出近似要求的挤压制品，然后整形或加工到使用形状与尺寸。

⑧ 其他的设计要素。铝合金型材的种类很多，在设计时除了考虑共同的设计要素外，还要考虑各自的特殊设计要素。例如，对长度有要求的型材，必须考虑形位偏差。阶段变断面型材要求大头部分与型材部分的断面比例控制在一定范围内，目前这个比例已达到 10 左右。此比例越大，挤压难度就越大。又如对整体带筋壁板型材的宽厚比、立筋的对称性及空心型材对合金成分的选择等都有严格的要求，在设计型材时必须仔细计算和评估。

（3）互连型材设计

当今越来越普遍地将互连的特点包括到挤压型材的设计中，以便于一种型材组装到一种相似的型材或其他产品中。这种特点可以是简单的步骤，以提供一种光滑的搭接，或一种舌槽连接用于嵌套连接，见图 5 - 16。这些连接可用任何常用的连接方法。当连接处要进行电弧焊时，特别令人感兴趣的是搭接或嵌套连接的互连方式，可设计成给焊接提供边缘或整体衬垫。

连锁连接可设计成含有一种自由移动铰接，如图 5 - 17（a）所示，铰接时型材的一部分沿长度方向滑入另一挤压件的配合部分中心。带铰接的板带式挤压材在输送带和卷帘式门上获得了应用。

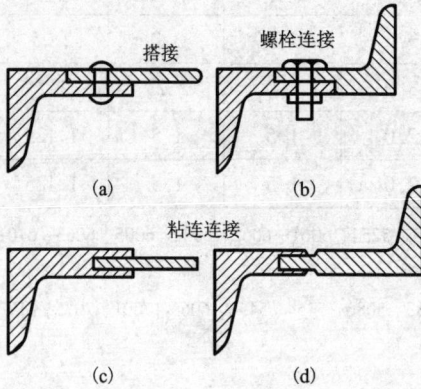

图 5 – 16　装配在一起或与其他产品装配
(a)铆接；(b)螺栓连接；
(c)粘连连接专用角型材与薄板；(d)连接完成待焊接

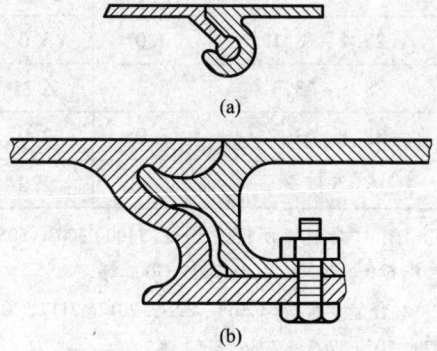

图 5 – 17　非永久互连型材
(a)自由移动铰接；(b)螺栓闭锁

　　互连挤压件所用的一种普通的连锁特点是嵌套连接，这种连接需要将一挤压材的一部分旋进另一个挤压材的相对配合部分中，见图 5 – 17(a)。这种连接可通过重力或机械装置连在一起。如果需要非永久性连接，就可以用螺栓或其他紧固件，如图 5 – 17(b)所示的那样。

　　如需要永久性连接，则可将一种按扣连接或钳接用到互连挤压材上，如图 5 – 18所示。

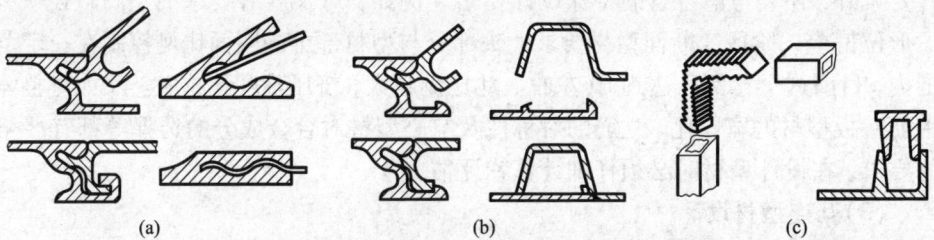

图 5 – 18　连锁的互连挤压材示意图
(a)钳接；(b)按扣连接；(c)啮合或锯齿连接

　　钳接也能用来作为互连的挤压材与薄板之间的永久性连接。挤压材也能配备纵向啮合或锯齿连接，从而永久夹紧光滑的表面，并可配备有配合的啮合件或锯齿，见图 5 – 18(c)。

　　互连挤压材的应用包括门、窗、幕墙、天花板和地板的板条、底模板、车辆外壳型材、公路标志、窗框和大型汽缸等。图 5 – 19 及图 5 – 20 分别为民用建筑玻璃幕墙和窗框互连型材结构举例。图 5 – 21 为轨道车辆车体结构铝型材连接示意图。

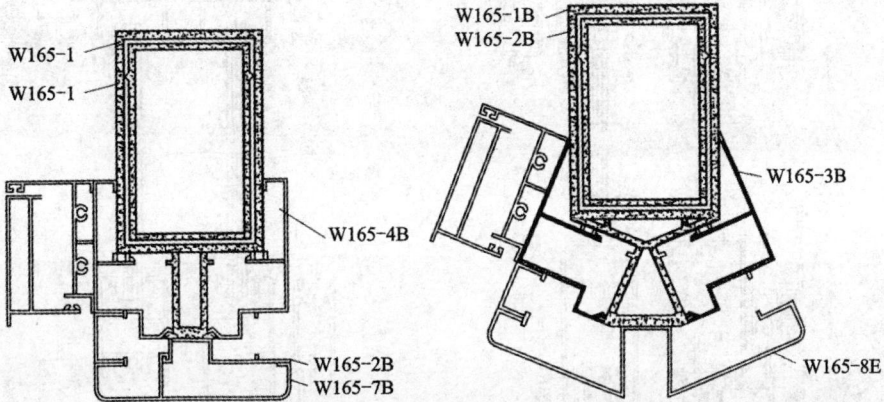

图 5 – 19　玻璃幕墙互连型材结构图

　　(4)铝合金型材的规格

　　铝合金挤压制品的断面尺寸主要是根据用户的要求而定。常规挤压条件下，6063 铝合金型材的较为合理的挤压尺寸如图 5 – 22 所示，图中各曲线表示其最小可挤压壁厚。这里所说的最小可挤压壁厚，是指在一般情况下综合考虑合金的可挤压性、挤压生产效率、模具寿命以及生产成本等诸多因素而言的。不同合金的最小可挤压壁厚不同，表 5 – 5 所示为各种合金的最小壁厚系数。将表 5 – 5 中的最小壁厚系数乘以 6063 合金的最小壁厚即为各种合金的最小可挤压壁厚。最小可挤压壁厚还与制品的断面形状和对表面品质(粗糙度等)的要求有关。所以，由图 5 – 22 及表 5 – 5 所确定的最小可挤压壁厚只不过是常规挤压条件下的一个大概值。实际上，采用一些新的挤压技术，或者为了一些特殊的需要，可以成形壁厚尺寸更小的制品。例如，采用硬质合金模具，一些特殊的薄壁精密型材的成形也是可能的。表 5 – 6 列出了美国铝挤压件的标准制造尺寸极限。

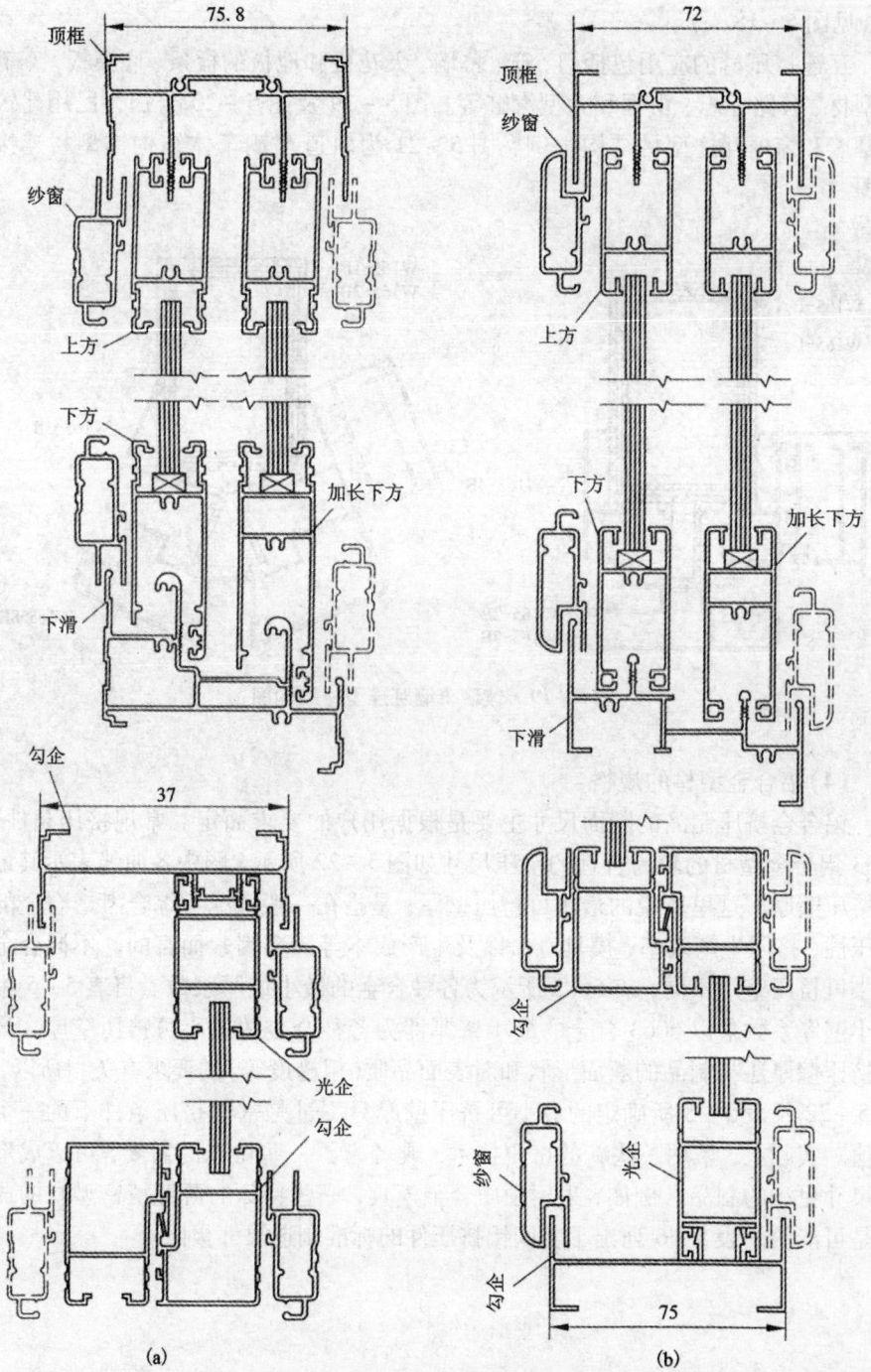

图 5 - 20　铝合金窗框互连型材结构示意图

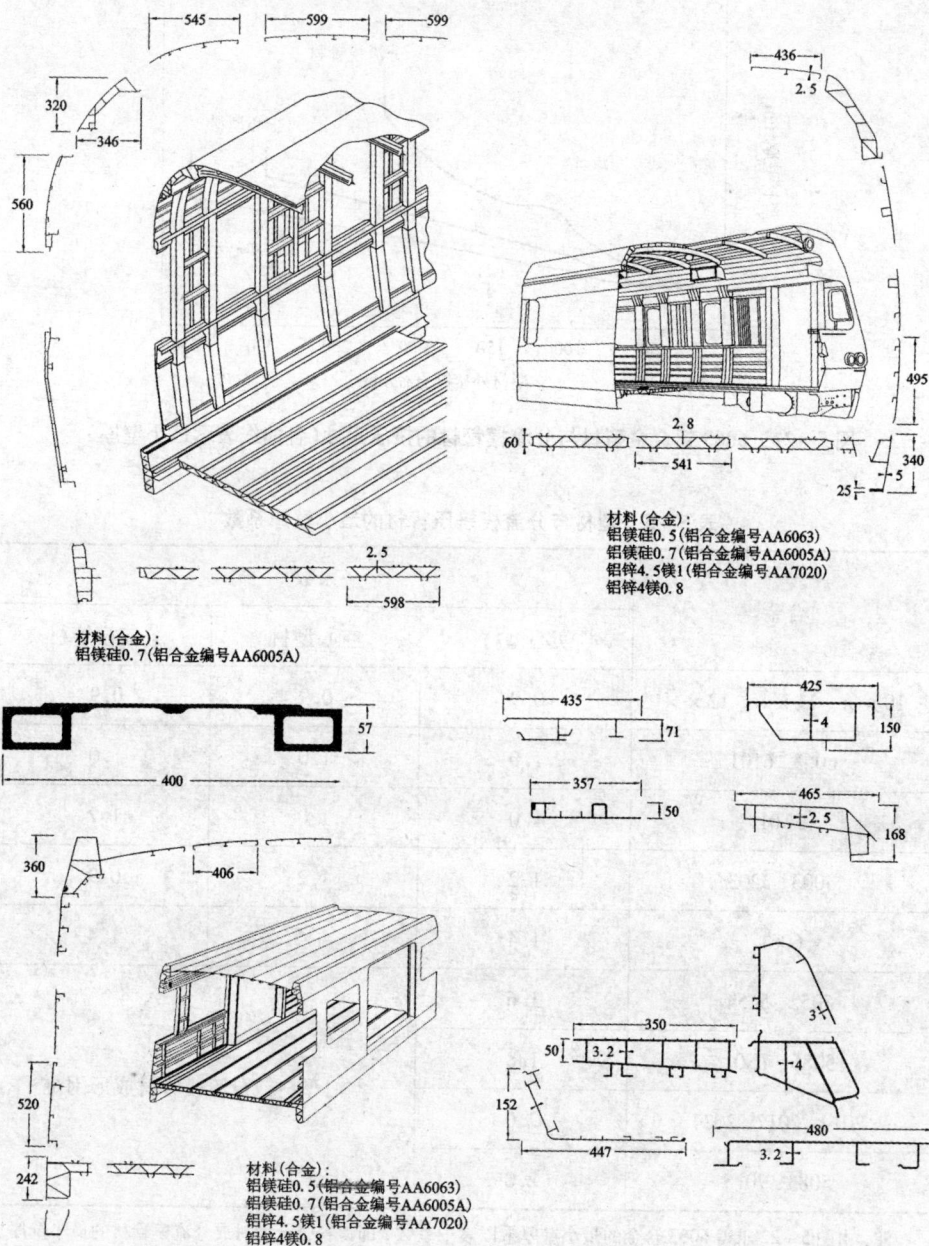

材料(合金)：
铝镁硅0.5(铝合金编号AA6063)
铝镁硅0.7(铝合金编号AA6005A)
铝锌4.5镁1(铝合金编号AA7020)
铝锌4镁0.8

材料(合金)：
铝镁硅0.7(铝合金编号AA6005A)

材料(合金)：
铝镁硅0.5(铝合金编号AA6063)
铝镁硅0.7(铝合金编号AA6005A)
铝锌4.5镁1(铝合金编号AA7020)
铝锌4镁0.8

图 5 – 21　轨道车辆车体结构铝型材结构连接示意图(取自山东丛林集团产品说明书)

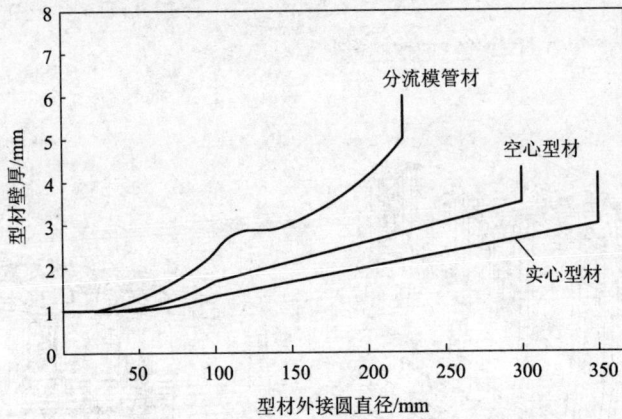

图 5 – 22　6063 铝合金型材与分流模管材的挤压尺寸（各曲线表示最小壁厚）

表 5 – 5　型材与分流模挤压管材的最小壁厚系数

合金	系数		
	实心型材	空心型材	分流模管材
10××、11××、12××	0.9	0.9	0.9
6063、6101	1.0	1.0	1.0
6N01	1.0	1.0	1.2
3003、3203	1.2	1.2	0.9
6061	1.4	1.4	1.4
5052、5454	1.6	空心型材或分流模管材成形困难	
5086、7N01	1.8		
2014、2017、2024	2.0		
5083、7075	2.0		

注：由图 5 – 22 求得 6063 合金的最小壁厚乘以表中系数，即得各合金型材或分流模管材的最小壁厚。

表 5-6　美国铝挤压件的标准制造尺寸极限值

外接圆直径/mm	不同合金的最小壁厚/mm				
实心与半空心型材，棒材（包括圆棒）					
12.5~50	1.00	1.00	1.00	1.00	1.00
>50	1.15	1.15	1.15	1.25	1.25
>76	1.25	1.25	1.25	1.25	1.60
>100	1.60	1.60	1.60	1.60	2.00
>125	1.60	1.60	1.60	2.00	2.40
>150	2.00	2.00	2.00	2.40	2.77
180~200	2.40	2.40	2.40	2.7	3.17
>200	2.77	2.77	2.77	3.17	3.96
>250	3.17	3.17	3.17	3.17	3.96
>280	3.96	3.96	3.96	3.96	3.96
>300	4.78	4.78	4.78	4.78	4.78
>430	4.78	4.78	4.78	4.78	6.35
>500	4.78	4.78	4.78	6.35	12.74
第 I 级空心型材[①]					
32~76	1.60	1.25	1.60	—	—
>76	2.40	1.25	1.60	—	—
>100	2.77	1.60	1.60	3.96	6.35
>125	3.17	1.60	2.00	4.78	7.14
>150	3.96	2.00	2.40	5.56	7.92
>180	4.78	2.40	3.17	6.35	9.52
>200	5.56	3.17	3.17	7.14	11.12
>230	6.35	3.96	4.78	7.92	12.74
>250	7.92	4.78	5.50	9.52	12.74
>325	9.52	5.56	6.35	11.12	12.74
>355	11.12	6.35	9.52	11.12	12.74
>405	12.74	9.52	11.12	12.74	18.75

续表 5 – 5

外接圆直径/mm	不同合金的最小壁厚/mm				
第Ⅱ与第Ⅲ级空心型材[②]					
12.5 ~ 25	1.60	1.25	1.62	—	—
>25	1.60	1.40	1.60	—	—
>50	2.00	1.60	2.00	—	—
>76	2.40	2.00	2.40	—	—
>100	2.77	2.40	2.77	—	—
>125	3.17	2.77	3.17	—	—
>150	3.96	3.17	3.90	—	—
>180	4.78	3.90	4.78	—	—
>200	6.35	4.78	6.35	—	—

注：① 最小内径是外接圆直径的一半，但对其中前三栏的合金而言，不小于 25.0 mm；或对最后两栏的合金而言，不小于 50 mm。

② 所有合金的最小孔的尺寸：面积为 71 mm^2，或直径为 9.52 mm。

5.6　车辆型材生产工艺

　　轨道车辆挤压铝材可分两大类：内部装修的普通型材，即常说的建筑型材；另一类为车体结构专用型材，因其大部分为尺寸大的需用大挤压机生产，所以常被称为大型材。

5.6.1　生产工艺流程

　　铝合金型材的生产工艺流程，依材料品种、规格、供应状态、品质要求、工艺方法及设备等因素而不同，应按具体条件合理选择与制定。常用的工艺流程举例如图 5 – 23 和图 5 – 24 所示。

　　以热挤压状态供货的型材，在挤压后进行以下加工：拉伸矫直，锯切夹头，用扭拧法矫直其纵向和横向的几何形状，在辊式矫直机上矫直和压平，切取试样，进行力学性能试验和切成定尺。型材在不做力学性能试验的情况下交货时，当几何形状矫平以后切成定尺，最后一道工序是检验。

　　在退火状态下供货的型材，挤压后应进行退火，其余工序与上述的相似。但是，如果型材在挤压后其几何形状具有很大的纵向弯曲，则退火前应拉伸矫直。

　　以淬火及自然时效状态供货的型材，挤压后进行淬火。以淬火及人工时效状

原铝锭等原辅材料

外厂定尺锭购入

长锭热剪

熔炼和铸造

均热处理

锯切定尺锭

锯切定尺锭

铸锭加热

挤压

空气或水冷淬火

张力矫直

锯切定尺

人工时效

表面处理

检验

包装

交货

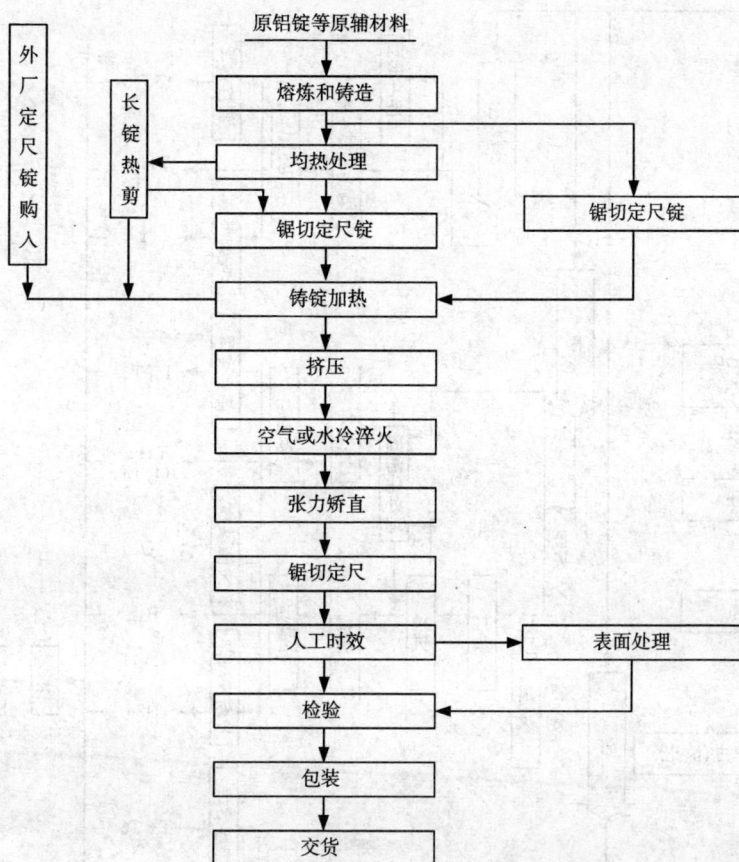

图 5 - 23　建筑及车内装修挤压铝型材生产工艺流程

态供货的型材,在矫直和精整几何形状以后进行人工时效。在生产铝合金型材时,上述的这些工序是最基本的。但在某些情况下,工艺程序与前面叙述的不同。例如,生产 6063、6005、6N01、7N01、7005、1915、1925 合金型材时,当型材挤出模孔后,常常直接在挤压线上用空气或水 - 空气混合淬火。在这种情况下,对挤压后的型材直接进行矫直,然后人工时效。这种工艺特别适合于生产民用建筑型材和某些淬火温度范围很宽且对淬火速度不甚敏感的型材。

5.6.2　车体大型材生产技术

5.6.2.1　铝结构车体的设计要求

由于铝合金材料的性能和焊接特性与钢的不同,所以不能采用钢制列车车辆的结构形式。合理的铝合金车体结构形式是由底架、侧墙、顶盖和内外端墙组成

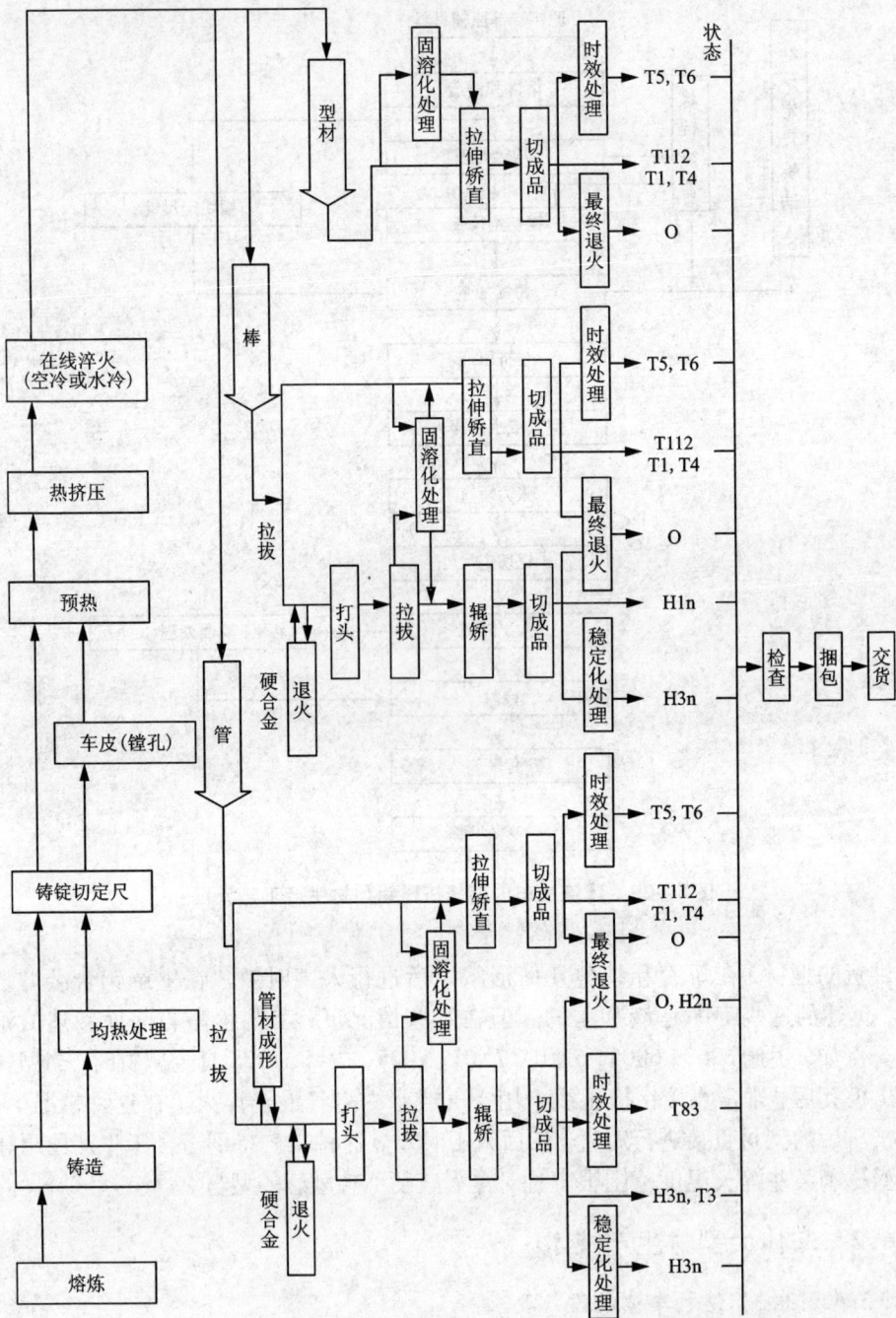

图 5-24 铝挤压材生产工艺流程

的焊接薄壁整体结构。对铝结构车体设计的主要要求有：

① 尽量采用刚度高的型材断面，如采用箱形封闭截面梁柱，用空心带筋壁板做地板、顶板、侧墙、端墙等。用矩形封闭断面代替工字形断面，不仅可提高两轴的抗弯刚度，而且能明显提高抗扭刚度。实践证明，相同轮廓形状和断面的构件，闭口式的抗扭刚度比开口式的约大 100 倍。

② 应特别注意开口处强度和刚度，其转角处的传力要圆滑过渡，以减少应力集中。

③ 尽量采用空心挤压壁板以纵向焊缝连接，尽量减少或避免横向焊缝，若万一不可避免，也应将横向焊缝布置在应力最小处，这不仅可提高静载强度，而且可大大提高焊接结构疲劳强度。

④ 构件截面筋或转角处，框架纵横梁相交处要圆滑过渡，并适当加大圆弧半径。为了提高疲劳强度，应合理布置焊缝，不能过分集中。

⑤ 根据各处的强度要求选用合适的材质和厚度，并可考虑铝合金的耐蚀性优于钢的这个特点。

⑥ 应考虑铝合金熔点低、传热快、易焊透等特点，特别应注意焊接连接处。

5.6.2.2　车体大型材

中国制造高速铁路 CRH 车体用的端墙型材、车顶型材、边梁型材、侧墙门袋型材如第 3 章所列，它们都是用 A6N01 合金挤压的，状态为 T5，一些技术参数见表 5 – 7。典型车辆用大型铝合金空心型材断面见图 5 – 25，图 5 – 26 为地铁导电轨照片。高 98 mm、宽 498 mm 的底板 C（base panel）、高 257.6 mm、宽 321.4 mm、圆角半径 R 500 mm 的车顶纵梁（cant rail），底板 M 宽 515 mm、高 98 mm 等是用 A6063 合金挤压的，材料状态 T6，材料尺寸偏差应符合 JIS H 4100。中国轨道铝合金车辆制造技术是从日本与欧洲引进的，所以用材也有两种系列，如南车四方机车车辆股份有限公司用的是日本技术，所用合金为 A6N01S、A7N01S、A6063 合金，而北车长春客车车辆股份有限公司用的是欧洲技术，所用合金为 6082、6061、6005A、7005 等。

表 5 – 7　对一些车体结构大型材的尺寸偏差要求

参数	端墙型材	车顶型材	边梁型材	侧墙门袋型材
材料	A6N01S – T5	A6N01S – T5	A6N01S – T5	A6N01S – T5
断面积/mm²	2 310	3 763	4 265	2 453
质量/kg·m⁻¹	6.24	10.16	11.52	6.62
密度/kg·m⁻³	2 700	2 700	2 700	2 700

续表 5 – 7

参数	端墙型材	车顶型材	边梁型材	侧墙门袋型材
弯曲度/mm·(300 mm)$^{-1}$	≤0.8	≤0.8	≤0.5	≤0.8
挠度/mm·m^{-1}	≤1	≤1	≤0.5	≤1
扭曲度/°·(300 mm)$^{-1}$	≤(1/4)	≤(1/4)	≤(1/4)	≤(1/4)
平面度	≤0.4%，宽度25 mm 以下≤0.2 mm	≤0.4%，宽度25 mm 以下≤0.2 mm	≤0.4%，宽度25 mm 以下≤0.2 mm	≤0.4%，宽度25 mm 以下≤0.2 mm
厚度偏差/mm	±0.3	±0.3	+0.5 −0.3	0.3

注：除特别注明外，尺寸容许偏差以 JIS H 4100（特殊）为准。

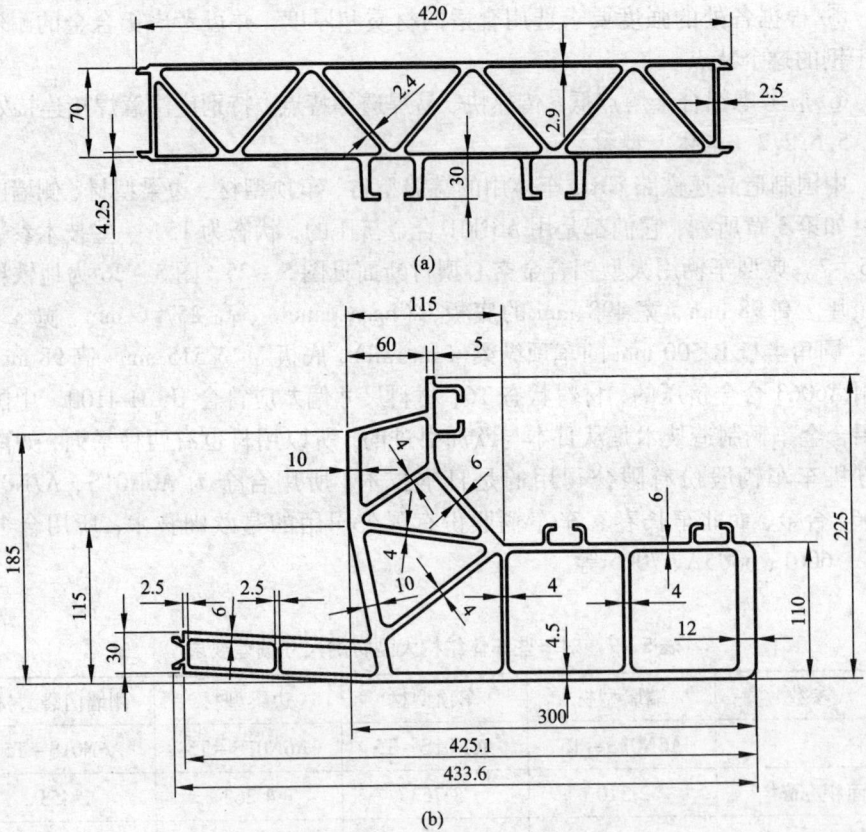

(a)

(b)

图 5 – 25　典型车辆用大型铝合金空心型材断面举例

（a）地板型材；（b）转角型材

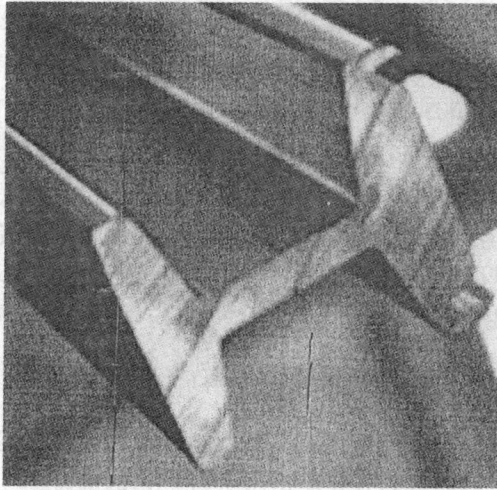

图 5 - 26　城市轨道列车导电轨(6063 - T5 合金)

中国车辆厂在引进技术基础上通过消化吸收，在车辆设计与制造方面有不少创新，形成了有中国特色的铝合金车辆制造技术，可是材料生产企业并没有研发出性能比 6N01 与 7N01 合金更加优秀的新型车辆铝合金，这是向中国材料界与冶金工作者提出的挑战。必须开发新型铝合金以适应更快捷、更安全、更舒适、更环保车辆制造的需要。

5.6.3　主要生产工序

5.6.3.1　锭坯制备

壁板、大型型材挤压用铸锭采用半连续铸造法生产，其熔铸工艺与中小型型材用铸锭的熔铸工艺相同，要求达到外表面光洁、一级疏松和一级氧化膜。所有铸锭应均匀化处理。根据坯料的规格，圆坯的直径一般比挤压筒直径小 4 ~ 20 mm；扁坯的长边和短边分别较扁筒的小 10 ~ 30 mm 和 8 ~ 20 mm。壁板锭坯长度比普通型材的短一些，根据挤压机的挤压力(25 ~ 225 MN)分别为 550 ~ 1 800 mm。A6N01 合金锭及 A7N01 锭的均匀化处理规范见表 5 - 8。

表 5 - 8　A6N01 及 7N01 合金车体型材锭的铸造及均匀化处理规范

合金	熔炼温度 /℃	铸造温度 /℃	均匀化处理		
			温度/℃	保温时间/h	冷却方式
A 6N01	720 ~ 740	710 ~ 720	540 ± 5	8	强风冷至 200℃后水冷
A 7N01	750 ~ 770	735 ~ 745	470 ± 5	12 ~ 26	堆垛空冷

5.6.3.2 挤压温度、挤压速度和挤压比[5,6]

挤压之前坯料加热温度根据合金而定。2A11、2A12、2A10 的温度为 420 ~ 470℃；7A04、7A09、7005 的温度为 420 ~ 460℃；5A05、5A06 的温度为 390 ~ 490℃；6003、6005、6A02 的温度为 400 ~ 540℃。用宽展模和平面分流组合模挤压时，温度应取上限。为防止壁板产生起皮和气泡，挤压筒温度应比坯料温度低 10 ~ 15℃。其他挤压工具温度一般为 350 ~ 500℃，但采用宽展挤压模和平面分流组合模挤压时，模具温度应尽量高，一般为 480 ~ 500℃。

锭坯加热可采用燃气炉、燃油炉、电炉、感应炉、磁流感应炉，后者具有最大的节能减排效果，在德国已投入商业运转，但还不适用于加热长大的锭坯。

(1) 长锭加热和热坯剪

挤压前采用长锭加热和热剪是提高成品率的有效手段。发达国家许多挤压生产线采用长锭加热、热坯剪的方式向挤压供料。其优点为：

① 可提供不同规格模具所需任何长度的精确锭坯。

② 剪切没有锯切时的锯屑材料浪费。

③ 没有废料，剩余的短料可与下一长锭连接剪切成所需锭长。

④ 随时可改变剪切长度，加工过程中更换模具，可立即供适合新模具的锭坯长度，提高了生产效率。

⑤ 保持低铝料库存，不需要库存多种长度的短料。

据美国 GRANCO CLARK 公司的评估，一台年产 4 000 t 的热坯剪，每年可节约料头损失 200 t，可节约锯屑损失 40 t，库存周转可减少 12 次，再加上废料的再熔炼费用及损耗，每年可节约费用约 118.6 万元。

因有如上的诸多优点，加之收益可观，使得发达国家大多数企业采用长锭加热和热剪。国内许多企业由于热剪及相应的铸锭加热炉投资较高，而多采用短锭加热方式，其实是得不偿失。目前国内有些企业已有长锭加热和热坯剪，如南平铝业有限公司等，但普及推广量远远不够。

虽然长锭加热的优点不言而喻，但主要适用于中小挤压生产线。

(2) 模具加热

好的模具加热炉应具备如下特点：

① 模具加热过程中其工作带无氧化；

② 透热时间及保温时间短；

③ 模具加热好后温度均匀，温差不超过 ±50℃。

目前国外的模具加热炉有两种：一种是带有氮气保护的对流箱式炉；另一种为红外线加热炉。大多都能达到如上加热要求。

中国有些铝挤压厂对模具加热还不够重视，采用的是无氮气保护的箱式炉，虽然引进了高性能的挤压机，却由于模具加热这一环节而严重影响产品品质及生产效率。模具温差过大导致型材在多孔模中不均匀流出，模具会受到极大的不均匀应力，虽然在挤压 2～3 个热锭后，这种不均匀流出得以消除，但已使模具的使用寿命大大降低。加热时间过长，可造成模具工作带氧化，这种氧化将加剧模具磨损并使产品的表面品质降低。

（3）挤压过程温度控制

挤压过程温度控制的目的在于：保证制品在模具出口处的温度始终保持在同一温度范围内，以达到满足产品力学性能、表面品质、尺寸形状精度的要求。

为此，就需要按照制品合理地控制出料温度范围并实时检测，对坯锭的加热温度及梯度、模具的预热温度预先进行调控，在挤压过程中，对挤压筒温度、模具温度及挤压速度进行实时控制。

① 挤压筒温度控制。对挤压筒的温度进行控制，并不是简单地只为了提高挤压筒的使用寿命而控制各筒层的工作应力大小。真正衡量挤压筒温度控制性能的优劣主要是看其温度控制系统是否能够保证制品合金挤压过程中温度始终保持恒定，从而使铝流出模具的流速也保持恒定。

为此，应采取措施保证挤压筒在径向及轴向温度分布均匀一致性和对温度变化的及时调整性。在挤压过程中温度始终保持恒定，且温度的变化能得到及时调整，挤压筒的使用寿命自然会大大提高。

② 径向温度的均匀一致性。如果挤压筒温度在径向分布不均匀，如左端的大于右端的或顶端的大于下端的，金属流的角度将会改变，流入左端或顶端的流量将增加，使得制品向右或向下翘曲流动。

造成这种现象的原因是挤压筒加热器的布置不合理或个别加热器损坏。国外和我国最新设计的挤压机，采用加热器轴向均匀分布装入挤压筒外套中的方法，使径向温度分布较为均匀，而且更换非常方便。

而我国大多数压机仍采用圆弧形加热器分组布置在挤压筒外壳和挤压筒外套之间，这种布置使得加热组之间留有一定的间距，很难使温度径向分布均匀。而且更换时要把挤压筒从压机中调出来，将挤压筒外套拆下后才能进行，由于更换困难，当个别加热器损坏后仍在使用，加剧了径向温度的不均匀性。

轴向布置式加热，在使用过程中应通过电气检测，及时发现及更换加热器，以免造成径向温度不均匀。

① 轴向温度的均匀一致性及对温度变化的及时调整性。通常由于挤压筒两端外露而散热大，中间不易散热，造成两端温度比中间的低 60～100℃，其轴向温度不均匀，呈弓形分布。

为了消除这种现象，使挤压筒轴向温度分布均匀一致，挤压筒的加热采取在轴向分 3 个区域电阻加热及检测的方法，以分别控制 3 个区域的加热功率及时间，进而分别控制两端及中间的温度，使温度沿轴向的分布基本均匀一致。

在挤压过程中，由于铝锭与挤压筒内壁产生摩擦，以及金属在变形过程中产生很大的变形热量，这将造成挤压筒里轴向温度的很大差异，甚至局部过热而损坏，为了解决此问题，可在挤压筒中衬的外壁分 2~3 个区域设置螺旋冷却槽，可分别通入气量可控制的压缩空气，对其温升较快处进行快速冷却，以快速将温度的变化控制在一定的范围内。

通过分区加热控制量及分区快速冷却，可以使挤压筒的温度在挤压过程中得到很好的控制，挤压筒轴向温度波动范围可以控制在 20~25℃，轴向温度基本均匀一致。如果没有分区冷却，温度调节时间很长，波动量较大，温度变化的及时调整性难以实现，而且挤压筒的使用寿命会受到影响。

② 模具温度控制。模具的工作带直接决定了制品的形状及尺寸，因此温度变化对制品的品质产生直接影响。

在挤压前对模具的预热应保证其温度均匀，模具温差过大导致型材不均匀流出，将使模具受到极大的不均匀应力，虽然在挤压 2~3 个加热锭后，这种不均匀流出可以消除，但已使模具的使用寿命大大降低。

模具在挤压过程中与铝合金产生巨大的摩擦，铝合金变形产生的热量也直接传递给模具，将造成模具温度不断升高。为了消除此现象，通常采用通入液氮或氮气对模具进行冷却，以保证模具温度稳定在一定范围内，由于降低了模具工作温度，还减少了模具的磨损。模具在氮气的气氛中还能减少工作带处氧化物的生成，提高制品表面品质。

在挤压过程中，对挤压速度的调整多用于挤压的中后期，这是因为：挤压过程中的摩擦热和变形热导致锭坯温度和模具温度升高，从而使制品的出料温度升高而影响品质，如果不能立即通过其他方式控制温升，可以降低挤压速度，减少温度的增长速度，以控制出料温度。

(4) 挤压速度控制

在挤压过程中，对挤压速度进行控制的最终目的同样是为了保证制品合金在挤压过程中温度始终保持恒定，从而使金属流出模具的流速也保持恒定。

反映在速度控制上，就是要求挤压速度在温度恒定时，稳定地保持在一定误差范围内，在需要挤压速度变化时，能迅速地变化并稳定在所需的速度值上。

衡量挤压速度控制性能的主要指标有：挤压速度的控制精度、稳定性、响应频率及功率特性。

目前，大多数挤压机采用容积调速方式对挤压速度进行控制，在电机转速不变的情况下，通过改变柱塞泵配油盘的角度，改变变量泵的输出流量，以实现挤压速度的改变。油泵的输出功率95%以上转化为该挤压速度下的挤压功率，因此功率性好，系统发热少。

在挤压速度不是很低时(≥1 mm/s)，这种速度控制方式也具有良好的控制精度和稳定性,但响应频率较低。当要求的挤压速度很低时(挤压难变形金属时),由于变量泵在低于其最大排量的 15% 时,存在非线性及死区,因此挤压速度的控制精度和稳定性较差,难以满足生产要求。

采用变量泵容积高速加比例阀节流调速的联合控制方式,可以很好地解决低速挤压时的速度控制问题,这种系统的原理为:在挤压速度较高时,直接采用变量泵容积调速,能满足挤压速度的控制精度和稳定性要求,且功率特性较好。在低速挤压时,选通过变量将系统流量调整到以较小的稳定值,让工作介质通过一高频响比例节流阀再进行调节,高频响比例节流阀的调节精度和频响高出变量泵的十几倍,从而实现了低速挤压时速度的高精度和高频响控制,虽然系统的功率损失有所增加,但不是很大。

采用变量泵加比例阀使用 PID 调节器进行闭环调速,挤压速度的控制精度可达 0.05 mm/s,响应频率 $\leqslant 20$ μs。在近 5 年投产的国内外压机上得到了广泛使用。

近期西马克 – 萨顿(SMS – Sutton)公司将变频调速技术成功地运用到挤压速度控制上,提出了挤压机 VFD 速度控制,其原理为:采用具有矢量变换控制功能的交流变频器,改变电机的输出转速,从而改变油泵的输出排量,实现挤压速度的伺服控制。这种方式最突出的优点是:可节约高达 40% 的电能消耗,系统发热很小。

VFD 速度控制技术在速度控制性能不好的老挤压机的改造上具有很大的潜力,也是将来节能型挤压机的发展方向之一。

挤压壁板时铝的流出速度取决于合金牌号和壁板外形。硬合金对称型实心壁板可取 0.3 ~ 0.8 m/min 的挤压速度,不对称型的可取 0.2 ~ 0.45 m/min,软合金和 7005 合金实心壁板的挤压速度可提高到 3 ~ 10 m/min,而 1×××、3××× 和 6063 等合金的可高达 25 ~ 80 m/min。宽展壁板和空心壁板的挤压速度应适当降低,一般取 0.5 ~ 2.0 m/min。

(5)挤压比

挤压比取决于合金牌号和挤压筒比压。一般来说硬合金的挤压比最大可取 35 左右,软合金的挤压比最大可取 80 ~ 100。比压在 500 N/mm² 以上,挤压比可取大些;而比压在 400 N/mm² 以下时,挤压比应取小一些。

5.6.3.3　大型材的热处理

轨道车辆型材都是用 Al – Mg – Si 系合金及 Al – Zn – Mg 系合金挤压的,挤压前铸锭须经均匀化退火处理,挤压过程中进行在线淬火,而后进行人工时效处理,以生产 T5、T6、T66 状态材料。

(1)均匀化退火

6××× 系合金的均匀化处理规范为(560 ± 20)℃,保温 3 ~ 8 h,出炉快速冷却至室温。均匀化退火的冷却速度对制品的组织、性能、表面光泽度有明显的影响。缓慢冷却时 Mg₂Si 相呈粗大针状沉淀物，挤压前在 510℃ 加热难溶解，对于含 1.0% Mg₂Si 的合金要 2～4 min。而急冷时，Mg₂Si 沉淀相少且细小，挤压前加热时易固溶。用缓冷后的铸锭挤压的型材，经阳极氧化后表面发暗无光泽，其维氏硬度 HV 60～70。而用快速冷却的铸锭挤压的型材，经阳极氧化后表面光亮，维氏硬度为 HV 80～90。

7×××系合金锭坯的均匀化处理规范见表 5－7。6063、6061 及 7N01 合金锭的均匀化退火规范也可以如下：6063 合金，520～580℃/2～10 h；6061、6N01 合金，500～560℃/4～10 h；7N01 合金，450～490℃/4～10 h。

（2）在线淬火

① 淬火原理。挤压的 6××× 系及 7××× 系型材现在都在挤压机上直接风冷或水冷淬火（挤压热处理）。Al－Mg－Si 系合金的淬火敏感性随合金 Mg₂Si 含量的增加而增大。6061 合金淬火敏感性较 6063 合金的大得多。因此，6063 合金挤压生产时可以采用风冷，而对于 6061 合金则必须采用水冷。无论采用水冷还是采用风冷，获得好的冷却效果的前提是 Mg₂Si 相必须充分固溶。不同 Mg₂Si 含量的 Al－Mg－Si 系合金的充分固溶温度是不同的，如含 Mg₂Si 含量为 1.1% 的合金充分固溶的温度应不低于 500℃，含 Mg₂Si 量为 1.5% 的合金充分固溶温度应不低于 550℃。因此，挤压时必须提高挤压温度。为获得高的挤压温度，有两种方法：一是把铸锭加热到 500℃ 以上，二是把铸锭加热到 427～454℃ 进行快速挤压，使制品出模后温度达到 500℃ 及以上。第一种方法因铸锭温度太高，必须降低挤压速度，否则会使制品表面的品质下降，甚至有时还会产生表面裂纹。因此，第一种方法不经常采用。一般均采用第二种方法。图 5－27 为使 6063 合金挤压制品有高的挤压速度、强度和光泽表面的理想挤压条件，即首先将均匀化且快速冷却的铸锭加热到 425℃，然后快速挤压，使铸锭在挤压筒内逐步升温以致通过模孔时达到最高值，以使 Mg₂Si 充分固溶。制品出模后用风（水）急剧冷却。6061、6063 合金挤压热处理周期如图 5－28 所示。为便于分析，把这个周期划分为 3 个阶段。阶段①、② 为制品由模孔挤出后通过前梁而进入风冷（6063）或强制水冷（6061）阶段；阶段③ 为人工时效阶段。挤压热处理时，该 3 个阶段如能正确执行，则能获得高挤压速度、高强度和光泽表面品质的制品。图 5－29 和图 5－30 分别为挤压 6063、6061 合金时，获得细小 Mg₂Si 沉淀粒子时的型材热处理（出模温度和冷却速度）条件图。

锭坯加热宜采用感应炉，不得用油炉，否则表面会严重氧化、发黑，并有烧残油迹，须进行表面清除处理。

② 在线淬火系统。为使型材达到高的力学性能，型材淬火时的冷却速度必须确保过饱和固溶体固定下，防止强化相析出，以免降低淬火时效后的力学性

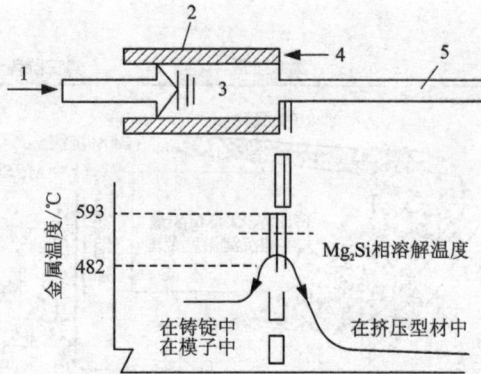

图 5 - 27　速度、强度和表面光洁度理想结合的挤压条件
1—柱塞压力；2—挤压筒；3—铸锭；4—模子；5—挤压型材

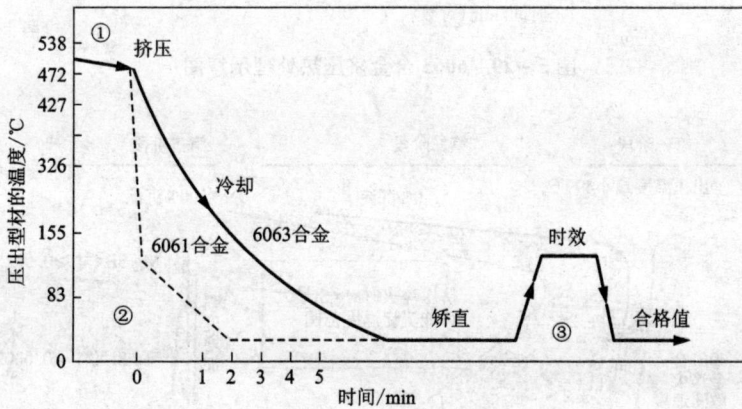

图 5 - 28　6061、6063 合金热处理周期

能。因此，淬火时的冷却速度应越快越好。但是冷却速度过快，淬火型材的残余应力和残余变形也越大，型材的尺寸精度就无法保证。所以，要同时满足以上三方面的要求，就给淬火（特别是在线淬火）提出更高的要求：必须能够提供足够大的冷却速度范围，以满足不同合金的淬火对冷却速度敏感性的要求，和不同型材壁厚对冷却速度的要求；在保证足够大的冷却速度的同时，有效减少型材冷却时的变形，以保证型材的尺寸精度。

近几年中国引进的大多数大中型挤压生产线与投产的国产大挤压生产线都有现代化的在线淬火装置，但它们的生产能力还不到行业总生产能力的 10%，即 90% 以上的生产能力仍用传统的非现代化的淬火装置。其特点是：

A. 冷却速度范围窄。不能根据不同合金和型材壁厚选择不同的冷却速度。

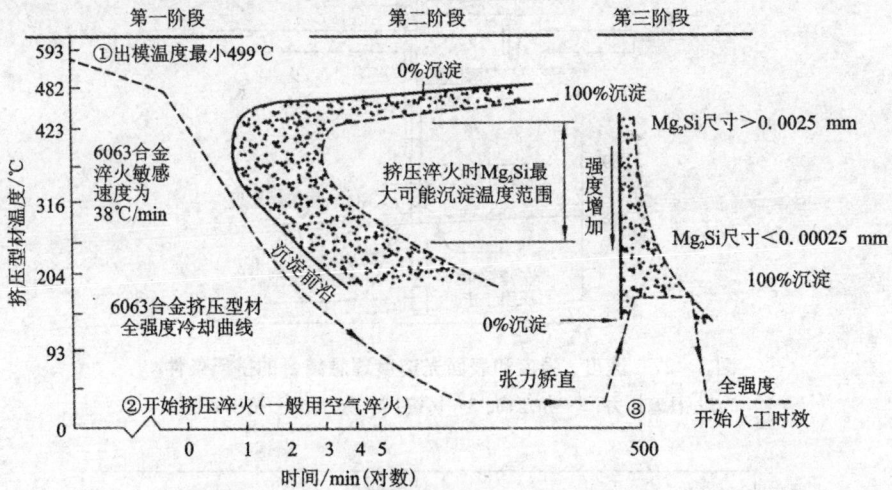

图 5-29　6063 合金挤压热处理示意图

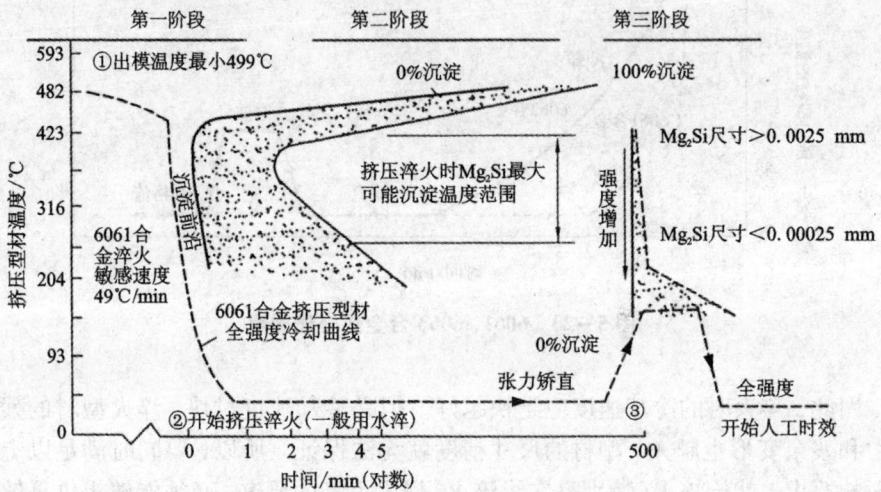

图 5-30　6061 合金挤压热处理示意图

B. 调节性差。型材断面往往都是不对称的，壁厚也不是均匀的，如果不能根据型材断面的情况进行冷却速度大小的调节，厚壁的地方就会冷却得慢，薄壁的地方就会冷却得快，这样就会造成型材变形和性能不均。

C. 操作性差。有些在线淬火装置具备了以上两点的功能，但操作性差，工人实际操作困难，精确度差，且费时，所以根本无法满足使用要求。

由于以上的原因，造成型材变形量大，性能不稳定，废品率过高，成本上升，难以满足生产的需求。所以提升国内在线淬火的装备水平，已是国内铝型材装备行业的重要任务。

现代化的在线精密淬火技术及装置应具备：足够宽的可调控的冷却速度范围，型材断面冷却速度变化尽可能地小，对不同型材断面宽高比有很强的适应性，操作性强，维修方便，运行成本合理。广东佛山南海赛福铝材设备有限公司推出的挤压铝型材在线精密淬火装置基本上可满足这些要求[7]。

（1）赛福公司大中型挤压生产线淬火装置的特点

① 风冷、风雾混合、雾冷、高压喷水四合一的功能：采用风冷、风雾混合冷、雾冷、高压喷水冷四合一的功能，每一种功能都可以根据需要进行大小调节，形成从弱到强无级变化的冷却强度，以适应不同合金不同壁厚对冷却强度的需求。比如一般生产薄壁的 6063 合金型材采用风冷，生产厚壁 6063 合金型材或薄壁 6061 合金型材采用风雾混合冷，生产中薄壁厚 6061 合金采用雾冷，生产厚壁 6061 合金型材采用高压喷水。冷却源的配置，要根据该机台生产的型材密度、挤出速度、合金淬火对冷却速度敏感性强弱等因素来决定。型材密度越大、挤出速度越高、合金淬火对冷却速度敏感性越强，风机和水泵的功率就越大、淬火区的长度也就越长。采用风雾混合冷却是因为挤压车间的气温较高，纯风冷时，哪怕风量很大，冷却速度也不高，并且能耗很大。如果直接用雾冷或水冷，对部分合金型材的冷却速度又过高，型材容易变形。而用风雾混合，既能获得比风冷强很多的冷却效果，又能降低风机能耗，从而获得合适的冷却速度。

② 周向多路冷却布置并冷却强度差异化调节：为了解决截面周向冷却的均匀性，围绕挤压机中心线平行分布若干路风口和喷头，如图 5 - 31 所示，具体多少路要根据生产线所生产的型材截面宽度来确定。每一路风口和喷头都可以单独调节风量或水量，以满足不同合金和壁厚所需要的冷却速度，确保断面上各个位置淬火均匀。这对确保型材性能均匀和有效减少型材变形起到关键作用。

③ 纵向分段调节及启闭功能：纵向的每段冷却强度可以单独调节。当个别型材淬火时若特别容易变形，仅用以上两种功能还无法满足时，还可以将纵向的前段冷却强度调小，后段的冷却强度调大。这样既可保证型材得到充分的冷却，又可以减少型材变形。为了解决型材纵向淬火的一致性，各路风口和喷头在纵向上分若干段，如图 5 - 32 所示，具体多少段要根据生产线需要确定。每段都由独立的控制阀控制。换棒停止挤压时，从冷床往挤压机方向按顺序分段关闭；换棒开始挤压时，从挤压机往冷床方向按顺序分段开启。这样就可以使型材纵向的冷却时间基本一致，从而确保型材纵向的性能比较均匀，减少纵向弯扭。

④ 顶部风口（喷头）与侧风口（喷头）可上下调节：为了解决型材宽高比变化过大，引起上下左右风口或喷头与型材表面之间距离变化过大，于是将上部的风

A——喷淋头（强）
B——喷淋头（弱）

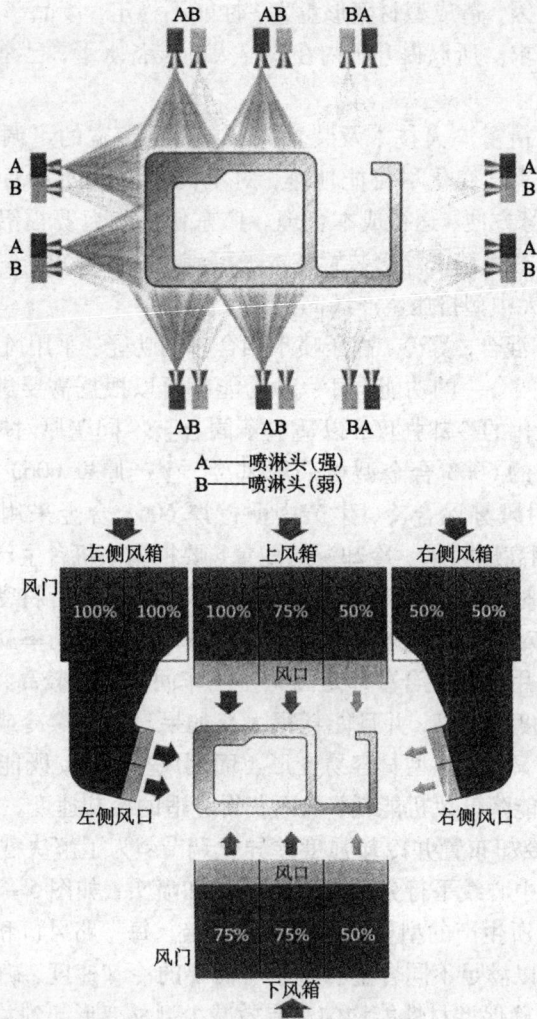

图5-31 周向多路冷却强度差异化调节

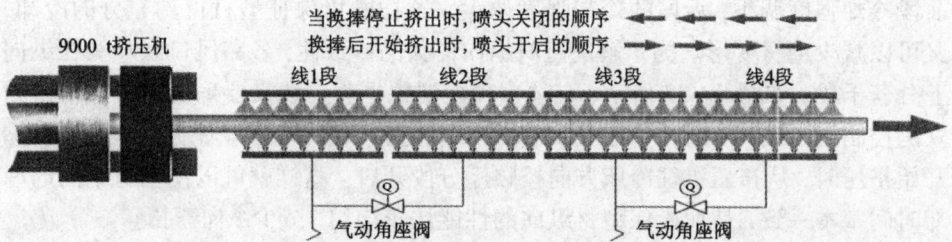

图5-32 纵向分段调节及顺序启闭功能

口和喷头与左右的侧风口和侧喷头设计成分离的，并且相互间可以移动，如图5-33所示。这样就可以根据型材的宽高比调节风口、喷头与型材表面之间的距离，确保上下左右各路风口和喷头与型材各表面保持合适的距离和位置，提高冷却精准度和减少能耗。

⑤ 辅助牵引头：在淬火作业中，牵引机一般不适宜进入淬火区，特别是水冷作业。如果牵引机进入淬火区，淬火装置就难以正常工作，通过淬火区的这段型材就无法得到正常的淬火，将会造成该段型材的浪费。在牵引机不进入淬火区，而又能实现牵引和淬火同时进行，就采用辅助牵引头，如图5-34所示。当生产第一根产品时，用辅助牵引头牵引着型材，用牵引机牵引辅助牵引头，并且淬火装置正常工作。

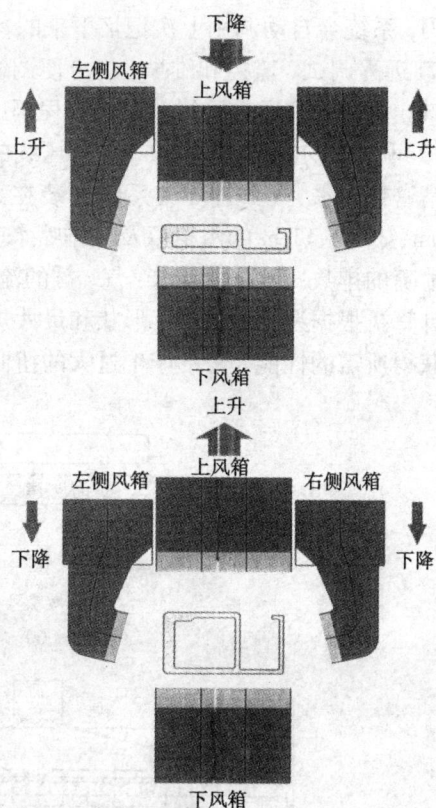

图 5-33　风门和两侧风口上下错位调节

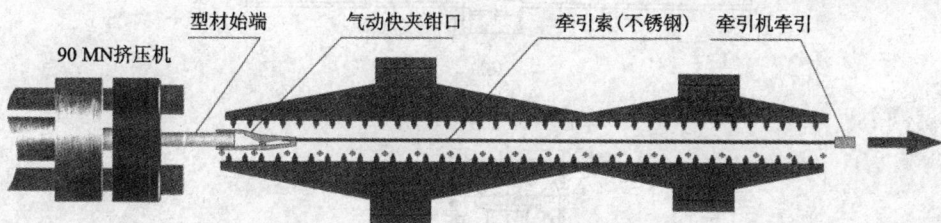

图 5-34　辅助牵引头

⑥ 人机界面控制及参数记忆功能：为了方便操作人员的控制，在线淬火装置所有的动作和工艺参数均可通过人机对话控制，友好的操作面非常适合工人使用。为了提高调节的效率，减少因调节过程不当所产生的废品，控制系统特别设计了自动记忆功能。每次生产的型材，当认为淬火的工艺参数比较合理时，可启用记忆功能将该组参数记忆下来，下次再生产该型材时，只要录入该型材的型材

号代码，系统会自动调用上次记忆下来的参数进行生产。

⑦ 远程调试、监控和维护：为方便调试、监控和维护，控制系统设有远程监控接口。需要时可通过网络对系统远程调试、监控和维护。

（2）科海塔尔铝业公司 30 MN 挤压线的淬火装置[4]

精密在线水、雾、气淬火系统安装在离出模口 1 ~ 3 m 处，由一个宽 300 ~ 800 mm、长 6 ~ 11 m 的水槽以及多排喷水（气）的喷嘴和管道组成，如图 5 - 35 所示。喷嘴的排数、列数以及水、气、雾的流量、压力、速度、温度和喷嘴的开闭等均由计算机根据型材的品种、形状和尺寸规格等自动控制，以保证型材经淬火后既能获得所需的性能，又不产生过大的扭曲变形。

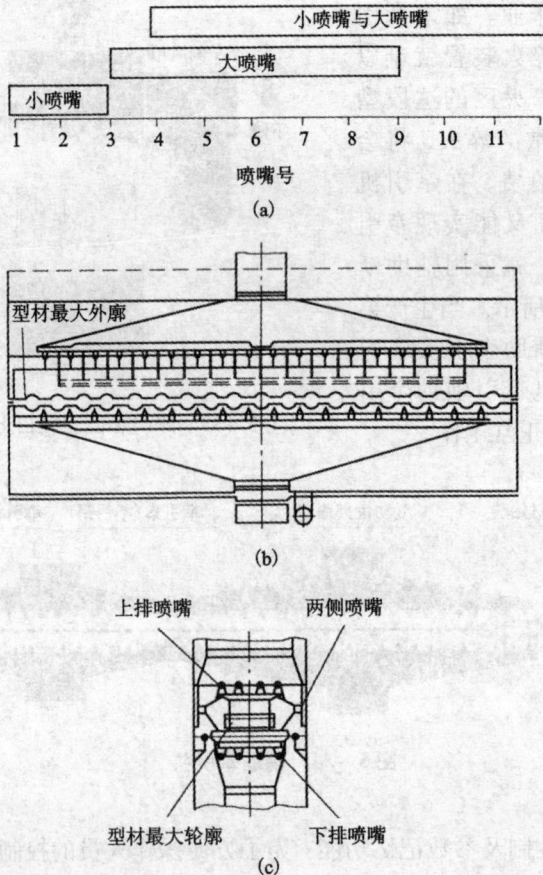

图 5 - 35　WSP 科梅塔尔公司 30 MN 挤压机的精密水、雾、气冷却系统布置示意图

(a)喷嘴数目及其分布位置；(b)总体结构简图；(c)侧视图

一般，当型材壁厚小于 4 mm 时采用气淬；壁厚为 4 ~ 8 mm 时采用雾淬；而壁厚大于 8 mm 时，必须采用水淬才能获得均匀合格的性能。用水淬时需要注意防止型材的变形。在现代化挤压机上，一般配有牵引机，淬火后的型材由牵引机牵向移动工作台，然后到拉矫机进行拉伸矫直。

生产 T6、T4 状态的材料时需进行离线固溶处理，为此应有 10 ~ 40 m 高的立式固溶处理炉。中国兖矿轻合金公司有一台 40 m 的固溶处理炉，是全世界最高的，2012 年投产。

（3）人工时效

轨道车辆铝合金型材在淬火和拉伸矫直或辊式矫直后，都要进行人工时效处理。大断面型材特别是长度大于 25 m 的大型型材必须在长形时效炉中进行人工时效。长度 25 ~ 30 m 或更长的时效炉一般采用电加热（有时也可用气加热），由多台风机进行强制通风，以确保温度均匀。对重要用途的大型材，为了获得均匀的力学性能，要求时效炉纵向和横向的温差在 ± 2.5℃ 以内。这对时效炉设计、制造以及测温和控温等提出了很高的要求，现代化的人工时效炉都用计算机联动 PLC 控制，以保证时效过程的升温速度、生产效率、温度精度等达到工艺的要求。

Al – Mg – Si 系的 6063、6N01、6082 等合金及 Al – Zn – Mg 系的 7003、7N01 等合金的自然时效非常缓慢，在室温下停留半个月甚至更长的时间也达不到最高的强化效果，比人工时效的强化效果低 30% ~ 50%，所以都采用人工时效。含有主要强化相 Mg_2Si、$MgZn_2$ 和 $Al_2Mg_3Zn_3$ 的合金、都只有进行人工时效才能获得最高的强度。

① 时效强化机理

铝合金的时效强化理论，有很多种说法。如弥散硬化理论、滑移干扰理论、溶质原子富集成强化或硬化区理论等。目前普遍认为时效强化或硬化是原子富集形成强化区的结果。经科学实验证实，用 X 射线方法对铝合金过饱和固溶体分解动力学研究和通过电子显微镜对薄膜透射观察，看到中间过渡析出阶段（硬化区）的数量、大小、形状和分布特点，描绘了硬化区的形象，揭示了铝合金时效硬化现象的实质。但时效硬化是一个非常复杂的问题，与合金的成分、时效工艺、生产过程中的加工状态都有关系，目前对时效的认识还不十分彻底。下面仅介绍硬化区理论。

铝合金在淬火加热、快速冷却时，形成过饱和固溶体，过饱和固溶体是一种不稳定状态，有向稳定平稳状态转变的趋势。而在过饱和固溶体快速冷却过程中，合金中的大量空位也被“固定”在晶体中，这些空位的存在加速了溶质原子的扩散速度，促使溶质原子的富集。这些溶质原子富集区，开始形成时是无序的，这种无序的富集区称为 GP Ⅰ 区。随着温度的升高和时间的延长，这些富集起来的溶质原子，逐渐有秩序地排列起来，这种有序的富集区称之为 GP Ⅱ 区。

GP 区的大小、数量决定于淬火温度和冷却速度。淬火加热温度越高,空位浓度越大,GP 区的数量增加,GP 区的尺寸减小。冷却速度越大,固溶体内固定的空位越多,有利于增加 GP 区数量,减小 GP 区的尺寸。当时效温度继续升高,或时间延长时,那些大临界尺寸的 GP Ⅱ 区发生长大,形成过渡相 $\theta'(\beta')$,θ' 相的化学成分与稳定相 $\theta(CuAl_2)$ 的相同,与母体保持共格关系,有效阻碍了金属晶体的变形,因而大大提高了金属的强度。当温度进一步升高或时间进一步延长时,过渡相 θ'(或 β')变成了 $\theta(CuAl_2)$ 相,这时的 θ 相完全脱离了母相,并有自己独立的晶格。这时合金的强度已超过最大值,开始下降,称为过时效。总之合金的时效过程是过饱和固溶体的分解脱溶过程,具有一定的顺序:先形成 GP Ⅰ 区,GP Ⅰ 区有序化形成 GP Ⅱ 区,再形成过渡相 θ'(或 β'),最后形成平衡相。

脱溶时为什么不直接形成平衡相? 这是由于平衡相一般与基体形成新的非共格界面,界面能大,而亚稳定的脱溶产物 θ' 相与基体完全或部分共格,界面能小。相变初期新相的比表面大,因而界面能起决定作用。界面能小的相,形核功小,容易形成。所以首选形成形核功最小的过渡相,再演变成平衡稳定相。

不同合金系脱溶序列不一定相同。如 Al - Cu 系合金可能出现两种过渡相 θ'' 及 θ',而大部分合金只存在一种过渡亚稳定相,表 5 - 9 为几种合金系的脱溶序列。

表 5 - 9 主要铝合金系的脱溶序列

合金系	脱溶序列及平衡脱溶相
Al - Cu	GP 区(盘状)- θ'' - θ' - $\theta(CuAl_2)$
Al - Ag	GP 区(球状)- γ' - $\gamma(AlAg_2)$
Al - Zn - Mg	GP 区(球状)- η' - $\eta(MgZn_2)$ T'' - $T(Al_2Mg_3Zn_3)$
Al - Mg - Si	GP 区(杆状)- β' - $\beta(Mg_2Si)$
Al - Cu - Mg	GP 区(杆或球状)- S' - $S(Al_2CuMg)$

② 6063 合金的人工时效工艺

此合金的人工时效工艺相当成熟,温度 170～220℃,保温 1～8 h。时效温度低则保温时间长,选择较高的时效温度,则保温时间相应缩短。对于不同企业来说,时效炉的加热方式、炉的形式、大小、温差各不相同。因此选择最佳的时效工艺,最好通过实验来确定。例如切取一批 6063 合金挤压制品的时效试样,按温度不同分成若干组,在每一个温度下,又分为不同的保温时间进行时效试验;然后将试样分别测定抗拉强度,不同温度、不同保温时间测得的抗拉强度值列于

表 5 – 10；最后将表中数据绘成时效硬化曲线，如图 5 – 36 所示。

表 5 – 10　不同温度、不同保温时间试样的抗拉强度 R_m（N/mm²）

温度/℃ ＼ 时间/h	1	1.5	2.0	2.5	3.0	4.0	5.0	6.0	7.0	8.0
160	—	—	144	147	150	152	154	156	159	165
170	—	145	148	150	153	156	158	160	163	168
180	146	151	153	156	159	162	167	171	178	179
190	150	155	161	164	167	169	172	178	180	179
200	160	165	171	178	178	177	176	173	—	—
210	163	168	174	178	177	175	—	—	—	—

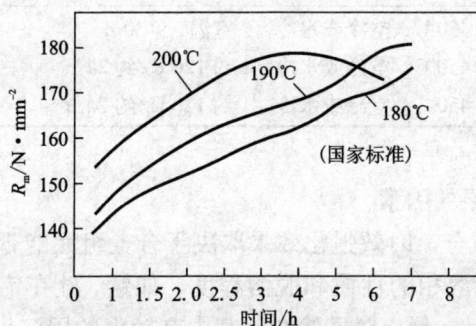

图 5 – 36　时效硬化曲线

由图可知：时效温度为 180℃ 时，达到 6063 合金国家标准的抗拉强度的保温时间在 4 h 以上；时效温度为 190℃ 时，则需要 2.5 h 以上；时效温度为 200℃ 时，则只需要 1 h。目前各个企业多数采用如下的工艺之一：

A. 时效温度 170 ± 5℃，保温 4 ~ 8 h；

B. 时效温度 190 ± 5℃，保温 3 ~ 6 h；

C. 时效温度 200 ± 5℃，保温 1.5 ~ 3 h。

保温时间的选择应根据铝型材的壁厚和装料的紧密程度来决定。一般壁厚 1.2 mm 以下时取下限保温时间，壁厚在 5.0 mm 以上取上限保温时间。在其中间的壁厚选择上、下限保温时间的适当时间。如装炉最少，装料稀疏可以选偏下限的保温时间；装炉量大，且摆放致密应选偏上限的保温时间。

从表 5 – 10 和图 5 – 36 可知：时效和温度相差 10℃，同一保温时间下制品的强度相差较大，说明铝合金的时效效果对温度十分敏感，为保证制品性能的均匀性和稳定性，对时效炉的温差要求较严。一般应为 ±5℃，最好能控制在 ±3℃。

6063 – T6 合金的人工时效规范为 175℃/8 h，淬火温度 515 ~ 525℃，水淬。不过，轨道车辆 6063 合金型材都为 T5 状态。

③ 其他合金的时效工艺

6061、7003、7N01 合金的人工时效工艺见表 5 – 11。

表 5 – 11　6061、7003、7N01 合金的人工时效规范

合金	状态	淬火	时效处理规范
6061	T4、T42	515 ~ 550℃，水冷	室温，>96 h
	T6、T62	515 ~ 550℃，水冷	170 ~ 180℃，约 8 h
7003	T5	挤压机在线淬火	双级时效：90℃/5 ~ 8 h，150 ~ 160℃/8 ~ 16 h
7N01	T4	450℃，空冷或水冷	室温，>30 d
	T5	450℃，空冷或水冷	约 120℃/约 24 h
	T6	450℃，空冷或水冷	约 120℃/约 24 h

(4) 影响时效效果的因素

① 合金的化学成分。时效强化效果取决于合金组元能否溶于固溶体以及固溶体温度变化产生脱溶相的性质和脱溶程度。如锰、硅在铝合金中的固溶度较小，且随温度变化不大，镁、锌虽然在铝基中有较大的固溶度，但它们与铝形成的化合物的结构与铝基体的差异较小，强化效果甚微。所以 Al – Mn、Al – Si、Al – Mg、Al – Zn 系合金通常都不采用时效强化处理。而 Al – Cu，Al – Mg – Si、Al – Cu – Mg – Si 和 Al – Zn – Mg 系合金中的 $\theta(CuAl_2)$ 相、Mg_2Si 相、$S(Al_2CuMg)$ 相、$\eta(MgZn_2)$ 相等在铝中的溶解度随温度升降而变化，因而可以通过固溶处理与时效处理提高力学性能。

② 时效温度。从图 5 – 36 可知，不同时效温度获得最大强度值的保温时间不同或在同一保温时间下的强度值不同。这是因为在不同温度时效，析出相的临界晶核大小、数量、成分以及富集区长大速度不同。如温度太低、扩散困难，GP 区不易形成或数量很少，因而时效后的强度低，而时效温度过高时，扩散容易产生，过饱和固溶析出相粗大，使强度降低，即产生过时效现象。因此每种合金都有在某一保温时间最佳的时效温度。不同的时效温度对时效效果的影响不相同。

应当指出，一定的时效温度必须与一定的时效时间相结合，才能获得满意的强化效果。

时效时间太短，将使合金时效不充分，降低强化效果。时效时间太长，将会产生过时效，同样降低强化效果，特别是时效温度较高时，这种影响更为明显。

③ 停放时间。从淬火到人工时效中间停放时间，是指挤压制品经风冷或水冷到人工时效开始之间的时间，或挤压制品淬火后到人工时效之间的时间。

停放时间都会不同程度地影响时效后的强化效果，这种现象称为"停放效应"。对于 Al – Mg – Si 系合金，中间停放时间，根据其化学成分的不同，可以使合金的力学性能降低，也可以使合金的力学性能提高。如图 5 – 37 所示，当形成的 Mg_2Si 含量在 1.0% 以下时，停放时间将引起人工时效后强度增加，Mg_2Si 含量高于 1% 时，将引起人工时效后强度降低。6063 合金的 Mg_2Si 含量一般在 0.8% ~ 1.1%，因此室温停放时间对人工时效后的强度影响不大，甚至还稍有提高。

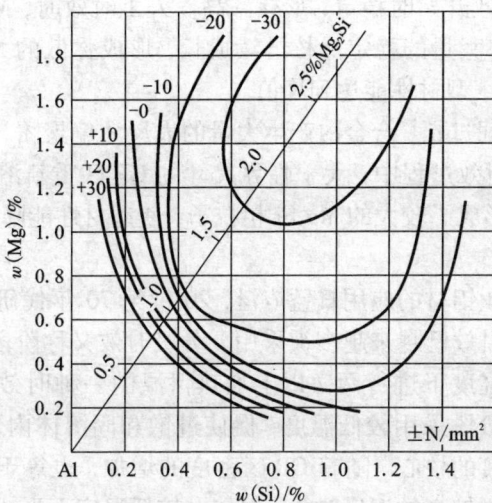

图 5 – 37　Al – Mg – Si 合金淬火后存放 24 h 引起抗拉强度的变化

对于 6061 合金和硬铝、超硬铝合金如 7A04、7075 等合金，中间停放时间会使人工时效后的强度降低。实验证明在 4 ~ 30 h 的范围内影响最大。因此这类合金最好在淬火后立即进行人工时效。规定停放时间应在 4 h 之内。

6A02 合金的中间停放时间对型材抗拉强度的影响如图 5 – 38 所示。由图可知：

A. 停放时间很短（1 h 以内），由于在停放时间内自然时效产生的小尺寸 GP 区，在人工时效温度下不稳定而重新溶于固溶体，形核率降低，人工时效后的型材组织内存在粗大过渡相，因而型材抗拉强度不高。

B. 停放时间 2 ~ 3 h 时可获得最佳的时效效果。因为此时获得了尺寸适当的

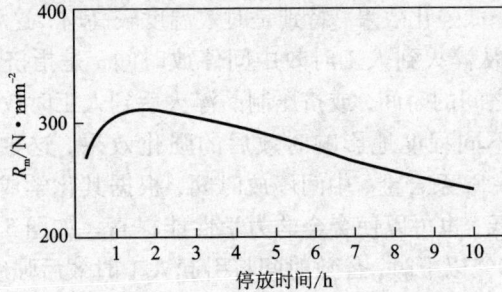

图 5 - 38　停放时间对型材抗拉强度影响

GP 区，它在人工时效开始时稳定，形核率高。人工时效时，Mg 和 Si 的原子继续向硅偏聚团上迁移，大量的稳定晶核继续成长，形成弥散的 Mg_2Si 强化相，同时 $CuAl_2$ 相也参加时效，型材性能达到峰值。

C. 如果停放时间过长，合金内产生大量的大尺寸偏聚团，使固溶体内溶质原子浓度降低，人工时效过程中，大于临界尺寸的 GP 区重新溶于固溶体而大量共格析出产物粗大，形成了较大的 Mg_2Si 相粒子，使型材性能降低。

（5）分级时效

近年来随着工业铝材的应用日益广泛，20 世纪 70 年代研究开发的一种新的时效方法——分级时效已越来越多被采用。分级时效又称阶段时效，它是把淬火后的制品放在不同温度下进行两次以上加热保温的一种时效方法。在分级时效时，一般都是第一阶段采用较低温度，促使过饱和固溶体内形成大量弥散的 GP 区作为向中间相过渡的核心，随着 GP 区密度的增加，也等于加大了中间相的弥散度。第二阶段采用较高的温度时效，促使在较低温度下形成的 GP 区继续长大，得到密度较大的中间相，引起制品充分强化。7055 合金等还可以三级时效。

分级时效与单级时效相比，可以缩短时效时间，并且可以改善超硬合金 Al - Zn - Mg 和 Al - Zn - Mg - Cu 系合金的显微结构，可以在保持力学性能不变的情况下，显著提高合金的耐应力腐蚀能力、疲劳强度和断裂韧度。

分级时效工艺一般都是第一阶段温度较低，以保证形成 GP 区在短时间内完成。第二阶段的时效温度较高，促使 GP 区向中间相转变，以获得较高的强度和其他良好的性能。几种超硬合金的分级时效工艺见表 5 - 12。

表 5 - 12 几种合金的分级时效工艺

合金	时效温度/℃	时效时间/h	合金	时效温度/℃	时效时间/h
7A05， 7A06	1 级 115～125 2 级 155～160	3～5 3～4	7005	1 级 95～105 2 级 150～155	6～8 12～16
7003	1 级 95～100 2 级 155～160	5 8	7475	1 级 110～130 2 级 150～180	6～12 12～30
7A03	1 级 115～125 2 级 160～170	2～4 3～5	7075	1 级 115～125 2 级 160～170	1 级 3～5 2 级 15～18

5.6.3.4 精整矫直

为了消除挤压时产生的刀形弯曲以及淬火时的翘曲，挤压壁板和大型型材应在淬火后 2 h 内于 4～25 MN 拉伸矫直机上矫直，拉矫伸长率为 1.5%～2%。为了消除横向弯曲，调整筋间距，可在辊式矫直机上用专用辊进行辊式矫直。用带筋圆管、V 形法、U 形法和凹形法生产的壁板，需要在专用设备上进行剖分、展平和精整矫直。

（1）拉伸矫直

因为大中型型材断面较大，采用牵引机牵引，其效果未必理想，这是因为大型挤压型材在通过模具后，因强制冷却不均而产生的不均匀收缩，容易产生局部变形，导致弯曲、挠曲和形状变坏，牵引的效果相对下降。

为了获得平直的型材，冷却后可以用拉伸机进行拉伸矫直。这时如果是壁厚不均的大型对称性型材，薄壁部分要比厚壁部分容易被拉伸，所以在薄壁部分容易产生挠曲，这也是造成弯曲的原因之一。

对于形状复杂、有深海湾形状的宽幅薄壁型材，进行拉伸矫直作业容易造成型材的轴向弯曲变形。如图 5 - 39 所示的车辆用宽幅型材，在拉伸时 A 部优先延伸，B 部延伸变形较困难，所以容易出现弯曲（侧弯）和蛇形现象。此外，车檐梁、长横梁等具有较大曲面的型材，曲面还容易在拉伸时被拉平。因此，为了获得均匀的拉伸效果，较好的方法就是使用适合于型材形状的专用夹具。

然而对于宽幅型材来说，有很多情况即使是使用这些专用夹具也不能固定复杂型材的形状，而且对那些车檐梁、长横梁等车辆用型材，要考虑到车辆装载之后，由车辆自重所引起的挠曲，所以车辆在装配之前，其型材只容许在一个方向上具有挠度（凸度），如图 5 - 40 所示。而且，近年来在车体长 26 m 的车辆上，往往采用整根大型材，为此，刘静安认为有必要研究能够保证整根型材具有均匀凸度的技术。

（2）辊式矫直

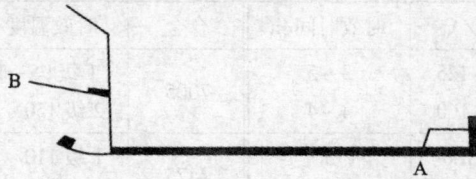

图 5－39 扁挤压筒挤压的车檐梁型材

一般，解决挤压时形状不良问题的方法是调整挤压时的金属流动使其均匀，设计可以防止形状不良的定径带。对小型材，即使产生了弯曲等形状不良问题，几乎通过拉伸矫直即可消除，并能得到正规的断面形状。可是对于大中型材，由于模具较大，一是模具挠曲，二是随着挤压坯锭渐渐变短，金属向模面流动的角度也随之改变，三是挤压时的变形热提高了坯料的温度等，致使流动变形受到复杂的影响。因此只靠设计模具来防止形状不良是不够的。如上所述，冷却

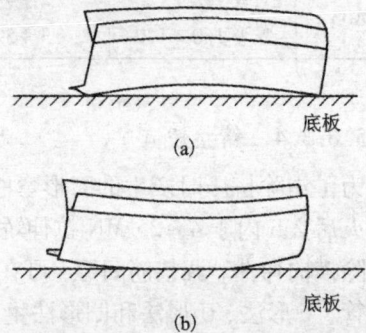

图 5－40 车辆用大型型材的挠度要求
a—车辆安装时要求的挠度；
b—车辆安装时不希望出现的挠度

时和拉伸矫直时容易引起形状不良，特别是像车辆棚顶、窗檐横梁等带有 R 部位的型材，如果相同规格型材的 R 不一致，后续的连接加工会变得很困难，所以对于这类大型材，通常都要进行辊式矫直。

进行辊式矫直，增加工时是个很大的问题。自然时效快的三元合金，由于提高了力学强度，给矫直作业带来了很大困难，而且在矫直时往往容易再次引起和产生纵向弯曲和挠度。同时，任何一个辊部件稍有变形都会产生不规则的反射，而有损于产品的品质。形状矫直存在的最根本问题是品质、交货期和成本，所以如何减少使用辊式矫直并获得合格型材是生产车辆大型材的关键问题之一。

为了保持挤压的形状，可以采用适合于各种不同型材的专用导路，借助于挤压时出口侧的诱导以防变形。另外，拉伸机矫直可以采用如前所述的专用夹具。

辊式矫直如图 5－41 所示，把型材的被矫直面放于两个辊子支点上，用另外一个辊子顶住其中间部位进行矫直，矫直时要把弹性变形回复考虑进去。如前所述，在一根挤压材的长度上，由于受金属流动和模具挠曲的影响，其挤压前端、中端和后端所产生的形状不良程度也各不相同，所以，矫直辊子合适的压下量、放置的位置及角度，在同一根型材上的不同部位也不同，需要综合考虑。此外，矫直对象的不同，对支点设定的位置和角度也有些影响，因而需要较多的经验积

累。基于上述原因，如同轧制成形加工那样采用串列式机架进行自动连续矫直处理是非常困难的。

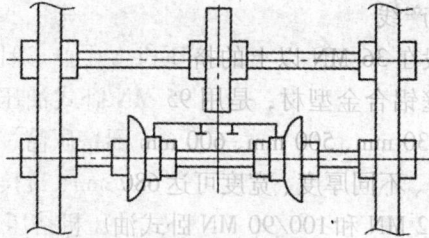

图 5 –41　大型型材的辊式矫直

近年来不仅对车辆大型材平面度、断面尺寸精度和弯曲要求很严，而且对表面的美观要求也越来越严。特别是对于那些采用原色铝材而不涂饰的车辆等，不应该有辊矫接触辊痕和由此而产生的不规则反射而影响车辆的表面。因此型材壁厚越薄、幅越宽，越需要更高的矫直技术。

5.6.3.5　轨道车辆型材的生产条件

（1）性能优良的可挤压的铝合金

初期（20 世纪 70 年代）铝制车辆厂广泛使用了当时的在船舶上作为焊接结构的 5083 合金型材，主要用作檐梁和侧板等。这种材料由于镁含量高，挤压性很差，薄壁化非常困难。如在 95 MN 挤压机上用 500 mm 挤压筒挤压宽 420 mm 的壁板，最小壁厚为 6.5 mm，而改用比压力大的 430 mm 挤压筒挤压时，壁厚虽然可减至 4 mm，但型材宽度受到限制，最大宽度只能达 350 mm。

此后，由于开发了 Al – Mg – Zn 系三元合金，从而使薄壁化向前推进了一步。该合金是热处理强化型合金，不仅母材强度，而且焊接强度也比 5083 和 6061 等合金的高。由于该合金挤压性能很好，可以挤压壁厚比较薄的大型宽型材，尤其是 7003 合金，它与 7N01 合金相比，降低了一些镁的含量，但没有降低焊接性能和强度，而且还能进一步提高挤压性能，是一种低镁含量的 Al – Zn – Mg 系合金。日本东北和上越新干线、札幌地铁的许多车辆大量使用了壁厚 3 mm 的 7003 和 7N01 宽幅型材。

然而，车辆的轻量化，不仅要求进一步薄壁化，而且要求研制可挤压性、强度、可焊接性以及耐腐蚀性均好的材料。在欧洲研制了一种 Al – Mg – Si 系的 6005A 合金，作为底板等要求强度高的构件材料，生产了宽幅空心型材。与此同时，日本 Al – Mg – Si 系 6N01 合金也达到了工业标准化。由于 6N01 合金的可挤压性能与 6063 合金的相当，因而可以生产更薄壁的宽幅型材。以日本山阳电气铁路 3050 型电车为例，侧板宽度为 507 mm，壁厚为 2.5 mm；地板采用的是宽558 mm 的宽幅薄壁型材；侧板挂钩、檐梁和地板等也广泛地采用大型宽幅空心型材。这样一来，可以使车辆达到轻量化。

（2）先进的挤压生产线

轨道车辆型材一般在 36 MN 以上的挤压机上生产。日本的地铁和高速列车车辆用大断面宽幅薄壁铝合金型材，是用 95 MN 卧式油压驱动挤压机进行生产的。该挤压机配备有 430 mm、500 mm、600 mm 圆挤压筒、700 mm × 280 mm 扁挤压筒，可生产多种合金、不同厚度、宽度可达 680 mm、最长达 30 m 的大型材。德国海德鲁铝业公司用 72 MN 和 100/90 MN 卧式油压机挤压，该机配备有 500 mm、560 mm 圆挤压筒、675 mm × 230 mm 和 675 mm × 280 mm 扁挤压筒，可生产不同合金、不同厚度规格、宽度可达 750 mm、长度可达 30 m 的车辆用大型型材。力拓－加铝集团德国锡根公司的 100 MN 挤压机配备有 620 mm 和 560 mm 圆挤压筒和 750 mm × 280 mm 扁挤压筒，可生产宽度达 800 mm、长 30 m 的车辆大型材。这些大型挤压机都配有坯料感应加热炉，机后配有自动出料台、精密气淬和水淬装置、牵引机、精密中断锯、拉伸矫直机、辊式矫直机和长度达 30 m 以上的人工时效炉等辅助设备。为了满足大型化、薄壁化、高精化和现代化的要求，在生产线上除采用 PLC 控制外，所有的工艺参数（挤压温度、挤压速度、挤压比、坯料规格、挤压力以及成品率等）都通过计算机控制（如 CADEX 等），使全过程达到最优化水平。

改革开放以来中国引进了一批高技术的大中型挤压机，在到 2012 年为止投产的近 60 台大挤压机中有 22 台是引进的，除 2 台 50 MN 的于 20 世纪 50 年代中期从苏联引进的水压机外，其他的都是从 1988 年起引进的，其中从西马克梅尔公司（SMS Meer）引进的 11 台、从日本宇部兴产公司引进的 4 台。它们的装机水平居世界领先水平：精度高，非挤压时间短，高效可靠的压余剪，模具可快速更换，有的还配备有等温挤压软件，等等。中国的车辆型材挤压设备是世界一流的。

挤压机的精度最终决定了产品的品质及挤压工具的使用寿命。而挤压机本身的精度主要由挤压机刚度和模具、挤压筒、挤压轴的对中精度决定。

对于中大型铝挤压机，采用预应力框架结构，可大大提高挤压机刚度。经过有限元分析发现：框架的刚度和前梁的刚度对镶入前梁的挤压模垫板和模具弯曲变形影响很大，刚度差的挤压机其模垫和模具弯曲挠度大，影响其寿命和模具工作带的尺寸偏差，即制品偏差。所以在设计时设法减小它们的变形，使有效前梁转角刚度和抗弯刚度都得到提高，以提高挤压机精度。采用预应力框架结构，可以减小前梁转角及弯曲，而且在满负荷工作时，预应力框架的伸长量仅为传统张力柱结构的 1/3 ~ 1/4，有效地减小了挤压机的精度变化。

挤压筒与模具的对中精度直接影响金属在模具中流动的均匀性，进而影响型材的变形情况及模具的寿命；挤压筒与挤压轴的对中精度直接影响型材的表面品质和固定挤压垫的磨损。

在挤压过程中，固定挤压垫与挤压筒内衬之间必须保留一层均匀的铝膜，这层薄膜厚度在 0.15~0.18 mm 效果最佳，过厚金属会倒流，过薄薄膜会破裂脱落，从挤压筒内衬剥离产生气泡和碎屑，若卷入会导致产品报废。实践证明：挤压对中偏差大是引起挤压垫磨损的主要原因。

影响挤压机对中精度的因素主要有它的刚度、导轨精度、挤压筒的温度等。设计时应将挤压机的刚度尽可能提高：导轨的精度可以通过加工保证；挤压筒的温度控制系统要求在挤压行程维持挤压合金温度保持恒定，而且挤压筒自身温度的变化越小对对中精度的影响也越小。

因此在挤压过程中，挤压机的对中精度非常重要。要保持良好的对中必须有良好的润滑、良好的挤压筒温度控制，而且要定期检查和维护。

目前，先进的大型挤压机采用多个传感器动态检测对中精度，并在机上显示。在挤压筒和动梁上装有多个传感器，监测挤压筒和挤压轴在移动过程中的偏离值，与完全对中时的基准值进行比较，超过允许值必须停机重新调整，以便及时预防及纠正偏差。

自动运行的挤压机的每个挤压周期由挤压时间和非挤压时间组成。挤压时间根据产品的变化而变化，而非挤压时间在挤压周期里是固定不变的。因此非挤压时间是衡量一台挤压机生产效率的重要指标。中国引进的一台 27 MN 挤压机的非挤压时间只有 15 s，比国产挤压机的短得多，生产效率的差异显而易见。

压余分离是铝挤压生产工艺中的一个重要环节，把含高杂质的压余从制品上分离下来，才能保证生产的连续运行。据统计，中国挤压机 25% 的停机是因为剪切不干净、粘连或压余剪故障[6]。

高效可靠的压余剪应具备如下功能：高的剪切精度，不出现"飞溅物"粘附在模具表面：高效的剪切有返回速度、非挤压时间短，引进挤压机剪切速度为 350 mm/s 左右，回程速度约为 350 mm/s，而国产压余剪切速度为 200~300 mm/s；剪切下的压余顺利落下不粘连；剪刀刃和模具磨损低。

引进的挤压生产线大多配有模具快速更换装置，国产配有模具快速更换装置的挤压生产线很少，且多为近五年来新上的挤压生产线。配备模具快速更换装置除了减少停机时间与提高生产效率外，还有一个非常重要的优点：减少换模过程中模具工作带氧化，提高产品表面品质。

研究表明：将模具从加热炉拿出装入挤压机，到开始挤压的时间若不超过 2 min，模具工作带的氧化较小；模具从压机中取出时，由于有铝膜保护不会氧化。

（3）高比压挤压筒

　　为了适应铁道运输业日益现代化的发展，对以轻量化为目的的车辆大型扁宽铝合金材薄壁化的要求越来越高。为此，生产厂家进行了大量的技术开发工作，其中一个最突出的问题就是型材大宽幅、大宽厚比、大挤压比与挤压筒的小比压之间的矛盾。型材越宽，则要求挤压筒的比压越大，而挤压筒直径越大，比压就越小。图 5-42 所示为挤压机能力（挤压力）与挤压筒直径、比压之间的关系。例如，在 95 MN 挤压机上，600 mm 挤压筒的比压只有 430 mm 挤压筒比压的 1/2；在 20 MN 挤压机上，使用 180 mm 挤压筒，其比压可达 790 N/mm^2；如使用 250 mm 挤压筒，比压就会降低至 410 N/mm^2，而铁道车辆用大型薄壁复杂型材挤压时，即使 Al-Mg-Si 铝合金，其比压也要求在 450 N/mm^2 以上才能顺利挤压。

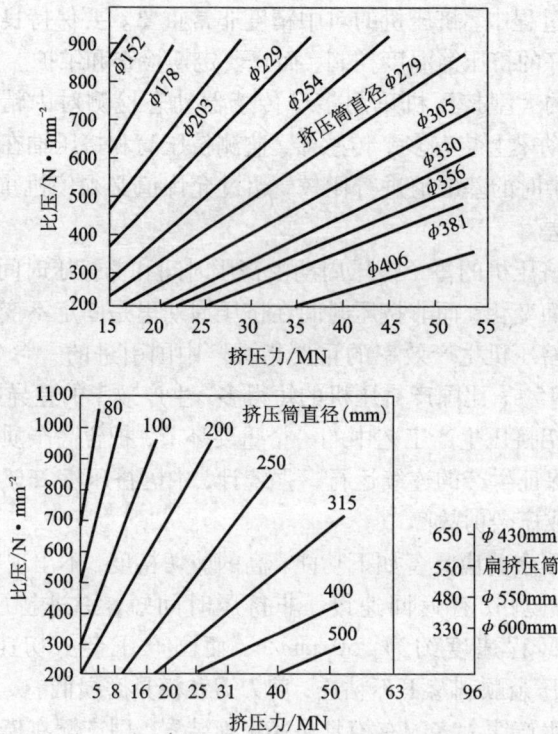

图 5-42　挤压机能力与提压筒直径、比压的关系

　　可见，选择合适的高比压挤压筒十分重要。但是，用高比压挤压筒挤压时，必须精心核算内套强度。

　　（4）宽幅薄壁型材的设计

　　大中型薄壁型材应尽可能设计成对称形状，以便于挤压，如果能使薄壁部分带有筋条，则更有利于进一步薄壁化。

型材的外接圆直径越大，可挤压的最小壁厚就越厚。如果要使之薄壁化，不仅会增加表面模痕缺陷，平面度、扭拧度和弯曲等也容易变差。特别是在挤压大中型型材时，即使金属流速很慢，也会对尺寸产生很大的影响。此外，由于挤压力的波动，模具容易产生挠曲，也会使型材尺寸产生变化。在挤压大中型薄壁型材时，特别是在制品的外接圆直径接近于挤压筒的最大允许范围时金属流动极不均匀。在这种状态下，如欲通过把薄壁部分配置在挤压筒中心附近来调节大型型材的金属流速十分不易。

不对称大型材，见图 5-43，在挤压过程中金属流动极不均匀，特别是用圆挤压筒挤压大扁宽不对称型材时，变形不均匀性显得更为突出。变形不均匀的主要表现之一是厚壁部分的金属流量充分、流速快，而薄壁部分的金属流量不足、流速慢，结果是型材内部产生严重的残余应力，甚至型材产生严重的波浪、扭拧和弯曲等缺陷。消除这些缺陷十分困难，而对于铁道车辆铝合金大型材，特别是空心型材，为了结构设计的需要，或为了连接的需要，往往需要在一个侧端采取加厚或减薄的措施，致使型材断面上厚度差异增大，非对称性更强烈，因而更增加了挤压的难度。

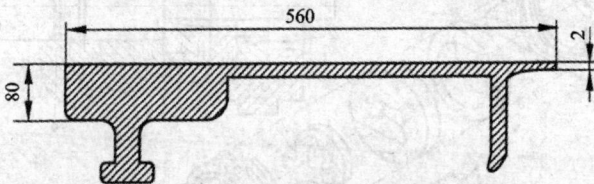

图 5-43　不对称性大型材示例

(5) 模具设计与制造

实心型材和空心型材模组件分别示于图 5-44 及图 5-45 中。大型模具具有以下特点：

① 外形尺寸大，模具组的质量大，如 72 MN 和 95 MN 挤压机大型整体模具组的外径 800~1200 mm，厚度 280~400 mm，质量 3~5 t，用高级合金模具钢（H13 等）制造，每套价格在 5 万美元以上。

② 挤压时由于金属严重的不均匀变形和大的挤压应力，模孔易产生大的弹性变形、塑性变形和整体挠曲（见图 5-46），这对大宽幅型材的薄壁底板部分影响很大，轻则在型材上产生波浪、波纹缺陷，重则可能停止流动，产生堵塞。在挤压要求高比压的硬合金时，这样的问题更多。相应的对策是在模具的后部采用加厚的专用垫块或专用模座等辅助工具防止模孔挠曲。也可以在设计或修模时，在定径带（工作带）形状上给予预先的负挠曲，使其在挤压时能够得到正常的定径

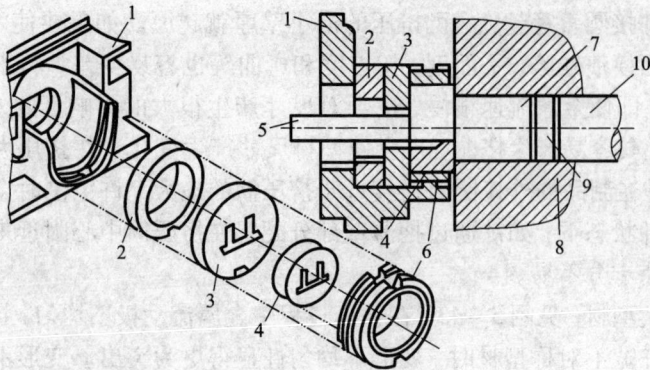

图 5-44　大实心型材挤压模具组装示意图

1—滑动模架；2—支承环；3—支承垫；4—模；5—实心型材；
6—模支承；7—坯料；8—挤压筒；9—挤压垫；10—挤压轴

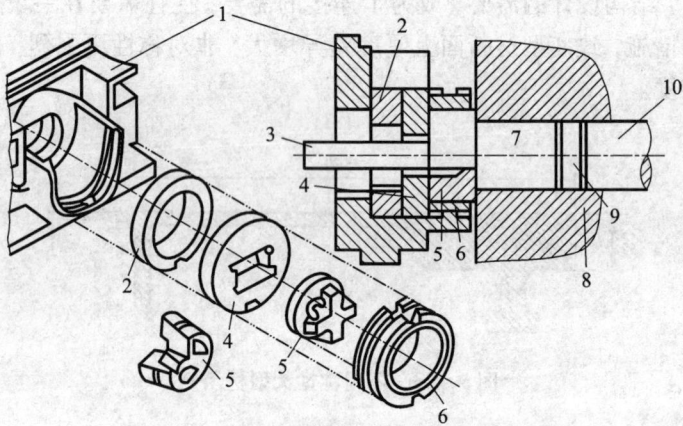

图 5-45　大空心型材挤压模具组装示意图

1—滑动模架；2—支承环；3—空心型材；4—支承垫；5—组合模；
6—模支承；7—坯料；8—挤压筒；9—挤压垫；10—挤压轴

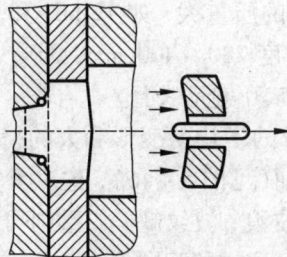

图 5-46　大型模具挠曲示意图

带状态。然而，在使用大型模具的情况下，由于模具单位面积上的压力变化，挠曲量也随之变化，因而预挠曲量不易控制。模具的空刀部分，从侧面看是一悬臂梁，而且加工成细而深的海湾形状，这些地方是模具的薄弱环节，往往会增大模具的破损率，这不仅会降低产品成品率，提高生产成本，而且会影响交货期，甚至无法生产，所以应特别重视。

③ 结构特殊，模孔形状和相关尺寸繁杂，设计要素多，影响因素复杂，挤压时的温度场、速度场和应力场难以控制。因此，用手工设计很难满足要求，在工业发达国家已普遍采用计算机辅助设计（CAD）技术，如德国海德鲁集团挤压公司的模具设计全部由 5 套装有 CAD 系统的计算机进行，取消了人工设计图纸，工效提高几十倍，且不易出差错，设计质量大大提高，模具一次合格率达到 70% 以上，并可根据挤压温度、挤压速度、挤压力等工艺参数，采用动态数值模拟分析挤压过程中的金属流动、变形及应力分布，进而优化设计，并通过 CAM 系统进行数控加工。在我国，模具 CAD 和 CAM 还没有充分应用，模具的设计更多地依靠经验，一次试模合格率低，模具品质低，影响挤压机生产率的发挥。

④ 尺寸精度、硬度和表面光洁程度很难得到保证，特别是宽而窄的模孔部分用传统的制模方法很难达到设计要求。因此，采用 CNC 技术制造精度高、硬度适中、表面光洁的大型挤压模具是十分必要的，而且经实践证明是可行的，应大力推广应用，以提高大型型材挤压技术水平。海德鲁集团德国挤压公司 72 MN 挤压机模具制造中心配备的主要设备有：5 套 CAD/CAM 系统；3 台 CNC 加工机床；3 台 CNC 精密电火花切割机床；3 台 CNC 立式精密电火花机床；1 套 CNC 真空热处理系统和 CNC 表面处理系统；若干传统铣床及其他加工机床；修模间及修模设备与工具。

⑤ 为了使产品尺寸和形状等达到设计目标，挤压时应进行模具修理。模具修理工作，即使是小型挤压机的模具，也需要多年经验，可以说这是挤压生产中最难的技术之一。一般新模具试挤压时要测量挤压件的断面尺寸，并对模具进行必要修整，然后再过渡到正式生产。但有些形状特别复杂，技术难度特别大的型材模具，往往要经过几次，甚至十几次的修整才能挤出合格的型材。大型挤压模具的定径带很长，修模工作量大，所以修模时需要采用手锉、电锉或手工、电加工和超声波三合一的修模方法。要求修模人员技术高度熟练，经验非常丰富。软合金或半硬合金挤压模具通过修理，可以较为容易地调整金属流动，但对于硬合金型材，特别是形状十分复杂的型材，单纯通过改变定径带长度调节流速十分困难。因为硬合金型材挤压性能很差，调节金属流动困难。因此，在设计这类合金型材的形状和壁厚时，应事先与用户充分协商。

5.6.4　轨道车辆大型材缺陷的产生原因及避免措施

铝合金挤压型材的缺陷主要包括化学成分、冶金质量与内部组织、力学性能、尺寸与形状精度、内外表面等类型的缺陷。按产生的原因可分为坯料遗留下来的，工艺装备不良造成的，工模具设计制造不佳产生的，生产工艺不合理、运输管理不严造成的几个方面。下面分析铝合金大型材生产中常见的缺陷产生的原因及其避免措施。

5.6.4.1　组织废品及避免措施

(1)过烧

铝合金挤压制品发生严重过烧时表面颜色发暗或发黑，或在表面出现气泡、细小的球状析出物(小泡)或裂纹等。在金相显微组织中出现晶界粗化，晶粒交界处有三角形复熔区，晶粒内部产生复熔球，见图5-47，强度和伸长率下降。

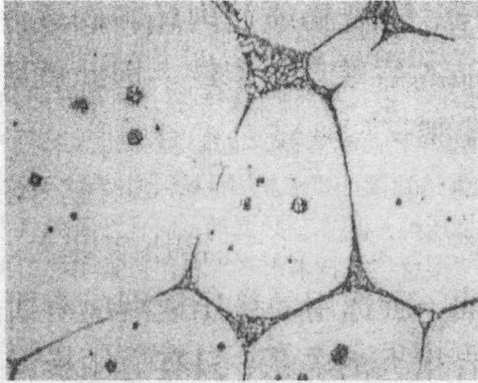

图5-47　过烧金相显微组织，×200

过烧产生的主要原因是加热温度太高，超出了热处理工艺允许的范围，或者由于加热不均匀，炉的温差太大，仪表失灵等原因，使制品局部地方达到低熔点共晶体的熔点产生局部过烧。

过烧主要采用金相显微检查方法确定。用力学性能变化检查不准确，因为轻微过烧，力学性能变化不大，有时甚至还略有提高，但对耐腐蚀性有严重影响。因此产品过烧是绝对废品。

应严格控制加热温度，加强设备维护，确定加热炉的温差不超过±5℃，是防止过烧的措施。

(2)粗晶环

对于棒材、厚壁的管材、型材，在其制品的末端沿周边有一层环状粗晶区，见图5-48。它使制品的力学性能降低。粗晶环的形成机理及影响因素较为复杂，尚未形成统一看法。其原因可能是挤压变形不均匀，外层金属受到模壁摩擦，物理变形程度大，而尾端残料中污物逐渐进入外层，热处理时制品表面层比内层受热温度高，保温时间长，加之混入的夹杂质点产生晶核，容易长大，使外层金属晶粒显著粗大。

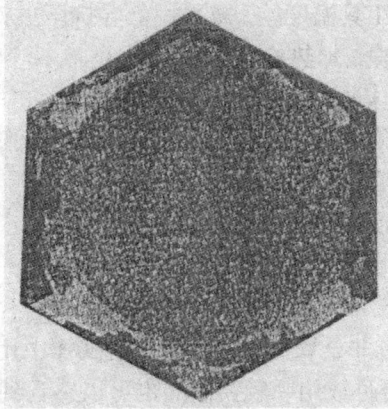

图 5 – 48 六角棒材粗晶环组织图

防止粗晶环措施：

① 采用反向挤压法，使金属变形均匀，不易形成粗晶环；

② 合金中添加少量的锰、铁、钛可以减少或消除粗晶环；

③ 采用高温挤压，使合金处于单相区内可以减少粗晶环深度；

④ 适当增大挤压残料，避免残料中非金属夹杂物质流入制品尾端；

⑤ 保持挤压筒内壁光洁，形成完整的铝套，减少挤压时的摩擦力；

⑥ 避免淬火温度过高；

⑦ 采用多孔模挤压。

（3）粗大晶粒

制品出现粗大晶粒，力学性能下降，冷变形时易出现裂纹，表面粗糙（呈橘皮状），低倍组织观察晶粒粗大。主要原因：加热温度过高，保温时间太长，或加热速度太慢，冷变形金属变形量太小或在临界变形度下退火。

防止粗大晶粒方法：合理选择热处理的加热温度和保温时间，提高加热速度。对于需要冷变形金属，应提高变形程度，尽量避免在临界变形度内退火。

（4）缩尾

缩尾是挤压生产中一种特有的废品，分为中空缩尾和环形缩尾。中空缩尾由于挤压垫上有油污或挤压残料留得太少，造成金属供应严重不足等原因而形成中空漏斗状缩尾。环形缩尾主要由于挤压过程快结束时，变形区金属供应不足，迫使金属沿挤压垫周边发生横向紊流，使边部及侧表面处较冷、沾有油污的金属回流而卷入到制品中造成的。环形缩尾一般在制品尾端的断面上，多呈连续或不连续的环形状。

防止缩尾的主要措施：

① 减少铝锭温度与工具温度差，或采用低温挤压。

② 保证铸锭表面干净、加热均匀。

③ 禁止在挤压垫上抹油或用油布擦挤压垫。

④ 提高模具和挤压筒的表面光洁度，及时清理挤压筒。

⑤ 挤压过程快结束时降低挤压速度。

⑥ 采用润滑挤压和反向挤压。

⑦ 按规定留残料和切尾，或适当增大残料厚度。

(5)夹渣

在金属的组织中含有非金属夹杂物，在低倍试样中用肉眼可见，有时会露出金属制品的表面，肉眼可见或用手触摸制品也可以感觉到。

产生夹渣的主要原因：一是来源于铸锭，由于熔铸工艺中的精炼除渣和过滤环节没有完全将非金属夹杂物截住，因而残留在金属制品的组织中；二是来源于铸锭外表的非金属夹杂物带到挤压筒内，没有及时清理，因而流入金属制品中。前者多存在制品内部，后者多出现在制品表面。

消除夹渣的主要方法：加强精炼，保持有足够的静止时间，采用高品质的陶瓷过滤板，确保铸锭金属组织的纯洁。其次定时清理挤压筒周边的污染金属层，当挤压筒工作部分超差时，及时更换内套。

5.6.4.2　力学性能不合格及解决方法

(1)T5 或 T6 制品强度不合格

主要原因是合金的化学成分不符合国家标准或企业内控标准，使合金强化相含量达不到规定要求；其次是违反热处理工艺，挤压温度或淬火温度太低；冷却速度太慢或转移时间太长；可能是人工时效温度偏低或保温时间不够，也可能是人工时效温度偏高或保温时间太长发生过时效等原因。

消除方法：首先保证铸锭的化学成分符合国家标准或企业内控标准。按国家质量检测中心的要求，化学成分不符合国家标准的制品即为废品。其次应严格执行操作工艺规程和每个工序的热处理工艺。

(2)退火制品的强度过高或塑性太低

一般都是退火温度过低或保温时间过短所致。对于热处理强化的铝合金，也可能是退火后的冷却速度太快，产生了淬火效应。要防止这类不合格品的产生，主要是选择正确的退火温度和恰当的保温时间。对于热处理可强化的铝合金，退火后一般要以不大于 30℃/h 的速度冷却到 260℃ 以下才能出炉在空气中冷却。对于 7A04 合金要冷至 150℃ 以下才能出炉在空气中冷却。

5.6.4.3　外形尺寸不合格废品及消除方法

（1）波浪

在挤压制品表面沿挤压方向有局部的连续起伏不平的现象，如同水浪一样，通常称波浪。一般在薄壁宽面型材或带材制品中容易产生。主要原因是挤压金属从模具流出时的温度分布不均或冷却速度不均；也可能是挤压机运行不稳定，产生较大的抖动，使金属不平衡流过模腔；或模具设计不合理，工作带设计有问题使金属流动不均而引起制品产生波浪。

预防措施：

① 维修好挤压机，使其工作平稳无抖动，调整挤压机、挤压筒和模具中心，使三者同心度符合规定要求；

② 修正模具定径带长度，确保金属流动均匀；

③ 适当降低挤压温度和挤压速度。

（2）扭拧

制品在挤压过程中一部分与另一部分流出速度不同而产生沿纵轴扭转的现象称扭拧。一般断面为非轴对称型材实心和空心型材都可能产生，有的开始时产生，有的在挤压快结束时产生。主要原因是金属通过模具时各部分的流动速度不同。当这种缺陷轻微时可以在随后的矫直工序中得到纠正，当扭拧严重时，即使矫直也无法消除。

避免措施：

① 修正模具定径带长度，使金属流动均匀。

② 对空心模具合理设计分流孔和桥部结构。

③ 制品出口处安置形状相似的导路，或用石墨板、石墨条压住制品使之平稳前进。

④ 合理调整挤压温度和挤压速度，使变形均匀。

（3）弯曲

制品沿纵向呈现不平直现象称弯曲。沿纵向呈现均匀的弯曲称均匀弯曲；在制品某处突然弯曲称硬弯。沿宽度方向（侧向）的弯曲称刀形弯。主要原因是模具设计工作带或制品流出模孔后前端突然受到某种阻力，立即产生弯曲；或制品流出模孔后，冷却速度大，各处收缩不平衡而引起弯曲。

避免措施：

① 修理模具工作带，确定金属流动均匀。

② 安装合适的导路，从出料台到滑出台处处保持平滑，不能有任何阻止制品前进的障碍。

③ 适当增大拉伸率，将制品拉直为止。

④ 适当控制挤压速度，冷却风要均匀，避免从一边吹风冷却制品。

弯曲度必须在图纸和合同中注明，壁厚小于或等于 0.4 mm 的型材，允许有用手轻轻按压即可消除的均匀弯曲。

（4）间隙（平面间隙）。指直尺叠合在型材某一面上，在直尺和该平面之间呈现一定的缝隙。产生原因：① 挤压时型材壁的两面金属流动不均；② 精整矫直配辊不当。对于平面间隙，超过规定者可多次辊矫。

（5）尺寸超差

制品各部分尺寸超过了型材断面图纸尺寸的偏差要求称尺寸超差。通常的尺寸超差有：壁厚超差，圆棒、圆管的外径超差，扁方管的长（宽）边超差，不规格型材角度超差，开口尺寸超差等。多数的原因是模具设计时尺寸预留不合理，或模具挤压时产生变形，或模具使用时间太长，或拉伸矫直时拉伸率控制不当等因素造成的。

预防措施：

① 建立模具档案，对于模具变形、使用时间长、壁厚已超差的模具应及时报废。改进模具设计和模具制造工艺。

② 对于角度超差、开口尺寸超差应修正模具工作带，确保金属流动均匀。

③ 拉伸矫直时，适当控制拉伸量。对有开口的型材，夹头时在开口处放上适当的垫块，可以防止拉伸时收口。

④ 严格控制挤压温度和挤压速度。

5.6.4.4　表面废品

（1）成层

成层是一种无固定分布规律的挤压缺陷，多数是不连续的圆形或弧形的薄层分布在挤压制品边缘，可见到明显的壳状分层。形成成层的主要原因是由于铸锭表面粘有油污尘土，或因挤压筒前端工作部分磨损较大，造成前端弹性区周围脏污金属堆集，挤压时沿着弹性区滑动面而被卷入制品的周边而形成。一般多出现在制品的尾端，严重时也可能出现在制品的中段，甚至前端。

避免措施：

① 提高铸锭表面清洁度。

② 提高挤压筒和模具表面光洁度，及时更换严重磨损超差的挤压筒和挤压垫。

③ 改进模具设计，模孔位置尽可能离挤压筒边缘远一点。

④ 减少挤压垫直径与挤压筒内径，可以减少挤压筒内衬中残留的脏污金属。

（2）气泡或起皮

制品表面出现凸起的泡，完整的叫气泡，已破裂的叫起皮。在挤压方向多呈线状排列，肉眼可以判定。多出现在软合金制品的头尾端。主要原因是铸锭内部组织有疏松、气孔、内裂等缺陷，或填充阶段挤压速度太快，排气不好，将空气卷入金属中所造成。当铸锭长度与直径之比大于 4~5 时，填充时会产生双鼓变形，在挤压筒的中部产生一个封闭空间，随着填充的进行，此空间体积减少，气体压力增大，而进入铸锭表面的微裂纹中，这些裂纹通过挤压模时被焊合，则在制品表面形成气泡，或者未能焊合出模后形成起皮。

避免措施：

① 提高精炼除气、铸造的水平，防止铸锭产生气孔、疏松、裂纹等缺陷。

② 及时更换磨损超差的挤压筒内衬，更换合金时应彻底清筒。

③ 减慢挤压填充阶段速度。

④ 减少对挤压垫和模具的润滑。

⑤ 严格操作，正确剪切残料和完全排气。

⑥ 采用铸锭梯度加热法，即使铸锭头部温度高，尾部温度低，填充时头部先变形，而筒内的气体通过垫片与挤压筒壁之间的间隙逐渐排出。

（3）挤压裂纹

在挤压制品的边角部分产生间断性裂口，严重的成锯齿状开裂。一般硬合金较易出现。挤压棒材的裂纹分表面裂纹和中心裂纹两种。型材挤压时，常在宽厚比较大的型材边部产生裂纹（裂边）。这种表面和中心裂纹大多形状相同，间隔相等或近似相等，呈周期性分布，通常称周期性裂纹。

裂纹的产生与金属在挤压过程中受力与流动情况有关，以棒材表面周期性裂纹为例，由于模子形状的约束和接触摩擦的作用而使坯料表面的流动受到阻碍，使棒材中心部位的流速大于外层金属的，从而使外层金属受到了附加拉应力作用，中心受到了附加压应力作用，附加应力的产生改变了变形区内的基本应力状态，使表面层轴向工作应力（基本应力与附加应力的迭加）有可能成为拉应力，当这种拉应力达到金属的实际断裂强度极限时，在表面就会出现向内扩展的裂纹，其形状与金属通过变形区域的速度有关。裂纹的产生使局部附加拉应力降低，当裂纹扩展到一定位置时，裂纹尖端处的工作应力降低到断裂强度极限以下，第一个裂纹不再向内部扩展，随着金属变形不断进行，棒材又会由于附加拉应力的增长，其表面层工作应力超过金属断裂强度极限，从而出现第二个裂纹，如此往复，在制品表面会形成周期性裂纹。

由于越接近模出口内外层金属的流速差越大，附加拉应力的数值也越大，因此表面周期性裂纹通常在模出口处形成，硬铝合金在生产中最易出现表面周期性裂纹。

与表面周期裂纹的形成原因相反，中心周期性裂纹的产生是由于挤压时中心流动慢，表层流动快，而使中心形成了附加拉应力。当附加拉应力使中心工作应力成为拉应力且达到了金属的实际断裂强度时，便形成裂纹，实际生产时，由于加热不透形成内外温度不均，或者因为挤压比太小，变形不深入，都可能会使金属中心流速小于表面流速而产生中心周期裂纹。

一般铸锭加热温度太高，在热脆温度范围内，塑性明显下降，断裂强度降低或挤压速度太快，内外层流速差增大，都易产生裂纹。有的在挤压后期由于速度失控，突然加快，使制品尾端产生裂纹。另外由于铝合金铸锭杂质含量超标，热塑性下降，即使挤压速度正常也会产生裂纹。

避免措施：

① 确保合金成分符合要求，提高铸锭品质，尽可能减少铸锭中引起塑性下降的杂质含量。

② 严格控制不同合金的铸锭加热温度和挤压速度。

③ 改进模具设计，适当增大模的定径带长度和断面棱角部分，适当增加圆角半径。

④ 提高铸锭的均匀化效果，改善合金的塑性和均匀性。

⑤ 在允许条件下采用滑润挤压、锥模挤压等措施减少不均匀变形。

(4) 橘皮状

挤压制品表面产生类似橘子皮状的凹凸表面，影响制品的美观。产生的主要原因是制品内部组织晶粒粗大。一般晶粒越粗大越明显，特别是拉伸率较大时，更易出现这种缺陷。

防止橘皮缺陷的产生，主要靠选择适当的挤压温度和挤压速度，控制拉伸率。改善铸锭内部组织，防止粗大晶粒。

(5) 黑斑

厚壁型材由于停放在出料台上冷却速度不同，产生如黑云状的暗黑色斑。由图 5-49 可见，厚壁扁管与耐热毡或石墨条接触的地方散热慢；其他地方散热快，和耐热毡或石墨条接触面的地方冷却后出现黑斑。主要原因是厚壁部分与耐热毡或石墨条接触冷却速度小很多，固溶浓度显著比其他地方的小，因此内部组织不同而表现在外观上显示出发暗的颜色。

避免措施：主要是出料台要加强冷却，到滑出台和冷床上时不能停止在一个地方，让制品在不同位置与耐热毡接触，改善不均匀冷却条件。

(6) 组织条纹

由于挤压件的组织及成分的不均，制品出现在挤压方向的带状纹，一般多出现在壁厚变化部位，见图 5-50。经过腐蚀或阳极氧化处理可以判明。当改变腐蚀温度时，带状纹有可能消失或者宽度和形状发生变化。产生原因是由于铸锭的宏观或微观组织不均匀，铸锭的均匀化处理不充分或挤压制品的加热制度不正确。

避免措施：

① 向熔体添加晶粒细化剂，避免使用粗晶粒的铸锭。

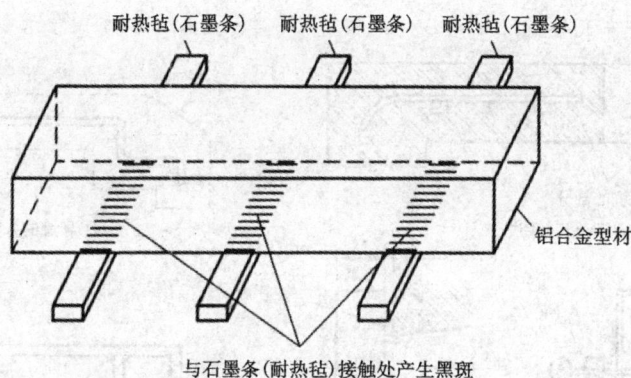

耐热毡(石墨条)　耐热毡(石墨条)　耐热毡(石墨条)

铝合金型材

与石墨条(耐热毡)接触处产生黑斑

图 5 – 49　黑斑形成的位置图

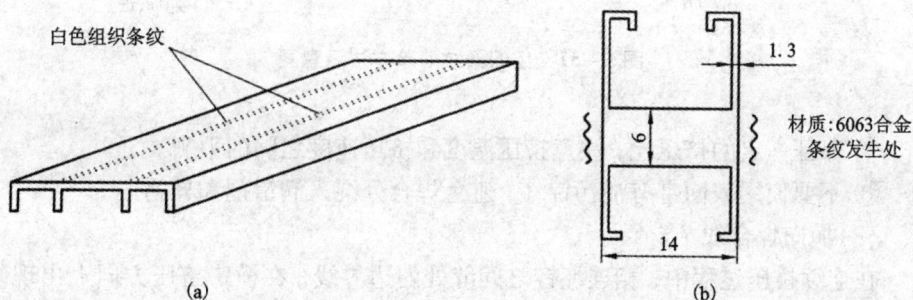

白色组织条纹

1.3

6

14

材质:6063合金
条纹发生处

(a)　　　　　　　　　　(b)

图 5 – 50　组织条纹出现部位示意图

② 模具改进,如图 5 – 51(a)所示,在模具端面挖坑。挤压后这个挖坑部分金属和压条一起被除去,不留在坑内。将模肩面一部分挖进去,使滑动摩擦变成内部剪切摩擦,如图 5 – 51(b)所示。

③ 选择适当的导流腔形状,修整导流腔或模具定径带,见图 5 – 51(c)。

(7)纵向焊合线

用分流组合模生产时,沿挤压方向在金属的汇流位置,制品的装饰面上出现条状或线状缺陷或没有完全焊合的缺陷,其深度是从表面到背面贯通整个厚度,通过腐蚀和阳极氧化可以发现。用肉眼观察类似于组织条纹。合流处呈条状花纹,对照模具构造即可区分。主要是由于挤压模具内金属流的焊合部分与其他部分的组织差别所造成,或者是挤压时,模具焊合腔内铝的供给量不足。

避免措施:

① 改进分流组合模的桥部结构和焊合腔的设计,如调整分流比(分流孔的面积和挤压制品面积之比)和焊合腔深度。

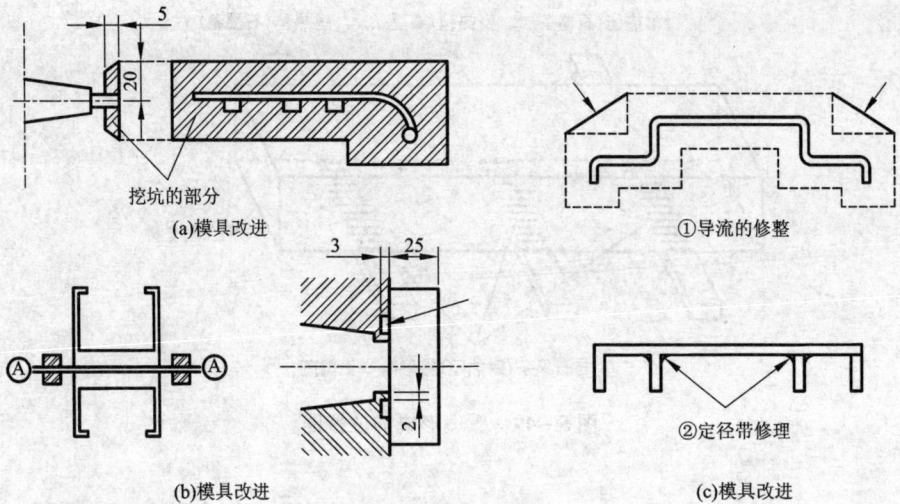

图 5 - 51　　组织条纹消除方法示意图

② 保证一定的挤压比，注意挤压温度和挤压速度之间的平衡。

③ 不要使用表面带有油污锭坯，避免焊合处混入润滑剂和异物。

（8）横向焊合线

在连续挤压过程中，相连坯锭之间缝处的边界线，在横跨挤压方向上出现的条状或带状花纹，与挤压方向垂直，肉眼可见。有的通过腐蚀或阳极氧化以后明显可见。主要原因是在连续挤压时，模具内的金属与新加入坯锭前端金属焊合不良所造成。

避免措施：

① 将切残料的剪刀刃磨快，并调平直。

② 清洁坯锭端面，防止润滑油等混入。

③ 适当提高挤压温度。

（9）划伤、划痕

在挤压制品表面有粗糙的纵向或横向划沟、划痕。从表面凹凸进去的划伤多是由于模具粘有异物，或空刀处加工粗糙产生的。还有一种是在制品的转角处出现凸起划痕，是由于挤压模具裂纹所产生。横向划伤或划痕主要是由于制品从滑出台横向运至成品锯切台时冷床上有坚硬物突出将制品划伤，也有的是在装料、搬运中产生的。

划伤、划痕是挤压常见的表面缺陷，主要避免措施：

① 模具定经带应加工光洁平滑，模具空刀也应加工平滑。

② 装模时应认真检查，防止有细小裂纹的模具被使用。模具设计时应注意

圆角半径。

③ 经常检查冷床、成品储放台，防止有坚硬突出物划伤制品。

④ 装料时应放置比制品软的隔条，运输、吊运平稳，细心操作。

（10）金属压入

金属碎屑、氧化铝渣压入制品表面称金属压入，主要原因是在模具空刀位置产生的氧化铝渣粘附在挤压制品上，流入出料台或滑出台被辊子压入挤压材表面所造成。在阳极氧化时，金属压入的地方不形成氧化膜或形成压痕、压坑。

避免措施：

① 光滑定径带、缩短定径带长度。

② 调节定径带的空刀。

③ 改变模孔的布置，尽量避免制品平放在下面和辊子接触，以免氧化铝渣被压入。

④ 铸锭表面、端头清洗干净，避免润滑油中有金属屑。

（11）其他表面缺陷

主要是指小黑点、黑斑、麻点、小白点、小针孔、雪花斑等。

产生原因：

① 熔铸过程中产生的。化学成分不均，有金属夹杂、气孔、非金属夹杂、氧化膜、金属组织内部不均匀。

② 挤压过程中产生的。温度、变形不均匀，挤压速度太快，冷却不均匀，与石墨、油污接触处产生组织不均匀。

③ 工模具方面的。模具设计不合理，模尖角过渡不平滑，空刀过小擦伤金属，工模具加工不良，有毛刺不光洁，氧化处理不好，表面硬度不均匀，工作带不平滑。

④ 表面处理方面的。槽液浓度、温度、电流密度不合理，酸腐蚀或碱腐蚀处理工艺不当。

避免措施：

① 控制化学成分、优化熔铸工艺、加强净化、细化处理。

② 铸锭均匀化处理快速冷却。

③ 合理控制挤压温度、速度，使变形均匀。

④ 改善模具的设计和制造方法，优化氧化处理工艺。

⑤ 严格控制表面处理工艺，防止酸腐蚀或碱腐蚀过程中对表面的二次伤害或污染。

参考文献

[1] 王祝堂,田荣璋主编.铝合金及其加工手册[M].第3版.长沙:中南大学出版社,2005:19
－28,210－325.

[2] 轻金属协会编.アルミニウム技术便览[M].カロス出版,1996:93－113.

[3] 王祝堂.铝材及其表面处理手册[M].南京:江苏科技出版社,1991:6－75.

[4] L.F.蒙多尔福著,王祝堂等译.铝合金的组织与性能[M].北京:冶金工业出版社,
1988:10－76.

[5] J. E. Hatch. Aluminum:Properties and Physical Metallurgy[M].ASM,1984:1－18,
200－240.

[6] 中国有色金属标准化技术委员会.变形铝合金材料标准汇编[M].北京:中国标准出版社,
213－246,471－481.

[7] 轻金属协会编.アルミニウム技术便览[M].カロス出版,1996:1097－1106.

[8] 王祝堂.中国工业铝挤压材发展之路[J].中国铝业,2006,7:18－26.

[9] 于跃斌.中国铁路铝合金运煤车辆的发展与市场[C]//北京安泰科信息开发有限公司,
2005年中国交通用铝国际研讨会:72－81.

[10] Scott Goodrich etc.铝合金在轨道车辆上的应用[J].中国铝业,2008,5:45－50.

[11] 周翊民.中国轨道交通发展态势及其对铝材的需求前景[C]//北京安泰科信息开发有限
公司,2010年中国有色金属暨铝加工国际论坛:45－64.

[12] 刘静安,谢水生.铝合金材料的应用与技术开发[M].北京:冶金工业出版社,2004:166
－177.

[13] 王炎金.铝合金车体制造技术在中国的发展现状和未来展望[C]//北京安泰科信息开发
有限公司,2005年中国交通用铝国际研讨会论文集,47－75.

[14] 王祝堂.大型铝挤压材生产与应用现状及发展动向[C]//北京安泰科信息开发有限公司,
2002年交通运输用铝市场暨技术研讨会论文集:1－24.

[15] 刘岩.我国高速铁路客车轻量化车体最优化结构研究[J].轻合金加工技术,2000,28(5):
41－43.

[16] 潘复生,张丁非等.铝合金及应用[M].北京:化学工业出版社,2006:355.

[17] 吕新宇.5083铝合金热轧板研究[J].轻合金加工技术,2002,30(3):15－19,31.

[18] 刘锡权.轨道交通行业应用铝合金材料知识库的研究[J].城市轨道交通研究,2008,12:
17－20.

[19] 戴静敏.高速列车用大型挤压铝型材[J].轻合金加工技术,1995,23(5):2－7,16.

[20] 刘艳,王淮,宫文彪等.6005A合金搅拌摩擦焊接头疲劳性能的研究[J].长春工业大学学
报,2009,30(1):12－17.

[21] 戴蓓芳.高速列车用大型铸铝齿轮箱箱体铸造工艺[J].铸造, 2009, 58(9): 968 – 970.

[22] 李建湘, 刘静安, 杨志兵.铝合金特种管、型材生产技术[M].北京: 冶金工业出版社, 2008: 214 – 218.

[23] 麦鸿杰, 刘静安.挤压铝型材在线精密淬火技术和装置[J].铝加工, 2011, 1: 13 – 17.

[24] 王祝堂, 田荣璋主编.铝合金及其加工手册[M].第3版.长沙: 中南大学出版社, 2005: 239 – 335, 888 – 916.

[25] 蒙多尔福LF著.王祝堂等译.铝合金的组织与性能[M].北京: 冶金工业出版社, 1988: 11 – 180, 728 – 759.

[26] [日]轻金属协会编.新版アルミニウム技术便览[M].カロス出版, 1996: 1097 – 1105.

[27] Catrin Kammer. Aluminium Handbook 1 [M]. Aluminium – Verlag Marketing & Kommunikation GmbH, 1999: 106 – 112, 267 – 272.

[28] 欧盟铝标准.EN 485, EN 13981 – 2: 2004, EN 13981 – 2: 2004, EN 755 – 2: 2008, EN 755 – 3: 2008, EN 13981 – 1: 2003, EN 586 – 2: 1994, EN 586 – 2: 1994, EN 603 – 2: 1997, EN 603 – 3: 2000.

[29] [日]酒井康士.铁道车辆へのアルミニウム合金适用の现状と今后の展开[J].轻金属, 2006, 56(11): 584 – 587.

[30] 马怀宪.金属塑性加工学[M].北京: 冶金工业出版社, 2008: 1 – 5.

[31] 刘静安, 黄凯, 谭炽东.铝合金挤压工模具技术[M].北京: 冶金工业出版社, 2009: 1 – 84.

[32] 李建湘, 刘静安, 杨志兵.铝合金特种管、型材生产技术[M].北京: 冶金工业出版社, 2008: 169 – 224.

[33] 叶鹏飞, 王煜, 品庆玉, 李大鹏.高速列车车体用铝合金型材的生产工艺[J].轻合金加工技术, 2009, 37(3): 40 – 43.

[34] 董晓娟, 权晓惠, 杨大祥.铝材挤压装备技术及发展[J].中国铝业, 2007, 9: 24 – 30.

[35] 麦鸿杰, 刘静安.挤压铝型材在线精密淬火技术和装置[J].铝加工, 2011, 1: 13 – 17.

[36] 吴锡坤主编.铝型材加工实用技术手册[M].长沙: 中南大学出版社, 2006: 532 – 540.

[37] 王祝堂.迈向新世纪的中国铝挤压工业[J].中国铝业, 2001, 9: 9 – 17.

[38] 王祝堂.全球最大油压双动正 – 反挤压机十月试车[J].中国铝业, 2004, 8: 16 – 20.

[39] 王祝堂.大型铝挤压型材及大型挤压机[J].有色金属加工, 2002, 31(5): 11 – 19.

[40] 王祝堂.中国铝加工业改革开放30年之系列五: 中国大工业铝材挤压登临世界绝顶[J].中国铝业, 2009, 07/08: 19 – 32.

[41] 储伯温.100 MN铝挤压机的设计制造与安装调试[J].有色金属加工, 2002, 31(6): 1 – 6.

[42] 何树权, 刘静安, 何伟洪.现代铝挤压工业的发展特点及挤压工业发展新动向[J].铝加工, 2010, 6: 16 – 21.

[43] 张庆.解读忠旺[J].中国金属通报, 2011, 26: 38 – 39.

图书在版编目(CIP)数据

轨道车辆用铝材手册/王祝堂,熊慧编著.—长沙:中南大学出版社,
2013.11

ISBN 978 - 7 - 5487 - 0806 - 3

Ⅰ.轨...　Ⅱ.①王...②熊...　Ⅲ.轻轨车辆 - 铝合金 - 金属
材料 - 技术手册　Ⅳ.U270.9 - 62

中国版本图书馆 CIP 数据核字(2013)第 029863 号

轨道车辆用铝材手册

王祝堂　熊　慧　编著

□责任编辑　刘颖维
□责任印制　文桂武
□出版发行　中南大学出版社

　　社址:长沙市麓山南路　　　　　邮编:410083
　　发行科电话:0731-88876770　　传真:0731-88710482

□印　　装　长沙市宏发印刷有限公司

□开　　本　720×1000 1/16　□印张 22.5　□字数 451 千字
□版　　次　2013 年 11 月第 1 版　□2013 年 11 月第 1 次印刷
□书　　号　ISBN 978 - 7 - 5487 - 0806 - 3
□定　　价　78.00 元